U0023263

現代財務管理（上冊）

Contemporary Financial Management

R. Charles Moyer, James R. McGuigan,
William J. Kretlow　著
黃淑娟　譯

PART

概　論

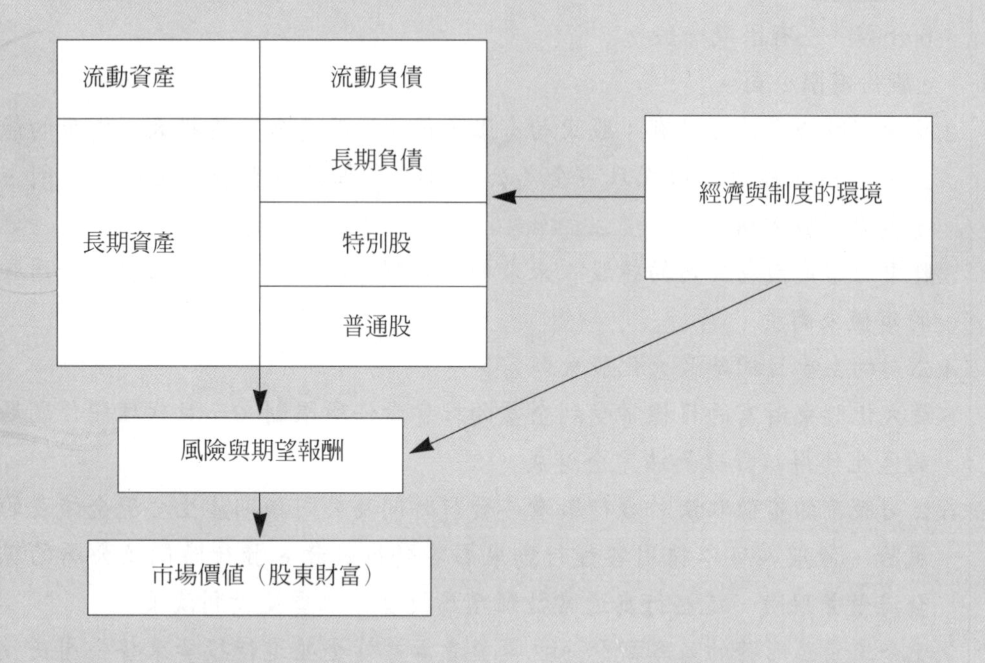

本書的第一部分針對財務管理這個領域提出一個概括性的說明。第1章討論財務管理在公司中所扮演的角色，確立公司的主要目標為最大化股東財富，分析財務管理功能的結構系統，並檢視財務與其他企業法則之間的關係。第2章探討美國財務市場的基本要素，包括企業組織的形式、美國財務系統的結構，以及股票交易所的角色等。除此之外，並介紹如何研讀與解釋財務市場的資料。第3章介紹國際財務市場的基本要素，包括外幣市場的功能及匯率的決定因素等。另外也探討利率平價說、相對購買力平價說、費雪效應以及國際費雪效應。第四章則詳細介紹用來評估公司財務績效的財務分析工具。

第1章　財務管理的角色與目標

本章重要觀念

1.企業最重要的組織形式有：

a.獨資。

b.合夥——有限或一般。

c.股份有限公司。

2.股份有限公司的優點有：股東的有限負債、永續壽命、籌措大額資金的能力。雖然此種組織形式只占全美公司20%，但股份有限公司的收入則占全美企業收入90%。

3.股東財富定義爲公司的持股人未來期望報酬的現值，以股東所持有普通股的市值來衡量。

4.公司的主要目標是最大化股東財富。

5.最大化股東財富的目標常受到企業的社會責任所限制，而且代理關係問題的產生使得該目標無法完全達成。

6.公司股票的市值取決於發行數量、發行時間及公司預期產生之現金流量的風險，經理人可以採用各種行動來影響發行數量、發行時間及公司的現金流量等風險，這些行爲通常被歸類爲投資、融資及股利決策。

7.現金流量是財務的基本觀念，也是負責籌募資金並進行投資來替公司及股東產生現金流量的財務經理人所關注的焦點。

8.淨現值法普遍被實務界用來作爲決策的主要依據。

a.一項投資的淨現值會等於未來報酬的現值減掉期初的支出。

b.公司進行一項投資時，該項投資的淨現值代表此投資對公司價值的貢獻(亦即對股東財富的貢獻)。

9.公司經理進行決策的過程中，道德標準的考慮所占的比重有日益增加的趨勢。

10.財務功能通常由副總裁或財務總長主導。

a.財務管理的責任通常被區分爲會計部門及財務部門。

b.會計部門通常負責與會計有關的所有活動。

c.財務部門則處理股票發行、購併、監管及資金的運用。

財務課題——財務管理問題

■1989年，Kohlberg Kravis Roberts & Co.（KKR）以每股109美元的價格購併RJR Nabisco，幾乎是RJR未被購併前股價的兩倍，為何KKR願意支付如此高的溢價來取得RJR Nabisco的控制權？

■1990年，所羅門投資公司（Salomon Brothers）的債券交易部門在美國國庫券拍賣時，提出一連串非法報價，這件醜聞被揭發後，所有參與的員工都被解雇，四位高階主管，包括總裁及董事長也被迫辭職，所羅門支付了2億9,000萬美元的罰款給美國政府，許多參與員工也必須支付罰款，並且被禁止再從事相關性工作，其中一位員工甚至必須坐牢。除此之外，在1991年8月醜聞被揭發的一週內，所羅門股票的市值損失了15億美元。那麼，請問企業道德應如何維持？公司又必須為這些違法行為付出哪些成本？

■1994年，知名食品公司Borden在尋找整個公司的買主失敗後，宣布將分開出售公司部分部門以籌措現金，這家財務艱困的公司之前經歷了收入及盈餘的逐步下降，Borden生產一些知名食物產品，包括Lady Borden ice cream、Lay potato chips、Cracker Jacks、ReaLemon，亦生產非食物產品（如Elmer's glue）。那麼Borden的經理人在決定Cracker Jack產品部門的價格時會使用何種財務技巧呢？

■財務管理中一項複雜的問題為經理人員是否應著重於股價的成長或獲利能力的成長，Ford Motor公司即為一例，因Ford Motor為拉抬股價而傷害公司的利潤。相對的，Chrysler雖然股價較低，但其獲利能力卻超越同業。相似的，GM在1990年代為了維持股價，不惜代價，造成了大筆的損失。如此看來，如同Ford一樣的公司，其經營的目標，究竟為何呢？

■1993年，並不賺錢的餐廳連鎖店Boston Chicken的股價在上市當天上漲了43%，承銷商為Merrill Lynch，承銷價為每股20美元，第一個交易天的收盤價為48.50美元。是否Merrill Lynch低估了Boston Chicken的價格，而剝奪了Boston Chicken預備用來擴張業務的額外資金？或者是投資人支付過高的價格呢？在1994年，Boston Chicken的股價約為45美元左右。

■1995年的Chrysler的大股東Kirk Kerkorian以每股55元，共200億進行融資買入股票，其宣稱公司所持有的73億現金大於其營業所需，部分的現金應以現金股利或股票買回的方式發還給股東。Chrysler前主席Lee Iacocca認為，Chrysler只需25億現金來面對景氣衰退。但Chrysler的經理人員在經歷過瀕臨破產的情況後，則認為公司需75億的現金。對Chrysler這種面臨劇烈景氣循環的公司，其最佳的現金水準為何呢？

■1994年，一家大型的德國金屬機械公司Metallgesellschaft AG宣布，因為不當的衍生性有價證券操作，造成約十億美元的潛在損失。類似買賣選擇權或期貨的衍生性有價證券，是一種金融契約，其價位取決於履約資產的價值，如石油。Metallgesellschaft是石油產品的中盤商，該公司的損失是為了規避匯率風險而產生。在1993年，當損失發生時，Metallgesellschaft的董事會開除了多數的高階經理人。Metallgesellschaft是如何使自己陷入如此龐大金額損失的處境中？

上面每一個案子都是財務決策的結果，不論是小型或大型、國際或區域、追求利潤或非追求利潤的公司都必須進行財務決策以幫助公司決定生產何種商品及服務，並決定價格及品質。財務決策影響公司的風險及最大化股東財富之目標的成功與否。簡而言之，財務決策的制訂每天都影響整體經濟情況。

上述的例子提出了許多重要的財務問題，本書的主要目的是探討運用財務觀念及工具來處理這些問題，使你能成為更有效率的決策者。

緒論

財務管理人員主要的任務是獲取公司所需的現金，以及在計畫中善用這些資金使公司價值最大化。財務管理的領域是十分富有挑戰性的。主修財務管理的學生，將可在公司財務管理、投資銀行、投資分析管理、商業銀行、房地產、保險業，甚至公共部門等寬廣的領域中，找到許多高報酬的工作機會。

有許多描述財務管理者投身重要且富挑戰性之工作的文章，會定期出現在商業週刊，像是《華爾街日報》（*Wall Street Journal*）、《商業週刊》（*Business Week*）、*Fortune*、*Forbes*、*Dunn's*等雜誌。舉例說明，當Kirk Kerkorian（及Lee Iacocca〔克萊斯勒的前任總裁〕）在1995年初提出200億美元的購併案時，試想此時克萊斯勒所面臨的選擇。克萊斯勒應該尋找外援展開股權爭奪戰，或是立刻公然拒絕此項購併案呢？另外再思考AT&T在決定將公司分解成三個獨立的公司——AT&T服務公司、網路設備公司、全球資訊系統時所面臨的挑戰……要如何分配原公司的資產、負債及員工到三個新的公司呢？接著再站在蘋果電腦經理人的立場，決定應該賣掉資產、延緩投資、降低股利發放，還是與其他公司合併以阻止公司繼續損失呢？

想像作爲一個資產組合管理者，在星期四以每股20美元購買Boston Chicken公司最近新發行的股票，並在當天結束時，看著股價漲到48.5美元。基金經理人應該賣掉股票結存獲利？還是繼續持有股票，等待未來更高的價格呢？

每一個公司都十分關心財務，因其成敗有絕大部分決定於財務決策之品質，每個管理者所做的重要決策對財務也都會有重要的影響。管理者每天面對的問題如下：

- 某個投資計畫會成功嗎？
- 投資所需的融資資金從何而來？
- 公司有足夠的現金或取得現金的管道（例如向銀行借貸），來滿足每日營業需求嗎？
- 應提供哪種顧客信用貸款？額度多少？

■應持有多少存貨？

■併購或合併可行嗎？

■現金流量如何分配及使用？亦即最大資產化之股利政策爲何？

■達成最佳財務管理決策下，風險跟利潤間如何取得平衡？

這本書的內容在對於這些問題及相關領域作恰當決策過程中，提出所需之理論基礎、學術背景及分析工具。作爲一個未來的管理者，這本書將會向您介紹一般典型公司的財務管理過程，經由了解財務管理過程如何運作，您便已具備成功管理者生涯中關鍵的特質了。

商業組織的形態

一般商業組織形態不外乎：獨資、合夥、股份有限公司三種。

獨資

獨資企業（sole proprietorship）的擁有者只有一人，其最主要的優點之一就是設立容易並且不須龐大的資本。但一個很大的缺點是企業擁有者對企業所產生的債務須負無限賠償責任。

而獨資企業的另一個缺點即是：擁有者通常很難對外募集資金以融資的方式來達到企業成長的目的，因此，獨資企業的規模一般來說都是很小的。在美國有將近75%的企業是以獨資形態存在的，但它們的利潤總和卻只占全美的6%。不過，獨資企業在零售業、服務業、建築業以及農產業中依然是十分重要的。

合夥

合夥企業（partnership）是由兩個以上的合夥人以營利爲目的所組成的。每個合夥人均同意提供某一比例的資金來經營事業並且（或者）分擔部分必須的公事，而各合夥人也共同分享企業的利潤或損失。

合夥企業可分爲無限責任或有限責任二種。在無限責任合夥組織（general partnership）中，每個合夥人對企業所有債務負無限責任。因此，無限責任合夥組織具有和獨資企業相同的缺點。儘管如此，在美國仍有將近90%的企業是屬於這種形態的。

而有限責任合夥組織（limited partnership）通常包含一個以上無限責任合夥人以及一個以上的有限責任合夥人。雖然有限責任合夥人因此對企業債務負有限責任，但其責任限度仍可依契約上的記載而有所不同。有限責任合夥組織存在於不動產事業中相當廣泛。在1980年代間，有些公司，例如：Mesa Petro1eum將其組織形態重新調整爲master partnership，使合夥出資單位（partnership units）可以如同股票一般進行交易。而之所以會出現master partnership的原因，主要是爲了避免在公司形態下公司所得遭到雙重課稅。但在1987年，稅法經過大幅的修改後，便減少了以master limited partnership來避稅的動機了。

合夥企業一直以來在農業、礦業、石油天然氣、金融保險業、不動產以及服務業具有重要地位。整體上來說，合夥企業數目總計占全美商業組織的10%，而總收益則占全美商業總收益5%。

合夥可以說是相當容易設立，但也常因無限責任合夥人的變動而必須重新改組。因外，合夥具有比獨資更大的資本額度，但卻缺少像公司組織具有吸引巨大資金的能力。

股份有限公司

股份有限公司（corporation）組織是由一個以上的自然人或合法企業所組成的「法人」組織，在法律上具有人格，是獨立於其組成分子的。成立股份有限公司時所募集的資金稱爲「股本」（capital stock），股本分割爲「股份」（shares），而公司擁有者便稱作「股東」（stockholders）。

股份有限公司組織占全美企業總數約20%，其總收益占全美企業總收益高達90%，並且其利潤占全美企業總利潤將近70%。

企業以股份有限公司形態成立具有下列四項遠優於獨資及合夥的好處：

- **有限責任**。股東一旦付清其股款，便不須對公司產生的債務負任何責任，股東對公司債務的責任只限於他們投資的股份。
- **永久存在**。合法的公司組織並不因股東賣出股份而有影響，使公司成爲一種長久的企業形態。
- **具有彈性**。公司所有權可隨原股東將股份轉賣給新股東而輕易的移轉，即使股份易手他人，公司仍然維持原狀。
- **容易取得資金**。因爲股東對公司負債只負有限責任，增加股票的市場性，因此，股份有限公司較可能募集大筆資金，也較可能有較大規模的成長。

然而，當股份有限公司想對外取得資金時卻產生了一項成本，在典型的大公司中，所有權和經營權分離，這便引發了如前章所述公司經營目標潛在的衝突，也導致了代理成本的發生。但是對公司而言，代理成本相對於所取得的資金只是九牛一毛，且其融資能力是獨資、合夥組織所望塵莫及的，那麼某一限度下的代理成本應是公司所能容忍的。

因爲公司具有「法人」的身分，因此公司可以購買並擁有資產、借錢、控告他人及被他人控告。股份有限公司的經理人即爲公司的代理人並被授權代表公司執行業務。舉例來說，只有某個特定經理人（如財務經理）可以代表公司來償還銀行借款。

公司體制

在一般公司企業中，由所有股東共同推選設置「董事會」，理論上由「董事會」負責公司的經營管理，但實際上，董事會通常只處理董事會內部政策方針的決定，而眞正公司日常營運業務則是由董事會推選出「經理人」來負責。這些「經理人」通常包括：總經理、副總經理、財務經理以及執行秘書。有時候一個經理人可以同時擔任數個經理職務，例如，在許多小公司中，一個經理人員可同時兼任財務經理及執行秘書。通常「經理人」也是董事會的成員，因其同時掌管公司日常營運，故稱爲「內部董事」；而其他由律師、銀行擔任董事者因未參與實際營運，則稱爲「外部董事」。公司董事會至少要有三位董事。

公司發行有價證券

投資人借錢給公司運用，所得的回報便是獲得公司發行的有價證券，擁有這些有價證券，投資者對公司資產及未來盈餘具有請求權。

有價證券（corporate securities）分兩類，持有公司所發行「債券」的投資者只是把資金借給公司，將來便可獲得每期固定的利息以及最後本金的回收；但持有公司所發行「股票」的投資者，便是公司的所有人。而股票又分「普通股」和「特別股」二種。普通股是公司剩餘價值的表彰，也就是說，只有當公司資產、盈餘已先償還所有債權人（如政府、債權人、特別股股東）後，普通股股東對此時公司的剩餘價值才可行使請求權。普通股股東是眞正公司的擁有者，擁有某些特定權利，包括：分派盈餘權、資產所有權、選舉權以及優先認股權。在本章節的後面，我們將示範如何由類似《華爾街日報》的資料來獲取有關公司普通股和公司債的訊息。

特別股股東對公司盈餘和資產有較普通股股東優先的請求權，特別股現金股利的發放也優先於普通股。除此之外，一旦公司不幸面臨破產、重整或解散時，特別股股東對公司資產分派的權利也優先於普通股。然而，特別股股東對公司資產分派的請求權只居於第二順位，尙落後於公司的債權人。

因爲具備有限責任、永久存在、高度彈性以及股票具有良好的流動性（股票因此更有價值）等獨資、合夥所欠缺的好處，我們便不難了解爲何在美國衆多的大企業都是公司組織形態存在的。

基本觀念：股東財富最大化爲主要目標

有效的財務管理決策必須了解公司的目標爲何，什麼樣的目的導引企業作決策？爲了公司持有人使公司的價值最大化是最爲普遍被接受的目標，也就是使股東財富最大化。公司股票的市場價值可代表**股東財富**（shareholder wealth）。

Berkshire Hathaway公司的總裁，Warren Buffett，是股東財富最大化目標的提倡者，也是所謂「價值投資者」，他說：

> 我們的長期經濟目標……是要使代表公司本身價值之每股價值的平均年收益率最大化，我們評定Berkshire公司的表現、經濟意義性，並非看公司的規模，而是每股價值的增加。

股東財富最大化其目標之意義是：尋求使公司持有者（股東）其預期未來報酬的現值最大化。此處的報酬可指每期股利之給付，或賣出股票所得之收益。**現值**（present value）定義爲在適當折現率考慮下，某些未來的償付或持續的給付，其今日的價值視爲現值。**折現率**（discount rate）是在一特定未來期間內，從不同投資選擇方案中考慮可獲得的收益。我們將會在第4章中討論，回收利益（像現金股利、公司股票折價）的時間愈長，投資價值愈低。此外未來回收利益的風險愈大則投資的價值愈低。股價（stock prices）是用來衡量股東財富，反映出股東未來預期回收利益的金額、時間及風險度。

股東財富是用股東持有股票之市價來衡量。市價定義爲股票在交易市場，如紐約證券交易所的價格。因此，所有股東財富等於所有在外流通股數乘以每股市價。

以股東財富最大化爲目標有幾項好處：

1.這個目標可明確地考慮到擁有股票之預期收益的風險和時效性。同樣的，管理者在作重要決策（例如，資本預算）時，也必須考慮到風險和時效性。以此方式，管理者做的決策可以增加股東財富。

2.它在觀念上，可以把特定的財務決策和此目標結合。假若公司的決策，有增加公司股票價值的效果，則表示它是一個好的決策。倘若它似乎無法達成這個結果，那麼這個行動則不太可能被採用。

3.股東財富最大化同時也是一般人普遍的目標。股東反對公司的政策，可以很自由地賣掉所擁有的股份，轉換成他所喜歡的形式（當然是以較高的價格），把它投資在任何其他地方。假如一個投資者，他的投資、融資，或公司的股利決策，不符合其消費習慣或是風險偏好，投資者能以最佳的價格賣掉其股份，並購買較接近其投資需求的公司股票。

根據這些理由，股東財富最大化的目標是財務管理最主要的目標，然而，也要考慮到企業的社會責任、部分管理者追求的目標，以及因爲利益極大化的行爲所導致股東和管理者的衝突（這些問題稍後會陸續提到）。儘管如此，股東財富最大化的目標，對實際決策可能的偏誤（例如，財務管理分析可能出現某些不被支持的意見），可提供一個相對立的解決之道。

社會責任意識

在九○年代大部分的公司體認到利益共同體，也就是**關係人**(stakeholders)——包括顧客、員工、供應商，以及營運所在的社區——利益的重要性，而不單單只是為了股東的利益。舉例而言，Tucson電力公司——提供Tucson、亞歷桑納地區的電力服務——即認同其對各個組成體的責任。

1.保持股東投資的最大收益。

2.讓顧客體認到企業是品質服務的提供者。

3.展現出員工是企業最有價值的資源。

4.擔任社區合作的領導者。

5.營運必須符合環保標準，並發起有益於社區或環境事物的計畫。

看來Tucson電力公司在作為一個好公民與成功的營運企業之間並未產生衝突。

關於公司的社會責任，長久以來存在著很大的分歧。這個觀念是有些主觀，且企業間並無一致的共識。迄至今日，並無一個滿意的機制運作，可使得公司的利益和社會責任承諾間取得一個平衡。然而，在大部分的情況下，一個有遠見、不會只注意某些短期會計利益的管理者，將會體認公司對利益共同體的責任，並且會引導公司達到股東財富最大化的目標。

分歧的目標

依照股東財富最大化的目標，可明確地做出財務決策。但實際上，並非所有管理者的決策都會和此目標一致。舉例而言，Bennett Stewart發展出測量管理者達成股東財富最大化之表現的指標，稱做經濟附加價值，亦即公司稅後營業額和年資金成本之差異。許多頗受好評的公司，像可口可樂、AT&T、Quaker Oats、Briggs & Stratton和CSX等公司，也都採用這個觀念。其他表現較差的公司，部分原因或許是不太注重股東利益，只追求管理者的利益。

換句話說，股東財富最大化目標和實際管理者的目標之間常存在著分歧，主要原因在於公司的所有權和控制權（管理權）分別獨立之故。

公司所有權和控制權分離，會使得管理者較易趨向達成自身利益。雖然不會以股東財富最大化爲目標，但在以自身利益最大化的目標下，多少仍會達到符合股東利益某種程度的表現。

自身利益最大化會使管理者考慮到長期生存的目標（自身工作的保障）。由於關心長期生存的目標，管理者會儘可能降低公司所面臨的風險，因爲對公司不利的情形，可能會導致解散或公司破產的命運。同樣地，對工作保障的需求，也可視爲管理者反對公司被購併的原因。假若因爲購併，空降部隊的高級主管將他們遣散，則員工會以股東的利益爲決策考量避免購併，而非以自身的利益爲考量。

有些公司，像Panhandle Eastern和Ford Motor公司，則希望管理者持有一定比例的公司股。Panhandle Eastern的總裁的薪水完全以公司的股票給付，每季25,000股——完全沒有遣散費、退休制度，只有股票和醫療保健。Ford要求80位高階主管至少持有相當於其年薪的股票。如同其主席Alex Trotman所言：我希望每個人在工作時能想著公司股票的價值。許多其他的公司，如迪士尼、Pepsico和Anheuser-Busch等公司，提供主要管理者富有意義的股票選擇方式，可以使他們個人的利益和股東更加接近，以激勵他們在公司的表現。

代理問題

公司管理者和股東之間目標追求的歧異即是代理關係所衍生出的問題之一。**代理關係**（agency relationships）發生於當一個或一個以上的個體——**委託人**（principal）——雇用代理人，爲他自身利益提供服務時，通常，個體會全權授權代理人處理所有決策。在財務領域中，最重要的兩種代理關係爲：一是股東和管理者，另一種則是股東和債權人。

股東和管理者

由於代理關係所引發種種的無效率，便稱爲代理問題。問題在於交易的每一方，都會採取使本身利益最大化的行爲。稍早提過的例子——管理者只關心自身長期生存、工作安全，而不會以股東財富最大化爲考量——這也是代理問題之一。另一個例子是針對管理者工作上的額外補貼（例如使用公司飛機、高級轎車及奢侈的設備等），然而這些完全無助於公司的利益，管理者怠忽職務也是和代理有關的問題。

由於股東希望減少代理問題至最低，因而造成許多代理成本。

這些代理成本包括：

1.在組織結構的費用：為了減少管理者採取和股東利益相反的措施、所給予的誘因。例如，提供公司股票當作管理者部分補貼。

2.監督管理者行動的費用，例如，支付管理業績的稽核工作及監督內部花費的費用。

3.保護股東防禦管理者不誠實的契約費用。

4.為防範管理者而建構的複雜組織阻滯及時決策的執行而造成機會成本的損失。

管理者以股東利益為考量的動機包括：被解雇的恐懼、公司給予補貼的制度，以及害怕被新團體收購的威脅。財務理論顯示出，假若金融市場能有效地運作，則相關的問題和成本可以大大地降低。有一些代理問題也可藉由繁複的金融契約來減低。其餘的代理問題，則會導致成本增加，使公司股票的市場價值降低。

股東和債權人

在公司股東和債權人之間，有其他潛在代理上的衝突。長期債務、銀行貸款、商業本票、租賃、應付帳款、應付薪資、應付稅款等等之債權人，對公司資產有一定的財務要求權。因為對債權人的償還是固定的，而對股東的給付，則是變動的。舉例而言，公司所有者，也許會希望提高公司的投資風險，以增加自身的收益。當這種情形發生時，債權人利益受損，因為沒有機會分享到此投資帶來較高的利潤。當RJR被KKR併購時，RJR的債務所占總資產比例從38%上升到接近90%，這部分沒有預期到的財務風險之所以增加，是因為RJR的債券跌了近20%。大都會壽險（Metropolitan Life Insurance）公司及其他持有比例較大的債券持有人，控告RJR侵害債券持有人的權益及違反債券契約的保護。在1991年，RJR和Metropolitan間的訴訟，判定Metropolitan勝訴，而關於債券持有人的權利訴訟，則仍在爭議中。

債權人為了保護他們自身的利益，常會堅持在公司債權合約書上，簽訂某種保護合約。這些合約有許多種類，像是股利給付的限制、公司能夠投資的種類限制、債券贖回，及發行新債的限制。這些在股東和管理者之間的限制，也許會降低公司的潛在價值。除了這些限制，債券持有人也許會要求較高的報酬，作爲超出債券契約涵蓋的風險之補償。

股東財富最大化：管理策略

假如管理者接受股東財富最大化的目標，他們應如何達成呢？有人可能會主張，公司利潤最大化的目標也就是股東財富最大化的目標。畢竟，利潤最大化是靜滯的個體經濟模式下的主要目標。但是遺憾的是，對一名實習經理而言，最大利潤的目標因爲有太多的缺失而無法提供一貫性的引導。

在討論這些缺失之前，注意在個體經濟最大利潤模式中，一個重要的管理決策法則，是十分有用的。在個體經濟中，我們知道，爲了使利潤最大化，廠商不斷地擴充產能，直到最後一個產物的邊際成本等於邊際收益。若是超出這個產能水準，導致增加的成本多於增加的收益，那麼利潤便會降低。若是不能達到MC＝MR的生產水準，也會使利潤減少。基本的經濟原則，必須採取持續增加MR＝MC交點的擴張行動，提供了財務管理者一個很好的指引。舉例來說，基本的資本費用分析，只有簡單的MR＝MC法則，至於在營運資金管理及資本結構領域，也會看到其他的應用。

雖然它提供管理者有用的意見，但是利潤最大化模式並不是如同決策集中模型那麼有效的。原因如下：

第一，標準的個經模型並非靜態的，也就是此模型缺乏時間維度，若以此爲目標，將缺乏長期、短期獲利比較的明確基礎。而主要的管理決策，必須反應時間維度。舉例來說，以財務功能爲中心的資本預算決策，對公司的表現有一長期的影響。財務管理者必須在長期、短期報酬間，考量資本預算後作出取捨。

第二個限制是利潤最大化的目標必須和利潤的定義有關。一般公認的會計原則（將於第3章討論），因爲有各種認列上和會計上的成本和收益，故有幾百種關於公司利潤的定義。舉例而言，在1990年，CPL公司因爲不適宜的常規處理，而被迫減少8,100萬美元的收益。爲了沖銷對公司收益的影響，CPL公司改變關於收益紀錄的會計方法，使這些已實現卻未認列的收益先記入帳中。在1990年會計的淨改變爲：淨收入增加7,700萬美元，即每股0.92美元。任意的會計改變，並不會使CPL的現金流量或經濟狀況改變，因此對其價值並無影響。

即使我們認同「利潤」之合宜的會計定義，也無法明確的定義廠商是否應該採取總收益、收益率，或是每股盈餘（EPS）最大化的策略。

以Columbia Beverages公司爲例，有1,000萬張在外流通股，目前稅後收益爲1,000萬美元。假如公司銷售額外的100萬股，獲得10萬美元，則公司總收益將會由1,000萬美元，增加至1,010萬美元。然而，股東的權益有變得更好嗎？在未賣掉股份之前，每股盈餘爲1美元，賣掉股票之後，每股營運降到0.92美元（1,010萬除以1,100萬股）。雖然總收益增加，每股盈餘卻下降，股東並未能有比以前更好的獲利。

這個例子或許會讓人以爲管理者要尋求每股盈餘最大化（限定一定數量的在外流通股），如此也會引導錯誤的行動。舉例說明，假設一個公司一開始的總資產爲1,000萬美元，此公司完全以發行股票提供融資（100萬張在外流通股），而且沒有負債，稅後盈餘爲100萬美元，導致股東權益的報酬率爲10%（100萬除以1,000萬的股東權益），並且每股盈餘爲1美元。公司決定保留一半的盈餘（增加資產和股東權益爲1,050萬美元），並支付股東股利，達成平衡。下一年度，公司的營餘達到102萬9千美元，導致每股盈餘爲1.029美元。則股東有沒有因這50萬美元的投資，而變得更好？在此例中，有一強烈的論點，表示股東權益已惡質化了。雖然每股盈餘，由每股1美元增加至每股1.029美元，但已實現的股東報酬率，由10%降低至9.8%（102萬9千美元除以1,050萬美元的股東權益）。在本篇文章中，公司管理者把這50萬美元做再投資，只有5.8%的報酬率（增加的2萬9千美元，除以再投資50萬美元）。這種投資的方式，並不會導致股東財富最大化，股東若把資本投資在零風險的政府債券，獲利率會大於5.8%。

第三個主要的問題牽涉到利潤最大化的目標並未提供直接的方法給財務管理者考慮抉擇上的風險。舉例而言，有兩個計畫，未來有相同的預期現金流量，但是它們或許有非常不同的風險程度。同樣地，廠商可輕易地增加負債比例，來增加每股盈餘。然而，槓桿效應所引發EPS的增加，也會導致財務風險成本的增加。金融市場將會同時體認伴隨著負債所產生的財務困窘之風險以及重視因此所產生的EPS。

價值的決定

假如利潤最大化的目標，並不會提供管理者合適的指引去尋求股東財富最大化，那麼管理者應採用什麼法則呢？第一，承認股東財富最大化的觀念是很重要的市場觀念，而並非會計上的觀念。管理者必須採用公司股票的市**場價值**（market value）最大化，而非每股會計帳面最大化。**帳面價值**（book value）反映出資產過去的成本，而非這些資產的獲利能力。同時，帳面價值也不會反映出資產的相關風險。

以下三個主要因素決定一家公司股票的市場價值：⑴投資人能從現金流量獲得的利益；⑵現金流量產生的時點；⑶現金流量的風險。

現金流量

透過這本書，我們強調在財務管理中現金流量的重要性，現金流量與公司現金的收入及支出有關，只有現金能用來購買資產，也只有現金能用來有價值的分配給投資人。相反地，會計系統的焦點放在歷史時間的配合，成本基礎的收入與支出，只能說是盈餘的最保守估計。會計盈餘常有誤導的現象，因爲它並未反映公司實際的現金流入與支出。舉例來說，會計會記錄資產的折舊費用，但是折舊只是用來反映資產價值的下降，本身並不會產生任何現金支出，實際的現金支出是發生在購買資產的當時。

現金流量產生的時點

股票的市價不僅反映預期產生之現金流量的金額，同時也反映現金流量發生的時點。例如，如果面臨選擇今天獲取100美元或三年後獲取100美元，你一定會選擇今天的100美元，因爲你可以拿100美元投資三年並累積利息。因此財務經理必須考慮現金流量的金額與發生的時點，因爲投資人在進行公司評價時會考慮這二個因素。

風險

最後，股票的市價也會受到現金流量的風險影響，**風險**（risk）與要求報酬率的關係在財務管理上是一個十分重要的觀念，我們將在第5章詳細討論。一般來說，現金流量的風險愈高，投資人要求的報酬率也愈高，因此財務經理必須考量公司產生的現金流量的風險，因爲投資人在進行評價時會反映這個風險。

影響評價的管理行為

經理人要如何影響現金流量的金額、時點與風險以追求股東財富最大化呢？有許多因素都會影響現金流量的金額、時點與風險，最終影響了股票的價格。其中有一些因素與外生的經濟環境有關，大部分是經理人無法直接控制的，其他因素則可由經理人直接操控。**圖 1-1** 顯示影響股價的因素，最上面一個方塊列舉一些經濟環境的因素，即使經濟環境的因素大部分無法控制，但是經理人仍然必須注意這些因素是如何影響決策的。

在這方面的文章可以參考最初由 Michael E. Porter 提出，接著由 Alfred Rappaport 深入分析的競爭策略結構。Porter 和 Rappaport 建議經理人分析競爭策略的五個競爭力量，這五個競爭力量可以影響企業的結構，因此最終能影響個別公司的股價。這五個競爭力量包括：

1.新加入者的威脅。

2.替代產品的威脅。

3.消費者的議價能力。

4.供給者的議價能力。

5.現存競爭者的競爭力。

使用這樣的競爭架構來制定策略，經理人可以爲股東創造價值。

主要的策略決定列於**圖 1-1** 的第二個方塊中，經理人須針對產品的種類、使用的技術、行銷能力及員工的挑選與福利來作出決策。除此之外，經理人還必須制定投資決策、股權結構、資本結構、營運資金的管理策略及股利政策。這些決策決定了公司未來可以產生的現金流量的大小、時間與風險，金融市場的參與者會將該公司產生的現金流量與其他公司比較，之後再決定公司股票的價格，除此之外，公司股價還會受到金融市場的一些情況所影響，包括利率水準、通貨膨脹與投資人對未來樂觀的情況。金融市場的情況也會影響經理人的決策。

本書的重點在於能改善公司現金流量的大小、時點或風險，進而能增加

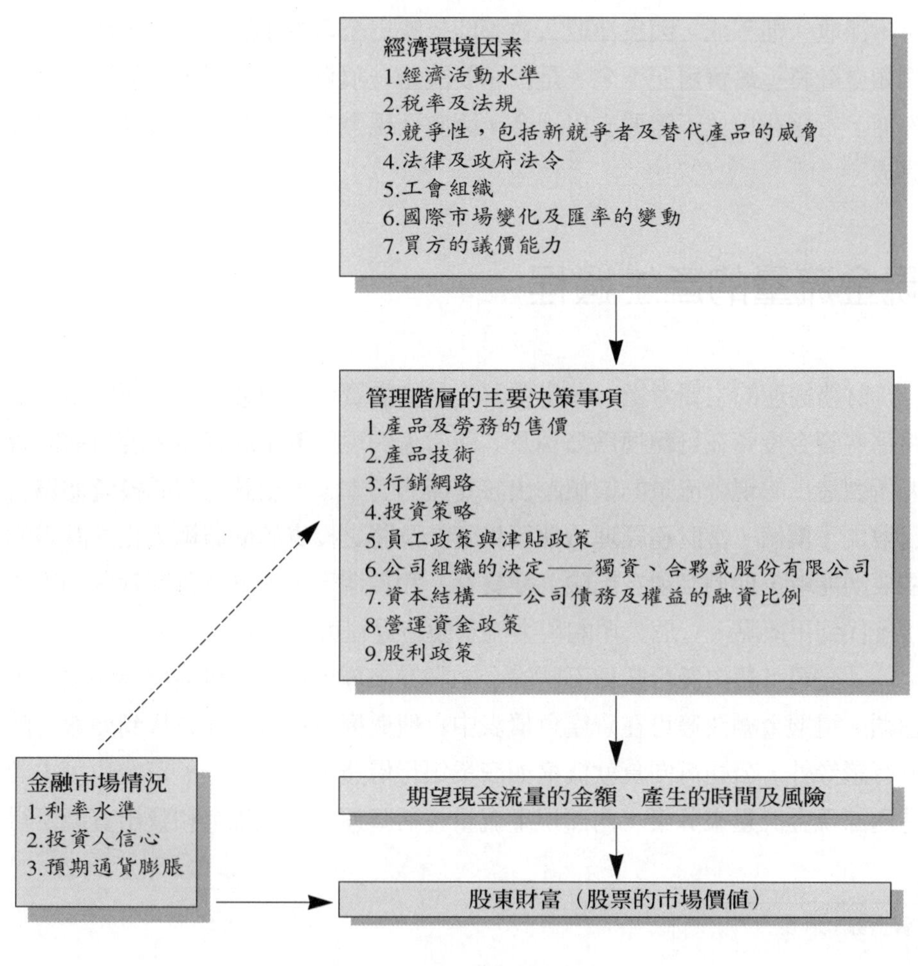

圖1-1　影響股價的因素

股東財富與價值的財務決策。九〇年代的財務經理不僅要衡量價值，也要創造價值。

下一節將定義現金流量觀念以及說明爲何現金流量在財務上是價值的來源。

基本觀念：現金流量

現金流量的觀念是財務分析、計畫和資源配置決策的中心要素之一。現金流量之所以重要，是因爲一家公司的財務狀況，取決於它是否能獲得足夠的現金流量、來支付給債主、員工、生產商和擁有者。只有現金才能被支付，淨收入則不能，因為淨收入並不能反映出公司真正的現金流入與流出，例如會計將折舊費用記下來，是為了要記錄一項資產在期限內的價值損耗。然而，折舊費用並不需要支出現金，因整個現金支出在該資產被購買時已經完成。

現金流量的產生過程

財務經理的主要考慮，多是要籌集足夠的資金（現金）給公司使用，並將那些資金投資在可轉換為公司及其所有人的現金流量的資產。若目前該資產所製造出的現金流量的價值超出該資產的資本，那麼該公司的投資便為自己增加了價值。當財務經理發揮籌集資金及將之投資於價值極大化之計畫的主要功能時，他們必須在風險（變異性）和預期現金流量與預期報酬的衝突中，找到平衡點。一個公司的現金流量製造過程可見圖 1-2。

一公司可藉由發行數種不同的金融證券來募集資金，包括債券和權益等種類。這類金融決策可在資產負債表中負債與權益持有人那方找到簡報。除發行證券外，公司可向貸款機構如商業銀行借錢來增加現金。資金也可由製造內部現金流量來募集，內部現金流量包括營運產生的現金和賣出資產所得

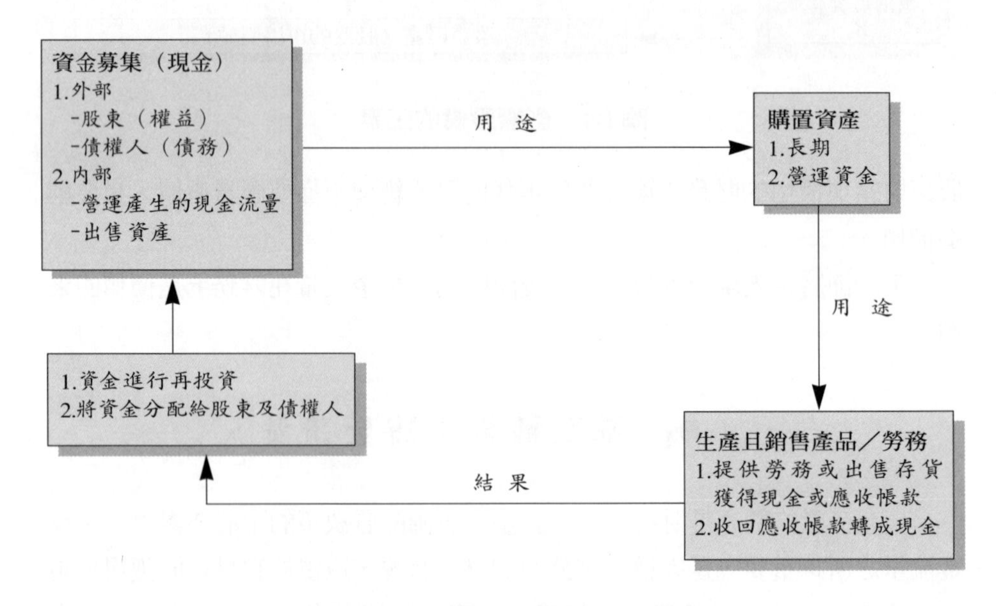

圖 1-2　公司現金流量產生的過程

的現金。

現金一旦可以使用，就必須決定將其投資在一個或數個資產上。取得最佳的長期資產至爲關鍵，因爲一旦取得，長期資產將影響公司很長一段時間。若有必要長期資產也可以出售，但有時會造成顯著的損失。流動資產或營運資金，例如現金、應收帳款和存貨，是爲了營運的目的而持有，通常只有少量或無外在報酬。若流動資產餘額保持得太高，持股人的財富就會因資金的機會成本而被犧牲，亦即若資金投資在別處可以取得的報酬。在另一方面，若流動資產餘額太低，公司可能會在流動財務負擔上發生困難而增加風險。除此之外，低流動資產餘額（特別是存貨和應收帳款）可能使公司無法以及時而有利的方式回應潛在顧客的需求。

最後，所有資產都被轉成現金流量。廠房與設備製造出產品或勞務，存貨則漸漸被銷售出去而產生現金收益或應收帳款，當應收帳款回收時，現金流量也就產生了。然後，公司必須決定有多少現金流量要用來取得額外資產，付清貸款，和分發給公司擁有者。

現金流量的重要性

債券與證券的價值是依據這些證券所預期提供給投資者的現金流量的現值。同樣的，一項資本支出的價值也相同於預期該資產將提供給公司的現金流量的現值。更有甚者，現金流量攸關公司的繁榮與生存。舉例來說，急速擴張的公司通常內部產生的現金流量趕不及營運擴大所需的資金。結果，這些公司爲了維持快速成長，可能會面臨在外部募集資金時會遇上的困難財務決策。一方面用以擴張的貸款的增加會提高公司的財務風險。另一方面，若出售新的股票，公司的所有權可能會被稀釋，這是公司擁有權的主控集團所不樂見的狀況。因此，經理人必須小心注意與投資和公司擴張策略有關的現金流量。

如同你在你的會計課程和本書第3章所學習的，一般公認會計原則（GAAP）在決定淨收益時提供了極大的自由度。也因此，GAAP對於淨收益的觀念並不能爲一公司的經濟表現提供清楚的指標，而現金流量的觀念則無模糊不清之處，它能爲須作出大範圍的財務資源配置決策的經理人提供必要的灼見。投資者也發覺現金流量的觀念可以明白清楚地衡量公司的表現。所以，現金流量的觀念在分析一公司的表現與其資源管理時具有很大的重要性。

現金流量與股東財富

雖然現金流量觀念與股東財富最大化的目標間有著緊密的關係，但是許多經理人似乎不夠重視這個觀念。有些經理人將注意力集中在其他表現指標上，包括會計淨收益、會計獲利率（如財產報酬和資產報酬）、銷售成長率和市場占有率。將焦點放在這些會計基礎的表現衡量上可能會模糊了公司的長期表現，因爲非依據現金流量的表現指標都會受制於經理人的短期操作。

在作決策時，藉由強調現金流量而非會計基礎的表現指標，經理人更有可能達成股東財富最大化的目標。一個確實執行將預期的未來現金流量的現值最大化的公司，將可以達成財務目標，並在該公司的財務報表與其股票的市場價值中反映出來。

基本觀念：淨現值法則

要達成股東財富最大化的目標，就必須透過一組適當的決策法則。在本章先前我們見到了邊際成本必須相等於邊際收益（MC＝MR）的決策法則爲許多重要資源配置決策提供了參考架構。邊際成本等於邊際收益最適用於成本與利益幾乎同時發生的情況。然而許多財務決策要求馬上承受成本，而在未來幾段時期產生收益。在這些情況，淨現值（NPV）法則爲決策者提供了適當的指導。確實，淨現值法則對財務管理的實務頗爲重要。你將在你的財務課程裡發現這條法則經常被應用。

一項投資的**淨現值**（net present value）等於該投資所預期產生的未來現金流量的現值，減去最初的現金支付，或者：

淨現值＝未來現金流量的現值減去最初支付　　〔1.1〕

舉例來說，在1994年，可口可樂公司在中國除了已在營運的十三座工廠外，另外新興建了十座工廠。1993年，可口可樂在中國銷售了近十億罐，而它在中國的營運產生了正的現金流量。要決定是否再額外投資興建十座廠房，可口可樂的財務經理必須衡量這些工廠所可能產生的未來現金流量。然後，利用貨幣的時間價值的計算，經理人就可以決定出預期現金流量的現值。最後他們將未來現金流量的現值減去工廠的最初成本，即可得到該投資的淨現值。可口可樂公司顯然認爲預期的淨現值爲正而決定在中國額外投資興建十座工廠。

一公司投資計畫的淨現值代表了該投資計畫對公司價值的貢獻，也因此代表了對股東財富的貢獻。例如，在其他條件不變下，假設可口可樂公司的中國計畫預期將產生500萬美元的淨現值，可口可樂的股票價值也會在該投資完成時增加500萬美元。

淨現值的觀念爲一公司的投資計畫的未來現金流量提供了一個衡量的架構。因此，淨現值觀念可說是在現金流量與股東財富最大化的目標之間架起了一座橋梁。

道德議題：財務管理實務

在八〇與九〇年代間，對商業實務的道德爭議的興趣大大增加。包括因採用內線消息而導致沒落的Dennis Levine和Ivan Boesky，對Saloman兄弟的聲譽造成嚴重傷害而使其高層經理人被迫辭職的股票醜聞（見本章的財務挑戰），和導致許多金融業崩潰的問題貸款的故事，都將注意焦點集中在商業和財務經理人的道德行爲上。韋式辭典將道德定義爲「處理何爲善或惡，對或錯，或與道德責任及義務有關的學科」。John J. Casey對道德的定義如下：「最好的情況是，在公平而迅速的管理中商業道德被優秀地體現出來。那包括了堅持原則的想法，而非情緒的反應；同時也包含對各方清晰而有效的溝通。……」Casey分辨出經理人在處理道德爭議時的數種技巧：

1.清楚找出問題的變數。

2.在一開始便與正確的同伴一起工作。

3.收集該問題所有的事實。

4.認清一項行動所可能帶來的傷害和利益。

5.權衡其他選擇的結果。

6.爲可能被影響者尋求公平。

其他對經理人的行動準則的建議包括：

1.確認個人利益與欲作出的商業決策不會相衝突。

2.尊重因信任你而透露的消息的保密性。

3.在理性、客觀的商業分析的基礎上作出決策，而非依據不適當的因素，如種族、性別和宗教。

4.在保障業務的合法利益下，與顧客交涉時應採取公正的行動。

道德的考慮會影響所有的商業和財務管理決策。有些帶著重要道德爭議的財務決策，例如許多倒閉的存放款機構的貸款行爲，須受到國家的關注。然而，經理人手邊幾乎每天都會遇到重要的道德問題。假設你是一新銀行中負責放款的主管，你是否應贊成將錢借給一位老朋友，即使她並不符合銀行放款的正常標準？作爲一個證券公司的會計主管，你是否會向客戶推薦具不良的經理環境紀錄的公司的股票，或是推薦購買與煙、酒有關的公司？你是否在公開宣告前應告訴岳父你的公司可能會被購併？作爲一個以資產報酬來部分衡量表現的地區經理，你是否可將資產出租以使自己看來表現好些？你的公司是否可以積極地應用被許可的會計操作來掩飾其基本上正在退化的表現？你的公司是否可以將工廠由西北部遷移至東南方，以破壞工會協議來節省勞動成本？

這些帶有重要道德爭議的商業與財務管理決策的簡單個案，提供了財務經理面臨道德問題時的感覺。在大部分的情況下，這些問題的答案皆非清楚明白。眞正的決策過程非常複雜，也包含了各方互不相讓的利益間的交易。但，明顯地認知個別決策的成本與效益，並在客觀與公平的氣氛中作出決定，可以幫助經理人避免對道德信任作出明顯或眞實的違犯。

對被股東信任而提供資源予他且被預期將這些資源的價值極大化的財務經理人而言，一個重要的考量是：一個財務管理上的道德考慮如何影響股東財富最大化的目標？期待員工依據道德準則從事商業行爲的公司將可以預期減少訴訟與傷害支出。最近的一項調查結論爲約90%的財富雜誌前五百大公司都要求員工依據一套公開的行爲準則來行事。高度的道德標準得到顧客的尊重，也獲得投資人的高度評價。長期而正當的商業交易可獲得投資人長期的高度評價，而對商業道德標準的違犯雖可以得到短期利益，卻犧牲了長期的報酬。這在金融業中可被明顯地察覺，其中許多粗疏的經理人常作出可帶來大量短期利潤的決定，長期來看，許多機構都破產了，他們的擁有者也喪失了一切。

在整本書裡，我們將注重財務經理在作重大財務決策時所可能遭遇的道德問題。我們的目的是喚起你對這些問題的意識，而非對每一個案作出對或錯的道德判斷。這些判斷最好留待給你與同學間對這些主題的實際討論。

財務議題：股東財富最大化

企業財務處理中有關中小型企業面臨的財務問題是美國經濟中重要的一部分。中小型企業可能是獨資、合資或是公司組織。根據小型企業管理單位的標準，95%以上的公司都被認爲屬於小型。這些公司代表了私人部門的就業，近來幾乎提供了所有新就業機會。

何爲小型企業？這個很難有一精確定義；但小型企業的特徵可以被辨識。通常小型企業不是該競爭產業中的主導公司，同時也常常成長得比大公司快。小公司在財務市場上只有有限的機會，他們通常沒有大公司擁有的專業管理資源的深度。另外小公司的倒帳機率也較高。

在關於公司目標的討論中，我們的結論是財務經理的首要目標即是將股東財富最大化，這可以由公司的股票價格得知。許多中小型企業被緊緊地把持，其股票交易即使有，頻率也很少。其他的中小型企業則是獨資或合資的形式。在這些情況裡，少有機會以外在指標來衡量其表現。因此，這些公司更常依賴於會計基礎的表現指標以追蹤其成長。以會計基礎來衡量表現的討論可見第3章。儘管缺乏客觀而方便的表現衡量方式，中小型企業的基本決策沒什麼不同。亦即，公司在考慮風險的情況下，應將資源投資在至少可得到這些計畫所要求的報酬率的策略上。然而，因在中小型企業裡，業主的財富較少分散（也就是說，他們財產的一大部分與公司緊密相連），他們比起公開發行公司的經理人，更傾向於避免會造成財務傷害的風險。

如同先前所討論的，在現代大型企業裡，有一個引人憂慮的問題是，一個公司的經理人不一定總以擁有者的利益而行動（代理問題）。在中小型企業裡，這類問題比較不嚴重，因業主幾乎就是管理者。一個太過趾高氣昂的業主只會減少他或她從公司得到利潤的機會。但在經理人即擁有人的情況下，沒有擁有者——管理者的代理問題。當然，在中小企業主與貸款者間仍存有潛在的與代理相關的衝突。因此，許多小型公司發現若不給予借款者一部分的所有權，或業主對貸款不給予私人保證，他們很難借得資金。

在中小型企業中特殊的管理者即擁有者之結構中，必須記得企業主其實有很強的動機去將公司的價值極大化，因爲他們的財富是與公司的表現相連的。同時，一個有效而成功經營的公司可讓本身成爲其他大公司想要購併的目標。經營得越好，購併價格就愈高。

在整本書裡，我們將會指出中小型企業的財務管理帶來哪些特殊的挑戰。一般來說，我們發現小公司通常缺乏執行複雜的財務計畫所需的管理技巧的深度。同時因爲使用這些複雜的財務管理技巧常與顯著的規模經濟相連結，這些技巧通常不能應用在許多中小型企業所採用的成本——效益分析的基礎。

財務管理功能的組織

許多公司將管理部門的決策責任分散給許多不同的主管，包括製造、行銷、財務、人事和工程。**圖 1-3** 是一個著重財務功能的組織表範例。財務功能通常是由副總裁或財務總裁（Chief Financial Officer, CFO）領導，他通常向總裁負責。除了掌控會計、公司的預算規劃和審計功能外，今日的財務總裁還須負責策略規劃、監察和外匯交易、管理波動的利率風險，並要掌管生產與存貨。財務總裁也必須能說服投資者相信公司的財務狀況。

主要的財務主管常將財務管理責任交給稽核人員與財務分析人員。稽核人員通常負責所有與會計相關的活動，包括：

- **財務會計**。負責準備公司的財務報表、資產負債表、損益表和現金流量表。
- **成本會計**。負責準備公司的作業預算，並監控公司各部門的表現。
- **稅務單位**。負責準備公司須塡寫給各級政府（地方、州和聯邦）的稅表。
- **資料處理**。由於負責公司會計與支付行爲，稽核人員也可能須負責公司資料處理的管理責任。

財務分析人員則通常負責資料的取得、保管和支付，包括：

- **現金與債券管理**。監控公司的短期財務決策——包括預測公司的現金需求，必要時從銀行或其他管道借得資金，並將任何多餘的資金投資

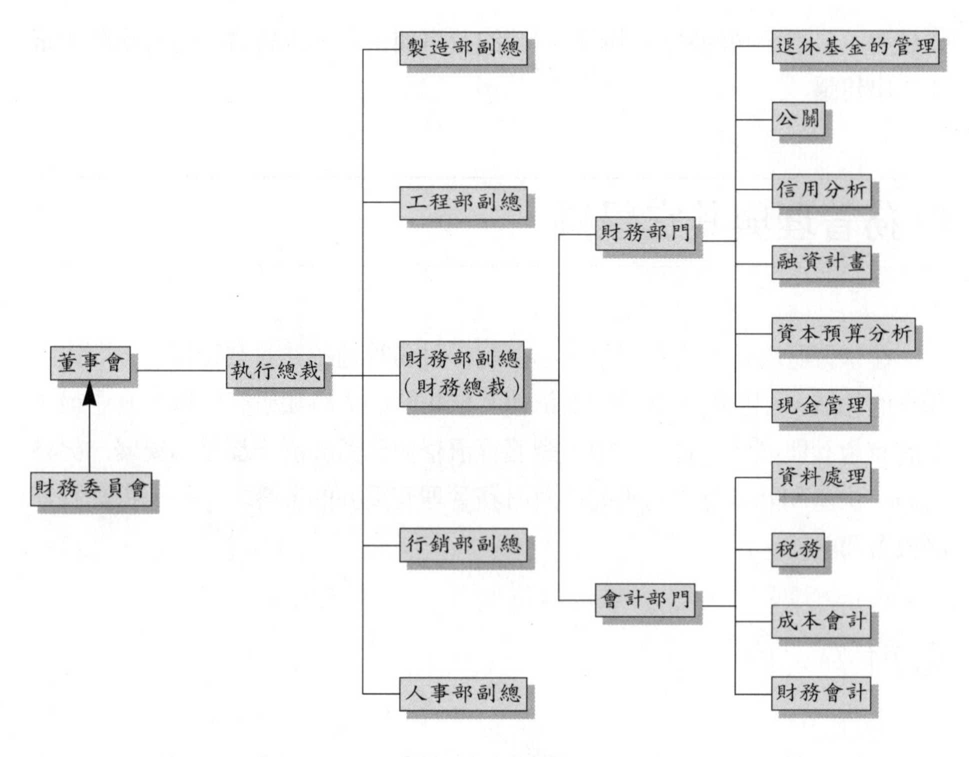

圖 1-3　組織圖

在短期有息證券上。

- **資本預算分析**。負責資本支出，亦即長期資產如新設備的購買。
- **財務規劃**。負責分析公司爲維持和擴張營運所需的長期資金的其他來源，如債券或股票的發行。
- **帳款分析**。許多公司都有一個部門專管該給各個顧客多少信用額度。雖然這個部門負責財務分析，但它通常因與銷售緊密結合而被歸於行銷領域。
- **公關**。許多大公司都有一單位專門負責處理與投資機構、債券評等機構、股東和其他財務單位的關係。
- **退休基金管理**。財務分析人員也須負責投資員工的退休基金、投資分析與投資組合管理，可由公司內部或外部投資顧問來管理。

在此強調圖 1-3 對稽核人員與財務管理人員的功能分類只是舉例，眞正的功能區分每一家都不同。例如，在某些公司中，財務管理人員可能要負責稅務問題。同時，如同在圖 1-3 所顯示的，公司的董事會可能設立一個財務委員會，包括公司的數位對財務專精的董事與主管，以對廣泛的財務政策議題作出建議。

財務管理與其它學科

在學習財務管理的過程中，必須記得財務管理並非商業管理中一門完全獨立的領域。相反的，財管頗爲依賴其他相關的學科和研究領域，其中最重要的有會計與經濟；且後者中，總體經濟學與個體經濟學都頗爲要緊。另外行銷、生產和計量方法的研究都對財務管理有重要的影響力。每一項都將在隨後各節討論。

會計

如果說財務經理負責管理一家公司的財務與實質資產，並確保這些資產所需的資金，會計人員即是其計分員。財務經理經常需要會計資料以幫助他們作出決定。一般來說公司的會計人員負責提供財務報表和衡量以幫助經理人評估公司過去的表現與未來的方向，並解決一些法定事項，如報稅。會計人員的角色也包括整理財務報表，如資產負債表、損益表和現金流量表。

財務經理主要考慮公司的現金流量，因爲他們常要決定一項投資的可行性和財務決策。當經理人須決定長期投資的未來資源配置，管理營運資金的短期投資，或作其他財務決策（如決定最適的資本結構和供給公司投資計畫最爲及時的資金來源）時，財務經理都需要會計資料。

在許多中小型企業裡，會計功能和財務管理功能可能是由同一人或同一部門來負責。在這種情況，剛才所提的界線就被混淆了。

經濟學

財務經理須熟悉經濟學裡的兩個領域：個體經濟學與總體經濟學。個體經濟學處理個人、家庭和公司的經濟決定，而總體經濟學則將整個經濟視為一個整體。

一般公司都會被經濟情況的整體表現深深的影響。他們的投資資金也依賴於貨幣與資本市場。因此，財務經理須認知並了解貨幣政策如何影響資金的成本及獲得信用的難易度。他們也須知道財政政策如何影響經濟。預期未來的經濟狀況是預測銷售的一個重要因素，其他的預測也是一樣。

財務經理將個體經濟學運用在決定何為對公司最有效而成功的作業形式。特別是經理人要決定長期投資（資本預算）和管理現金、存貨與應收帳款（營運資金管理）時，常會利用將邊際成本相等於邊際利益的個體經濟學概念。

行銷、生產與計量方法

圖 1-4 顯示財務管理與其主要支援學科間的關係。行銷、生產和計量方

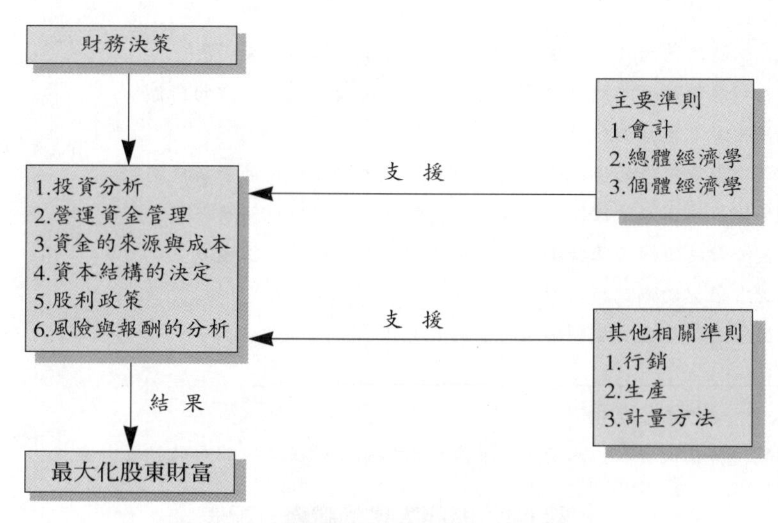

圖 1-4　財務管理上其他準則的影響

法間接的相關聯於財務經理主要的日常決策。

舉例來說，財務經理須考慮行銷領域中新產品研發與促銷計畫的影響，因這些計畫將需要資本支出而影響公司的現金流量。相同的，生產流程的改變也需要財務經理來評估並尋求資金來源。最後，計量方法領域裡所發展的分析工具對於分析複雜的財務管理問題也有所幫助。

財務領域中的就業機會

在專業財務領域中提供了許多刺激的工作機會。如圖1-3所示，公司理財中包含了許多取得和處分公司資源的活動。除公司理財，金融服務部門也有許多就業的機會，包括：商業銀行、證券商、投資銀行、共同基金、退休基金、不動產公司和保險公司。

各項財務人員的詳細職掌如圖1-5。這些職務由一般的簿計人員到高階主管都有。讀者需了解相同的職務在不同的公司中極有可能有不同的職掌和責任。

財務副總

基本功能：計畫、指揮及執行以最低成本取得公司資本所需的長期資金。

主要負責的職務：

- 在保持均衡的資本結構下，籌措公司資本所需的資金。
- 指揮督導財務部門籌措長期資金，並與債權人維持良好的關係。
- 提出資本預算與財務計畫。
- 評估借貸市場的情況與公司的資本結構，整合公司的資本計畫。
- 協調承銷商、法律顧問與會計人員的互動，以完成財務規劃。
- 與公司的債權人保持聯繫，並讓他們了解公司的目標與計畫。
- 對各種契約協定指出財務觀點。
- 監督退休基金資產和各項特別計畫。

監督人——投資人立場

基本功能：站在投資人的立場，主要負責退休基金的投資與公司的融資計畫。

圖1-5　財務人員的職務分配表

主要負責的職務：

■隨時關注公司的營運狀況、投資計畫與財務狀況。

■了解產業現況以解釋外在因素如何影響公司發展，並了解公司本身及競爭者經營狀況與財務現況。

■每天與公司人員溝通協調公司的投資情形以求能達成公司目標，又能符合證期會的規定。

■安排時間與地點，由公司高階經理向全國投資人分析團隊進行報告。

■招待分析師的來訪。

■當公司招待監督人員或特殊研討會時，建立整體計畫及流程。

■爲了支撐公司股票，安排公司股東的聚會。

■準備投資人所關心的月報表，檢視策略及計畫，並對改變做出建議。

■監督六位投資經理的投資結果。

■準備月報及季報，並提出個人觀點。

■與保險人員與顧問研擬長期策略，包括資產配置與經理的挑選。

助理財務長——現金控管與風險管理

基本功能：透過公司的各種銀行帳户有效管理公司的現金部位與控管公司內部資金。

主要負責的職務：

■管理每日自客户收取的金錢所存放的帳户。

■支付公司的所有支出，包括薪水、退休金與貨款。

■監督管理人員是否依循公司的目標與計畫，以確保組織的效率。

■簽發支票、檢視文件，例如電子確認信函及投資契約。

■與銀行代表人員碰面。

■分派任務給高階管理人員。

■負責風險管理與保險策略。

經理——掌控所得稅的使用

基本功能：監督公司與子公司的稅負處理方式能符合稅法，並避免公司支付多額的稅金。主要的責任是控制稅金成本，儘可能節稅及遞延稅的支出。

主要負責的職務：

■管理聯邦所得稅及地方所得稅的退稅處理。

■檢視所有退稅，並針對包含在退稅範圍內的交易處理方式作出決策。

■建立員工的績效標準，並透過教育發揮個人潛能。

■對公司的收入情形，相關法規及所得稅法都維持良好的認知狀況。

續圖 1-5

■分析各種交易及程序以找出節稅或遞延稅的方法，來降低或消除稅負成本。

■整合分公司的工作、業務，以便對所得稅的支付進行適當的管理。

■建立可整合分公司財務資料的資訊系統以計算可退稅的金額。

■協助公司各個帳户的年度審查，並進行適當的結算及針對法令提出建議。

■協助答覆 Internal Revenue Service 的問題。

財務分析師——資本預算

基本功能：檢視資本需求，整合年度資本預算，彙總報告已發生及預期會發生的現金流量。

主要負責的職務：

■檢查針對資本需求所作的財務及會計處理方式是否正確。

■檢查是否違反公司法。

■準備主要資本計畫的執行總結。

■輪流至各部門獲取資本計畫的詳細內容。

■在計畫授權之前提出分析及控制計畫。

■整合年度資本預算的資料。

■分析所有針對預算提出的計畫。

■準備投資計畫的授權情況、支出狀況與歷史資料的變化之彙總報告。

■在季報中彙總已發生與預期發生的現金流量。

公司理財方面的銀行業務主管

基本功能：透過行銷所有的銀行業務來維持並擴大現存的顧客關係，此外，積極發展新的客户。

主要負責的職務：

■拜訪總部靠近銀行辦公室的 Fortune 500 大企業。

■透過產品創新及穩定的競爭力，維持與現存客户的良好關係。

■尋找所有可由銀行提供服務項目的機會，包括借貸、現金管理、退休金管理、外匯及利率風險管理、稅的管理與購併需求等。

■針對透支帳户、借貸文件、利率資訊、信用核準進度及信用分析備忘錄等管理，提供主動跟進的服務等。

■邀請專家來探討顧客所需的技術產品。

■保持產品新技術的更新。

■透過電話聯繫以了解顧客的需求。

■檢視檔案及年度報告。

續圖 1-5

帳戶的執行者（證券經紀人）

基本功能：對客户提出潛在的投資機會，以及以客户名義執行購買、出售及其他交易的單子。

主要負責的職務：

- 對客户提出投資建議。
- 以客户名義執行交易。
- 透過新接觸客户及舊有客户擴張市場。
- 學習新的投資產品。
- 職位如同記帳員與客户間的連絡人。
- 閱讀研究報告以掌握市場的最新動態。

不動產抵押分析師——產品創新

基本功能：掌控所有與獲取傳統抵押貸款及不動產投資應用有關的產品創新、分析與協議。

主要負責的職務：

- 結合傳統貸款與購買不動產的機會制定條款、利率等條件。
- 分析客户的財務狀況及過去的績效表現，例如不動產類型、所在地點、設備及競爭狀態。
- 詳查不動產的資料。
- 準備貸款申請及報價建議的詳細分析資料。
- 準備不動產管理會議備忘錄。
- 準備管理會准許投資的契約文件。
- 協助契約條款的協議。
- 幫客户解決在抵押情況下可能會損及公司權益的問題。
- 準備所有處理流程中所需的股東或監督人之相關印鑑。

續圖1-5

專業財務組織

商界有數個財務經理的專業組織，包括財務執行機構、財務分析師組織和財務管理學會。這些組織提供了專業互動與終生學習的機會。

財務管理學會（FMA）設立的目標是藉由《財務管理》季刊的出版，爲財務的學院研究與財務經理實際應用的原則間搭起橋梁，財務管理學會一年也出版三次《財務管理全集》，其中重登和概述財務經理會有興趣的文章，並提供透視各種財務專業生涯的文章。財務管理學會贊助許多大學的學生社團，並贊助全美唯一的財務學生榮譽組織──國家榮譽社。財務管理學會也舉辦年度集會發表財務研究結果，由主要的學者與財務經理進行討論，並個別討論財務領域的新發展。會員資訊可由「財務管理學會」（The Financial Management Association）取得：College of Business Administration, University of South Florida, Tampa, Florida 33620, U.S.A.以及網站www.fma.org.

本書的組織

本書將提供財務管理中有用的分析工具和實例敘述，但這些只屬導論性質，我們並不企圖讓讀者專精於財務決策的各個方面。相反的，本書欲達成的目標如下：

1.讓讀者熟悉財務經理人所面臨的決策類型。

2.以系統的方式發展出一套可以分析這些決策的架構。

3.提供基本知識給想要更深入研究財務管理的讀者。

儘管本書將主題分成各個部分分別討論，但在實務上，多數的財務決策都彼此相關，不能將它們分開考慮。

本書每章開頭都有該章主要觀念的預覽概要和該章的新詞彙，接著是與該章有關的一個眞實的財務課題。每章結尾有該章的條列摘要，和廣泛衍生的問題測驗，包括有詳盡解答的「自我測驗題」，你可以使用它來測試你對該章內容了解多少。有些章節則有更複雜而整體的個案。在適當的時候，我們將特殊的國際行銷管理議題、道德議題的討論也貫串本書。讀者可「自行核對」書末對部分問題所提供的解答。

本書的各部分內容

第一部分　導論

第2章討論國際金融環境的主要因素，包括美國金融環境的結構、股票交易所扮演的角色、各類衍生性金融商品及國際財務管理。第3章則探討用來衡量一公司財務表現的財務報表與比率。

第二部分　價值衡量的決定因素

價值衡量是本書的中心主題之一。第4章討論金錢的時間價值觀念，該觀念被應用於證券和長期投資計畫的價值衡量。第5章提供財務風險觀念以及風險、預期報酬與最大化股東財富目標間關係一個明瞭的導論。第6章探討固定收入證券，如債券和特別股的基本評價模型。第7章則探討普通股的評價與銀行投資者的角色。

第三部分　資本投資決策

這部分焦點在於資本支出──即長期資產的投資。第8和9章討論資本預算，亦即投資長期資產的分析過程。第8章探討與長期投資計畫有關的現金流量（成本與收益）的衡量。第9章探討爲使公司價值極大化，在評估投資計畫時可以應用的各種決策標準。第10章延伸第9章的概念，探討如何在評價時將與計畫有關的現金流量的風險因素考慮進來。

第四部分至第六部分則將於下冊做全面性的介紹，在此只針對各章進行重點式的說明。

第四部分　資金成本、資本結構與股利政策

第11章列舉衡量公司資金成本的原則。公司的資金成本是資本預算中的一項重要輸入項。第12和13章探討資金成本與公司的資本結構的關係。第14章討論影響股利政策選擇的因素和各種股利政策對公司價值的影響。

第五部分　營運資金管理與財務預測

第15到18章研討一個公司的的流動資產與負債帳目的管理，亦即淨營運資金。第15章總覽營運資金的管理，著重於營運資金管理決策中所包含的風險——報酬的取捨，同時也探討財務預測。第16章探討與流動資產管理有關的問題。第17章探討應收帳款與存貨的管理。最後，第18章討論安全與危險的短期與中期信用管理問題。

第六部分　當代財務管理的主題

第19章討論租賃財務。第20章集中討論與選擇權有關的其他資金管道，包括可至轉換證券、權證與可贖回債券。第21章討論影響匯率風險的因素。第22章探討公司結構重整的決策，包括購併、破產和組織再造。

摘要

1.企業組織的三個主要形式爲獨資、合夥與股份有限公司。股份有限公司有許多地方優於其他二個形式，特別是大型企業；因此在全美國商業活動的收入金額中，股份有限公司的企業就占了90%。

2.股份有限公司是由一個或一個以上的合法個體組成的法人。股份有限公司的所有人稱爲股東，由股東們選出董事組成董事會來處理公司的策略事務，而公司每日營運則交由公司主管負責。

3.購買公司發行的債券視爲借錢給公司，而購買權益證券的投資人則變成公司的股東。

4.一家企業的最佳組織形式會受到成本、複雜度、所有人債務、企業的延續性、所需資金大小、所有人想攬權的程度與稅的考量所影響。

5.財務管理決策的主要目標是最大化股東財富，其成效可由一公司的股票價格來衡量。此目標允許決策者作出風險與報酬和長期與短期利益間的取捨。

6.代理關係，例如股東與經理人的關係或擁有者與借款者間的關係，代理問題或代理成本的產生對公司表現有重要影響。

7.一個公司所產生的現金流量的金額、時點和風險大部分是由主要的財務管理決策所決定，包括投資、股利、財務和所有權結構決策等。這些決策需考量整體經濟環境的多項因素來作出決定。

8.個體經濟學中邊際成本相等於邊際收益的規則（MR＝MC）爲許多財務管理問題提供一個解決架構。

9.現金流量的概念是財務的一個基本概念。財務經理將注意力集中在籌募資金以投資在能爲公司及其擁有者製造未來現金流量的資產。

10.淨現值（NPV）規則對財務分析至爲關鍵。一項投資的淨現值等於未來報酬的現值減去最初的支付。未來收付將依一個反映該投資的預測風險的利率來折現。

11.公司所採用的投資計畫的淨現值代表該投資對公司價值及股東財富的貢獻。

12.公司藉由商業交易所產生的現金流量的過程，是欲將股東財富最大化的經理的一個主要關注的重點。

13.財務經理們愈來愈注重其商業決策的道德議題。道德決策與執行需與股東財富最大化的目標一致。

14.財務功能通常由一位副總裁或財務總裁負責。財務管理的責任多半區分成稽核人員與財務管理人員。稽核人員一般負責所有與會計相關的活動，而財務管理人員則常負責資金的取得、監控與支出。

15.財務管理與其他商業決策領域緊密相關，特別是會計與經濟學。

16.財務專業領域提供與公司財務功能有關及金融服務方面的工作機會。

問題與討論

1.股東財富的定義爲何？如何衡量？

2.最大化股東財富與最大化利潤的差異爲何？如果公司選擇了追求最大化股東財富的目標，是否表示排除了最大化利潤之決策準則？請解釋原因。

3.何種形式的公司最可能最大化股東財富——是股權分散且股東不介入公司經營的公司形式，還是一人完全持有之公司形式？

4.最大化股東財富目標是短期還是長期目標？請解釋你的答案。

5.一般常在爭論最大化股東財富的目標是不實際的，因爲公司還必須肩負社會責任（如對藝術、教育的貢獻）。請解釋爲何社會責任不一定和股東財富最大化一致。

6.說明爲何經理人會傾向於追求其他目標，而非股東財富最大化。

7.說明何謂「代理關係」和「代理成本」。

8.舉一些例子說明在代理關係中，股東可能產生的成本。

9.股東和經理人間衝突產生的原因爲何？在這種關係中，誰是代理人，誰是主體人？

10.說明在大企業中財務人員和稽核人員責任的不同？

11.說明財務管理和：⑴個體經濟；⑵總體經濟的關係。

12.爲何每股盈餘不是衡量公司表現最好的指標？

13.Metropolitan壽險公司、Swiss Bank和其他RJR Nabisco公司債的持有人，提出反對該公司讓Kohlberg Kravis Roberts融資買下。你認爲這些公司債持有人爲何要反對這項行動？你能提出哪些支持和反對公司債持有人如此做的原因？

14.哪些主要的因素決定公司股票的價值？

15.淨現值的觀念和股東財富最大化有何關係？

16.因爲外部投資人的壓力，包括：Carl Icahn，USX公司——U.S Steel和Marathon Oil的母公司——宣布將股東分割爲鋼鐵股和能源股。市場對這項消息給予正面的回覆，使USX公司股價在宣布當天從2.37美元上升到31.25美元。你認爲該公司這項舉動爲何會造成市場如此的反應？

17.在1992年，R. H. Macy & CO.宣告破產，你如何將公司宣告破產和股東財富最大化加以連結？

18.高度的遵守企業道德如何有助於達到股東財富最大化？

19.比較獨資企業、合夥企業與股份有限公司的代理問題。以你自己的觀點說明爲何股份有限公司的組織形式如此受歡迎？

名詞解釋

agency relationships　代理關係

當一人或多人（委託人）雇用另一人（代理人）來管理前者之事業時，即發生代理關係，並衍生出代理問題及代理成本。財務上有兩個重要的代理關係，即爲股東與經理人的關係以及股東與債權人的關係。

agent　代理人

在代理關係中接受委託人的委託主掌管理之權，並肩負追求委託人的最大利益之責任的一方。

book value　帳面價值

資產或公司的會計價值，亦即普通股的每股帳面價值等於公司的淨值（股東權益）除以流通在外的股數。

corporation　股份有限公司

企業以法人的資格存在，而股東則分別持有該公司的股票。股份有限公司的主要優點爲股東責任有限、永續經營與股權變化的彈性。

discount rate　折現率

計算現值時所使用的利率，又稱爲要求報酬率。

market value　市場價值

股票在市場交易的價格。

net present value　淨現值

某投資計畫未來預期現金流量的現值減掉期初的支出，亦即此投資對股東財富的貢獻。

partnership　合夥企業

公司由二人或二人以上合夥組成以獲取利益，在一般的合夥情形下，每一個合夥人對公司債務的責任是無限的，有限合夥則允許一人或一人以上合夥人的責任是有限的。

present value　**現值**

未來支付或收入金額以適當折現率計算所得的目前價值。

principal　**委託人**

在代理關係中雇用代理人來執行管理之責的一方。

risk　**風險**

未來實際報酬與期望報酬相異的機率，亦即報酬的變動性。

shareholder wealth　**股東財富**

公司股東未來期望報酬的現值，一般以股東所持有的普通股市值來衡量，也就是以每股價格乘上流通在外的股數。

sole proprietorship　**獨資企業**

一人擁有的公司，對公司的債務責任是無限的。

stakeholders　**關係人**

公司的利益關係團體，包括股東、債權人、供貨商、顧客、員工、共同利益之人以及債權人。

第2章　國際金融市場

本章重要觀念

1.在美國的金融體系中，資金從儲蓄者（如：家庭）流到投資者（如：企業)，中間經過金融中介者和金融媒介機構。

a.金融中介者包括證券經紀商和投資銀行。

b.金融媒介機構包括商銀、存款機構、投資公司和融資公司。

2.金融市場可分爲貨幣、資本市場以及初級、次級市場。

a.到期日在一年之內的短期證券流通於貨幣市場。到期日在一年以上的長期證券流通於資本市場。

b.新發行的證券流通於初級市場。發行後的證券流通於次級市場，如：紐約證交所、美國證交所、櫃檯市場。

3.從事國際性交易的企業除了面臨著國內交易所帶來的風險，也面臨著政治風險和匯率風險。

4.匯率是指一種貨幣轉換成另一種貨幣的比例。

a.即期匯率是指立刻買賣交割的匯率。

b.遠期匯率是在未來交割但現在簽約的匯率。

5.歐元市場對跨國公司來說，是除了國內融資外，另一個融資的管道。LIBOR倫敦同業銀行間拆款利率，是歐元貸款計價的基本利率。

6.在效率資本市場中，證券價格代表著證券持有者未來現金流量眞正經濟價值的不偏估計值。

7.持有期間報酬衡量持有某一證券實際或預期的報酬，包括價格變動、盈餘分配，如：股利或利息。

財務課題——Daimler-Benz AG公司到紐約證交所掛牌的決定

1993年10月5日德國賓士汽車的母公司——Daimler-Benz AG公司，開始在紐約證交所上市交易。雖然這次的掛牌上市吸引了不少人的注目，但這只是外國公司進入美國資本市場潮流中的一個例子。外國債券在美國的發行量已從1985年的100億美元增加到了1993年的1,000億美元，而外國證券的發行量也從10億美元成長到100億美元以上。

外國公司必須符合SEC嚴格的法令規定才能在美國上市交易，包括：財務報表的調整和會計資訊的充分揭露。Daimler公司在過去長期中均保持著穩定的利潤，這有部分是歸功於該公司巧妙的利用了過去累積但卻未認列的盈餘準備來製作財務報表。當產品需求減少，產生營業損失時，該公司便認列過去的盈餘準備，使公司的財務報表仍然出現利潤。但爲了符合紐約交易所的資格條件，該公司必須要重新檢查其會計原則，並減少認列這些盈餘準備。因此，Daimler公司被迫於1993年的前半年承認了自二次大戰後的第一次損失5億9千2百萬美元。爲什麼Daimler公司願意接受財務報表徹底大翻修，只求能在美國上市呢？

因爲跨國公司（如：Daimler公司）都迫切想進入最便宜的資本市場。就Daimler公司來說，對資金的迫切需求以及有300,000位潛在股票購買者，使得經理人員覺得再多的財務揭露都是值得的。除此之外，Daimler公司正計畫在阿拉巴馬州設廠，在美國取得資金正好可以規避掉部分的匯率風險。Daimler公司從這個決定到底獲得什麼好處呢？該公司的經理人深信進入美國資金市場將可加強其取得最低廉資金的能力，的確，自從Daimler公司宣布在紐約交易所掛牌的計畫後，該公司的股價上漲超過30%，遠遠超過同期間道瓊股價指數中德國指數的11%。Daimler公司和美國投資銀行將這次的成功歸因於美國投資者對該公司股票需求的增加。許多其他的歐洲公司，如：Nestle SA，正計畫如何以最好的方法進入美國這個巨大的資本市場。

本章將介紹國際金融市場和外匯市場的基本原理，這些知識將有助於經理人員從事資源配置和融資決策，進而達到股東財富最大化的目標。

緒論

本章將介紹各種不同的企業組織形態以及與其相關的金融市場，因爲金融市場扮演著將有限的資源從儲蓄部門（如：個人）分配到投資部門（如：公司）的角色。對於各種所得稅制以及所得稅在財務管理上的含義也將作簡短的說明。公司所得稅和個人所得稅的存在對財務經理人具有重大的影響，因爲許多財務決策是立基於稅後現金流量，因此，不管是財務專業人員或一般商業人員都必須對稅務問題有基本的認識。除此之外，我們將金融市場區分爲貨幣市場和資本市場，由此來描述美國金融體系的運作、討論主要的金融中介者，並以紐約證券交易所爲代表例子來探討次級市場的運作和結構，進而由此發展出效率市場的觀念。最後我們將示範如何閱讀並解釋金融市場上的資料，以及計算持有期間的報酬率。

所得稅與財務管理

稅法的知識在作出影響股東財富的商業決策時相當重要，譬如選擇何種商業組織、配發何種有價證券、從事何種投資計畫……等等。

聯邦稅法的特定法規（所得稅與折舊）適用於〔附錄A〕所討論的有限公司。

財務管理中所得稅的意義

所得稅對財務決策的影響將在本書中各個適當的章節做詳細的說明，但在這一小節我們將先簡短地論述一些較具體的課題。

資本結構理論

當一個企業在決定其資本結構政策時，課稅制度是重要的考量因素，因爲當企業以發行公司債來融資時，公司債所負擔的利息費用可以扣抵公司所得稅，但若是藉由發行股票來融資，則不論是**普通股**（common stock）股利或特別股股利均無法扣抵公司所得稅，也就是說，如果某公司今年有正的稅前盈餘且適用40%的所得稅稅率，且該公司因舉債而每年增加$1,000,000美元的利息費用，那麼利息費用便可以扣抵400,000（＝0.40 × 1,000,000）美元的所得稅，故實際上公司只花了600,000（＝1,000,000－400,000）美元的利息費用。此外，因舉債具有抵扣所得稅的好處，也促成了融資買下及財務重整的興起。

股利政策

公司的股利政策受個人所得稅的影響。當公司發放股利給普通股股東時，股利立刻成爲股東個人的所得而加以課徵個人所得稅；相反的，如果公司以保留盈餘再投資來代替發放股利，將可能使股價因此而提高，且個人所得稅將遞延到股東賣出股票時才支付。因爲保留盈餘具有遞延支付個人所得稅的好處，使得部分投資人（如：適用較高稅率者）偏愛企業將盈餘再投資來提高未來的資本利得，而非立即發放現金股利。這類投資者的偏好對公司的股利政策有重要的影響，尤其是小型、持股集中的公司。

資本預算

公司資本支出決策亦受公司所得稅的影響。當公司取得所需資產時，必須考慮稅後現金支出，就連此資產將替公司賺取的一連串所得也要加以課稅。此外，資產的「折舊費用」也間接地可以減少稅負，類似機器、大樓等資產均可以「折舊」抵扣成本某一比例的稅。在稅法中對於各種折舊方法均有詳盡說明。但「折舊費用」並沒有眞正的現金流出（現金流出只有在購買資產當時），它只是單單減少公司應課稅所得，也因此減少應繳所得稅數額。隨著稅法中折舊率的上升值（下降），增加（減少）整個投資計畫現金流量的現值，使投資計畫變得更有價值（更沒價值）。因此，身爲一位財務經理人必須時時注意稅法的改變。

租賃

當企業考量該以租賃方式或直接購買來取得資產時，通常會以稅賦問題爲出發點。如果承租人（lessee）面臨虧損或不需課稅（非營利事業）時，以租賃方式來獲得資產較有益處，因爲出租人（lessor）可以將其獲得稅賦的好處轉移到承租人的租賃費率上。

以上所提到或未提到的稅務課題，對財務決策的影響都將會在本書中加以探討，而且這些課題也是在財務管理實務上常會遇到的問題。

本書使用的稅率

美國稅法對公司課徵所得稅採累進稅率——即所得愈高適用的稅率也愈高。雖然在本章附錄中，最高一級的邊際稅率（對下一美元所適用的稅率）爲35%，但在本書中我們將一律使用假設的稅率40%，而非實際上的35%。我們之所以這麼做的原因有兩個：第一是可以簡化設計；第二是大多數的公司除了受聯邦政府課稅外，同時也要向州政府繳交所得稅，而40%是最接近這兩種稅制的近似值。

美國金融體系的概況

美國的金融體系具有使整個經濟有效運作的機能。金融體系就如同是將資金從儲蓄部門移轉到投資部門的運輸工具。而投資部門支付給儲蓄部門提供資金的報酬率則是在競爭激烈的市場中由供需雙方共同決定；在本書後面章節，我們將會提到公司是否進行投資活動將受控於這個報酬率。因此，對一個財務經理人而言，充分了解金融市場的組成要素和運作機能來降低投資計畫的資金成本是相當重要的。

將整個社會當做一個部門，在某特定期間內，實現的儲蓄必等於實現的投資，這就是所謂的「儲蓄—投資循環」。

表2-1爲1992年美國「儲蓄—投資循環」的摘要（單位十億）。當年的總儲蓄毛額爲$687.8——由私人儲蓄$212.6加上企業部門儲蓄毛額$757.7再扣掉政府赤字$282.5而得（此政府赤字包含：聯邦政府、州政府、地方政府的赤字；可將政府赤字視爲負儲蓄）。投資毛額也總計是$687.8——由國內私人投資$770.4扣掉國外淨投資$49.9得來，其中，國外淨投資$49.9表示外國企業投資於美國的金額比美國企業到外國投資的金額多了$49.9。（因爲

表2-1　1995年美國儲蓄和投資毛額

（以十億美元爲單位）

私人儲蓄		$240.8
企業部門儲蓄毛額：		
未分配盈餘	$142.5	
折舊抵減	679.2	821.7
政府盈餘或赤字(—)		79.1
總儲蓄毛額		$1,141.6
國內私人投資		$1,287.2
國外淨投資		-141.1
統計誤差		-4.5
投資毛額		$1,141.6

Source: *Federal Reserve Bulletin* (August 1996): A49.

估計誤差，表中多了一項統計差數$32.7)「儲蓄—投資循環」仰賴於淨儲蓄者（或盈餘支出單位）和淨投資者（或赤字支出單位），當淨儲蓄者將資金移轉到淨投資者時，整個循環便告完成。美國金融體系（包括金融市場及所有的金融機構）的主要目的便是促進上述資金的流通。圖2-1利用圖表來描述這些連續的資金流動。

資金從盈餘支出單位（如：家庭）移動轉到赤字支出單位（如：企業），中間會經過金融媒介者和金融中介機構。金融媒介者包括：經紀商，進行有價證券買賣的撮合；自營商，將自己庫存的有價證券賣給投資人；投資銀行，協助公司發行有價證券。經由此種方式買賣的有價證券稱爲初級證券（primary claims），因爲它們是由借款人直接發行賣給儲蓄者（出借人）。

金融機構包括：商業銀行、存款機構、投資公司、退休基金、保險公司

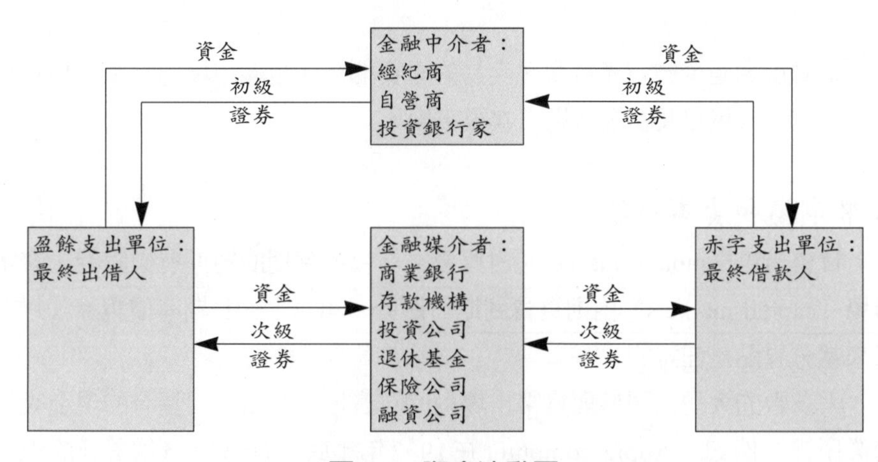

圖2-1　資金流動圖

以及融資公司。他們不同於金融媒介者的地方是，金融中介機構發行「間接證券」給儲蓄者而非「直接證券」(銀行的存款帳戶便是間接證券的例子)。金融中介機構可以直接借錢給公司，但可能會有倒帳的風險。一般而言，個人或家庭都不願意在公司可能倒帳的情況下借錢給公司，但他們卻允許商業銀行來運用他們的資金，因爲銀行會同時給予個人和家庭流動性和安全性的保障。

因此，金融中介機構加速了資金的流通，而他們的報酬便是率差(interest rate spread)，舉例來說，銀行可能以平均11%的利率借錢給企業，支付8%的利息給存款人，那麼便有3%的率差來支付員工薪資、其他開銷費用以及做爲股東的報酬率。這些種類繁複的金融中介機構將在下一小節做更詳細的解釋。

金融資產

雖然金錢是最顯而易見的金融資產，但仍然有許多其他種類的金融資產，包括：債券、股票，債券和股票同時代表對公司資產及未來盈餘的請求權。對持有債券、股票的投資人來講，這就是他們所擁有的金融資產，同時，債券和股票分別記載於公司資產負債表中的負債及股東權益二項。

金融市場

金融市場是金融資產買賣、交易的重要樞紐。金融市場通常區分爲貨幣市場、資本市場以及初級市場、次級市場。

貨幣市場和資本市場

貨幣市場(money market)內買賣一年以內到期的短期有價證券，**資本市場**(capital markets)內則買賣到期日距今一年以上的長期有價證券(以一年來當分界點是任意的)。

大多數的大型公司參與貨幣市場內的買賣，尤其當公司握有的現金大於營業所需，例如，Apple computer在1992年年底共有超過14億美元的現金和短期投資，將近該公司流動資產的40%、總資產的34%。藉由投資於貨幣市場中短期證券，該公司便可獲得利息收入，而非白白地將資金閒置於不生利息的銀行支票帳戶中。

而公司進入資本市場另一個目的則是經由發行債券或股票來獲取長期資金。在美國，大多數的公司無法單由內部來取得它們所需的全部資金，因此它們必須進入資本市場對外募集額外的資金。例如，在1995年間，一家大型的連鎖餐廳Apple South，必須支付1億7,260萬美元的資本支出以及63萬美元的股利支出，而同年營運現金收入爲5,130萬美元，因此，Apple South必須對外舉借4,640萬美元的借款，並發行5,980萬美元的普通股。

初級市場和次級市場

投資者購買新發行的有價證券便是屬於**初級市場**（primary market）的交易，而這些投資者所付的價款則直接流入發行公司的手中。在平常的營業日，我們很容易就可以從《華爾街日報》看到許多發行債券和股票的公告（因爲這些公告文字類似墓誌銘，故又稱「墓碑」）。**圖** 2-2是Panhandle Eastern公司發行新股的公告，該公司的股票也在紐約證交所買賣。在1993年5月25日，該公司經由投資銀行團以每股21.25美元的價錢協助承銷共9百萬股。這次的發行非常成功，在發行後的第三十天，股價已上漲到24美元以上。值得一提的是，這次發行的新股有一部分（占總數80%，即180萬股）是指定給國際證券經紀商承銷，賣給外國投資者的。

投資者若把手中的股票轉賣出去便是屬於**次級市場**（secondary market）的交易。美國的次級市場發展得相當良好，股票可以在證券交易所集中交易，如：紐約證券交易所（NYSE）或美國證券交易所（AMEX）；也可以在櫃檯市場集中交易（OTC）。關於次級市場的結構和運作，我們將在下一節詳細討論，而初級市場的運作情形則將在第7章加以探討。

金融中介機構

種類衆多的金融中介機構加速了資金在盈餘支出部門和赤字支出部門間的流通。這些不同的金融中介機構擅長於吸收各存款（資金來源）和進行各種投資（資金運用）。

This announcement is under no circumstances to be construed as an offer to sell or as a solicitation of an offer to buy any of these securities. The offering is made only by the Prospectus Supplement and the Prospectus to which it relates.

New Issue **May 25, 1993**

9,000,000 Shares

PANHANDLE EASTERN CORPORATION

Common Stock

Price $21.25 Per Share

Copies of the Prospectus Supplement and the Prospectus to which it relates may be obtained in any State or jurisdiction in which this announcement is circulated from only such of the undersigned or other dealers or brokers as may lawfully offer these securities in such State or jurisdiction

7,200,000 Shares

The above shares were underwritten by the following group of U.S. Underwriters.

Merrill Lynch & Co.

Dillon, Read & Co. Inc.

Kidder, Peabody & Co.
Incorporated

The First Boston Corporation | Alex. Brown & Sons Incorporated | A. G. Edwards & Sons, Inc.
Goldman, Sachs & Co. | Howard, Weil, Labouisse, Friedrichs Incorporated | Lazard Frères & Co. | Lehman Bros.
Mabon Securities Corp. | J.P. Morgan Securities Inc. | Oppenheimer & Co., Inc.
Prudential Securities Incorporated | Rauscher Pierce Refsnes, Inc. | Salomon Brothers Inc.
Smith Barney, Harris Upham & Co. Incorporated | UBS Securities Inc. | Dean Witter Reynolds Inc.
Advest, Inc. | J.C. Bradford & Co. | Cowen & Company | Dain Bosworth Incorporated | First Albany Corp.
First of Michigan Corporation | Janney Montgomery Scott Inc. | Kemper Securities, Inc.
C. J. Lawrence Inc. | Legg Mason Wood Walker Incorporated | Piper Jaffray Inc.
The Principal/Eppler, Guerin & Turner, Inc. | Raymond James & Associates, Inc.
The Robinson-Humphrey Company, Inc. | Stifel, Nicolaus & Company Incorporated | Wheat First Butcher & Singer CAPITAL MARKETS
Brean Murray, Foster Securities Inc. | The Chicago Corporation | Johnston, Lemon & Co. Incorporated
Parker/Hunter Incorporated | Petrie Parkman & Co. | Roney & Co. | Scott & Stringfellow, Inc.

1,800,000 Shares

The above shares were underwritten by the following group of International Underwriters.

Merrill Lynch International Limited

Dillon, Read & Co. Inc.

Kidder, Peabody International
Limited

ABC International Bank plc | Barclays de Zoete Wedd Limited | Christiania Fonds AS
NatWest Securities Limited | Société Générale | UBS Limited

圖2-2 Pahandle Eastern公司發行普通股公告

商業銀行

商銀同時接受活期存款（以支票帳戶形式）和定期存款（以儲蓄帳戶或定期存單的方式），而這些資金則可以借給個人、企業和政府。商銀是短期借款的重要來源。某些營運具有季節性的企業，如：零售商、製造業者（像是買賣休閒器材）、食品加工業者和建築業者，經常需要借助短期融資以度過生產高峰期。至於其他種類的企業或多或少對短期融資有連續性的需求，必須事先和銀行約定以方便在短期間內可隨時取得短期融資。舉例而言，General Motors在1993年間便和118家銀行訂定協議取得總計206億美元的信用額度（lines of credit）。這些銀行團包括美國、加拿大、歐洲、日本等國家的金融機構。另外，General Motors在歐洲、加拿大和澳洲的子公司也取得了40億美元的信用額度。這些協議下的信用額度使得General Motors在必要時，可快速獲得所需的融資。由上面這個例子可看出，銀行的確爲企業提供了更「長久」的短期融資。

商銀同時也是提供**分期貸款**（term loans）的重要來源之一，分期貸款是指原始到期日在一至十年間，而必須在其持續期間內分期償清。而這些分期貸款的資金可以供企業取得短期資產（如：存貨、應收帳款）和購買廠房、設備，也可以用來償還其他的債務。

儲蓄機構

儲蓄機構包括儲蓄貸款協會、儲蓄互助社、信合社，這些機構同時辦理活期存款和定期存款。儲蓄貸款協會和儲蓄互助社利用其所取得的資金辦理房屋貸款，而信合社則主要是辦理消費者貸款。

投資公司

投資公司（如：基金公司、房地產投資信託）將衆多儲蓄者的資金集合起來投資於各種不同的資產。共同基金根據其目標投資於特定的金融資產——如：債券、股票或各種金融工具——共同基金希望透過風險分散和專業人員的投資管理來達到超強的投資績效。房地產投資信託（REITs），就如其名稱所示，是將資金集中投資於房地產。

退休基金

私有的退休基金集合雇主（及員工）所繳存的退休金投資於各種類型的金融資產（如：公司有價證券）或實質資產（如：房地產）。而退休基金通常是由銀行信託部門及人壽保險公司代爲管理。

保險公司

保險公司向個人或團體收取定時或定額的保險費，以承諾未來支付契約的款項。壽險公司針對具有保險利益的事項如：被保險人死亡或殘廢，給付保險金。產物保險公司則針對保險人因火災、偷竊、意外事故和疾病所導致的財務損失，給付保險金。保險費則做爲未來支付保險金的準備金。這些準備金可投資於各類型的資產，如：公司有價證券。

融資公司

融資公司可以由自行發行債券和向商銀貸款取得資金，而這些資金可以貸放給企業和個人。有些融資公司甚至是專門爲了替母公司從事融資買賣而設立的。一個衆所皆知的例子便是General Motors Acceptance Corporation（GMAC）。

美國證券市場結構與運作

我們在前面討論過，資本市場通常分爲初級市場和次級市場。新的有價證券在初級市場發行，發行公司直接取得資金，成爲該公司的新資本。已發行的有價證券則在次級市場交易，證券持有者可以藉此賣給其他投資人；而證券在次級市場買賣，發行公司並不因此獲得新的資金。

雖然初級市場和次級市場是分離的，但兩者仍然關係密切。運作順暢的次級市場將有助於初級市場的發展，因爲投資人知道他們在初級市場購買的證券，將來可以在次級市場中賣出，投資人更加願意購買新發行的證券。實際上，因爲次級市場具有潛在的流通能力，使得投資人願意接受較低的投資報酬率，也因此降低了公司的資金成本。

證券交易所和股價指數

次級市場可以分為：集中交易市場和櫃檯市場二種。正式掛牌的**證券交易所**（listed security exchanges）在指定的場所營業，並且訂定準則來管理哪些種類的證券可以掛牌上市；**櫃檯市場**（Over-The-Counter, OTC）則沒有集中交易的場所，是經由證券經紀商利用電話和電腦終端機組成的通訊系統，針對其願意買賣的證券種類叫價來進行交易的。

正式掛牌的證券交易所

紐約證交所又稱Big Board，是美國歷史最悠久且最大的證券交易所，共有超過2,000種的股票和800種的公司債在此掛牌上市。一家公司的股票若想要在紐約證交所內掛牌交易，必須達到一些特定的最低標準，如：總股票發行量、股東人數、股權分散、資產價值、股票市價以及稅後盈餘狀況。因此，能在紐約證交所掛牌的通常是較大型的公司。

紐約證交所主要是由購買到會員資格或席位（seats）的證券公司所組成的，席位的價格因證券業前景好壞而不同。另一個國有的交易所是：美國證交所，它和紐約證交所一樣都是位於紐約市內。在美國證交所掛牌的公司，平均而言，較小於在紐約證交所掛牌的公司。

除了國有的證交所外，在美國各地還有許多地方性的交易所，最大的二個是：位於芝加哥的中西部證券交易所和位於舊金山、洛杉磯的太平洋證券交易所。一般來說，會在地方性證交所掛牌的公司通常是地處於同一地理區域。許多大公司同時在紐約證交所和一個以上的地方性證交所掛牌交易。

紐約證交所和一些地方性交易所（包括：中西部證交所、太平洋證交所、費城證交所、波士頓證交所和ｘｘ證交所）的交易活動，通常都以「紐約交易所混合交易」一起報導在金融刊物（financial press）上。

櫃檯市場

證券不在交易所掛牌交易的稱之為「櫃檯交易」。雖然許多銀行和保險公司、大公司的公司債、**優先股**（preferred stock）以及大部分的美國公債、市政公債都在櫃檯市場中交易，但一般說來，通常在櫃檯市場交易的都是一些相當不知名的小公司。次級市場的證券商扮演著使櫃檯市場順暢交易的角色，因爲它們眞正購買證券當做存貨來做爲日常的交易，可以說是替證券開啓了一個市場。

在每個營業日，《華爾街日報》刊載了櫃檯市場股票的報價。這些報價均來自於NASDAQ——全國證券自營商的自動報價系統。這套報價系統有助於將櫃檯市場整合提升到全國性的水準。

股價指數

股價指數提供了一個代表某一日股票市場全部或某部分表現如何的指標。最常用的股價指數便是「道瓊工業指數」(DJIA) 了。它是以30家知名的大型工業公司爲代表，計算方式是將這30家公司股票價格加總再除一個不考慮股票股利和股票分割的權數。當收音機播報著：今天市場上漲了5點，是指道瓊工業指數上升了5點。而道瓊工業指數每移動一點，表示道瓊工業指數內的股票平均移動了0.07美元。

「道瓊運輸指數」是以20家鐵路、航空、卡車公司所組成，而「道瓊公用事業指數」則是由15家公用事業股價計算而來，另外，DJCA (Dow Jones Composite Average) 則是將「道瓊工業指數」、「道瓊運輸指數」和「道瓊公用事業指數」混合計算而得。

另一個較常用的股價指數是：「S&P 500」，它選取的股票種類比道瓊工業指數更爲廣泛，共選取了400家具有領導性的工業公司、20家運輸公司、40家公用事業以及40家金融機構。S&P 500是一種市場總值加權的股價指數，也就是說，如果某一種股票的市場總值是2,000萬美元，那麼它對股價指數的影響便是市場總值1,000萬美元股票的二倍。

證券市場的管理

地方政府以及聯邦政府均對證券事業加以管理，從1911年的堪薩斯州 (Kansas) 開始，美國50個州都通過了所謂的「藍色天空條款」(Blue Sky Laws)。儘管有這項條款，在1920年代，還是有許多投資人得不到完整的資訊，甚至被不實的消息所矇騙。有鑑於此，加上受1929年股市大崩盤和1930年代經濟重整的影響，終於訂定了二項重要的證券法規——1933年的

STOCK MARKET DATA BANK

MAJOR INDEXES

†12-MO HIGH	†12-MO LOW		DAILY HIGH	DAILY LOW	CLOSE	NET CHG	% CHG	†12-MO CHG	% CHG	FROM 12/31	% CHG
DOW JONES AVERAGES											
6560.91	5032.94	30 Industrials	6468.54	6352.82	6442.49	− 5.78	− 0.09	+1268.65	+24.52	+1325.37	+25.90
2315.47	1882.71	20 Transportation	2256.29	2215.91	2222.07	− 33.60	− 1.49	+ 205.31	+10.18	+ 241.07	+12.17
238.12	204.86	15 Utilities	233.09	229.53	230.99	− 1.54	− 0.66	+ 3.42	+ 1.50	+ 5.59	+ 2.48
2059.18	1655.55	65 Composite	2030.39	1995.89	2015.04	− 10.79	− 0.53	+ 299.57	+17.46	+ 321.83	+19.01
714.26	564.39	DJ Global-US	702.24	689.56	696.15	− 4.41	− 0.63	+ 113.48	+19.48	+ 114.72	+19.73
NEW YORK STOCK EXCHANGE											
398.86	321.41	Composite	392.92	386.36	389.53	− 2.77	− 0.71	+ 58.81	+17.78	+ 60.02	+18.21
503.23	403.39	Industrials	495.42	487.30	491.53	− 2.85	− 0.58	+ 76.31	+18.38	+ 78.24	+18.93
266.69	236.63	Utilities	259.94	255.97	258.95	− 0.96	− 0.37	+ 3.47	+ 1.36	+ 6.05	+ 2.39
358.60	294.40	Transportation	352.30	345.24	347.15	− 5.15	− 1.46	+ 40.86	+13.34	+ 45.19	+14.97
358.18	263.70	Finance	351.70	343.99	346.63	− 4.54	− 1.29	+ 74.12	+27.20	+ 72.38	+26.39
STANDARD & POOR'S INDEXES											
757.03	598.48	500 Index	742.81	729.55	737.01	− 3.73	− 0.50	+ 119.31	+19.32	+ 121.08	+19.66
887.95	702.07	Industrials	872.41	857.73	866.92	− 3.05	− 0.35	+ 142.36	+19.65	+ 145.73	+20.21
213.83	184.66	Utilities	199.21	196.18	197.11	− 1.70	− 0.86	− 7.13	− 3.49	− 5.47	− 2.70
257.41	207.94	400 MidCap	255.66	251.13	252.11	− 3.47	− 1.36	+ 36.69	+17.03	+ 34.27	+15.73
145.65	115.48	600 SmallCap	145.48	143.42	144.26	− 1.22	− 0.84	+ 25.01	+20.97	+ 23.16	+19.12
162.77	129.15	1500 Index	160.17	157.41	158.84	− 0.97	− 0.61	+ 25.52	+19.14	+ 25.60	+19.21
NASDAQ STOCK MARKET											
1316.27	988.57	Composite	1293.63	1272.34	1280.70	− 10.33	− 0.80	+ 250.88	+24.36	+ 228.57	+21.72
856.64	534.42	Nasdaq 100	826.06	805.83	815.60	− 5.76	− 0.70	+ 252.12	+44.74	− 5.76	− 0.70
1193.13	908.41	Industrials	1109.36	1093.85	1098.88	− 10.75	− 0.97	+ 154.99	+16.42	+ 134.20	+13.91
1465.43	1196.03	Insurance	1465.16	1442.84	1450.10	− 15.33	− 1.05	+ 168.28	+13.13	+ 157.46	+12.18
1273.46	990.65	Banks	1272.57	1262.79	1265.92	− 7.54	− 0.59	+ 255.99	+25.35	+ 256.51	+25.41
544.97	329.43	Computer	521.26	509.43	514.96	− 3.83	− 0.74	+ 163.31	+46.44	− 3.83	− 0.74
232.57	189.64	Telecommunications	216.68	214.15	215.71	− 0.20	− 0.09	+ 4.98	+ 2.36	− 0.20	− 0.09
OTHERS											
617.61	524.20	Amex Composite*	573.63	567.89	569.16	− 3.18	− 0.56	+ 18.57	+ 3.37	− 3.18	− 0.56
401.21	318.24	Russell 1000	394.58	387.49	391.09	− 2.66	− 0.68	+ 62.18	+18.90	+ 62.20	+18.91
364.61	301.75	Russell 2000	362.62	357.61	358.96	− 3.65	− 1.01	+ 48.19	+15.51	+ 42.99	+13.61
425.72	340.20	Russell 3000	420.17	412.88	416.46	− 2.98	− 0.71	+ 65.10	+18.53	+ 64.55	+18.34
377.41	321.64	Value-Line(geom.)	375.42	370.98	372.50	− 2.82	− 0.75	+ 41.82	+12.65	+ 41.46	+12.52
7295.57	5850.20	Wilshire 5000	...	...	7147.80	− 50.49	− 0.70	+1103.79	+18.26	+1090.60	+18.00

†-Based on comparable trading day in preceding year. *-Replaced previous index eff. 1/02/97.

Source: *Wall Street Journal* (January 3, 1997).

圖2-3　股價指數

「the Securities Act」和1934年的「Securities Exchange Act」——並且成立證券管理委員會（Securities and Exchange Commission, SEC）。聯邦立法的主要目的便是要保障證券資訊的充分揭露。

除了替已上市的和新上市的股票訂立資訊揭露的標準外，SEC也規範了「內線交易」。公司內部人員如：董事、內部主管或重要股東，一旦買賣該公司股票必須立刻向SEC報備，使消息可以公開，投資者也可藉此判斷是否要買入或賣出該公司的股票。這項通報制度主要是爲了防止內部人員利用內幕消息來牟取私利。

道德議題：內線交易

在1942年，一家公司的董事在明知盈餘增加的情況下卻向股東宣布盈餘下降，之後大舉買進該公司股票，在SEC中一位年輕的律師爲了回應這件事，便匆匆訂了一條模糊不清的法令Rule 10b-5。這條法令從此被解釋爲起訴內線交易的版本，內線交易也被定義爲：內部人利用內幕消息來買賣股票。

而Dennis Levine的故事則提供了一個年輕經理人所會面臨到的道德兩難問題。Dennis Levine是Drexel Burnham銀行家，因爲內線交易罪名入獄兩年。在1978年，年僅25歲的Levine以年薪19,000美元在Citibank當練習員時，便開始利用內部消息進行股票買賣。他起先只是向負責審理併購業務的同事打聽消息買賣「熱門股」，他第一次的內線交易可以說是幾乎沒有賺到半毛錢，因爲傳聞中的併購案並沒有實現。但在之後的七年間，經由內線交易，Levine的財富已由39,750美元增加到1,150萬美元。隨著財富的累積，他的貪婪也與日俱增。他爲自己辯解說：「我一向相信自己對內幕消息的獨到見解是令我致富的理由。而且華爾街在這些日子以來是如此瘋狂，現在是1980年代，是個過度貪婪、物質主義的年代……，在這個世界上到處有令人無法置信的10億美元，而我所賺的幾百萬美元是如此的不起眼。」Levine將內線交易解釋爲一種無損他人的「罪行」而予以合理化（的確，有部分是合理的）。但Henry Manne一位具領導地位的專家對內線交易所下的定論是：「內線交易者的利益並非來自於他人的損失，外界對內線交易的爭議——內線交易的利益必造成某個人的損失——是一點都無意義的。」此外，第一宗內線交易判決是一直到1978年才出現，也就是Levine進行內線交易的第一年。

事實上，內線交易是否爲商業犯罪仍多有爭議，利用Rule 10b-5來裁定有罪的情形也極爲少見，這是因爲Rule 10b-5本身模糊不清，並沒有將內線交易明白定義爲犯罪行爲，對於內線交易者，一般人均同意他們必須對自己的消息有十分的自信。而Levine的故事則告訴我們，當一個年輕的經理人員在剛開始創業是很容易踏出道德界線之外的。

你是否同意Manne的說法：「內線交易是無損他人的犯罪」？誰又是堅

持這種說法的人呢？你可以找到任何理由來解釋內線交易是可以被允許的嗎？

全球經濟和跨國企業

從美國進出口貿易量可看出全球經濟的重要性。在1995年，全美商品出口總計超過7,490億美元、進口總計超過5,750億美元，而商品出口和進口間的差距稱爲商品貿易餘額（merchandise trade balance）。因此，在1995年美國產生了將近1,740億美元的商品貿易赤字（merchandise trade deficit），比1991年的740億美元明顯增加。因爲全球的不景氣，使美國出口需求減少，同時美國經濟剛在復甦，因此促使貿易赤字增加。

企業可以各種不同方式參與全球金融市場，有些公司只是出口完成品到外國銷售或進口原料半成品到國內進行生產，而有的則是成立跨國企業（multinational enterprises）。**跨國公司**（multinational firm）是在一個以上的國家直接投資生產設備和分配工廠，通常這些在外國的工廠是以自立（free-standing）的子公司形式存在。世界上著名的大型跨國公司包括：美國的通用汽車、Exxon、福特、IBM、General Electric，以及Philip Morris等，日本則有：豐田汽車、日立、松下、日產以及東芝等，歐洲則包括：Royal Dutch/Shell、賓士汽車、British Peirolem、西門子、富豪、飛雅特以及雀巢等。

跨國公司的成立改變了全球企業經營的方式。跨國性組織使公司可以輕易地將生產要素，如：土地、勞力和資本移轉到最具效率的地方使用，讓原本無法移動的生產要素可以輕易地在國際間流動，因此使得資源的配置和企業決策更加複雜，同時跨國公司也有機會利用各國資本或要素市場的不完全性得到好處。此外，不管一家公司是否進行國際性業務，隨著貿易壁壘的撤除，加速生產要素流動到高效率的國家，使得所有公司又多了一項競爭項目。對美國製造者來說，如福特汽車公司，已經不再只是擔憂國內的競爭者了。在過去十年日本和德國的汽車公司已在美國直接設廠與美國本土公司面對面競爭了。

所有參與國際間商業買賣的公司都面臨某些特殊的問題和風險。首先是以不同幣別交易的困難。美國公司和外國公司進行金融交易後，通常必須將外幣兌換爲美元，因此經營國際性業務的企業必須考慮美元和外幣的匯率（exchange rate）；第二，各國間不同的政府管制、稅法、企業習性和政治環境均造成一些問題。

外匯市場和匯率

每當美國公司向外國公司購買財貨或勞務時往往涉及到兩種貨幣的問題。例如，當美國公司向英國供給商購買原料時，英國公司通常偏好以英鎊收取貨款，但美國公司卻希望以美金支付。如果買賣協議以英鎊來支付貨款，那麼美國公司必須將美元賣掉以獲得所需的英鎊，而美國公司要賣掉多少美元則視兩國匯率（exchange rate）而定。

假設在交易當時匯率爲1英鎊値1.48美元，如果英國供給商和美國公司協議交易英鎊200萬的原料，那麼美國公司便須賣掉美金296萬（即2,000,000 × 1.48/1），來取得足夠的英鎊完成交易。

在大多數國家，國際間金融交易所需的外幣均可以在大型商業銀行或中央銀行兌換爲本國貨幣，且外匯成交量是非常大的。例如，1990年國際清算銀行估計，每日全球外匯交易總額超過6,400億美元，而其中將近60%是國際銀行間的交易，大約25%是各國國內銀行所交易，剩下的便是外匯自營商或其他銀行客戶的買賣。

最重要的外匯交易中心在紐約、日本、香港、新加坡、巴林、法蘭克福、蘇黎士、倫敦、舊金山和洛杉磯。

歐洲貨幣市場

歐洲貨幣（Eurocurrency）是指某國的貨幣存在本國以外的銀行。例如，當一家美國公司把原本存在美國銀行的美元移轉到美國境外的銀行，便產生了歐洲貨幣。同樣的，在美國以外的某個人可能因爲商業交易或在外匯市場買賣而收到美元，當這些美元存在美國境外的銀行時，它們便成爲**歐洲**

美元（Eurodollars），這家銀行可以是外國銀行，如Deutsche Bank或者是美國銀行的海外分支機構，如：設於法蘭克福的Chase Manhattan。其他重要的歐洲貨幣有：歐洲馬克、歐洲日圓和歐洲英鎊，歐洲貨幣市場的總額超過5兆美元，而其中有2/3是美元市場。

以下面例子來解說，BMW賣了一輛60,000美元的汽車給美國的經銷商，美國經銷商支付BMW一張由Chase Manhattan Bank所開出的60,000美元支票。BMW可以決定如何處理這張支票，他可以立即賣出美元換取馬克，但BMW想要保留這筆美元以供日後使用（也許做爲支付向美國公司購買商品的金額）。所以他便可將這筆錢以歐洲美元存款存在德國的Chase Manhattan Bank裡。典型的歐洲貨幣存款是不可轉讓的定期存款，到期期限通常是隔夜至最長5年。

歐洲貨幣市場替跨國公司提供除了國內資金之外的融通管道。例如，美國大型的跨國公司可選擇在國內金融市場借錢，或者到國外的金融市場（如：歐洲貨幣市場）籌措資金。如果通用公司選擇到歐洲美元市場借錢，它可以從外國銀行如：倫敦的Barclays Bank、法蘭克福的Deutsche Bank取得歐洲美元貸款。而歐洲美元市場的利率通常和**倫敦銀行同業間拆款利率**（London Interbank Offer Rate, LIBOR）有關。LIBOR是歐洲貨幣市場銀行間彼此放款的利率，向歐洲貨幣市場借款的成本通常定爲LIBOR加碼。一般來說，借款利率爲LIBOR加上0.5%～3%之間，中間值爲1.5%。歐洲貨幣貸款到期年限，對信用良好的借款者最高可達十年。

歐元——歐洲共同貨幣單位

1999年，歐盟中的許多國家發明並開始使用一種新的、共同的貨幣——「**歐元**」（Euro）。這種新貨幣代表參加國家的一籃貨幣。在過渡期間，各國家的貨幣和歐元都將繼續流通，這個計畫最終將使歐元取代參加國的貨幣。

直接報價和間接報價

匯率可以直接報價或間接報價來表示。**直接報價**（direct quote）是指一單位外幣的本國貨幣價值，例如，從美國公司的角度來看，直接報價就是1單位馬克值0.58美元；而**間接報價**（indirect quote）是指1單位本國貨幣的外幣價值，從美國公司的角度，1美元值1.7241馬克即爲間接報價。直接報價和間接報價具有倒數關係，也就是說，直接報價的倒數（1 ÷ $0.58／DM）便是間接報價了。

即期匯率

《華爾街日報》每日均刊載美元和外國貨幣的匯率價格。表2-2列出1996年12月27日和1993年12月1日美元和各種貨幣的匯率價格（直接報價）。這些是銀行間100萬美元以上成交額的價格，其他小額交易的匯率價格通常是1美元值較少的外幣。表2-2就是一般的**即期匯率**（spot rates），即期匯率是指立即買賣交割的外匯價格。

銀行以某一匯率（bid）買入外匯，然後以較高的匯率（ask or offer）賣出，賺取外匯交易的利潤。例如，某家銀行可能以1馬克值0.5795美元爲買價，而以0.5807美元爲賣價，這種報價通常寫成0.5795-07，而外匯買賣價差一般在0.1%～0.5%之間。

表2-2　即期匯率

		即期匯率（美元）	
國家	幣別	1996年12月27日	1993年12月1日
澳洲	澳幣	$0.7953	$0.6588
英國	英鎊	$1.6945	$1.4775
加拿大	加幣	$0.7311	$0.7500
法國	法郎	$0.1907	$0.16829
德國	馬克	$0.6433	$0.5807
印度	盧比	$0.02790	$0.0312
義大利	里拉	$0.0006536	$0.0005816
日本	日圓	$0.008673	$0.009191
荷蘭	基德	$0.5731	$0.5178
南非	蘭特	$0.2135	$0.2967
瑞典	克朗	$0.1458	$0.1177
蘇黎	法朗	$0.7416	$0.6658
—	ECU	$1.2415	$1.11620

Source: *Wall Street Journal* (December 31, 1996 and December 2, 1993).

遠期匯率

除了即期交割，外幣也可以在今天買賣但約定在未來一段時間後交割，通常是在三十、九十、一百八十天後。在這種情況下所採用的是**遠期匯率**（forward rates），而不是即期匯率。美元和其他主要工業國家貨幣的遠期匯率也刊載於《華爾街日報》，**表**2-3是1996年12月27日部分遠期匯率的資料。

表2-3　**遠期匯率**

即期匯率（美元）1996年12月27日			
幣別	30天遠期	90天遠期	180天遠期
英磅	$1.6938	$1.6912	$1.6863
加幣	$0.7327	$0.7354	$0.7395
法國法朗	$0.1911	$0.1917	$0.1928
日圓	$0.008713	$0.008787	$0.008899
瑞士法朗	$0.7438	$0.7478	$0.7551
馬克	$0.6446	$0.6470	$0.6508

Source: *Wall Street Journal* (December 30, 1996).

比較**表**2-2和**表**2-3的即期、遠期匯率，可以看出英鎊、加幣、法國法郎、瑞士法朗和德國馬克的三十、九十、一百八十天遠期匯率均低於即期匯率，表示市場預期這些貨幣相對於美元的價值會隨時間愈來愈低。相反地，日圓的遠期匯率高於即期匯率（$0.009191／yen），表示日幣相對於美元的價值預期會上升。

某一貨幣（相對於美元）的即期匯率（S_0）以及遠期匯率的貼水（premium）或折價（discount），可用年率（annualized percentage）表示如下：

$$\text{遠期貼水或折價年率} = \left(\frac{F - S_0}{S_0}\right)\left(\frac{12}{n}\right)(100\%) \qquad [2.1]$$

其中，n為遠期契約中的月數。如果利用**公式**〔2.1〕計算出來的值為正數，表示該貨幣相對於美元有遠期貼水；若為負數表示有遠期折價。利用**表**

2-2和表2-3的匯率可以算出一百八十天期德國馬克的遠期貼水年率如下：

貼水年率＝（$0.6508－$0.6433／$0.6433）（12／6）100%＝2.33%

相同的，一百八十天期英鎊的折價年率計算如下：

折價年率＝（$1.6863－$1.6945／$1.6945）（12／6）（100%）＝－0.9678%

計算機解法

計算折讓年率或貼水年率可使用財務計算機，以上面英鎊爲例和利用**公式**〔2.1〕求出之答案相同。

輸入	0.5		－1.6945		1.6863
	n	i	PV	PMT	FV
結果		－0.9678			

計算機算出的解答與使用**公式**〔2.1〕算出的答案是相同的。

因此，我們可以說德國馬克相對於美元有遠期貼水，也就是說，美元相對於德國馬克的匯率預期走貶；而英鎊相對於美元有遠期折價，也就是美元相對於英鎊的匯率預期走強。

下冊第21章將說明從事跨國交易的公司可以利用遠期外匯市場來規避匯率風險。

外幣期貨

外幣期貨契約相似於遠期契約。兩者同樣約定在未來某一時點，以目前協議的價格，交割特定數量的某樣商品，如：外幣。**遠期契約**（**forward contract**）通常是由二個彼此認識的人協議簽訂，如：進口商和商銀，買賣雙方的義務則視其特性與信用額度而定。因爲契約內容是由雙方磋商決定，所以，遠期契約的未來執行日期、商品品質都可由雙方共同決定。遠期契約不具有流動性，也就是說，只要契約一旦簽訂，任一方都很難甚至是不可能將他在契約上的權利轉讓給別人，在契約到期時，賣方必須支付契約約定的物品，而買方則必須接受並支付貨款。

相對於遠期契約，**期貨契約**（futures contract）是一種交易所協定（exchange traded agreement）對於到期日及商品數額均予以標準化。美國最重要的外幣期貨市場是芝加哥商品交易所（Chicago Mercantile Exchange, CME）。在CME交易的契約，其到期日爲該契約到期月份的第三個星期三，而契約的最後交易日爲到期日的前二天。不同於遠期契約的是，期貨契約沒有交易風險（performance risk），契約買賣雙方並沒有直接交易，而是由交易所結算中心（exchange clearing house）充當所有契約的買者和賣者。期貨契約的買賣雙方都必須繳存擔保品，且根據契約的價格每日結算（marked to market）買賣雙方的損益，並決定是否應補繳保證金。如果投資人不補繳保證金，結算所可拍賣其期貨契約和擔保品來抵補損失。其實，期貨契約可視爲一連串每天連續到期的期貨契約，大約只有5%的外幣期貨契約是由賣方將標的物運送給買方交割了結的，較普遍的情形是，投資人會在到期日之前以沖銷交易平倉了結部位。例如，購買三月到期DM125,000期貨契約的投資人，通常會在到期日前賣出和原先相同的契約，那麼，這個投資人在結算所的部位便對沖掉了。

表2-4是1996年12月27日DM期貨契約報價。標題下的第一列指出，這是在芝加哥商品交易所買賣的DM契約，契約內標準化交割數量爲125,000DM，並且是直接報價（$per mark）；接下來三列是1997年3月、6月、9月第三個星期三到期契約的報價。第一行數字代表1997年3月到期的契約其開盤價0.6466美元／DM、當天最高價0.6468美元／DM、當天最低價0.6443美元／DM、收盤價0.6464美元／DM，而且比前一天下跌了

表2-4　期貨報價

契約日期	開盤	最高	最低	收盤	變動	存續期間		未平倉合約
						最高	最低	
德國馬克（CME）——125,000馬克；$/每馬克								
97年3月	.6466	.6468	.6443	.6464	-.0001	.6937	.6417	47,694
6月	.6492	.6496	.6492	.6503	-.0001	.6947	.6460	4,380
12月	......	......	......	.6542	-.0001	.6635	.6510	1,693
估計成交量7,494；星期四成交量3988；未平倉53784,-100								

Source: *Wall Street Journal* (December 39, 1996).

0.0001美元。在契約存續期間內曾經交易過的最高價為0.6937美元、最低為0.6417美元。而現在共有47,694張契約尚未平倉。當最後交易日愈逼近，未平倉契約將大幅減少，眞正會實際交割的契約只有少數而已。表2-4也顯示近期的契約（near-term contract）比遠期的契約（longer-term contract）交易較為熱絡。表的最後一列指出，12月27日的成交量為7,494張，前一天則有3,988張，而12月1日的未平倉契約共有53,784張，較前天減少了100張。

外幣選擇權

遠匯契約和外幣期貨契約代表著在未來某一天買入或賣出外匯的義務，但選擇權契約則賦予選擇權購買者在到期日之前，有以特定價格買入或賣出外匯的權利，而非義務。**選擇權**（option）有二種基本形態，一是**買權**（call option），代表購買某樣物品的權利，如：外匯；另一是**賣權**（put option），代表賣出外匯的權利。而美式選擇權（American option）給持有者在到期日前任何時間買入或賣出標的貨幣的權利；相對的，歐式選擇權（European option）的持有人只有在到期日當天才能行使權利。大型商業銀行提供各種符合顧客所需的外匯選擇權，其契約有效期限可高達一年。除此之外，外匯選擇權也在費城證交所和芝加哥商品交易所買賣。外匯選擇權為公司提供了遠期和期貨契約以外的管道來控制匯率風險。在第19章將發展出選擇權訂價原理，並說明如何利用選擇權來規避外匯風險。

基本觀念：效率市場

自從1960年代起，各種金融學術論題便是探討資本市場的效率性。資本市場愈有效率，各種資源愈能使用於最高報酬的用途上。「效率資本市場」是許多財務決策隱含的基本假設，因此為了能充分了解各種決策模型，有必要先具備「效率資本市場」的概念。

在**效率市場**（efficient capital market）中，股票價格提供了該公司眞實價值的不偏估計值，股價反映了公司預期現金流量用適當要求報酬率折現後的現值。而要求報酬率決定於金融市場的情況，包括：資金供給、資金需求和對未來通貨膨脹的預期。證券的要求報酬率也同時決定於：證券的等級、證券的到期日、發行公司的營運風險和財務風險、倒帳風險和證券的流動性。

「效率市場」的存在，使公司現金流量現值永遠等於股東財富（以公司普通股市價衡量）。因此，在這一節我們特別定義何謂「效率市場」，討論「效率市場」的證據和「效率市場」隱含的重要含義。

資訊和效率市場

如果股票價格能隨時依公司報酬和風險的各種相關資訊，立即有效且不偏地反映眞實價值，那麼資本市場便具有「效率性」。何謂「各種相關資訊」呢？資訊代表未來可能發生的事情，現在的預測。個人可以利用「相關」資訊採取行動來增加自己的福利。無法增加個人福利的資訊是沒有任何價值的，例如，一位在灌溉田地種植棉花的農夫願意花錢取得一週內的降雨預測，因爲這項預測有助於農夫建立最有效率的種植時間表。相反地，對一位在旱地栽種棉花的農夫來說，一週內的降雨預測對他一點用處都沒有，因爲這些預測根本沒提供新的資訊。除了利用資訊採取行動增加財富外，我們也要比較資訊和事情實際發生的關聯性。例如，你的經紀商老是告訴你，你買的某支股票好像很不錯，這項資訊可能對你沒多大用處，因爲你早知道這支股票未來的表現可能好也可能不好。相反地，如果經紀商根據其對股票未來報酬率的預估而建議你買賣某支股票，而他的預測通常是正確的，那麼這項訊息就稱得上是「相關資訊」了。

在證券市場中，有些資訊和投資者息息相關，有些則否。如果某項訊息對證券風險或報酬沒有任何關聯，無法提供投資人任何關於證券表現的預測，那麼，它根本就稱不上是「資訊」。例如，消息報導某家公司更換了財務報表的格式，這並不算是資訊，因爲這對公司證券的報酬和風險沒有任何影響。相反地，如果公司宣布因爲採用新的會計原則將節省巨額的稅負，這項訊息便是「資訊」了，因爲它影響公司證券的報酬。

效率市場的等級

依據不同的資訊種類，效率市場可分為三個層次：⑴弱式效率市場；⑵半強式效率市場；⑶強式效率市場。

弱式效率市場

在弱式效率市場（weak-form efficiency）中，投資者無法利用過去的資料（如：股價）組成投資策略而得到超額報酬；所有市場上的資料，包括：過去股價變動紀錄、成交量，都已經充分反映在現在的股價中。弱式效率市場假說的實證研究，包括了檢定每日股價變動是否為隨機獨立，其結果顯示每日股價變動的確是獨立的，也就是說，我們無法利用過去股價變動紀錄來預測未來股價。另外一種實證研究是尋找股價是否有長期循環存在，如：月循環或季循環，此外也利用過去市場價格和成交量來訂定投資策略，但在這衆多的研究方法下，學者Pinches得到一個結論便是：這些投資策略並不能賺取到任何的超額利潤。總而言之，種種的證據均顯示美國的資本市場滿足弱式效率市場的假設。

半強式效率市場

在半強式效率市場（semistrong-form efficiency）下，投資人無法利用任何已公開的資訊組成投資策略而得到超額報酬，也就是說，股價能立即有效且不偏地反映各種已公開消息如：公司盈餘的變動、股票分割、股利變動、利率調整、貨幣供給情形、公司因改變會計原則而影響現金流量、併購……等等。如果半強式效率市場假說成立，那麼弱式效率市場假說也當然成立，因為在弱式效率市場中的資訊都已經是公開的資訊了。一旦資訊公開在半強式市場，投資人都將無法藉此獲得超額利潤，因為股價已經反映這項資訊的價值了。投資人對股票分割、現金增資、股票上市、盈餘、股利的發放等訊息的分析及分析師的投資建議都一再促成半強式效率市場的成立（至少在扣除委託費和交易費後），實際上，市場只有極少數打破半強式效率市場假說的例子，且這些案例通常是有其他原因可以解釋的，總括而言，有種種的證據顯示，半強式效率市場假說是成立的。

強式效率市場

在強式效率市場（strong-form efficiency）中，股票價格已充分反映「所有」的資訊，不管是已公開或未公開的消息。因此，在強式效率市場下，不管是個人或企業即使是擁有內幕消息的內部人員，都無法獲得超額利潤。在現實社會裡，仍存在著利用內幕消息獲得超額利潤的例子，如：Ivan Boesky利用內幕消息獲取暴利被SEC判刑入獄，因此，強式效率市場尚未成立。

效率市場對財務管理者的含義

一般而言，不管從消息面或操作面來看，我們可以說：資本市場是具有效率的。而效率市場對財務管理者是有許多重要含義的。

時機或賭博

根據前面所述，在弱式效率市場下，我們無法從過去股票或債券價格的波動找到可以依循的模式，但企業總是宣稱它們將等待一個更有利的市場情況（即股價上漲或利率下跌時），再發行新股或公司債。既然股價和利率的波動沒有可以預測、依循的模式，財務決策若是根據市場時機而決定，通常是沒有多大的好處。假如某公司的股價在最近曾高達30美元，但現在只賣28美元，財務經理人可能會延緩新股的發行，等待股價的上漲；但如果公司這麼做的理由是基於「現在景氣不好」，而非「經理人利用內幕消息察覺股價被低估了」，那麼延緩發行新股的策略便不會成功，有時候股價可能會如願地上升，但有時候股價可能下跌得更嚴重。因此在弱式效率市場中，有考量市場時機的財務決策所得到的報酬，不見得一定高於不考慮市場時機的財務決策。

預期淨現值爲零

在效率市場中，所有的證券都是完全替代品，因爲每一種證券的淨現值都是零，換句話說，每一證券的要求報酬率都等於預期報酬率。舉例而言：如果你花了50美元買Apple Computer的股票，而市場上預期該公司現金流量的現值爲50美元，那麼，這項投資的淨現值就是零。又如果你以35美元買了Wisconsin Electric Power Company（爲一公用事業，盈餘及風險均低於Apple Computer）的股票，那麼市場預期該公司現金流量的現值就是35美元，這二家公司報酬和風險的差異均反映在它們的市場價值以及用來評估未來現金流量的折現率上。只有當投資人擁有爲人所不知的消息時，例如，新開採的石油礦、併購案，股票或公司債的投資才可能有正的淨現值。

昂貴且多餘的公司多角化

只要是處於效率市場下，且所有證券都被公平合理的評價，那麼投資人就可以靠自己的力量來達到分散風險的目的。就拿Eastman Kodak收購Sterling Drug這個例子來說，在1988年，Eastman Kodak以每股89.50美元的價格收購Sterling Drug，在收購後的幾年中，Sterling Drug的股票市價只值35.25美元，如果你是Eastman Kodak的股東之一，其實你只要到公開市場上直接買入Sterling Drug的股票，一樣可以達到風險分散的目的了。儘管如此，還是有許多財務經理人想利用收購其他公司來達到所謂的「分散風險的好處」。在效率市場中，這件事還是留給投資人做比較好。

證券價格調整

在效率市場下，證券價格反映了預期的現金流量及其風險。如果公司內部有新變動，如：會計變動，但這新變動對公司預期的現金流量和風險並沒有影響，那麼對證券價格也不會有所變動。投資人不需爲這些不相干的變動所愚弄。

效率市場的種種研究已經顯示，會計格式的改變不影響公司現金流量，也不影響公司價值。資產負債表認列租賃資產資本化價值、通貨膨脹調整後的損益表或資產負債表、公司名稱改變、股票分割、無關盈餘變動的股票股利或現金股利等，諸如此類的事均不影響公司股票價值。相反地，任何影響到眞正現金流量的事件（如：調整存貨價值以減少稅負）或影響風險的事件（如：Arizona Public Service Company將賣掉所有的核能電廠），將會快速反映在股價上。

一個效率市場價格的故事：在1986年12月17日，Republic Bank Corporation of Dallas宣布收購InterFirst Corporation的計畫，此時InterFirst Corporation正因能源部門不景氣及房地產套牢而導致嚴重的負債問題。在消息發布當天，InterFirst Corporation的股價從5美元降到4.875美元，而Republic Bank Corporation of Dallas的股價則從21.75美元降到19美元。市場上對這次收購的評價不是正面的。的確，市場早先的評價是正確的，因爲到了1988年Republic Bank Corporation of Dallas的股價下跌到1.75美元，不久之後這家銀行就倒閉了。

國際議題：美國以外的市場效率

如前面所述，在廣泛的測試美國證券市場後，不管是從市場運作或資訊傳遞的角度來看，所有研究者均肯定美國證券市場是具有效率的。但對一家跨國公司的經理人而言，他可能需要在國外取得資金，那麼他將會面臨一個重要的問題：國外的資本市場是否也是有效率的呢？

對於美國以外的資本市場是否具有效率性，也已有許多深入的研究。研究結果顯示：世界上重要的工業化國家，其資本市場均已達到「效率市場」的水準，如：日本、加拿大、英國和大多數的西歐國家；但其他國家的資本市場則因交易不頻繁、流動性差，無法達到效率市場的境界。以開羅（Cairo）證券交易所來說，曾經有過一天股票總成交量只有8張的情形，而且埃及政府對股票移轉制定相當複雜的手續，需要許多官僚單位的簽字、繳交移轉稅（transfer taxes），並且需要發行公司再發行新的股票（同時在新股票上要兩位董事的簽字）；總之，購買人可能要等二至三個月才能拿到股票。在開羅，所有的證券經紀商有項不成文的規定，即在一天內股價不能上漲超過10%。如果有人想委託埃及的經紀商購買股票，第一個被問的問題通常是：「爲什麼」？經紀商總是懷疑你可能暗中知道某些內幕消息，在埃及內線交易是非法的。像開羅證交所的缺乏效率，在其他許多開發中國家都可見一斑。因此，跨國公司通常只能在一些資本市場發展良好且有效率的國家取得資金。

雖然一些重要的工業化國家，其資本市場是具有效率的，但一般來說，國際資本市場仍未具有效率性，例如，在世界主要資本市場中，有些障礙限制資金的自由流通，但對跨國公司而言，這或許也是降低融資總成本的方法。部分阻礙列舉如下：

1. 法令限制外國機構投資人的投資金額，有些國家爲了防止國內控制權的減少，限制外國可以投資本國企業的金額。

2.交易成本使得資金難以在國際間流動。這些交易成本包括：收集資訊的成本、交易費、國際投資管理費用以及證券保管服務費。

3.國與國之間的租稅政策有時阻礙了資金的流通。

4.國際投資必須考慮政治風險（political risk），政治風險包括：土地或財產的徵收、限制利潤和資產的回流。

5.外匯風險（即外幣價值可能朝不利的方向變動）也是阻礙資金流通的原因之一。

這些原因可能造成國際資本市場的區隔。雖然國際資本市場尚未完全整合，但對那些肯積極管理投資、融資計畫的跨國公司而言，他們仍比那些非跨國性公司有機會由此獲得一些好處。

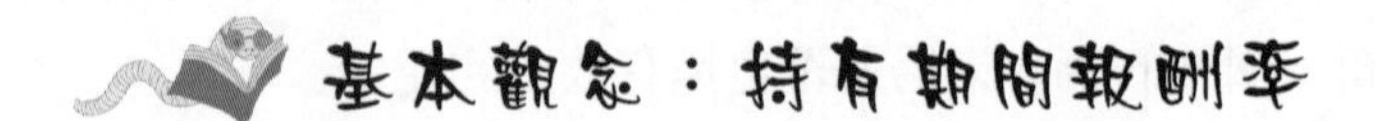

持有某種證券的報酬可以下列公式計算：

$$持有期間報酬率（\%）=（\frac{期末價格-期初價格+分派收入}{期初價格}）\times 100\% \quad〔2.2〕$$

分派收入（distribution）表示債券利息或股票股利，舉例而言：如果你一年前用31美元買了一股Hershey Foods Company的普通股。在過去一年你收到0.80美元的股利，而今天你以46美元賣出，那麼你的報酬便是：

$$持有期間報酬率（\%）=（\frac{\$46-\$31+\$0.80}{\$31}）\times 100\% = 50.97\%$$

報酬率是以百分比或比率來表示，而且是以年為基礎，然而**持有期間報酬率**（holding period return）可以在任何期間內計算。為了讓持有期間報酬率成為有意義的數值，它必須和持有期間相同的報酬率來比較。

上面計算的報酬屬於實現（realized）報酬或事後（expost）報酬。實現報酬不同於期望報酬或事先報酬。事先報酬和事後報酬是以相同方法計算得來，但在計算事先報酬中的「期末價格」和「分派收入」都只是預估值，而在計算事後報酬的則是眞正的實現值。

摘要

1.稅法和法規對企業決策有許多影響，包括資本結構、股利支付、資本支出、租賃的決策。

2.金融體系的主要目的是爲了方便資金從剩餘單位流通到赤字單位。金融中介者，如：投資銀行，撮合剩餘者和赤字者，讓資金可以流通。金融媒介機構，如商銀，從借款者獲得初級求償權，並將次級求償權發行給債權人。次級求償權的風險、流動性特質不同於初級求償權。

3.金融資產包括貨幣、債券和權益證券。

4.金融資產藉由金融市場得以買賣流通，其中包括貨幣、資本市場和初級、次級市場。短於一年的證券交易於貨幣市場，而長於一年的證券交易於資本市場，發行新證券是在初級市場，已發行證券的交易是在次級市場買賣。

5.如果證券價格可以正確且不偏的反映該公司報酬、風險相關資訊，那麼資本市場就符合效率性。美國以及主要的工業化國家之資本市場都具有效率性，但許多發展中國家的資本市場較不具效率性。

6.股票和債券均在集中市場（如：紐約、美國證交所）和櫃檯市場（由自營商組成的交易網）內交易。

7.從事國際性交易的公司將面臨到一些國內交易所沒有的風險和問題，包括：以外幣從事交易的困難性、不同政府的規範、稅法、企業習性和政治環境。

8.歐洲貨幣是指存放在本國之外的貨幣。歐洲貨幣市場是跨國公司除了國內市場外，另一個融資管道。歐洲貨幣市場的利率通常以LIBOR爲基準。

9.匯率是指一國貨幣轉換爲另一國貨幣的比率。即期匯率是指立即買賣交割所使用的匯率，遠期匯率則是指未來某一時間交割所使用的匯率，通常是三十、九十、一百八十天後交割。期貨匯率也是在未來交割所使用的匯率，不同於遠期契約，期貨契約中的數量、到期日均加以標準化，並且在有組織的市場交易，如：國際貨幣市場。外匯選擇權則給予持有人在某段期間內，以特定價格買賣外匯的權利。

問題與討論

1.敘述並討論「儲蓄——投資循環」。

2.金融媒介者和金融中介機構在美國金融體系扮演何種角色？兩者又有何區別？

3.貨幣市場和資本市場有何不同？

4.敘述各種形態的金融中介機構，包括其資金來源和投資種類。

5.當要決定何種組織形態爲最好的，須考慮哪些因素？

6.初級市場和次級市場有何不同？

7.紐約證交所和櫃檯市場的交易過程有何不同？

8.敘述效率市場的觀念。爲何這觀念是股東財富最大化目標的重要部分？

9.如果資本市場是不具效率的，對企業在該市場尋求資金有何影響？爲什麼？

10.定義下列名詞：

a.跨國公司。
b.即期匯率。
c.遠期匯率。
d.直接報價VS.間接報價。
e.信用額度。
f.LIBOR（倫敦同業拆款利率）。
g.ECU（歐洲共同貨幣）。

自我測驗題

問題一

三個月前你以每股11美元的價格買進TCBY公司股票共100股，而該公司剛支付每股10美分的股利，且目前每股值8.75美元。請問該股票的持有期間報酬率是多少？

問題二

在1996年12月27日，瑞士法郎即期匯率和90天期遠期匯率間的貼水爲何？這顯示瑞士法郎未來的即期匯率如何？（參見表2-2和表2-3）

問題三

從表2-4找出德國馬克相對於美金的未來期望值。並將結果與表2-3比較。

計算題

1.利用表2-3的資料計算下列各投資組合的報酬率（不含股利率）。

a.道瓊工業30平均指數的股票。

b.紐約證交所工業平均指數中的股票。

c.NASDAQ電子業平均指數中的股票。

d.Russell 2000指數中的股票。

假設你買的數量等於各股在指數內的平均數。

2.某投資人一年前以每股40美元買進100股Venus公司的普通股。他最近以每股44美元賣出，而且在去年四季中各收到每季40美元的股利，他也預期每股股價將下跌到38美元。請問此投資人所實現的持有期間報酬率？

3.某投資人一年前買進10張Ellis Industries, Inc.初次發行的長期公司債，同時也以每股30美元買進200張該公司的普通股。他當初以每張1,000美元買入長期公司債，但目前只賣950美元（長期利率在過去幾年已上漲），而該公司債的票面利率爲12%，此投資人在6個月前收到每張60美元的利息，最近剛收到另外60美元的利息。請計算此投資人去年一年的債券持有期間報酬率。

4.假設30天後到期的美國國庫券今天每張值99,500美元，如果投資人持有至到期日可收回100,000美元（面值）。試計算此項投資的持有期間報酬率。

5.假設NTT公司一年後到期的公司債今天價值975美元。如果持有至到期日投資人可收到1,000美元加上6%的利息（也就是0.06 × $1,000 = $60）。請計算此項投資的持有期間報酬率。

6.請計算下列4題的持有期間報酬率：

a.NTT公司目前普通股股價為60美元，下一年預期將支付每股4美元的股利，而且預期一年後股價會上漲到65美元。請計算預期實現的持有期間報酬率。

b.假設一年後NTT公司的普通股每股為75美元，且在這一年中支付了每股4美元的股利。請計算實現的持有期間報酬率。

c.如果一年後的股價為58美元，請計算b.題中的持有期間報酬率。

d.如果一年後的股價為50美元，請計算b.題中的持有期間報酬率。

7.一年前你購買了稀有的印地安銅礦14,000美元，但因為景氣蕭條需要現金，所以你打算賣出這些銅礦然後投資國庫券。目前國庫券的利率為8%，而一年前的利率為7%。如果銅礦自營商願以12,800美元買下你的銅礦，請計算這些銅礦的持有期間報酬率。

8.六個月前你在預定的工業園區附近買了一塊地，這塊土地價值110,000美元，而賣主給你70%免利息的貸款。今天工業園區正式動工，有人願意以190,000美元買下你的土地，如果成交，你的持有期間報酬率是多少？

9.Tips運動器材連鎖店初次上市的股票價值25美元。一個禮拜後股價上升到35美元。你認為在這一年中股價會上漲到超過45美元，且該公司應該不會支付任何股利。如果你對股票的要求報酬率為18%，那麼目前的35美元是個好價錢嗎？

10.Japanese Motors出口汽車和卡車到美國。在1986年3月3日，其暢銷車賣給美國進口商為7,500美元。在1993年12月1日，同款車的出口價格要多少，才能得到和1986年相同的價格？（參見表2-2）

11.Valley Stores（美國百貨連鎖店）和蘇黎士的Alpine Watch公司簽約購買鐘錶。在1993年12月1日，Valley以總價126萬法郎買進10,000支手錶，利用表2-2，計算：

a.以美元計算每支手錶單價和總價。

b.假設Alpine以法郎計價的手錶價格不變，計算在1993年12月1日以美元購買12000支手錶的單價和總價。

12.計算在1986年3月3日到1993年12月1日美元價值和下列各幣別變動的百分比。（參見表2-2）

a.印度。

b.英國。

c.日本。

d.ECU。

e.德國。

13.計算在1993年12月1日里拉、盧比、瑞典克羅那和日圓的間接報價。（參見表2-2）

14.在過去十年，你投資15,000美元的金幣升值了200%，你打算在今天賣出，你已經付了每年500美元的儲藏費和保管費，試金費在銷售時爲400美元，你在這項投資中，十年來的持有期間報酬（不需轉換成年報酬率）爲多少？

自我測驗解答

問題一

$$\text{持有期間報酬率（\%）} = \left(\frac{\$8.75 - \$11.00 + \$0.10}{\$11.00}\right) \times 100\%$$

$$= -19.55\%$$

問題二

$$\text{年貼水（\%）} = \left(\frac{\text{遠期} - \text{即期}}{\text{即期}}\right)\left(\frac{12}{n}\right)(100\%)$$

$$= \left(\frac{\$0.7478 - \$0.7416}{\$0.7416}\right)\left(\frac{12}{3}\right)(100\%)$$

$$= 3.34\%（年率）$$

問題三

由表2-4可知馬克將相對於美元升值，在1996年12月27日，馬克的美元成本爲$0.6433（表2-2），由表2-4，馬克的美元成本在1997年3月爲0.6464美元，1997年6月爲0.6503美元，這些價格和表2-3的遠期報價（九十天和一百八十天）很相似，其中的差異反映97年3月報價和九十天遠期的時差。

名詞解釋

call option　**買權**

買入某物的權利。

capital markets　**資本市場**

長期證券交易的金融市場。

common stock　**普通股**

公司所有權的股份。普通股代表公司剩餘價值的所有權，只有當更優先的債權得到支付（如：公司債的利息）後，才能支付普通股股利。

direct quote　**直接報價**

指1單位外幣的本國貨幣價值。

efficient market　**效率市場**

指資訊可以快速且不偏地反映在股價的金融市場。

Euro　**歐元**

指一新的歐洲單一貨幣，1999年開始使用。

Eurocurrency　**歐洲貨幣**

存在本國以外銀行中的本國貨幣。

Eurodollars　**歐洲美元**
存在美國境外銀行的美元。

exchange rate　**匯率**
某一貨幣轉換為另一貨幣的比例。

forward contract　**遠期契約**
雙方約定在未來的某一特定日或期間，以約定匯率買賣外匯的契約。與期貨契約不同的是遠期契約不具流動性，且非定型化契約，可由交易雙方決定日期、金額，用來規避交易所產生的匯率風險。

forward rate　**遠期匯率**
是指在未來某一天交割的外幣匯率。

futures contract　**期貨契約**
雙方約定在未來某一天，以某一特定價格交割某一特定數量、品質標的物的契約，標的物可以是外匯、原油和政府債券。

holding period return　**持有期間報酬率**
其計算公式＝（期末價格－期初價格＋分派收入）／期初價格。

indirect quote　**間接報價**
一單位本國貨幣的外國貨幣價值。

listed security exchanges　**證券交易所**
有組織的次級市場，且在特定地點營業。紐約證交所為一代表例子。

London Interbank Offer Rate, LIBOR　**倫敦銀行同業間拆款利率**
在歐洲貨幣市場中，銀行借貸的利率。

money markets　**貨幣市場**
短期證券交易的金融市場。

multinational corporation　**跨國公司**
指直接投資在多個國家的公司。

option　選擇權

給予持有者在到期日前以特定價格買或賣特定數量商品（如：外幣）的權利而非義務的契約。

Over-The-Counter（OTC）securities markets　櫃檯證券市場

由證券自營商利用電話、電腦組成的通訊系統，提供個別證券的報價所組成的工作網。

preferred stock　優先股

對公司盈餘和資產有請求權的股份，即公司須支付每期固定的股利，且有優於普通股的請求權利。

primary markets　初級市場

公司新發行的證券第一次銷售的金融市場，投資銀行即活躍於此市場。

put option　賣權

賣出某物的選擇權（參見「選擇權」）。

secondary markets　次級市場

已發行的證券再度交易的金融市場，紐約證交所為一代表例子。

Securities Exchange and Commission, SEC　證券管理委員會

負責執行聯邦證券法令的政府管理機構。

spot rate　即期匯率

立即買賣交割的匯率價格。

term loan　分期貸款

到期日在一至十年的貸款，通常須在負債存續期間內分期償還。

第3章　財務分析

本章重要觀念

1.財務分析是利用一系列的技術來幫助找出公司的強處和弱處。

2.財務比率是利用公司資產負債表、損益表和現金流量表內的資料計算而得，在財務分析中最常被使用。

a.變現力比率：顯示公司對短期債務的償債能力。

b.資產管理比率：衡量公司利用資產來銷售貨品是否具有效率。

c.財務槓桿管理比率：顯示公司對長期及短期債務的清償能力。

d.利潤力比率：衡量公司經理人員賺取利潤的效率程度。

e.市場基準比率：反映金融市場對公司表現的評價。

f.股利政策比率：顯示公司發放股利的實際狀況。

3.共基財務報表把財務科目表示爲百分比（而非美元金額），在財務分析中相當有用。

4.趨勢分析衡量公司長期的表現，而比較性分析則衡量公司相較於其他公司的表現。

5.在利用資產負債表、損益表和一系列財務比率來評估公司表現時，好的分析師必須瞭解公司所使用的會計方法和公司盈餘及資產負債表的品質。

6.現金流量是財務價值最根本的源頭，因此，現金流量分析和預測是公司財務計畫中相當重要的一部分。

7.稅後現金流量等於稅後盈餘加上非現金費用。

8.現金流量表顯示公司營運、投資和融資活動對現金餘額的影響。

財務課題——公司財務績效評估與重整費用

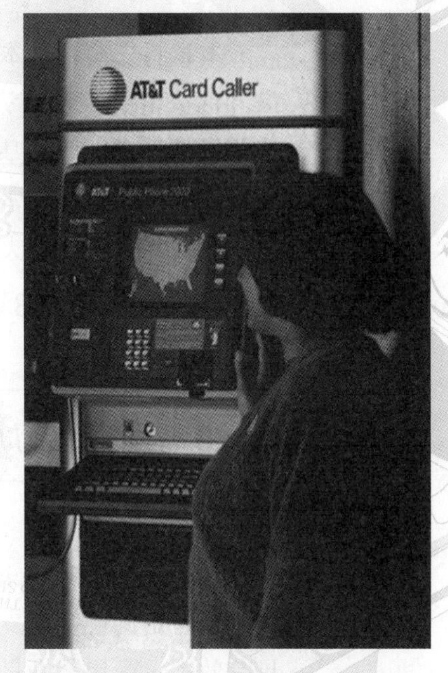

通用會計準則給予公司在準備財務報表時許多空間，有些公司利用這些空間選擇那些不能眞正反映公司績效的會計方法。因此，對一個財務經理人而言，了解財務分析方法來公正地評估某一公司績效是很重要的。

近年來，有更多的公司利用一次解決的財務重建方法來使投資人認爲情況比他們想像的好。財務重建法在管理和報告公司績效時，有一定的適法性。當公司衰退時，經由關廠、賣掉資產，是一種適當的方法來整理未來的盈利。重建費用反映公司對這些行動成本的預估值，經由一次大重建，公司已經對未來重建產生的費用做了一次考量，而且投資人也不用再擔心這種重建對未來盈餘的影響。

但若公司經常使用這種方法，問題便出現了。例如在1988到1993年間，Citicorp發生了六次重建；在1989到1994年間Eastman Kodak在六年內就有五次，在1997年時又發生一次。AT&T也常使用此種方法，在1996年1月2日，40,000名員工將被解雇，進行4億美元的重整工作。市場對這消息是正面的反應，認爲AT&T將成爲該產業強勢的競爭者，但對該公司而言，這是十年來第四次大重整。這些重整費用對該公司績效評估影響爲何？AT&T指出不考慮重整，在1985到1994年間年利潤成長將近10%。繼續營業部門的每股盈餘從1.21美元上升到3.13美元，但若考慮重整費用，這段期間累積利潤103億美元，都被重整金額142億美元抹去了。Jack Grubman是Salomon Brothers中電訊業分析師，他質疑AT&T在這十年內是否有賺到錢。

從AT&T的例子中，許多分析師認爲，眞正評估公司績效是由現金流量變動著手，AT&T的價值以每年6.2%上升，而非年利潤成長的10%。當以投資目的來評估公司價值時，這中間的差別很重要。

本章所介紹的財務報表分析方法有助分析人員評估某公司的表現。好的分析師需要具備解釋財務報表的能力——包括報表間的關聯——這通常是發現潛在問題和潛在價值來源的線索。但一個潛在的問題是，審計人員可能無法立刻發現報表中虛僞的地方；另一個問題則是在「通用會計原則」（GAAP）下，財務人員在準備報表時具有一定的裁量範圍。因此，必須小心謹慎地對財務分析作下結論，並且將它視爲代表公司強弱的指標之一。財務分析的部分缺點可以藉由配合多樣化金融市場評估方法來克服，這些金融市場衡量的方法也會在本章討論。

緒論

本章將先複習基本的會計報表和觀念，並且說明如何利用財務報表分析來評估公司的表現。完整的財務分析可以幫助財務經理人了解公司經營狀況、趨勢分析，而共基財務報表則可以幫助財務經理人洞悉公司在這一段期間以來的財務狀況的變動。

只有當財務經理人充分評估公司目前的財務狀況之後，公司才能據此訂定未來的經營方向。

財務分析的功用

財務分析（financial analysis）可以幫助找出企業的強處和弱處，指出公司是否有足夠現金來支付債務、應收帳款收現期間是否合理、存貨管理是否具有效率、廠房設備是否充足，以及資本結構是否適當，這些都是企業達到股東財富最大化所必須具備的。財務分析也可用來評估公司是否有發展潛力，並且了解公司在目前的風險下是否有令人滿意的報酬。

在進行財務分析時，分析者甚至可以找到問題所在及時補救，例如，分析者可能發現公司還有舉債的能力來融資取得營運資產。而財務分析的結果更可協助財務經理人朝股東財富最大化的方向前進。

財務分析也有助於財務經理人以外的人員，例如，信用部經理可以根據客戶相關的財務比率來決定是否延長信用期間；證券分析師可以利用財務分析來評估不同證券的投資價值；銀行可以利用財務分析來決定是否借款。而財務比率則可以成功地預測某些財務事件，如：破產的可能性。1993年，美國航空公司便是以財務分析來決定和Unions公司簽訂契約，就連學生、求職者也可以對雇主進行財務分析來了解未來工作的展望。

財務比率

財務比率（financial ratio）是用來顯示公司某些事物的關係，如：公司流動資產和流動負債的比率，或者是應收帳款和每年銷貨的比率。

財務比率使分析者可以比較公司多年來的財務情況，並且可以和其他公司互相比較，因爲財務比率把大小不等的財務資料予以標準化，例如，IBM的利潤通常是Apple Computer的好幾倍，因爲IBM是較大型的公司。利用某些比率像是淨利潤除以總資產，可以較正確地評估兩家公司的表現。

分析師若要做出良好的財務分析必須考慮下列幾點：

1. 任何單一的財務比率都只能表現出公司的某些情況，必須要多利用各種財務比率來提供更詳細的資訊，在某些產業，如：銀行業，分析師通常會使用一些特殊的比率來了解公司在該產業的表現如何。
2. 財務比率只能反映出公司潛在的優勢和劣勢，完整的財務分析還必須利用其他的資料。
3. 必須深入剖析財務比率的眞實含義，例如，比率太小可能是由於分子太小或分母太大，好的分析師對財務比率下斷語時會先了解其中的原因。
4. 財務比率必須要經過比較才有意義，如：和產業比率、特定公司比率或經理人的目標比率來比較。
5. 在比較公司間財務比率時，必須記住不同的會計方法會造成財務比率差距懸殊，也可能會因此做下錯誤的結論。

財務比率的基本分類

因爲公司內部人員、外部人員對公司具有不同的期望，所以他們會以不同的角度來看待財務分析，例如，供應商和短期貸款的債權人最關心公司的短期流動性和短期內現金營運收入的能力；公司債和優先股的持有人因爲對公司盈餘和資產具有清償請求權，所以他們較關心公司長期的盈餘能力，以及是否有其他人對公司的現金流量也具有清償請求權；股東和一般投資人則較關心公司獲利能力和風險因素，股價是決定於公司盈餘股利的多少及穩定性；經理人員則在意公司所有長期、短期的財務分析，因爲這關係到公司每日營運狀況以及公司在特定的風險承擔下，是否賺到合理的報酬。沒有任何一種財務比率可以滿足所有的財務分析所需，因此，實際上共發展出五大類的比率：

- **變現力比率**（liquidity ratio）。表示公司對短期債務的償債能力。
- **資產管理比率**。衡量公司利用資產來銷售貨品是否具有效率。
- **財務槓桿管理比率**。表示公司對長期及短期債務的清償能力。
- **利潤力比率**。衡量公司經理人員利用股東資本、公司資產、銷售來賺取利潤是否具有效率。
- **市場基準比率**。評量金融市場上對公司表現的評價。
- **股利政策比率**（dividend policy）。表示公司發放股利的實際狀況。

以上每一類都會在本章詳細說明。

主要的財務報表

我們將利用Drake製造公司（專門替農機產業製造零件的中型公司）的財務報表來說明財務比率在財務分析中的功用，其中共使用該公司19X5年12月31日和19X6年12月31日的年終資產負債表以及19X6年年底的損益表。

資產負債表

表3-1的資產負債表（balance sheet）中包含了Drake公司資產負債和股東權益的資料。這個表顯示了該公司在19X6年12月31日和19X5年12月31日的財務情況。Drake公司的資產是以歷史成本入帳，負債則是公司向債權人借到的錢，而**股東權益**（stockholders equity）（又稱淨値或業主權益），是總資產和總負債的差額。**表3-1**的股東權益包括有：⑴普通股（面額10美元）；⑵資本公積；⑶保留盈餘。

表3-1 Drake Manufacturing **公司的資產負債表** （以千美元爲單位）

	19X6年12月31日		19X5年12月31日	
資產				
現金		$2,540		$2,081
短期證券		1,800		1,625
應收帳款淨額		18,320		16,850
存貨		27,530		26,470
總流動資產		$50,190		$47,026
廠房設備	$43,100		$39,500	
減：累積折舊	11,400		9,500	
廠房設備淨額		$31,700		$30,000
總資產		$81,890		$77,026
負債和業主權益				
應付帳款		$9,721		$8,340
應付票據（10%）		8,500		5,635
應付所得稅		3,200		3,150
其他流動負債		2,102		1,750
長期負債短期部位		2,000		2,000
總流動負債		$25,523		$20,875
長期負債（95／8%分期償還貸款*）		$22,000		$24,000
總負債		$47,523		$44,875
普通股（面額$10）	$13,000		$13,000	
資本公積	10,000		10,000	
保留盈餘	11,367		9,151	
總股東權益		$34,367		$32,151
總負債和股東權益		$81,890		$77,026

*發行抵押債券每年需支付$2,000(000)至償債基金作爲日後償還所用。

損益表

表3-2的損益表（income statement）代表Drake公司在19X6年12月31日年終盈虧狀況，將收入減去銷售成本、其他營業成本、利息成本和稅，便得到淨利或**稅後盈餘**（Earning After Taxes, EAT）。表3-2也顯示了公司盈餘如何分配到股東股利和盈餘再投資。

共基財務報表

共基財務報表（common-size financial statement）在財務分析上也十分有用，共基財務報表將公司的資產和負債轉化爲總資產的百分比，而不是單一的金額絕對數值。表3-3爲Drake公司19X5、19X6年12月31日的**共基資產負債表**（common-size balance sheet）。**共基損益表**（common-size income statement）則是將收入和費用轉化爲淨銷貨的百分比，表3-4爲Drake公司19X6年12月31日的共基損益表。共基財務報表較一般的財務報表更能看出

表3-2 Drake Manufacturing 公司的損益表 （以千美元爲單位）

19X6年12月底		
淨銷貨		$112,760
銷貨成本		85,300
毛利潤		$27,460
營運費用：		
銷貨	$6,540	
管理*	9,400	
總營運費用		15,940
息前稅前盈餘		$11,520
利息費用：		
銀行票據利息	$850	
分期貸款利息	2,310	
總利息費用		3,160
稅前盈餘		$8,360
中央和地方稅負合計40%		3,344
稅後盈餘		$5,016
其他資料：普通股股利		$2,800
保留盈餘		$2,216
股票總數		1,300
每股市價		$24
每股帳面價值		$26.44
每股盈餘		$3.86
每股股利		$2.15

*包含每年租賃費用$150（000）

表3-3 Drake Manufacturing 公司的共基資產負債表 （以千美元爲單位）

	19X6年12月31日	19X5年12月31日
資產		
現金	3.1%	2.7%
短期證券	2.2	2.1
應收帳款淨額	22.4	21.9
存貨	33.6	34.4
總流動負債	61.3%	61.1%
廠房設備淨額	38.7	38.9
總資產	100.0%	100.0%
負債和股東權益		
流動負債	31.2%	27.1%
長期負債（95／8分期貸款）	26.8	31.2
總負債	58.0%	58.3%
股東權益	42.0	41.7
總負債與股東權益	100.0%	100.0%

表3-4　Drake Manufacturing 公司的共基損益表　（以千爲單位）

19X6年12月31日	
淨銷貨	100.0%
銷貨成本	75.7
毛利潤	24.3%
營業費用	14.1
息前稅前盈餘（EBIT）	10.2%
利息費用	2.8
稅前盈餘（EBT）	7.4%
中央和地方稅負合計40%	3.0
稅後盈餘（EAT）	4.4%

公司財務狀況的趨勢。

現金流量表

在財務分析中另一個有用的報表就是**現金流量表**（statement of cash flows）。現金流量表可以說明公司營業**現金流量**（cash flows）的進出情況、如何將現金從事投資活動以及如何從融資活動取得現金，我們將在討論比率分析後，說明現金流量表的意義。

流動比率

公司爲了繼續營運必須有足夠的現金來支付到期的債務，也就是說，公司要保持變現力。其中一個檢視的方法就是：比較公司流動資產和即將到期負債間的關係。流動比率是用來衡量公司在幾個月內是否有能力提供足夠的資金來營運，現金預算（cash budgets）則能評估公司的流動性，兩者都將在第15章中加以說明。

在這一節我們要討論二個不同的流動比率：⑴流動比率（current ratio）；和⑵速動比率（quick ratio）。

流動比率

流動比率的定義如下：

$$流動比率＝流動資產／流動負債 \qquad 〔3.1〕$$

流動資產包括：公司現有及存在銀行的現金，加上任何可在正常營運期間12個月內轉換為現金的資產，如：短期投資的有價證券、應收帳款、存貨和預付費用；流動負債則包含在一年內到期的負債，如：應付帳款、應付票據、長期負債中即將到期的部分、其他應付帳款和應付費用（如：稅和薪資費用）。

根據表3-1的資料，Drake公司的流動比率為：$50,190／$25,523＝1.97，大約為2比1，也就是說該公司的流動資產涵蓋了流動負債的二倍，這個比率代表著：當只以流動資產來支付短期負債時，Drake公司必須有把握每1美元的流動資產可以轉換成0.51美元的現金（$1.00／1.97＝$0.507或0.51）；同產業的平均流動比率為2.40（倍），也就是說，該產業內的公司平均只要能把每1美元的流動資產轉換成0.42美元（$1.00／2.40＝$0.416或0.42）就可以應付短期負債。

雖然Drake公司的流動比率低於該產業的平均值，但這並不表示該公司要增加流動資產來維護債權人的權益，也不表示該公司債權人的權益相較之下較無保障，因為並沒有二家公司的情況是一模一樣的，即使是同一產業，事實上，同樣的比率對某家公司來說可能是代表問題出現，但對另一家公司來說則可能令人滿意。流動比率只是衡量該公司流動性的指標之一，財務分析師必須再深入探討其中的原因和是否存在嚴重的問題。

速動比率

速動比率定義如下：

速動比率＝（流動資產－存貨）／流動負債　〔3.2〕

速動比率又稱酸性測驗比率，和流動比率相比，是衡量公司變現力較嚴謹的工具。速動比率認為，存貨在公司流動資產內最不具變現力，所以必須扣掉存貨，尤其是半成品很難以帳面價值快速變現。從Drake公司的資產負債表（表3-1）可計算出該公司在19X6年底的速動比率：

$$\frac{\$50,190-\$27,530}{\$25,523}=\frac{\$22,660}{\$25,523}=0.89\text{（倍）}$$

同一產業的平均值為0.92（倍），和Drake公司的比率相當接近。

速動比率表示Drake公司的現金和次於現金一級的流動資產，如：有價證券和應收帳款，將近於流動負債的89%，而在速動比率的背後則假設公司的應收帳款可以在正常的收現期間或原先授與的信用期限內轉換成現金。

對公司應收帳款的變現力存疑的分析師可能會希望編製「帳齡分析表」(aging schedule)。下面是Drake公司在19X6年12月31日的應收帳款；不過，外部的分析者通常是無法取得帳齡分析表的資料，因此帳齡分析表主要是有助內部人員進行分析。

存在日數	金額（美金千元）	所占百分比
小於30天	$9,450	51.6%
30-59天	5,161	28.2
60-89天	2,750	15.0
大於90天	959	5.2
	$18,320	100.0%

在估計帳齡分析表時，分析師必須要考慮公司的交易條件，例如，Drake公司的顧客預期在40天內會付款，但當分析師在製作帳齡分析表時，可能會認爲有許多帳款已經過期了，其實該公司的帳款只有5.2%會保存在90天以上，眞正的問題應該是顧客太晚付款而非太多未收現的應收帳款。如果公司有許多過期但未認列損失的應收帳款時，分析師有時會將速動比率向下調整，以Drake公司爲例，調整其速動比率：

$$\frac{(\text{流動負債}-\text{存貨})-90\text{天以上的應收帳款}}{\text{流動負債}}=\frac{\$22{,}660-\$959}{\$25{,}523}=0.85\ (\text{倍})$$

和速動比率相差0.04，並不是十分顯著，因此即使把該公司90天以上的帳款視爲未收現，對公司來說也不是什麼大問題。

資產管理比率

財務管理的目的之一就是決定如何將公司的資源妥善分配到各資產內，藉由現金、應收帳款、存貨、廠房、財產和設備適當的組合，找到最有效率的資產結構。資產管理比率表示，公司投資於某資產的金額相對於該資產替公司賺取收入的金額，將公司資產管理比率和產業的基準比率相比，分析師就可以判斷該公司資源配置的效率性。

這一節將介紹幾種資產管理比率（asset management ratio）：⑴平均收現期間；⑵存貨周轉率；⑶固定資產周轉率；以及⑷總資產周轉率。

平均收現期間

平均收現期間（average collection period）是指應收帳款平均要多少天才可收現，通常由公司年終應收帳款餘額除以平均每日賒銷額計算而得（一年以365天爲基準）。

$$平均收現期間=\frac{應收帳款}{（年賒銷額／365）} \qquad 〔3.3〕$$

利用Drake公司的資產負債表（表3-1）和損益表（表3-2）可計算出19X6年年底的年平均收現期間爲：$18,320／$（112,760／365）＝$18,320／$308.93＝59.3（天）；因爲產業的平均值爲47天，所以，Drake公司的比率明顯高於產業平均。

Drake公司的賒銷期限爲40天以內，但該比率卻表示該公司的帳款平均要等59.3天才能收現，可見有一大堆的顧客沒有準時支付帳單（由該公司的帳齡分析表亦可看出）。分析師可以將這個比率解釋爲：公司似乎比同一產業的公司花費了更多的資源在帳款收現的工作上。如果該公司能加強其收現政策，將平均收現期間縮短到產業平均值47天，那麼，將有部分的資金釋放出來供投資使用或者減少部分的借款，這些資金共有（59.3天－47天）×$308.93（每天）＝$3,800，可以投資於其他資產增加公司獲利能力。

公司的平均收現期間若高於產業平均值並非一件好事，這可能表示該公司的信用政策太過寬鬆。基本上，公司的經理人員必須衡量實施寬鬆信用政策所增加的銷貨和利潤是否足夠抵消因此而增加的成本；相反的，如果公司平均收現期間低於產業平均值，則可能表示該公司的信用政策太過嚴苛，只對信用相當良好的顧客給予信用期限，而喪失了其他銷貨的機會，雖然，較晚付款的顧客是頗令人傷腦筋的，但整體來看，卻未嘗不能增加公司的利潤。如果公司的信用政策訂得太過嚴苛，將導致顧客轉向與其他競爭對手交易。

存貨周轉率

存貨周轉率（inventory turnover ratio）定義如下：

$$存貨周轉率＝\frac{銷貨成本}{平均存貨} \quad 〔3.4〕$$

其中，銷貨成本通常列於公司的損益表內，平均存貨量則必須另外計算，計算方法有許多種，例如，如果公司的銷貨已經持續大幅成長，那麼平均存貨量可由期初存貨和期末存貨之合除以2求得，又如果公司的銷貨具有季節性或其他形態的變動，將公司每月月底的存貨餘額加總後除以12會是比較好的方法。

有些分析師會將存貨周轉率轉化為每年銷貨除以年終存貨，雖然，這種銷貨對存貨比率是次佳的算法，而且可能會出現和原本不同的結果，但如果用於長期性公司和產業間的比較，可能會有令人滿意的結果，然而這個算法卻會受每個公司不同的訂價策略所影響。

因為Drake公司的銷貨和成長率在這幾年來都維持得十分穩定，故平均存貨的計算為期初、期末存貨的平均數（$27,530＋$26,470）／2＝$27,000，把銷貨成本除以$27,000，$85,300／$27,000可得存貨周轉率為3.16（次），低於產業平均值3.9次。顯示在相同的銷貨下，Drake公司投資於存貨的金額大於一般的公司，如果該公司可以將存貨周轉率提高到產業平均值3.9次，則其19X6年平均存貨投資將為$21,872（$85,300／3.9），釋放出來的資金為$27,000－$21,872＝$5,128，可以用來投資於其他獲利性資產或減少對外負債。

有兩個原因可以解釋Drake公司為何花費過多的資源在存貨這個項目：

1.該公司希望持有各種類型的替代品，以便能立刻執行各項訂單。但該公司應該考慮接受各種訂單所賺到額外的利潤是否能夠抵消超額存貨的持有成本。

2.該公司的存貨可能受到損害、落伍或難以搬運，這類存貨的變現性通常具有問題，公司應該以可能實現的市價來認列該項存貨。

如果公司的存貨周轉率太高，可能表示該公司經常有存貨短缺，喪失銷貨機會的情形。由於存貨具有獲利能力，所以公司仍要維持某一合理的存貨水準。

固定資產周轉率

固定資產周轉率（fixed-asset turnover ratio）的定義如下：

$$固定資產周轉率 = \frac{銷貨}{淨固定資產} \tag{3.5}$$

固定資產周轉率代表公司利用現有的財產、廠房和設備來銷售貨物的程度，資產負債表中公司投資於財產、廠房和設備的金額，受下列因素的影響：

1.取得資產當時的成本。

2.取得期間的長短。

3.公司採用的折舊政策。

4.固定資產租賃程度。

因爲這些因素使得擁有相同廠房設備的公司，固定資產周轉率相差極大。因此，這個比率較適合同一公司每一年度的比較而不適合跨公司間的比較。

Drake公司的固定資產周轉率爲$112,760／$31,700＝3.56（次），較低於產業平均值4.6次，但是，財務分析師必須認知這個比率的限制，在下結論之前要先進行更深入的分析研究。

總資產周轉率

總資產周轉率（total asset turnover）定義如下：

$$總資產周轉率 = \frac{銷貨}{總資產} \tag{3.6}$$

總資產周轉率是用來衡量公司利用所有資產來銷售貨物的效率程度，是一個總結性的測量指標，受前面每一個資產管理比率的影響。

Drake公司的總資產周轉率爲$112,760／$81,890＝1.38次，而產業平均值爲1.82次，從Drake公司其他資產管理比率來看，對於這比率的差勁表現我們應該不會覺得意外，該公司的每一項資產投資項目——應收帳款、存貨、財產、廠房和設備——均相當不足，分析師根據這些比率可以作以下的結論：Drake公司利用資產所產生的銷貨水準不如同一產業的其他公司。

財務槓桿管理比率

當公司利用固定支付利息的融資方式，如：優先股或租賃，來購買資產時，那麼，公司就是使用了財務槓桿管理。槓桿管理比率是在衡量公司利用財務槓桿的程度，以及對債權人和股東權益的影響。

長期和短期債務的債權人均十分注意公司使用了多少財務槓桿，因為這表示公司暴露於倒帳風險的程度。公司如果舉借愈多的負債，一旦面臨破產，債權人所受到的保障就愈少。例如，如果公司資產有85%是用負債融資，那麼，只要公司資產價值下跌15%，債權人的權益就會面臨危機；相反的，如果資產只有15%是用負債融資，除非公司資產價值下跌85%，否則債權人的權益並不會受到危害。

公司所有人之所以關心財務槓桿程度，是因為它關係著公司投資報酬率和所面臨的風險。例如，公司以9%的成本來舉債，之後可以產生12%的報酬，那麼便有這3%的獲利，公司所有人會偏愛使用財務槓桿；相反的，如果公司只能產生3%的報酬率，如此一來，這中間6%負的差距，將使公司所有人的報酬率往下減少。

資產負債表和損益表中的資料均可用來計算公司財務槓桿（financial leverage）使用程度。利用資產負債表來計算是強調在某一時點的總負債下靜態的財務槓桿程度；而由損益表來計算則是衡量在動態的利息費用下公司償還能力，這二種方法都相當實用。

下面將介紹各種**財務槓桿管理比率**（financial leverage management ratio）：(1)負債比率；(2)負債對權益比；(3)利息涵蓋比率；以及(4)固定費用涵蓋比率。

負債比率

負債比率（debt ratio）定義如下：

$$負債比率=\frac{總負債}{總資產} \quad 〔3.7〕$$

負債比率意指表示公司資產利用負債融資得來的比例，這裡的負債包括所有長期和短期負債。

公司債持有人和長期負債的債權人較關心公司的負債比率，他們希望公司的負債比率低一點，如此一來，一旦公司面臨清算或重大財務危機，他們比較有保障。負債比率上升，公司的固定利息費用也增加，如果比率太高，在遇到經濟衰退時，公司的現金流量可能無法充分支付利息費用，因此，公司舉債能力受負債比率和投資人對風險的認知所影響。

負債比率是以百分比表示。Drake公司19X6年負債比率爲（$25,523＋$22,000）／$81,890＝$47,523／$81,890＝0.58即58%，表示該公司用融資方式取得58%的資產，這個數值高於產業平均值47%，顯示該公司未使用的融通額度低於該產業平均狀況。

較高的負債比率顯示相對的權益資本較低，也就是說，用權益資本來融資取得資產的比率較低，當權益資本減少時，投資人會更懷疑公司履行債務的可能性。Drake公司是否能繼續用外部資金來融通58%的資產，視其未來盈餘和現金流量的穩定、成長性而定。

因爲大多數的利息是支付給長期負債，而且長期負債是公司持續性固定支付的義務，所以有些分析師也會考慮長期負債比率或長期負債對權益比（在下一節討論），在計算這些比率時，有時會將不可取消的財務租賃契約的資本化價值包含在分子中（這點將在第19章討論），有些分析師也會將優先股加入負債總額內，因爲優先股股利就像利息一樣要按期支付。

負債對權益比

負債對權益比（debt-equity ratio）定義如下：

$$負債對權益比=\frac{總負債}{總資本權益} \tag{3.8}$$

如同負債比率，負債對權益的比率表示公司以負債融資和股本融資的比例，其實負債對權益比並非一個全新的比率，它只是負債比率的另一種形式。

負債對權益比也是以百分比來表示。Drake公司19X6年底的負債對權益比爲$47,523／$34,367＝1.383即138.3%，因爲產業平均值爲88.7%，所以該公司似乎比同一產業的公司使用較多的負債融資，尤其是該公司利用每1美元的股東權益來負擔1.38美元的負債，這表示該公司債權人的安全保障較一般公司來得低，而且一旦該公司的盈餘不足以支付利息則容易出現財務危機。

利息涵蓋比率

利息涵蓋比率（times interest earned ratio）定義如下：

$$\text{利息涵蓋比率}=\frac{\text{息前稅前盈餘（EBIT）}}{\text{利息費用}} \qquad 〔3.9〕$$

利息涵蓋比率是利用損益表衡量公司財務槓桿程度，它可以告訴分析師目前公司的盈餘用來支付利息費用的情況，其中，使用**息前稅前盈餘**（Earning Before Interest and Tax, EBIT）來計算是因爲公司利用營業收入，或息前稅前盈餘來支付利息。如果利息涵蓋比率小於1.0，企業的存在將受到威脅，因爲一旦付不出到期利息時可能導致公司倒閉。

Drake公司的利息涵蓋比率爲$11,520／$3,160＝3.65倍，也就是說，盈餘將近全年利息的3.65倍，但這個數值還是遠低於產業平均值6.7倍，由此也印證該公司使用了相當多的負債來融資。

固定費用涵蓋比率

固定費用涵蓋比率（fixed-charge coverage ratio）定義如下：

$$\text{固定費用涵蓋比率}=\frac{\text{（息前稅前盈餘＋租賃費用）}}{\text{（利息＋租賃費用＋稅前優先股股利＋稅前償債基金）}} \qquad 〔3.10〕$$

固定費用涵蓋比率是用來衡量公司賺取的收入爲固定費用的幾倍，其中固定費用包含：利息、優先股股利、各長期租賃契約的費用，許多公司還必須替公司債提列償債基金，用來償還部分的債務或預備於公司債到期時支付，大多數的償債基金會指定公司將基金交給公司債債權人的代理人（保管人），由代理人抽籤決定先償還哪些公司債或者由代理人到公開市場上，替公司買回部分的公司債，這二種方法都會使公司的負債額減少。

在計算固定費用涵蓋比率時，分析師必須以稅前債務爲基準，但因爲償債基金和優先股股利是不能免稅，因此不能由稅後盈餘支付，所以，在計算時必須有所調整，凡是稅後費用都要除以（1－T），其中，T爲邊際稅率，如此便可以把稅後費用轉換爲稅前基準和息前稅前盈餘比較了。另外，租賃費用也是固定費用，並且可以減稅，由息前稅前盈餘支付，所以在計算時要加回分子。

固定費用涵蓋比率能嚴格地衡量公司償還債務的能力，利用Drake公司19X6年的損益表計算其固定費用涵蓋比率：

$$\frac{\$11,520+\$8,150}{\$3,160+\$150+\$2,000)/(1-0.4)}=\frac{\$11,670}{\$6,643}=1.76\text{倍}$$

因爲產業平均值爲4.5倍，再次顯示該公司只提供債權人較低的安全保障，也就是說，風險程度較該產業平均來得高。因此，Drake公司和債權人的關係可能趨於緊張，當市場上貨幣供給緊縮時，以公司高債額和低涵蓋率，將限制公司取得新資金的能力，而迫使該公司必須支付較昂貴的利息費用，且限制其資金用途。

利潤力比率

不同於其他會計科目，公司利潤是用來表示公司執行投資融資決策能力的好壞。如果公司不能以股利或股價升值的方式給投資人足夠的報酬，那麼，可能無法保有原來的資產，更別說增加資產了。利潤力比率就是在衡量公司利用總資產及股東的投資來進行銷貨產生利潤的效率性，因此，只要是經濟利益決定於公司稅後報酬的投資人，都會對利潤力比率感興趣。

利潤力比率（profitability ratio）有很多種類，包括：(1)毛利潤率；(2)淨利率；(3)投資報酬率；和(4)普通股權益報酬率。

毛利率

毛利率（gross profit margin ratio）定義如下：

$$\text{毛利率}=\frac{(\text{銷貨總額}-\text{銷貨成本})}{\text{銷貨總額}} \qquad 〔3.11〕$$

公司銷貨減掉銷貨成本後的相對利潤，可以顯示公司經理人員訂價和成本控制決策的好壞。

Drake公司的毛利率爲\$27,460／\$112,760＝24.4%，稍微低於產業平均值25.6%，表示公司的訂價或成本控制決策不如該產業公司平均來得有效率，但是，如果Drake公司和該產業內其他公司使用不同的存貨計帳方法，也會影響銷貨成本和毛利率。

淨利率

淨利率（net profit margin ratio）定義如下：

$$淨利率 = \frac{稅後盈餘（EAT）}{銷貨總額} \quad 〔3.12〕$$

淨利率為公司銷貨收入減掉所有的費用，包括：稅和利息，之後所獲得的利潤。

有些分析師也會另外求算營業利潤比率，定義為息前稅前盈餘／銷貨，是用來衡量不考慮融資成本時公司營業的獲利能力，因為是不考慮利息費用，所以較適合用來比較各公司的獲利能力。

Drake公司的淨利率為$5,016／$112,760 = 4.45%，低於產業平均值5.1%，顯示該公司每1美元的銷貨比該產業內的公司平均少賺了0.65%的利潤，也顯示該公司難以控制總費用（包括利息營業費用和銷貨費用）或產品售價。在這個例子應該是難以控制總費用，因為該公司的財務結構有一大部分為負債，而產生了大筆的利息費用。

投資報酬率（總資產報酬率）

投資報酬率（return on investment ratio）定義如下：

$$投資報酬率 = \frac{稅後盈餘（EAT）}{總資產} \quad 〔3.13〕$$

衡量公司稅後盈餘和總資產的關係。

Drake公司的投資報酬率為$5,016／$81,890 = 6.13%，較低於產業平均值9.28%，原因來自於：低的資產管理比率和利潤邊際。

有些分析師也會計算息前稅前盈餘／總資產的比率，這是衡量公司的營業利潤報酬率，另一個稅後的版本為息前稅後盈餘／總資產。這二個比率都不考慮利息費用，較適合用來比較融資程度不同的公司的營業表現。

普通股權益報酬率

普通股權益報酬率（return on stockholders' equity ratio）定義如下：

$$\text{普通股權益報酬率} = \frac{\text{稅後盈餘（EAT）}}{\text{股東權益}} \quad (3.14)$$

衡量公司利用股東權益賺取的報酬，因為分母中只包含股東權益，所以這個比率也受到公司負債融通總額的影響。Drake公司的普通股權益報酬率為\$5,016／\$34,367＝14.60%，又低於產業平均值17.54%，因為受到低資產管理比率和低利潤邊際的影響，即使考慮負債融資金額，該公司的利潤比率均比產業平均水準要低。

市場基準比率

前面介紹的四類財務比率都可以利用公司的損益表及資產負債表中的資料計算得出，但分析師和投資者也十分在意一個公司在金融市場上的評價，而且公司的**市場基準比率**（market-based ratio）和會計比率應該是互相對應的。例如，如果公司的會計比率顯示公司的風險較產業平均來得高且獲利展望較差，那麼，這個消息將反映在該公司股票有較低的市場價值。

本益比

本益比（price-to-earning ratio）定義如下：

$$\text{本益比（P／E）} = \frac{\text{每股市價}}{\text{目前每股盈餘}} \quad (3.15)$$

（在分母的部分，有些分析師使用下年度預期的每股盈餘，只要在進行公司間比較時，是在相同的基礎下，兩種定義都可使用）

一般來說，公司的風險較低，本益比應該較高，而且如果公司的盈餘成長較被看好，本益比也會較高。例如，Circus Circus公司是美國最大的賭場經營公司，在1997年因為有很強勁的盈餘成長力及高度的市場佔有率而享有28.0的本益比，相反地，Harrahs因爲相對較低的盈餘且面臨同業強大的競爭挑戰，故本益比只有13.9。

Drake公司目前（19X6）的每股盈餘是3.86美元（5,016美元的盈餘除以1,300股），如果該公司股票的每股市價是24美元，那麼本益比就是6.22倍，低於產業平均值8.0倍，顯示該公司的風險高於該產業一般的公司，或者成長展望較低，或者兩者皆是。

財務分析師有時也計算公司的股價和自由現金流量比率（stock price to free cash flow ratio）。自由現金流量是指公司所有現金流量中可以用來支付額外負債、普通股股利和投資其他計畫（如資本支出或收購其他公司）的部分，自由現金流量比盈餘較適合評估公司財務狀況的安全性，因爲會計規則准許公司可以自由認列並未眞正收取到的收益，以及成本可以配置於不同的期間，所以盈餘資料有時會被誤導。例如，Integrated Resources公司和Todd Shipyards公司都有不錯的盈餘，但卻有負的現金流量，而被迫倒閉。

每股市價／每股帳面價值（P／BV）比率

每股市價／每股帳面價值比率定義如下：

$$\text{每股市價／每股帳面價值比率} = \frac{\text{每股市價}}{\text{每股帳面價值}} \qquad [3.16]$$

一般而言，如果公司利用普通股股本賺取的報酬率高於投資者所要求的報酬率（普通股成本），每股市價／每股帳面價值比率將會較高。

普通股股票的每股帳面價值是由公司所有普通股股東權益除以所有股數而來。Drake公司19X6年的每股帳面價值爲26.44美元（股東權益34367美元除以總股數1300），每股市價24美元，所以該公司的每股市價／每股帳面價值比率爲0.91，較產業平均值1.13來得差。

有一點值得注意的是，因爲每股市價／每股帳面價值比率在分母中包含了普通股股東權益的帳面價值（普通股股東權益等於總資產減掉總負債），而普通股股東權益受會計方法的影響，如：存貨評價和折舊，因此公司間的比較有時會被誤導。

股利政策比率

股利發放率和股利率這二個重要的「股利政策比率」(dividend policy ratio)，可以顯示公司的股利政策和它未來的成長性。

股利發放率

此比率表示公司的盈餘有多少比率以股利的形式發放出去，其定義為：

股利發放率＝每股股利／每股盈餘 〔3.17〕

以Drake的案例來看，其股利發放比率為55.7%（19×6年股利$2.15除以$3.86的每股盈餘）。如同在第14章將會提及的，公司非常不願意減少股利發放的金額，因為如此一來會傳遞給金融市場一種負面的訊號。由此可知，一家獲利穩定的公司應會比一家獲利波動較大的公司更可能發放較大比率的股利。而且，一家公司若有持續不斷的高報酬投資計畫，將較不可能發放高比率的股利，因為它將需要較多的資金來從事這些計畫方案。

股利率

一股票的股利率為每年的預期股利除以股票價格，其定義為：

股利率＝預期每股股利／股價 〔3.18〕

Drake目前的股利率為8.96%（股利$2.15除以股價$24）。如同在第7章將會提及的，股票投資人所得到的報酬為股利率加上公司未來無限期的預期盈餘、股利成長性。低股利率的股利通常表示較高的預期未來成長性。高股利率的公司，如：公用事業，通常是較低的未來成長性。非常高的股利率通常顯示公司面臨財務上的危機，未來的股利金額將會被削減。

財務比率分析的結論

表3-5列出Drake製造公司所有的財務比率，做為該公司財務比率分析的總結。

表右方的評估欄中代表了Drake公司每一項比率和產業平均值的比較。例如，該公司變現力的評價介於普通和滿意，雖然該公司的流動比率低於該產業的基準，但速動比率是令人滿意的，所以這表示該公司應該是具有充分的變現能力來應付到期的負債。但是該公司的資產結構並未創造足夠的收益，Drake公司的資產管理比率顯示，相對於銷貨量，該公司投資過多的應收帳款、存貨、財產、廠房和設備，因此該公司應該考慮採用較嚴格的信用策略、收帳策略以及較完善的存貨控制，並且應評估是否可以減少財產廠房和設備的投資而不損害日常的運作。

Drake公司的財務槓桿比率顯示該公司使用負債來融資的程度較該產業一般公司來得高。因為該公司的各項涵蓋比率均較差，導致該公司可能難以負債融資來取得額外的資產，一旦經濟衰退，Drake公司的債權人可能將重新評估其借款額度並且減少放款的數額。如果Drake公司想要恢復其借款額度，就應該增加其權益資本，而市場基準比率則可以加強財務報表的分析工作。

有一點必須強調的是，在這裡所討論的各種比率都是互相相關的，例如，Drake公司比該產業的一般公司使用了較多的負債，並且投資較多的資源在應收帳款和存貨，如果該公司可以減少其投資於應收帳款和存貨的資源，並且釋放這些資金來降低負債，那麼，該公司的資產管理比率和財務槓桿比率都將會較接近產業的平均值。

趨勢分析

到目前為止，我們對Drake製造公司的分析都只著重於19X6年，這些分析提供該公司情況和產業平均在某一特定時點靜態的比較，但為了獲得該公

表3-5 Drake Manufacturing 公司比率分析的摘要

比率	定義	計算	產業平均	評價
流動性：				
1.流動比率	流動資產／流動負債	\$50,190／\$25,523＝1.97倍	2.40倍	普通
2.速動比率	流動資產－存貨／流動負債	\$22,660／\$25,523＝0.89倍	0.92倍	滿意
資產管理：				
3.平均收現期間	應收帳款／賒銷／365	\$18,320／\$112,760／365＝59.3天	47天	不滿意
4.存周率	銷貨成本／平均存貨	\$85,300／（\$27,530＋\$26,470）／2＝3.16天	3.9次	不滿意
5.固定資產周轉率	銷貨／固定資產	\$112,760／\$31,700＝3.56次	4.6次	差
6.總資產周轉率	銷貨／總資產	\$112,760／\$81,890＝1.38次	1.82次	差
財務槓桿管理：				
7.負債比率	總負債／總資產	\$47,523／\$81,890＝58%	47%	差
8.負債權益比	總負債／總權益	\$47,523／\$34,367＝138.3%	88.7%	差
9.利息含蓋倍數	息前稅前盈餘／利息費用	\$11,520／\$3,160＝3.65倍	6.7倍	差
10.固定費用含蓋	息前稅前盈餘＋租賃／利息＋租賃＋償債基金＋優先股股利	\$11,520＋\$150／\$3,160＋\$150＋\$2,000／（1－0.4）＝1.76倍	4.5倍	差
獲利性：				
11.毛利潤邊際	銷貨－銷貨成本／銷貨	\$27,460／\$112,760＝24.4%	25.6%	普通
12.淨利潤邊際	淨利／銷貨	\$5,016／\$112,760＝4.45%	5.10%	不滿意
13.投資報酬	淨利／總資產	\$5,016／\$81,890＝6.13%	9.28%	差
14.股東權益報酬	淨利／股東權益	\$5,016／\$34,367＝14.60%	17.54%	差
市場基準：				
15.價盈比	每股市價／每股盈餘	\$24／\$3.86＝6.22倍	8.0倍	差
16.市價對帳面價值比	每股市價／每股帳面價值	\$24／\$26.44＝0.91	1.13	差
股利政策：				
17.股利發放率	每股股利／每股盈餘	\$2.15／\$3.86＝55.7%	28%	高，隱含成長性低或盈餘風險低
18.股利率	預期每股股利／股價	\$2.15／\$24＝8.96%	4.2%	高，隱含成長性低

司未來變動的方向，還必須使用**趨勢分析**（trend analysis）。趨勢分析可以表示出，公司隨著時間經過的表現如何，並且可以顯示公司發展的情況相對於該產業其他公司是變好還是變壞。

趨勢分析需要計算許多不同比率好幾年的數值，並且繪製成圖形來代表公司的表現，在**圖 3-1** 繪製了Drake公司從19X0～19X6年的趨勢分析，可以顯示該公司過去幾年的發展方向，四大類別的財務比率都分析表示在圖表中。例如，由圖形可以看出該公司的變現力——由速動比率來衡量——在七年間逐漸衰退，在19X6年下跌到產業平均之下，但是，除非這種衰退的趨勢保持不變，否則變現能力對該公司來說不是十分重大的問題。

趨勢分析對公司的槓桿程度和獲利能力有另一種解釋，Drake公司的負債從19X2年開始就是超過產業平均，資產管理比率——總資產周轉率和平均收現期間——顯示該公司使用了許多新的負債來融資取得額外的資產，包括：應收帳款的增加，但不幸的是，這些新的資產並未創造出足夠抵消的利潤，因此，投資報酬率在過去七年已大幅低於產業的標準。

總而言之，比較性的財務比率分析和趨勢分析爲財務分析師提供了一個代表Drake公司表現的指標，研究分析的證據顯示，該公司使用了過多的負債來融資取得新資產，但卻沒有因此創造出足夠的銷貨利益，這些因此造成該公司投資報酬率和股東權益率遠低於產業平均，如果該公司想要反轉這些趨勢，就要加強有效率的使用資產，並且減少向債權人舉債，這將改善公司和債權人的關係，而且增加潛在的獲利能力，減少企業主的風險。

獲利力的分析：投資報酬率

在前面討論的比率中，公司的投資報酬率定義爲稅後盈餘相對於總資產的比率。將投資報酬率深入分析將可提供許多重要的含義。

投資報酬率也可以視爲淨利潤邊際乘以總資產周轉率，因爲淨利潤邊際＝稅後盈餘／銷貨，而總資產周轉率＝銷貨／總資產：

$$\text{投資報酬率} = \frac{\text{稅後盈餘}}{\text{總資產}} = \frac{\text{稅後盈餘}}{\text{銷貨}} \times \frac{\text{銷貨}}{\text{總資產}} \qquad \text{〔3.19〕}$$

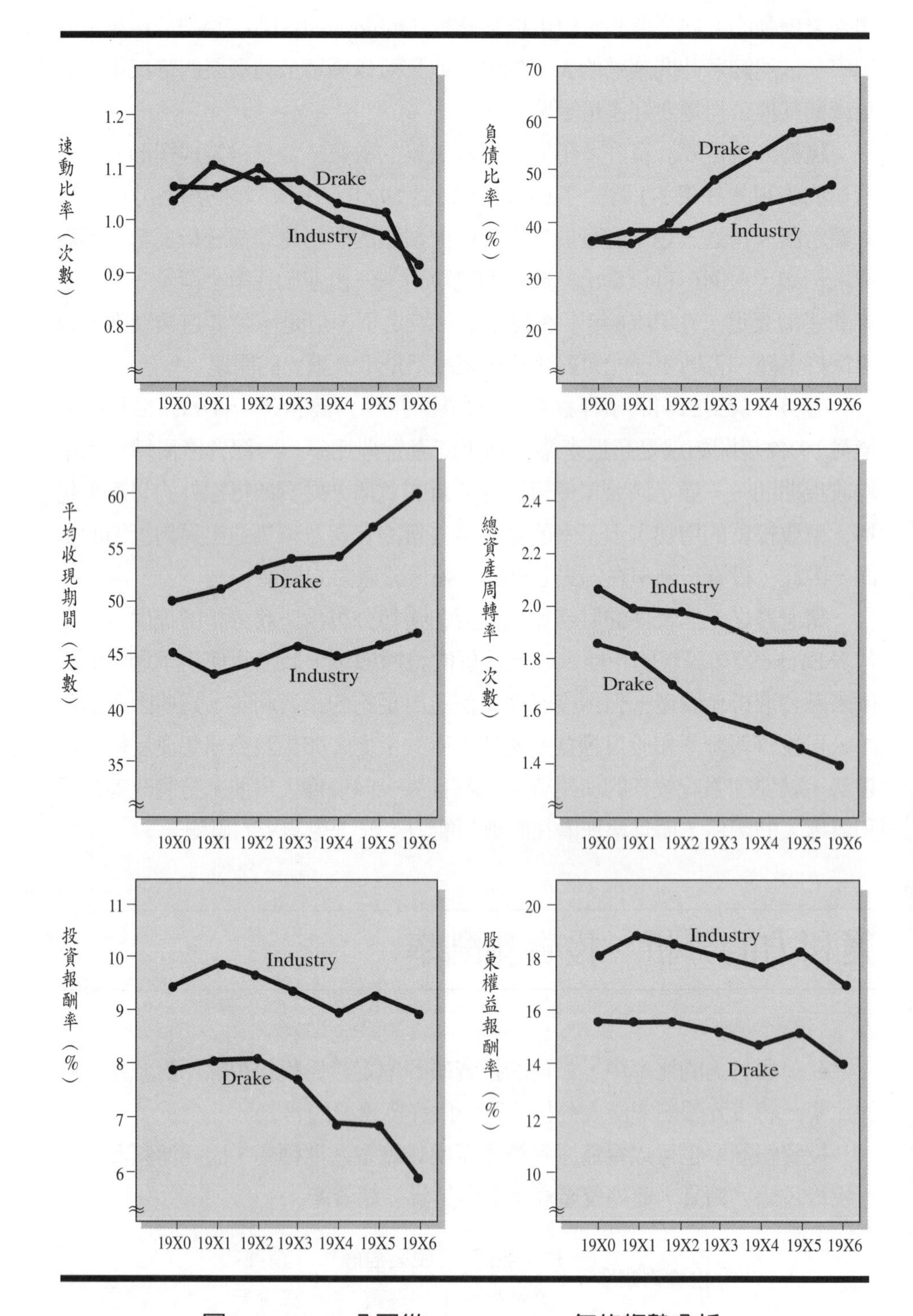

圖3-1　Drake公司從19X0～19X6年的趨勢分析

將投資報酬率拆開成「邊際」和「周轉率」是十分重要的，因爲這二項在創造利潤中扮演重要的角色。「邊際」衡量每一塊錢的銷貨收入所產生的利潤，但忽略製造銷貨收入的資產數額，而投資報酬率則將這二個要素結合，並且顯示其中任何一項的不足都將降低該公司的投資報酬率。

利用淨利潤邊際和總資產周轉率的數值來計算Drake公司19X6年的投資報酬率：4.45%×1.377＝6.13%，圖3-2稱爲「修正的杜邦圖」（modified DuPont chart），因爲這是由杜邦公司發展出來的。爲了比較，產業平均值如下：（ROI）＝5.10%×1.82＝9.28%，投資報酬率的關係式表示，Drake公司的利潤邊際和周轉率均劣於產業平均值，這兩者任一項的改善，都將增加該公司的投資報酬率。爲了改善利潤邊際，舉例來說，Drake公司必須增加比成本更多的銷貨數額或減少比銷貨收入更多的成本，爲了改善周轉率，該公司要增加銷貨收入或減少爲了產生目前銷貨額所需的資產水準。杜邦圖解釋了一個公司的投資報酬率和決定它的因素之間的關係，利用杜邦圖，分析

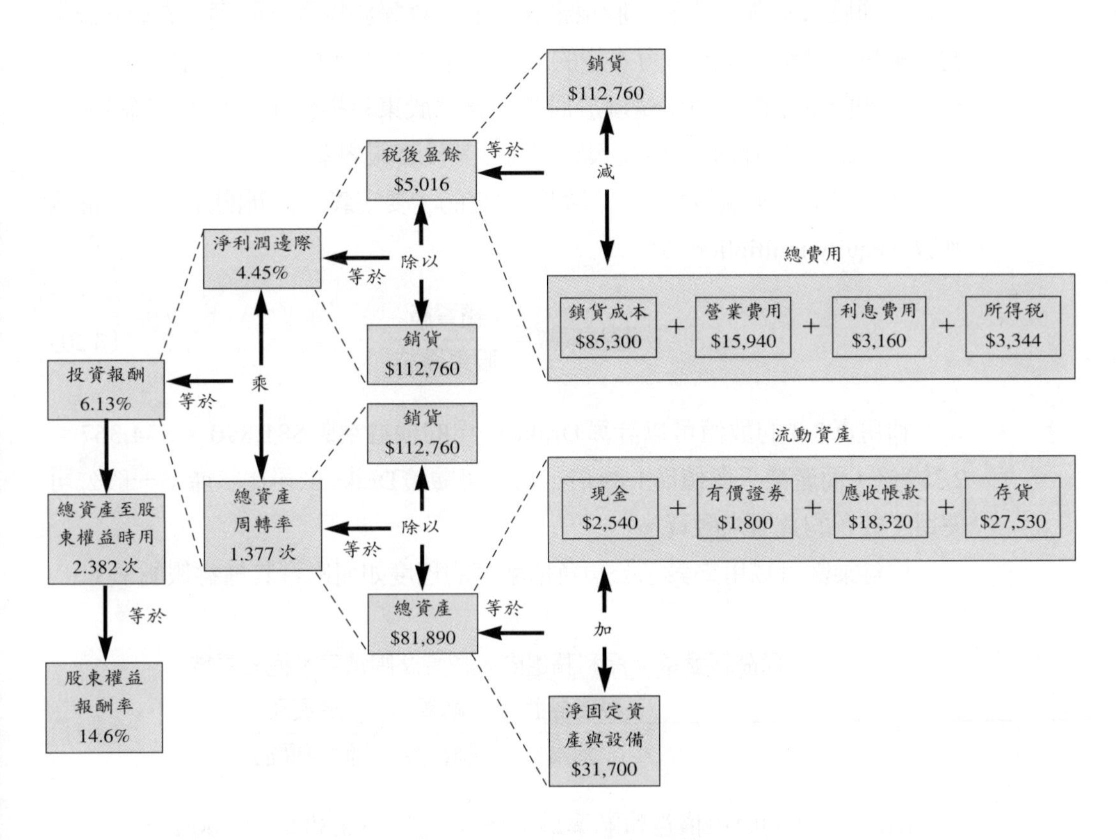

圖3-2　修正的杜邦圖

師可以著手點出可以改善的地方，來增加其投資報酬率。

在投資報酬率中淨利潤邊際和資產周轉率的組合關係會因產業而異，特別是周轉率決定於公司在財產、廠房和設備的投資。投資許多固定資產的公司，傾向於低的周轉率，如公用事業、鐵路和大型工業公司便屬於這一類。如果這些公司經營得很成功，則其低的周轉率必定是被很高的利潤邊際所抵消，而產生具有競爭性的投資報酬率。例如，電力天然氣公司通常具有10%～15%的淨利潤邊際；相對的，其他產業所需的固定資產較低便有較高的周轉率，典型的例子是零售連鎖業，其利潤邊際通常只有1%～2%，這類產業的公司若其周轉率太低，則其投資報酬率將無法吸引投資者。

基本觀念：由股東權益報酬率來分析獲利能力

圖3-2也顯示了Drake公司的股東權益報酬率爲14.60%，如果公司只有發行普通股來融資，那麼，股東權益報酬率會等於投資報酬率。Drake公司的股東只提供該公司所有資本中的42%，而債權人則提供了剩下的58%，因爲投資報酬率中的6.13%是屬於股東（雖然股東只提供了42%的資金），所以，Drake公司的普通股權益報酬率高於其投資報酬率。

爲了闡明股東權益報酬率是如何決定的，要定義一個新的比率——權益乘數（equity multiplier）：

$$權益乘數=\frac{總資產}{股東權益} \qquad (3.20)$$

利用表3-1的數值可以計算Drake公司的權益乘數$81,890／$34,367＝2.382倍，而產業平均值爲1.89倍，再次可驗證Drake公司比該產業一般公司使用了較多的負債來融資。

權益乘數可以用來表示公司負債融資的程度如何影響其權益報酬率：

$$\begin{aligned}股東權益報酬率&=淨利潤邊際\times總資產周轉率\times權益乘數\\&=\frac{稅後盈餘}{銷貨}\times\frac{銷貨}{總資產}\times\frac{總資產}{股東權益}\end{aligned} \qquad (3.21)$$

Drake公司的股東權益報酬率爲4.45×1.377×2.382＝14.60%。

雖然，這個數值和直接由稅後盈餘除以股東權益結果相同，但這個計算過程卻可以顯示出該公司如何利用超過產業平均的負債融資，來將6.13%的投資報酬率擴大到14.60%的股東權益報酬率，負債使用的增加已經改善了Drake公司的權益報酬率，但也增加了公司的風險，更可能造成股價相對於其他公司下跌。

比較性財務資料的來源

在進行比較性財務分析時，分析師會尋求許多財務資料包括如下：

1.Dun and Bradstreet。Dun and Bradstreet（D&B）準備了一系列14種重要的商業比率，供800種不同的產業使用。這些比率主要是根據400,000家公司的財務報表而來，每一種比率D&B均報導三個數值——分別是中位數、上四分位數和下四分位數。中位數是當所有樣本比率按照大小排列後的中間值，中位數和最大值之間的中間值就是上四分位數，而中位數和最小值之間的中間值就是下四分位數。藉由這三個數值，分析師可以將某一特定公司和樣本中的普通公司（中位數）、上層公司和下層公司做比較。D&B出版刊物名稱爲*Industry Norms and Key Business Ratios*。

2.Robert Morris Associates。這個由銀行和放款團體所組成的協會，利用貸款申請的資料來編纂16種比率供250種行業使用，和D&B一樣的，Robert Morris Associates對每一種比率均報導中位數、上四分位數和下四分位數。這些資料分別代表四大類公司的規模，對蒐集小公司資料的分析師特別有用。該協會的資料名爲Statement Studies。

3.Quarterly Financial Report for Manufacturing Companies。聯邦交易委員會和證管會聯合出版各種製造公司每季資產負債表和損益表的資料，這些資料包括：依照產業資產規模和財務報表比率大小來分類的分析。

4.Almanac of Business and Industrial Financial Ratios。這種工商業財務比率年鑑是根據Internal Revenue Service資料而來，共報導22種比率供許多產業使用，而且也包括按照樣本產業的家數、沒有淨收入的家數、總收益的多寡等將每種產業分類成13種規模。

5.Financial Studies of Small Business。Financial Research Associates年度的出版物特別適用於對小公司的評估。

6.Moody's or Standard and Poor's Industrial, Financial, Transportation, and Over-the-Counter Manuals。這些資料包括各公司的資產負債表、損益表和相關背景資料。

7.Annual reports。大部分的企業都會出版年度的報告包括：損益表、資產負債表和有關利息的相關資料。

8.10k reports。公開發行的上市公司每年都需要向證管會提出10k報告，這些報告包含：損益表、資產負債表以及公司過去、目前、未來的其他相關資訊。

9.Trade journals。由交易機構出版，包含大量會員公司所作的金融交易及各式資訊。

10.Commercial Banks。銀行通常會製作某些受挑選公司的財務報告，一個有名的例子是First Chicago's每半年有關銷貨性融資和消費性融資公司的財務調查報告。

11.Computerized Data Sources。許多電腦資料庫也有助於財務分析的工作，"Compustata data" 是由Standard and Poor's提供的，共包含了數千家公司二十年來所有資產負債表、損益表、股價和股利的完整資料，可透過主機電腦或個人電腦取得。Value Line則提供超過1,700家公司財務資料的摘要和未來營運的預測，這個資料庫可經由拷貝或電腦 "Value Screen"取得。另外Disclousure資料庫則提供超過10,000家公司的完整財務資料。

事實上，這些資料庫都可透過Compuserve與America On-Line這二家公司所提供的線上服務來取得，除此之外，也可付費從網路上抓取到這些資料。

財務比率分析的限制

在分析Drake公司的過程中，我們一再強調評估公司的財務比率時，必須要小心謹慎，雖然這些比率可以提供我們寶貴的資訊，但也可能因為許多原因而被誤導：

1.各種比率的可信度和其所依據的會計資料相等。大部分美國企業的財務報表都是依據**通用會計原則**（Generally Accepted Accounting Principles, GAAP）規定而製作，在美國由the Financial Accounting Standards Boards發布的Statements of Financial Accounting Standards（SFAS），作為許多公司在編製報表時應遵從的會計原則。雖然仔細一點的財務分析師可以透過這些規範看出公司的強弱，但他們必須時時謹記在心的是：GAAP仍然給予公司在編製報表時許多自由處理的地方。因為，不同的公司在處理存貨評價、折舊、長期租賃、提列退休基金和併購……等，會採用不同的會計原則，因此也影響了盈餘、資產和所有權人投資的報告，除非分析師將不同的會計方法加以調整，否則公司間產業標準比率的比較是不能視為決定性的指標。

2.除了有上四分位數和下四分位數的揭露，公司在編輯產業平均時通常沒有報導主要比率的離散率、分配形態和個別數值。如果這些比率的數值相當分散，則這些產業平均值的品質將值得懷疑，因為它們可能無法反映該產業典型公司應有的數值。此外，這些比較的標準可能不符合一般公司的表現，反而是符合該產業表現較好的公司，如果沒有離散程度的估計，這些比率將難以決定何謂較好的表現。

3.**比較性分析**（comparative analysis）的合理性受產業定義中資料取得的難易所影響，有些產業的分類太寬或太窄，以至於當分析師在評估某一特定公司時，資料的可信度將受到質疑，大部分的公司經營一種以上的產業，這使得分析工作將更加困難。

4.必須注意的是，各種財務比率只提供了該公司經營表現和財務狀況的歷史紀錄，在以這些歷史資料來做為未來營運計畫的基礎前，必須對這些資料做更深入的分析。

5.最後，將公司比率和產業平均值加以比較時，結論並非一定如數值上所顯示。當比較結果為負面時，這應該表示著有深入調查的必要，而不是有迫切的危機；另一方面，當比較結果顯示該公司遠優於產業其他公司時，也不表示該公司就眞的經營得十分妥善，假如該產業正面臨需求衰退時，正面比較的結果只表示該公司可能不會像其他公司那麼快地被摧毀。因此，某些比率的比較——特別是有關獲利性——必須和全國性產業平均共同比較，才能決定某一公司在某一產業的繼續投資是否適當。

總之，各種比率不該被視爲判定營運好壞的唯一指標，它們只是能幫助經理人員做決策的工具。

盈餘和資產負債表的品質對財務分析的影響

在進行財務分析時，分析師必須注意該公司盈餘品質（earnings quality）和資產負債表品質（balance sheet quality）。這二種財務分析方法在對公司財務狀況進行最後評估時，具有重要的影響。

盈餘品質

在考慮公司盈餘品質時，有二個要素值得注意：第一，高品質的盈餘傾向於現金盈餘，而公司盈餘的那些部分可視爲現金盈餘，受其對銷貨收入認列的方式不同而有所不同。例如，公司可以在簽約時、訂金支付時、全部收入收現時認列銷貨收入，一般而言，愈接近銷貨收入全部收現時認列，公司盈餘的品質將愈高。

有些公司因爲所屬產業的特殊性會在損益表認列許多非現金項目，例如，公用事業在編製財務報表時，通常會對尚在興建中的設備提列盈餘，這種盈餘科目通稱爲「興建期間資金準備」（Allowance for Funds Used During Construction, AFUDC）。公司現在就認列未來機器設備眞正使用時的收益，對具有大型投資計畫的公用事業來說，非現金盈餘占總盈餘相當大的比例，例如，在1993年Northeast Utilities提列的AFUDC爲淨利的30.5%，顯示該公司有一大部分的盈餘爲非現金收入；相反的，Orange and Rockland Utilities所提列的AFUDC只是淨利的0.6%，顯示該公司的盈餘品質優於Northeast Utilities。

面對銀行業時，分析師就必須檢查銀行放款的品質和放款損失準備提列的金額是否恰當，來決定淨利潤的數額是否反映這段期間銀行的盈餘。當放款損失準備提列的不恰當，在銀行必須沖銷某筆呆帳時，未來盈餘就會受到負面的影響。同樣的，當分析師在檢視某家公司時，也要考慮其應收帳款的品質，如果某些帳款不太可能收現時，公司未來的盈餘將會減少。

第二，如果盈餘大部分是由日常交易而來，則該公司盈餘品質較高。當盈餘是由非重複性交易而來的，則盈餘品質會降低。例如，當Tenneco賣掉石油和瓦斯部門，將可以承認8億9,200萬美元的利得，因爲該部門在Tenneco的帳面計值低於總售價，但這種交易是非重複性的，所以在評估該公司盈餘能力時，這筆交易不應列入考慮。其他類似的非重複利得可發生在：公司到公開市場以低於票面價值的價格買回該公司的債券，以及公司可能因爲改變存貨會計原則而認列了大筆的利得。通用汽車（GM）公司就因此而一次認列了2億1,700萬美元的利得；另外一個因爲非重複性交易而產生利得的例子爲，公司資產折舊費用的減少，當通用汽車公司將自動化設備的使用年限從35年延長到45年時，該公司多提列了7億9,000萬美元的非重複性盈餘。盈餘的增加或減少，也同樣會因爲the Financial Accounting Standards Board改變會計原則而產生，例如，1987年12月公布的SFAS No.96 “Accounting for Income Taxes” 要求每家公司在向股東報告所得稅費用時，要遵循新的規定，就因爲SFAS No.96的改變，通用電器一向採用保守會計原則，在1987年卻必須增加5億7,700萬美元淨利潤的認列，當分析師在閱讀該公司1987年的財務報表時，要了解這些收入增加的原因並非是因爲銷貨增加或成本減少。上面所述，只是一些非重複性交易的例子罷了，重要的是，當盈餘增加是因爲非重複性交易的增加而來時，那麼公司盈餘品質會因此同比例的降低。

資產負債表品質

分析師同樣的也要注意公司資產負債表的品質。如果公司資產的市場價值大於或等於其帳面價值，這將提高該公司資產負債表的品質；相反的，如果公司大部分資產的市價低於其帳面價值，則公司資產負債表的品質將會降低。在過去十年，我們見到所謂的煙囪工業，將廢棄的資產提列大筆損失，這些公司包括：Kaiser Aluminum、U.S. Steel（USX）和Bethlehem Steel。商業銀行則通常在放款難以回收時沖銷損失，例如，Citicorp對Brazil的貸款提列30億美元的損失沖銷，同樣的，在1980年代中期，Texas銀行因爲石油業面臨油價重挫，而必須沖銷掉十億美元的放款損失，這些都將降低該公司的權益比率。相同的，如果某公司有大量的存貨難以流通（如Coleco曾生產的亞當電腦），該公司資產負債表的品質將因此降低，直到該公司沖銷掉這些低品質的存貨。

除了要考慮資產品質，分析師還要留意是否有潛藏的債務，這些債務可能以長期租賃契約或未來訴訟賠償的形式存在，例如，Texaco因爲須賠償Pennzoil 111億美元的訴訟損失，在1987年4月，爲了保護股東權益被迫宣告破產，雖然該公司仍有超過350億美元的資產和大量的盈餘及現金流量，且最後訴訟費用裁定爲較低金額的30億美元，但Texaco仍在一年後宣布破產。當公司存在著大量潛在負債時，分析師依據其資產負債表來分析資本結構時，必須小心謹慎地下結論。

相對的，有些公司可能有許多潛在的資產，這些資產可能是實質資產，如：某項不動產的市價高於其帳面價值、有價證券的市價已高於其原始成本，這些潛在資產也包括無形資產，如：專利權或商標名稱，例如，Philip Morris願意花超過10倍的價格購買Kraft's的實質資產，只爲了要取得Kraft的商標名稱（如Velveeta cheese和Miracle whip salad dressing）和Kraft花了十年時間建立的顧客效忠度。

以上所提的資產負債表及盈餘品質並非完全包含所有情形，但的確是說明了淺顯的財務分析可能會導致對公司財務狀況下了錯誤的結論。

市場附加價値法：另一種衡量公司表現的方法

如前所述，傳統的財務分析主要是著重於一系列由會計資料計算而得的比率，利用杜邦分析法可以將公司的財務表現深入分析到其構成項目，而最終還是以普通股權益報酬率來衡量公司表現。雖然可利用這類分析方法來洞悉一些眞實情況，但傳統的分析法仍然受會計資料的缺失所影響，而且也沒有直接考慮衡量結果的風險程度，其中最大的缺點就是：傳統分析法以財務比率來衡量公司表現的好壞，但股東財富卻以股票市價來衡量。

許多其他衡量方法包括：*Fortune 500*和*Business Week 1000*。*Fortune*

*500*是以每年銷貨量來排列出500大工業公司，因爲這種排序方法和會計資料或股東財富均無關，它只適用於單獨利用銷貨量來評定好壞；相對的，*Business Week 1000*是根據1,000家公司各別普通股股票的總市價來排序，這種評估方法只考慮到資本的來源，此外，利用這種方法的誤差之一就是：在評估總市價時，會對大型公司較有利。

市場附加價值觀念

*The Stern Stewart Performance 1000*是根據市場附加價值觀念而來，**市場附加價值**（Market Value Added, MVA）定義爲：負債、優先股市價和普通股資本化減掉資本；而資本，是指從公司創立開始所有投資者投資的現金或者由盈餘保留來進行新投資計畫的基金。

市場附加價值（MVA）＝市場價值－資本　　〔3.22〕

市場附加價值是資本市場對公司過去的預定投資計畫的淨現值加總評估。例如，通用汽車的MVA爲負的178億美元，表示GM投資了大量的資金在淨值爲負的計畫上，使得股東價值少了178億美元。

以General Motors和Merck爲例，在過去十年間，這二家公司的表現有極大的差異，有趣的是，在1994年年底，根據MVA來評估，General Motors在*Fortune 500*中排名第一、*Business Week 1000*中排名23，但在*Stern Stewart Performance 1000*中卻排名第1000；相反的Merck在*Fortune 500*中排名55、*Business Week 1000*中排名第6，在*Stern Stewart Performance 1000*中卻排名第4。如表3-6所示。

在利用市場附加價值法來進行公司間比較時，必須要以資本投資金額爲衡量的尺度。例如，總資本市價除以資本。利用這種方法G.M.1992年的比率爲0.83，而Merck爲5.69、Microsoft的比率爲9.74。可見Microsoft以投資者每一美元投資金額所賺取的淨現值遠優於Merck。IBM的比率只有0.58、Digital Equipment只有0.48，均比G.M.表現得差。

表3-6　Stern Stewart 表現衡量

MVA評等			TIC	公司名稱	MVA（百萬）	EVA（百萬）	5年平均股東報酬率（%）
1994	1989	1984			1994	1994	
1	4	4	KO	Coca-Cola Co.	60846	1884	23.4
2	1	2	GE	General Electric Co.	52071	863	12.7
3	6	7	WMT	Wal-Mart Stores, Inc.	34996	917	14.2
4	3	13	MRK	Merck & Co., Inc.	31467	1124	10.7
5	58		MSFT	Microsoft Corp.	29904	989	44.6
6	8	17	PG	Procter & Gamble Co.	27830	615	14.4
7	2	10	MO	Philip Morris Companies Inc.	27338	2222	10.6
8	9	16	JNJ	Johnson & Johnson	24699	798	15.1
9	7		T	American Telephone & Telegraph Co.	22542	-196	5.2
10	108	46	MOT	Motorola, Inc.	21068	438	32.9
11	16	14	ABT	Abbott Laboratories	20300	973	16.1
12	5	5	BMY	Bristol-Myers Squibb Co.	19686	821	4.8
13	13	993	XON	Exxon Corp.	18907	-1143	8.8
14	106	174	HD	Home Depot (The), Inc.	17333	194	41.7
15	14	110	DIS	Disney (Walt) Co.	17074	519	11.1
16	38	12	PFE	Pfizer Inc.	16851	503	20
17	15	33	PEP	PepsiCo, Inc.	16737	480	12.9
18	70	27	INTC	Intel Corp.	14532	1193	30.1
19	35	995	DD	Du Pont (E.I.) De Nemours & Co.	13892	-1353	10.4
20	54	57	G	Gillette Co.	13799	293	26.6
981	965		CYM	Cyprus AMAX Minerals Co.	-815	-465	3.1
982	979	414	AMR	AMR Corp.	-949	-522	-1.7
983	987	940	CHA	Champion International Corp.	-992	-602	4.1
984	971	474	JR	James River Corp. Of Virginia	-1258	-438	-3.7
985	997	982	CSX	CSX Corp.	-1392	-686	17.3
986	264	937	CGP	Coastal (The) Corp.	-1435	-201	-3.5
987	996	975	S	Sears, Roebuck and Co.	-1534		8.8
988	992	961	MVL	Manville Corp.	-1548	-239	4.4
989	993	880	UIS	Unisys Corp.	-2012	-914	-6.8
990	753		CCE	Coca-Cola Enterprises Inc.	-2099	-409	2.7
991	129	916	OXY	Occidental Petroleum Corp.	-2320	-1306	-1.7
992		908	FD	Federated Department Stores Inc.	-2598	-120	
993	372	104	KM	K Mart Corp.	-2630	-1485	-1
994	42	943	WX	Westinghouse Electric Corp.	-2783	-659	-16.3
995	998	37	C	Chrysler Corp.	-3177	2993	25.6
996	977	26	DEC	Digital Equipment Corp.	-4684	-2992	-16.5
997	172	1	IBM	International Business Machines Corp.	-8864	-3019	-0.4
998		50	RN	RJR Nabisco Holdings Corp.	-11761	-2268	
999	999	997	F	Ford Motor Co.	-13757	985	10.8
1000	1000	996	GM	General Motors Corp.	-17803	-2044	4.3

Source: *The Stern Stewart Performance 1000: The Definitive Guide to MVA and EVA*. (New York: Stern Stewart, 1996). Used with permission.

經濟附加價值法

經濟附加價值（Economic Value Added, EVA）法是用來衡量在某特定年度中，公司因營運而增加企業的市場附加價值的指標。經濟附加價值定義如下：

經濟附加價值＝〔資金報酬率（r）－資金成本（k）〕×資金　〔3.23〕

其中，r＝稅後淨營運利潤除以年初資本，k＝稅後加權平均資金成本。利用這個關係式，可以看出公司經理人員增加經濟價值的方法有：⑴增加營運效率，提高r；⑵尋找新的投資計畫，保證其報酬超過公司的加權資金成本；⑶重新安排那些不夠賺錢（相對於資金成本）的投資計畫，將這些資金用在更有利的用途，甚至在沒有適當的投資計畫時，可以用來支付股利或減少負債水準；⑷在考慮風險和報酬下，謹慎地利用負債融資來創造稅盾以增加公司價值。

經濟附加價值可視為公司營運對市場價值的貢獻，市場價值是所有未來預期經濟附加價值的現值。公司的報酬若持續超過資金成本，則將可以有正的經濟附加價值，因此增加公司的市場價值。例如，在1994年Wal-Mart's的經濟附加價值為9億1,700萬美元，表示Wal-Mart's在該年為公司股東增加財富。

相反的，若公司的報酬低於資金成本，將會有負的經濟附加價值，連帶的降低公司的市場價值。例如，在1994年Westinghouse有負的經濟附加價值為負6億5,900萬美元。

在市場附加價值和經濟附加價值觀念中要注意的是，盈餘的成長不一定會增加公司的價值，除非這些盈餘是因為公司投資報酬率超過資金成本而來；另外，投資報酬率的增加也不一定會增加公司的市場價值，因為投資報酬率必須和市場要求報酬率（即加權平均資金成本）互相比較。最後要提的是，公司的股利政策並不會影響市場價值，因為股利的發放同時減少了資本的帳面價值和市場價值，只有當股利的發放向資本市場提供了關於公司未來展望的訊息時，股利發放的動作才會影響公司價值。

*Stern Stewart Performance 1000*指數採用經濟附加價值和市場附加價值的觀念，以公司價值最大化的角度來評估公司表現。以這種方法來進行財務分析是十分受人注目的，因爲它明確地將投資決策和公司表現好壞結合在一起，因此，經理人員和分析師會發現這種分析可以補足過去的傳統分析法。

通貨膨脹和財務報表分析

當分析師在評估長期間公司表現和進行公司間比較時，通貨膨脹會造成許多問題，特別是存貨利潤——物價隨時間上升所造成的短期利潤增加——會對公司每年盈餘報告有重大影響。

例如，某供應公司向製造廠商以每件4美元的價格批發設備零件，然後再以零售價5美元賣出，每單位便有1美元的利潤。假設，製造廠商宣布從下個月開始批發價將增加0.5美元到每件4.5美元的價格，如果供應公司將成本轉嫁給消費者，也宣布從下個月開始零售價將上漲到5.5美元，那麼，對原先早以用4美元買進的零件而言，每單位毛利將是1.5美元，也就是說，供應公司在價格上漲前就購入的存貨將會有額外的利潤，一旦供應公司開始以新價格4.5美元購買零件時。利潤將回到原本的1美元，這種漲價的時機給予供應公司可以承受短暫利潤或存貨利潤的增加。

大多數的公司都希望存貨利潤不被課稅，所以他們偏好利用這筆資金再購買存貨——尤其是在通貨膨脹的時期。幸運的是有一種方法可以避免或延遲認列這些利潤。「**後進先出存貨評價法**」（Last-In, First-Out, LIFO）是假設公司會先使用最近購入的存貨，因此，他們可以先將最近的存貨取得成本從存貨項目中削除；相反的，「**先進先出存貨評價法**」（First-In, First-Out, FIFO）則假設公司會先使用最早購入的存貨，因此，公司將被迫認列較高的利潤，也要付較高的所得稅。

在1960年代間，美國多數的大型公司採用先進先出法，通貨膨脹在當時相當平穩，因此，公司會儘可能將淨利認列到愈高愈好，然而到了1974年，通膨率已上升到12%，那些擁有相當高的存貨利潤的公司開始改用後進先出法，來減少所得稅的支付。

存貨所使用的會計方法會影響公司的利潤和資產負債表，因此，任何牽涉到存貨或淨利的財務比率，會因爲公司存貨使用不同的會計方法而有所差異。通貨膨脹對財務報表的另一個影響就是，固定資產價值被低估，同時也造成利息的上漲和原先發行的長期負債價值降低。因此，在通貨膨脹期間，公司的財務槓桿程度會高於眞實情況。

存貨利潤和通貨膨脹只是影響公司盈餘報告的二個因素而已，盈餘認列、銷貨認列和其他因素的差異，也都會使公司間比較結果產生誤導作用。再次強調，一個好的分析師不會拘泥於公司損益表及資產負債表上的數字，而會探尋公司內部眞正的情況。

傳統的財務比率分析對分析師評估公司表現是十分有用的工具，然而，許多重要的衡量指標，如：銷貨報酬率、總資產報酬率和權益報酬率都須依賴會計利潤的觀念。會計利潤並不是公司利潤十分重要的來源，只有現金才能使用。會計利潤相對的並未反映公司眞正的現金流入和流出，因此，在本節我們將對第1章曾提到的現金流量觀念做更深入的示範和定義，並介紹現金流量表。

現金流量的觀念

在前面我們已提到Drake製造公司的損益表（見表3-2），將損益表加以修正後，可用來衡量**稅後現金流量**（After-Tax Cash How, ATCF），以供資本支出及股利償債使用。因此，稅後現金流量的多寡較淨利多寡來得重要，但稅後現金流量的缺點是：沒有將淨營運資金的現金部分列入考慮。

表3-7的稅後現金流量是由Drake公司對外公布的損益表中的稅後盈餘再加上非現金支出而來：

稅後現金流量（ATCF）＝稅後盈餘＋非現金支出　　〔3.24〕

Drake公司的非現金支出爲$2,000（其中$1,900爲折舊，$100爲遞延租稅），因此其稅後現金流量爲：

稅後現金流量 = \$5,016 + \$1,900 + \$100
= \$7,016

表3-7 Drake公司19X6年12月31日的稅後現金流量

項目	金額
淨銷貨	$112,760
銷貨成本	85,300
毛利潤	$27,460
營運費用	15,940
息前稅前盈餘（EBIT）	$11,520
利息費用	3,160
稅前盈餘（EBT）	$8,360
中央和地方稅負合計40%	3,344
淨利	$5,016
加上非現金費用	
折舊	1900
遞延所得稅	100
稅後現金流量（ATCF）	$7016

折舊

折舊（depreciation）的定義爲「將資產取得成本有系統地分配到一年以上的期間」。年度折舊費用的提列只是資產原始成本的配置，並沒有現金的流出，因此，在計算稅後現金流量時，必須將公司每年的折舊費用加回稅後盈餘。例如，在1995年，通用電器公司的稅後盈餘爲65億7,300萬美元，而當年的折舊爲35億9,400萬美元，必須加回稅後盈餘，以計算當年的稅後現金流量。

遞延租稅

稅後現金流量也會因公司遞延租稅而不同於稅後盈餘。爲了符合一般通用會計原則和Statement of Financial Accounting Standards No.96，公司向股東報告當年的所得稅費用會不同於其實際現金的支付，通常公司損益表內的所得稅金額會大於其實際支付的金額，這其中的差距就是所謂的「遞延租稅」（deferred taxes）。這是因爲公司有時是在未來才支付這筆費用的。例如，在1996年H. J. Heinz向股東報告了下面的盈餘數額：

稅前盈餘	$1,024（百萬）
減所得稅	364（百萬）
稅後盈餘	$660（百萬）
所得稅：	
目前支付	$229（百萬）
遞延支付	135（百萬）

在計算Heinz's 1996年的稅後現金流量時，遞延租稅1億3,500萬美元要加回稅後盈餘，因爲在1996年計算盈餘時要扣掉遞延租稅這項費用，但這筆費用在當年度並未有實際現金支付。

遞延租稅一般是因爲財務報告目的和稅負目的的不同，使得資產負債認列的數額有所不同而引起。即使有許多原因造成遞延租稅，最普通的原因是折舊、存貨、退休基金在財務會計和稅務會計中有許多不同的提列方法，下面的例子將說明因爲使用的折舊方法不同產生的遞延租稅，許多公司在編製給股東的報表中會使用直線折舊法，但在計算應稅所得時卻採用加速折舊法。如表3-8所示，這種作法將造成目前的稅負低於公司採用直線折舊法時應付的稅負。採用直線折舊，該公司的稅前盈餘爲2,000萬美元，若採用加速折舊，則稅前盈餘爲1,800萬美元。假設應課稅所得2,000萬美元適用34%

表3-8　遞延所得稅的示範

（A）財務考量和稅負考量下的租稅算		
	財務考量	稅負考量
銷貨	$100.00	$100.00
費用，不含折舊	70.00	70.00
折舊：		
直線法	10.00	
MACRS		12.00
稅前盈餘	$20.00	$18.00
稅（34%）	6.80	6.12
淨利	$13.20	$11.88
（B）損益表部分		
稅前盈餘	$20.00	
中央稅負34%	$6.12	
目前遞延所得稅	0.68	
稅後盈餘	$6.80	
稅後淨利	$13.20	

的稅率，則該公司須繳680萬美元的稅，但實際上公司目前的稅負只有612萬美元，這便產生了68萬美元的遞延租稅，只要公司繼續購買足額的新固定資產，便可以一直將這些租稅往後遞延，一旦公司停止購買資產或購買較少量的資產，便必須支付這些遞延租稅了。

在表3-8，該公司稅後現金流量爲2,388萬美元，是將租稅折舊額1,200萬美元加回稅後盈餘1,188萬美元，如果無法取得租稅紀錄，可利用公式〔3.23〕來計算：

稅後現金流量＝稅後盈餘＋折舊＋遞延租稅 〔3.25〕
＝$1,320萬＋$1,000萬＋$68萬
＝$2,388萬

現金流量表

現金流量表、資產負債表和損益表是公司財務報表最主要的部分。現金流量表顯示公司營運投資和融資活動對現金餘額的影響。現金流量表最主要的目的是提供公司在某會計期間現金收入和支出的相關資訊。現金流量表能提供公司資金在過去一段期間的來源和用途。

製作現金流量表的程序規定於Financial Accounting Standards Board在1987年11月頒布的Statement of Financial Accounting Standards No.95，要求所有公司在1988年7月15日以後，每當發行完整的財務報表時必須包括現金流量表，FASB鼓勵公司使用直接法來計算營運活動的現金流量。

現金流量表：直接法

表3-9爲Summit家具公司使用直接法來編製現金流量表的例子。在這一年Summit的「營運活動現金流量」總計爲$14,600（從顧客收取的現金$142,000加上利息收入$600減掉支付給供應商和員工$120,000減掉利息費用$2,000和所得稅費用$6,000），而投資活動用掉了$18,000的現金、$19,000的資本支出以及資產出售所得的價款$1,000，融資活動提供了$3,600的現金，這$3,600是由融資活動的現金流出和現金流入差額而得，Summit融資活動的現金總支出爲$3,100（長期負債的償還$2,600和股利支

表3-9　Summit Furniture公司在19X1年12月31日的現金流量表

現金和約當現金增加（減少）			
營運活動現金流量：	從客户收現	$142,000	
	員工薪水與供應商成本	（120,000）	
	利息收入	600	
	利息支出（資本化淨額）	（2,000）	
	所得稅支出	（6,000）	
	營運活動淨現金流入（出）		$14,600
投資活動現金流量：	出售資產	1,000	
	資本支出	（19000）	
	投資活動淨現金流入（出）		（18,000）
融資活動現金流量：	銀行借款	1,000	
	償還長期負債	（2,600）	
	發行長期債券	4,000	
	發行普通股	1,000	
	股利支出	（500）	
	投資活動淨現金流入（出）		3,600
	現金與約當現金淨增加（減少）		200
	期初現金		5,000
	期末現金		$5,200

出$500）、融資活動現金總收入$6,700（銀行借款$1,000、發行長期負債$4,000、加上發行普通股$1,700），以上所有現金的流動計算如下：

淨現金增加（減少）＝營運活動提供（使用）的淨現金
＋投資活動提供（使用）的淨現金　〔3.26〕
＋融資活動提供（使用）的淨現金

淨現金增加（減少）＝$14,600－$18,000＋$3,600
＝$200

表3-9的現金流量表替Summit經理人員、投資者和債權人提供了這一年現金流量的摘要情形，特別的是，該公司的營運提供了$14,600的淨現金，然而卻使用了$18,000從事投資活動，因此，如果Summit希望現金能維持在$5,000的均衡狀態，則公司的融資活動必須要提供$3,400（$18,000－$14,600）的淨現金，事實上Summit的融資活動提供了$3,600的淨現金，所以期末現金餘額爲$5,200，超過期初餘額$5,000。

現金流量表：間接法

由最近每年的報表可看出非常少公司使用直接法來編製現金流量表，相反的，大部分公司使用間接法（或調和法）。間接法是將淨利調整到營運活動淨現金流量的實際情況。表3-10爲H. J. Heinz公司使用間接法的現金流量表。

Heinz在1996年有淨利6億5,900萬美元，將這些淨利轉換爲現金流量需要將非現金費用加回去，包括：折舊和遞延租稅，然後Heinz再依照規定方法，將各種資產負債帳目價值的增減來調整淨利，經過這些調整後，該公司有營運淨金7億3,700萬美元，在1996年Heinz使用了2億9,000萬美元來從事投資活動，主要是在購買廠房、設備和併購。融資活動則有4億7,100萬美元現金流入，最後，匯率的變動減少現金1,000萬美元，在1996年Heinz的所有活動共減少現金3,400萬美元。

Heinz的現金流量表讓分析師認爲該公司在營運、投資和融資活動上，是相當妥善利用其所有的現金。

國際議題：跨國公司的財務分析

本章所介紹的財務分析工具適用於評估美國本土公司和經營小部分國際業務公司的財務表現，然而，要評估從事許多國際業務之公司的財務情況，則比評估完全從事國內業務的公司還要複雜。

複雜的部分係因爲必須將從國外業務賺取到的外幣轉換爲美元。舉例來說，假設Sara Lee在法國營運所得盈餘有1億法郎，Sara Lee對股東的財務報告是以美元貨幣單位計價，所以，必須將法郎轉換爲美元，而Sara Lee在法國所賺到的美元數額則取決於美元對法郎的匯率。假如，匯率爲8法郎換1美元，1億的法郎盈餘記載爲1,250萬美元（1億法郎／8法郎換1美元）；但是如果匯率變動爲10法郎兌換1美元，則1億的法郎盈餘只轉換爲$1,000萬美元（1億法郎／10法郎換1美元）；因此，在外國從事相當規模營運的美國公司，其盈餘報告不僅受國外盈餘多寡的影響，也受匯率的影響。當美元相對於外幣走強時——也就是說，美元可以買更多的法郎——外幣將比美元走貶時兌換到更少的美元。

匯率波動會帶給跨國公司財務分析另一個難題。當法郎和美元間匯率變

表3-10　H. J. Heinz 公司與子公司現金流量合併報表

年底 （千美元）	1991年5月1日 （52星期）
營業活動：	
淨利	$659,319
從營業活動產生淨利現金調整	
折舊	254,640
攤提費用	89,169
遞延稅負	135,235
廠房出售利得	—
其他項目	（82,198）
流動資產負債調整，	
不包括併購和撤資：	
應收帳款	（222,894）
存貨	（102,269）
預付費用和其他資產	（14,361）
應付帳款	126,596
應計負債	（114,015）
所得稅	7,866
營業活動現金流量	737,088
投資活動：	
資本支出	（334,787）
併購	（156,006）
撤資	82,061
短期投資	（982,824）
出售短期投資	1,050,971
投資稅適	62,081
其他	（11,637）
投資活動現金流量	（290,141）
融資活動：	
長期負債	4,860
償還長期負債	（46,791）
償還短期負債	（39,745）
股利	（381,927）
庫藏股	（155,200）
利息	—
保單質押	6,361
償還保單質押	—
執行股票選擇權	95,853
其他	45,788
融資活動現金流量	（470,801）
匯率調整	（10,420）
現金與約當現金增減	（34,274）
年初現金	124,338
年末現金	$90,054

動時，會對Sara Lee法國資產負債在母公司資產負債表上的美元價值有何影響？根據處理國際性會計事務的Statement of Accounting Standards No.52，資產和負債通常以資產負債表編製時的匯率來轉換，但是轉換的利得或損失不會反映在損益表上，所以也不包括在資產負債表中保留盈餘的科目上。外匯轉換的利得或損失通常是以「累積外匯轉換調整」或「轉換調整」的科目成為股東權益的一部分，提列在資產負債表上。例如，在1995年Sara Lee報告增加1億7,300萬美元的「轉換調整」，這個科目的增加並未影響其1995年的盈餘，而只是資產負債表中股東權益的改變。

在九〇年代以後的財務經理人員和分析師將必須具備進行國際財務報表分析的知識。

道德議題：財務報表的正確性

公司的財務報表受到許多人的檢視，包括：股東、債權人、銀行、政府機關（如：證管會）、員工、供給商和財務分析師。這些人均十分在意公司的報表是否能提供一個公正的藍圖來代表公司財務實際狀況（也就是資產、負債、盈餘和現金流量）。大多數的公司會雇用外界的審計人員（合格會計師）來證實其財務報表能反映公司財務狀況，這些外部的審計人員檢視公司的傳票過程是否能防止錯誤和欺騙的發生。審計人員也會對會計資料進行統計測試，來分辨資料的合理性。審計人員的意見須記載於公司年度報告內，陳述這些財務資訊能公正地代表公司財務狀況，且這些報表遵循通用會計原則的規範，若有例外，則必須標記在審記人員的意見內。

雖然財務報表的編製具有上述的規範，但通用會計原則仍然給予經理人員在報告私人盈餘或公司利得時有「左右」盈餘的空間。若總經理的薪資是由盈餘多寡來決定，那麼，他可能會指示會計人員採取最能增加盈餘的會計方法。當公司要在金融市場發行股票時，也會透過會計處理，來提高盈餘。一個左右盈餘的有趣例子為Pfizer Inc.，一家全國最大最健康的製藥公司，因為柯林頓政府認為製藥公司可賺取極高的利潤，Pfizer積極地左右盈餘，以迫使1993年的盈餘報告減少，希望能避開列入高利潤產業的威脅。Pfizer開始提高研發費用、沖銷掉重建費用，並且把1993年第四季的銷貨延遲到1994年第一季，但Pfizer經理人員仍堅決否認左右盈餘的罪名。

這個例子點出了經理人員必須面臨選擇會計方法的難題。你覺得選擇會計處理原則的目的到底應爲何呢？

摘要

1.財務比率是由公司的損益表和資產負債表中的二個數目字計算而來的統計比較基準。

2.財務比率可分爲六種：

a.變現力比率：顯示公司對短期債務的償債能力。

b.資產管理比率：衡量公司利用各種資產來銷售貨品是否具有效率。

c.財務槓桿比率：顯示公司對長期及短期債務的清償能力。

d.利潤力比率：衡量公司經由銷貨、資產和權益資金賺取利潤的能力。

e.市場基準比率：反映金融市場（投資者）對公司表現和風險的評價。

f.股利政策顯示公司股利的實際狀況。

3.共基財務報表將財務科目用百分比表示，有助於分析公司財務表現的趨勢。

4.趨勢分析將時間因素帶入財務比率分析內，它提供分析師公司情況的動態報導，而不是單純的財務比率比較。

5.將投資報酬率折成「邊際」和「周轉率」的組合，有助於了解是其中哪一個原因？或兩者均是造成公司獲利率不足的原因。

6.爲了了解公司相對的財務狀況，分析師必須把財務比率和產業平均值比較。但公司經營的業務愈多樣化，將使比較愈難進行。產業比率可以從Dun and Bradstreet和Robert Morris Associates兩處取得。

7.若現金盈餘占總盈餘比率愈大，且可重複收入占總收入比率愈大，則公司盈餘品質愈高。

8.若公司資產的市場價值相對於帳面價值的比率愈高，且資產負債表上「潛在負債」減少，將提高公司資產負債表的品質。

9.財務比率搭配上複雜的統計方法將可用來預測類似公司破產的事件。

10.市場附加價值觀念是市場對於公司過去及預定投資計畫累積價值的評估。

11.經濟附加價值是考慮投資者要求報酬率下，衡量公司年度營運表現。
12.稅後現金流量等於稅後盈餘加上非現金費用。非現金費用有折舊和遞延租稅。
13.現金流量表是用來表示公司營運、投資和融資活動對現金餘額影響的主要財務報表。
14.通貨膨脹對公司盈餘報告有重大影響。例如，它可以影響公司選擇不同的存貨評價方法和成本會計系統。在比較二個以上公司的表現時，分析師要記得每個公司可能使用不同的會計方法來計算淨利。
15.跨國公司的財務報表會受匯率波動影響。

問題與討論

1.以比率分析來進行財務分析的限制爲何？
2.利用流動比率來衡量公司變現能力有何重大限制？如何克服這個限制？
3.若平均收現期間明顯大於或小於產業平均，這表示有什麼問題？
4.若存貨周轉率明顯大於或小於產業平均，這表示有什麼問題？
5.在比較分析時，使用固定資產周轉率有何限制？
6.股東權益報酬率的三大決定因素爲何？
7.不同的會計方法對比較性財務分析有何影響？
8.通貨膨脹如何影響公司間財務比率的比較性？
9.公司的本益比和其風險與成長潛力有何關係？
10.討論哪些因素影響到公司盈餘和資產負債表的品質？
11.爲什麼我們可以預期天然氣公司的本益比會比電子科技公司——如：Compaq電腦——來得低？
12.近來許多大公司如：General Motor，在裁減生產時，已沖銷掉許多巨大但無法營運的資產。這樣對該公司未來的資產報酬、普通股報酬、財務槓桿比率有何影響？你認爲對該公司股票市價有何影響？爲什麼？
13.Farmers State銀行近來的總資產報酬1.50%超出產業平均，該銀行的權益報酬爲12%，有別於產業平均的15%。

a.什麼原因造成該銀行的低權益報酬？

b.你認爲這種表現對該銀行債券、股票的價值有何影響？

14.何謂遞延租稅？何時會出現呢？

15.EVA和MVA有何關係？

16.你如何分析下列每一公司在1984至1994年間，爲所有人賺取利潤的能力？（參見表3-6）

a. Microsoft。

b. General Electric。

c. Occidental Petroleum。

d. General Motors。

自我測驗題

下列爲Freemont公司的財務資料，回答以下6題：

資產負債表（$000）			
資產		負債&股東權益	
現金	$1,500	應付帳款	$12,500
短期證券	2,500	應付票據	12,500
應收帳款	15,000	總流動負債	$25,000
存貨	33,000	長期負債	22,000
總流動資產	$52,000	總負債	$47,000
固定資產（淨額）	35,000	普通股（面額）	5,000
總資產	$87,000	資本公積	18,000
		保留盈餘	17,000
		總股東權益	$40,000
		總負債與權益	$87,000

損益表（$000）	
銷貨（賒銷）	$130,000
銷貨成本	103,000
毛利潤	$27,000
營運費用*	16,000
息前稅前盈餘	$11,000
利息費用	$3,000
稅前盈餘	$8,000
所得稅	3,000
稅後盈餘	$5,000
*包含$200（000）的租賃費用	

其他資料	
股價	$9.50
每股帳面價值	$8.00
發行股數	5,000（000）

問題一

計算下列流動性比率：

1.流動比率。

2.速動比率。

問題二

計算下列資產管理比率：

1.平均收現期間。

2.存貨周轉率。

3.固定資產周轉率。

4.總資產周轉率

問題三

計算下列財務槓桿比率：。

1.負債比率。

2.負債對權益比。

3.利息涵蓋比率。

4.固定費用涵蓋率。

問題四

計算下列利潤力比率：

1.毛利潤邊際。

2.淨利潤邊際。

3.投資報酬。

4.股東權益報酬。

問題五

計算下列市場基準比率：

1.本益比。

2.市價對帳面價值比率。

問題六

將股東權益報酬率表達為淨利潤邊際、總資產周轉率和權益乘數的函數。

問題七

Jenkins Properties在19X8年年底的固定資產毛額為$1,000，在19X9年已成長到$1,100。19X8年的累積折舊為$500，19X9年為$575。該公司沒有利息支出，其19X9年的預期銷貨額為$500、營運費用（不含折舊）為$125，邊際稅率為40%。

1.該公司19X9年的折舊費用為多少？

2.該公司19X9年的稅後盈餘為多少？

3.利用**公式**〔3.24〕，該公司19X9年的稅後現金流量為多少？

4.說明稅後盈餘減掉固定資產淨額增加量如何會等於稅後現金流量表減掉固定資產毛額增加量。

計算題*

1.Vanity Press公司每年賒銷$1,600,000、毛利潤邊際35%：

a.如果公司想維持平均收現期間爲50天，那麼其應收帳款應爲多少？（假設一年365天）

b.該產業的存貨周轉率爲6次，而該公司全爲賒銷，那麼該公司的存貨水準應爲多少，才能達到與該產業相同的存貨周轉率？

2.Pacific Fixtures公司資產負債表的一部分如下：

總資產	$10,000,000
應付帳款	$2,000,000
應付票據（8%）	1,000,000
公司債（10%）	3,000,000
普通股面額	1,000,000
資本公積	500,000
保留盈餘	2,500,000
總負債與股東權益	$1,000,000

若公司銷貨爲2,000萬美元，在下面的淨利潤邊際下，計算其股東權益報酬：

a.3%。

b.5%。

3.Clovis Industries在19X1年的銷貨爲4,000萬美元，其中20%爲現金銷貨，如果該公司的應收帳款通常存在45天，其平均應收帳款爲多少？（假設一年365天）

4.Williams Oil公司在19X1年股東權益報酬爲18%，其總資產周轉率爲

*計算題中特殊框標之題目解答，請參見書後〔附錄C〕。

1.0次、權益乘數爲2.0次，計算其淨利潤邊際。

5.請利用下表資料回答下列問題：

a.計算每個公司總資產周轉率、淨利潤邊際、權益乘數和權益報酬率。

b.比較每個公司的比率來評估其表現好壞。

	公司			
(以百萬爲單位)	A	B	C	D
銷貨	$20	$10	$15	$25
稅後淨利	3	0.5	2.25	3
總資產	15	7.5	15	24
股東權益	10	5.0	14	10

6.Tarheel家具公司計畫成立自有的子公司來生產橡膠家具。其預計在一年的稅後盈餘爲100萬美元，該公司董事長想知道子公司資產負債表的大致情形，他認爲可以使用該子公司和同產業公司的財務比率做爲參考。

該公司預計完全用賒銷，所有計算使用365天，在計算中你要把數字取到最近的1,000美元。

根據該產業平均的財務比率，完成該子公司的資產負債表。

產業平均	
流動比率	2：1
速動比率	1：1
淨利潤比率	5%
平均收現期間	20天
負債比率	40%
總資產周轉率	2次
流動負債／股東權益	20%

預測子公司之資產負債表			
現金	—	總流動負債	—
應收帳款	—	長期負債	—
存貨	—	總負債	—
總流動資產	—	股東權益	—
淨固定資產	—	總負債與股東權益	—
總資產	—		—

7.Sooner設備公司總資產為1億美元。其中4,000萬美元以普通股來融資取得，6,000萬美元以負債（長期和短期）取得。該公司平均應收帳款為2,000萬美元、平均收現期間為80天。該公司認為他們可以縮短平均收現期間到60天而不會影響銷貨或稅後淨利（目前為500萬美元）。那麼這個措施對該公司的投資報酬率和股東權益報酬率有何影響？如果該公司將收現的應收帳款的現金用來以面值買回普通股。其負債比率又有何改變？

8.Jamesway Printing公司的流動資產為300萬美元，其中存貨100萬美元、現金50萬美元、應收帳款100萬美元，其餘為短期證券，該公司的流動負債為150萬美元。

a.該公司的流動比率和速動比率為多少？

b.若該公司用25萬美元的現金償還25萬美元的流動負債，則流動比率和速動比率有何不同？其真正流動性有何不同？

c.若該公司將50萬美元的應收帳款賣給銀行，利用這筆現金來償還短期負債，其流動比率和速動比率有何不同？

d.若該公司新發行100萬美元的普通股，利用這筆現金來買短期證券，其流動比率和速動比率有何不同？

e.請用這些例子說明流動比率和速動比率的含義？

9.Gulf Control公司的淨利潤邊際為10%、稅後盈餘為600,000美元。它目前的資產負債表如下：

流動資產	$1,800,000	流動負債	$600,000
固定資產	2,200,000	長期負債	$1,000,000
總資產	$4,000,000	普通股	500,000
		保留盈餘	1,900,000
		總負債與股東權益	$4,000,000

a.計算該公司股東權益的報酬率。

b.產業平均財務比率如下：

淨利潤邊際	6%
總資產周轉率	2.5次
權益乘數	1.4次

比較該公司財務比率和產業平均，是什麼原因造成如此的差異？

10.利用Jackson Products公司下列的資料，回答a.到g.小題。

Jackson Products Company's 資產負債表19X1年12月31日			
現金	$240,000	應付帳款	$380,000
應收帳款	320,000	應付票據（9%）	420,000
存貨	1,040,000	其他流動負債	50,000
總流動資產	$1,600,000	總流動負債	$850,000
淨廠房設備	800,000	長期負債（10%）	800,000
總資產	$2,400,000	股東權益	750,000
		總負債與股東權益	2,400,000

損益表19X1年12月31日		
淨銷貨（全爲賒銷）		$3,000,000
銷貨成本		1,800,000
毛利潤		$1,200,000
銷貨和管理費用		860,000
息前稅前盈餘		$3,400,000
利息：		
票據	$37,800	
長期負債	80,000	
總利息費用		117,800
稅前盈餘		$222,200
所得稅（40%）		88,880
稅後盈餘		$133,320

產業平均	
流動比率	2.5倍
速動比率	1.1倍
平均收現期間（一年365天）	35天
存貨周轉率	2.4次
總資產周轉率	1.4次
利息涵蓋比率	3.5倍
淨利潤邊際	4.0%
投資報酬率	5.6%
總資產／股東權益比率	3.0倍
股東權益報酬率	16.8%
本益比	9.0倍

a.評估該公司流動性和產業平均有何不同，考慮流動比率、速動比率和淨營運資金（流動資產減去流動負債）。從這個分析可以發現哪些問題？

b.利用資產管理比率來評估該公司的表現，發現哪些問題？

c.利用該公司和產業的利息涵蓋比率和權益乘數，來評估該公司的財務風險。

d.評估該公司相較於產業的獲利能力。

e.比較該公司相對於產業的整體表現。

f.替該公司進行杜邦分析，哪方面最急需改善？

g.該公司目前的本益比爲7倍，哪些因素可解釋該公司此比率高於產業平均值。

11.利用Profiteers公司和該產業的資料，來進行投資報酬率和權益報酬率的趨勢分析，畫圖並說明是否有明顯的趨勢。同時，分析造成此種趨勢的原因。

	年度				
	19X1	19X2	19X3	19X4	19X5
Profiteers公司					
淨利潤邊際	14%	12%	11%	9%	10%
資產周轉	1.26	1.22	1.20	1.19	1.21
權益乘數	1.34	1.40	1.61	1.65	1.63

	年度				
	19X1	19X2	19X3	19X4	19X5
產業平均					
淨利潤邊際	12%	11%	11%	10%	10%
資產周轉	1.25	1.27	1.30	1.31	1.34
權益乘數	1.42	1.45	1.47	1.51	1.53

12.如果某公司發行新股，將收到的現金來增加存貨水準、現金水準，對於下列比率各有何種影響（增加、減少或不變）？

a.流動比率。

b.權益報酬率。

c.速動比率。

d.負債對總資產比率。

e.總資產周轉率。

13.Lane公司有銷貨2,000萬美元、稅後盈餘160萬美元。其總資產周轉率爲2.5次，產業平均爲2.0次。該公司的權益帳戶資料如下：

普通股面值	$600,000
資本公積	2,400,000
保留盈餘	3,400,000

下列爲該產業平均比率：

淨利潤邊際	6%
總資產周轉率	2次
權益乘數	2.08倍

a.利用杜邦分析法來計算該公司的權益報酬。

b.比較該公司相對於該產業的表現如何。

14.Keystone Resources有淨利潤邊際爲8%、稅後盈餘爲200萬美元。其目前的資產負債表如下：

流動資產	$6,000,000	流動負債	$3,500,000
固定資產	10,000,000	長期負債	5,500,000
總資產	$16,000,000	普通股	2,000,000
		保留餘盈	5,000,000
		總負債與股東權益	$16,000,000

a.計算該公司的權益報酬率。

b.產業平均比率如下：

淨利潤邊際	10%
總資產周轉率	2.0倍
權益乘數	1.5倍

比較該公司比率和產業平均比率，發現其強處與弱處。

c.該公司的存貨爲320萬美元，計算其速動比率。

15.Palmer Chocolates（專門製作巧克力的公司）其過去幾年存貨如下：

月份	存貨數量
1月	$25,000,000
2月	60,000,000
3月	90,000,000
4月	30,000,000
5月	20,000,000
6月	22,000,000
7月	25,000,000
8月	38,000,000
9月	50,000,000
10月	60,000,000
11月	70,000,000
12月	30,000,000

該公司過去一年的銷貨爲2億9,000萬美元，銷貨成本占了50%。利用年初存貨、年末存貨和月平均存貨來計算其資產周轉率。你覺得哪一種方法較適當？爲什麼？

16.Jenkins公司（鋼鐵製造商）的股票目前每股賣50美元，其帳面價值爲125美元。相反的，Dataquest's公司股票每股賣40美元，其帳面價值爲10美元。Dataquest's公司（爲具領導性的軟體開發者）對於資料庫管理具有版權。爲什麼這二家公司會有如此不同的股票市價／帳面價值的比率？

17.利用本章所提到的財務比較方法，來評估Bethlehem Steel公司和Carpenter Technology公司的表現。尤其是評估其總資產周轉率、固定資產周轉率、淨利潤邊際、投資報酬率和權益報酬率。然後回答下列問題：

a.決定哪家公司表現較好。你下結論的依據爲何？

b.指出幾個Bethlehem Steel公司在過去幾年所面臨到的問題。

c.利用最近五年的資料，進行Bethlehem Steel公司財務趨勢分析，考慮流動比率、速動比率、存貨周轉率、平均收現期間、總資產周轉率、淨利潤邊際、投資報酬、權益報酬率。你覺得該公司財務品質的趨勢好嗎？

18.Hoffman Paper公司（很賺錢的辦公設備供給商）和銀行協議可以借錢來融資其存貨和應收帳款。協議中要求該公司須維持至少1.5的流動比率、不大於50%的負債比率。利用下列資產負債表，該公司在不違反上述規定下，還能借多少錢呢？

現金	\$50,000	流動負債	\$200,000
應收帳款	150,000	長期負債	300,000
存貨	250,000	股東權益	630,000
固定資產	680,000		
總資產	\$1,130,000	總負債和股東權益	\$1,130,000

19.Sun Minerals公司正考慮發行新的長期負債來擴大生產。目前，公司已有5,000萬美元、10%的負債，其稅後淨利爲1200萬美元，該公司適用40%的稅率。債權人要求公司的利息涵蓋比率不得小於3.5倍。

a.目前的利息涵蓋比率爲多少？

b.在利息涵蓋比率不得小於3.5倍之下，該公司目前可以發多少金額的負債？（假設息前稅前盈餘不變）

c.假設新發行的負債利率爲12%，該公司未使用的負債額度還有多少？

20.Eastland Products公司的資產負債表和損益表如下：

資產負債表，19X1年12月31日（以百萬爲單位）			
流動資產	$40	流動負債	$30
固定資產	110	長期負債	40
		普通股（面值$1）	5
		資本公積	20
		保留盈餘	55
總資產	$150	總負債和權益	$150

損益表，19X1年12月31日（以百萬爲單位）	
銷貨	$120
銷貨成本	80
息前稅前盈餘	$40
利息	5
稅後盈餘	$35
稅負（40%）	14
淨利	$21

其他資料	
總股利	$1,000萬元
普通股每股市價	$32元
流通在外股數	$500萬元

利用上面資料，求：

a.每股盈餘。

b.本益比。

c.每股帳面價值。

d.市價／帳面價值比率。

e.在19X1年增加了多少保留盈餘。

f.若該公司以每股30美元新發行股票100萬股，其新的資產負債表爲何？假設新得到的現金其中1,000萬美元用來償還流動負債，其餘的暫且存在銀行帳戶中，之後，將投資在新的生產設備。

21.Jefferson食品公司的資產負債表和損益表如下：

資產負債表			
現金	$50,000	流動負債	$200,000
短期證券	200,000	長期負債	400,000
其他流動資產	300,000	股東權益	800,000
固定資產	850,000		
總資產	$1,400,000	總負債和權益	$1,400,000

損益表	
銷貨及其他收入	$3,000,000
銷貨成本	2,600,000
息前稅前盈餘	$400,000
利息	50,000
稅前盈餘	$350,000
稅（40%）	140,000
淨利	$210,000

其他資料	
發行股數	80,000
每股市價	$20
短期證券的利息	6%

a.計算該公司目前的權益報酬、每股盈餘和負債比率。

b.假設該公司經理人覺得其股價正值得投資，若該公司將短期證券的資金來買回8,000股20美元的股票，重新求算a.小題中的比率。買回的股票將當做庫藏股。

c.解釋爲何會造成b.小題的改變。

22.Thompson Electronics公司目前是完全由股票融資的公司，其資產爲1億美元。其淨利爲900萬美元、平均和邊際稅率爲40%，共有400萬股股票，每股股利75美元。現在該公司可以發行利息10%的永續債券（沒有到期日的債券），爲了增加權益報酬到15%，該公司應發行多少此種債券？

23.利用下列資料完成Jamestown公司的資產負債表。（假設一年365天）

銷貨＝$3,650,000

總資產周轉率＝4

流動比率＝3：1

速動比率2：1

流動負債／淨值＝30%

平均收現期間＝20天

總負債／總資產＝0.4

資產負債表			
現金	—	應付帳款	—
應收帳款	—	總流動負債	—
存貨	—	長期負債	—
總流動資產	—	股東權益	—
固定資產	—		
總資產	—	總負債和權益	—

24.利用下列資料計算Greensburg公司的銷貨成本：

流動比率＝3.0

速動比率2.1

流動負債＝$500,000

存貨周轉率＝6次

25.Southwick公司的資產負債表如下：

資產		負債與股東權益	
現金	$500	應付帳款	$1,750
短期證券	750	應付票據	1,250
應收帳款	2,000	總流動負債	$3,000
存貨	2,500	長期負債	1,750
總流動資產	$5,750	總負債	$4,750
廠房設備	5,000	普通股（面額$1）	1,000
總資產	$10,750	資本公積	2,000
		保留盈餘	3,000
		總股東權益	$6,000
		總負債與股東權益	$10,750

財務比率	
流動比率	1.92
速動比率	1.08
負債權益比	0.79

評估下列每一個行動對該公司流動比率、速動比率和負債權益比有何影響。

a.該公司經由有效率的管理存貨，將存貨減少了500,000美元，並將這些錢投資於短期證券。

b.該公司購買20部新機器共500,000美元，以賣出短期證券所得的金額來支付。

c.該公司向銀行借了短期500,000美元的貸款來投資存貨。

d.該公司向銀行借了五年期的2,000,000美元（每年付息、到期償還本金）來擴大廠房。

e.該公司賣2,000,000美元的普通股來擴大廠房。

26. Blue Lake Mines公司去年稅後盈餘650,000美元，折舊400,000美元、遞延稅負100,000美元。去年該公司也買了新設備300,000美元。計算其去年的稅後現金流量。

27. 以Summit家具公司爲例（表3-9）。計算其19X1年底的現金和約當現金，假設在19X1年：(1)該公司資本支出$22,000；(2)支付股利$800；(3)沒有發行任何股票。其他現金流量和表3-9相同。

28.根據下列的資產負債表，製作Midland Manufacturing公司在19X2年年底的現金流量表。

MidlandManufacturing 公司資產負債表（以百萬爲單位）		
	19X1年12月31日	19X2年12月31日
資產		
流動資產		
現金	$4.9	$0.8
應收帳款	7.2	7.5
存貨	13.8	14.5
總流動資產	$25.9	$22.8
廠房設備	$80.7	$115.0
減　累積折舊	16.3	25.8
淨廠房設備	$64.4	$89.2
總資產	$90.3	$12.0
負債和股東權益		
流動負債		
應付帳款	$8.0	$9.5
其他流動負債	6.0	8.2
總流動負債	$14.0	$17.7
長期負債	$18.8	$31.8
遞延所得稅	$1.2	$1.4
股東權益：		
普通股	$3.0	$3.0
資本公積	29.0	29.0
保留盈餘	24.3	29.1
總股東權益	$56.3	$61.1
總負債和權益	$90.3	$112.0

29.Canon Manufacturing去年的財務報告稅後盈餘為120萬美元，但稅務報告稅後盈餘只有60萬美元。在財務報告中折舊為100萬美元。該公司邊際稅率為40%。

a.假設該公司財務報告和稅務報告唯一的不同是折舊費用，計算去年稅務報告中的折舊費用。

b.計算其去年的稅後現金流量。

30.Armbrust是一家設備製造商，銀行已要求其改善流動性。你認為CFO所建議的下列做法中，哪個較可行？為什麼可行？為什麼不可行？

a.發行新股來購買新廠房。

b.用現金和短期證券來償還銀行貸款和應付帳款。

c.借長期資金來償還短期負債。

d.賣出多餘的固定資產來投資短期證券。

自我測驗解答

問題一

1.流動比率 $= \dfrac{\text{流動資產}}{\text{流動負債}}$

$= \dfrac{\$52{,}000}{\$25{,}000}$

$= 2.08$

2.速動比率 $= \dfrac{\text{流動資產}-\text{存貨}}{\text{流動負債}}$

$= \dfrac{\$52{,}000-\$33{,}000}{\$25{,}000}$

$= 0.76$

問題二

1.平均收現期間 $= \dfrac{\text{應收帳款}}{\text{年度賒銷} / 365}$

$= \dfrac{\$15,000}{\$130,000 / 365}$

$= 42.1$ 天

2.存貨周轉率 $= \dfrac{\text{銷貨成本}}{\text{平均存貨}}$

$= \dfrac{\$103,000}{\$33,000}$

$= 3.12$

3.固定資產周轉率 $= \dfrac{\text{銷貨}}{\text{淨固定資產}}$

$= \dfrac{\$13,000}{\$35,000}$

$= 3.71$

4.總資產周轉率 $= \dfrac{\text{銷貨}}{\text{總資產}}$

$= \dfrac{\$130,000}{\$87,000}$

$= 1.49$

問題三

1.負債比率 $= \dfrac{\text{總負債}}{\text{總資產}}$

$= \dfrac{\$47,000}{\$87,000}$

$= 0.54$

2.負債權益比 $= \dfrac{\text{總負債}}{\text{總權益}}$

$= \dfrac{\$47,000}{\$40,000}$

$= 1.18$

3.利息涵蓋比率 $= \dfrac{\text{息前稅前盈餘}}{\text{利息費用}}$

$= \dfrac{\$11,000}{\$3,000}$

$= 3.67$

4.固定費用涵蓋比率 $= \dfrac{\text{息前稅前盈餘}+\text{租賃費用}}{\text{利息}+\text{租賃費用}+\text{優先股利息}+\text{償債基金}}$

$= \dfrac{\$11,000 + \$200}{\$3,000 + \$200}$

$= 3.50$

問題四

1.毛利潤邊際 $= \dfrac{\text{銷貨}-\text{銷貨成本}}{\text{銷貨}}$

$= \dfrac{\$130,000 - \$103,000}{\$130,000}$

$= 20.8\%$

2.淨利潤邊際 $= \dfrac{\text{稅後盈餘}}{\text{銷貨}}$

$= \dfrac{\$5,000}{\$130,000}$

$= 3.85\%$

3.投資報酬 $= \dfrac{\text{稅後盈餘}}{\text{總資產}}$

$= \dfrac{\$5,000}{\$87,000}$

$= 5.75\%$

4.權益報酬率 $= \dfrac{\text{稅後盈餘}}{\text{權益}}$

$= \dfrac{\$5,000}{\$40,000}$

$= 12.5\%$

問題五

1.本益比 $= \dfrac{\text{每股市價}}{\text{每股盈餘}}$

$= \dfrac{\$9.50}{\$5,000 / 5,000}$

$= 9.50$

2.市價/帳面價值比 $= \dfrac{\text{每股市價}}{\text{每股帳面價值}}$

$= \dfrac{\$9.50}{\$8.00}$

$= 1.19$

問題六

權益報酬=淨利潤邊際×總資產周轉率×權益乘數

$= \dfrac{\$5,000}{\$130,000} \times \dfrac{\$130,000}{\$87,000} \times \dfrac{\$87,000}{\$40,000}$

$= \$12.5\%$

問題七

1.折舊費用=累積折舊之增加部分

$= \$575 - \$500 = \$75$

2.

銷貨	$500
營運費用	－125
折舊	－75
稅前盈餘	$300
稅	－120
稅後盈餘	$180

3.稅後現金流量=稅後盈餘+折舊

$= \$180 + \$75$

$= \$225$

4.固定資產的增加：

$100 毛固定資產的增加

－75 累積折舊的增加

$25 淨固定資產的增加

稅後盈餘－固定資產的增加＝稅後現金流量－毛固定資產的增加

$$\$180 - \$25 = \$255 - \$100$$

$$\$155 = \$155$$

名詞解釋

After-Tax Cash Flow, ATCF **稅後現金流量**

盈餘加上非現金費用，如：折舊和遞延租稅。

asset management ratios **資產管理比率**

顯示公司利用資產來產生銷貨的效率程度。

balance sheet **資產負債表**

描述在某一時點，公司資產、負債和股東權益的財務報表。

cash flow **現金流量**

公司實際收取和付出的現金。

common-size balance sheet **共基資產負債表**

將公司資產和負債表示成總資產的百分比，而非絕對金額的資產負債表。

common-size income statement **共基損益表**

將公司收入和費用表示成淨銷貨額的百分比的損益表。

comparative analysis **比較性分析**

將公司一個以上的財務比率和其他公司或產業標準比較，來衡量公司表現。

disriminant analysis **差別分析**

根據某些觀察到的特徵（如：財務比率），將觀察到的公司分爲兩個以上的群體的統計分析方法。

Earnings After Taxes, EAT　**稅後盈餘**

扣除稅後的盈餘，簡稱EAT。

Earnings Before Interest and Taxes, EBIT　**息前稅前盈餘**

息前稅前盈餘或稱營運盈餘。

Economic Value Added, EVA　**經濟附加價值**

利用稅後營運利潤和資金成本的差距來衡量公司表現，可顯示公司創造的市場附加價值。

First-In, First-Out, FIFO　**先進先出存貨評價法**

此法假設公司會先使用最早購入的存貨，因此，他們會根據存在最久的存貨，而非用最新的存貨的取得成本來認列。

financial analysis　**財務分析**

利用許多分析方法，例如財務比率分析，一種用來決定公司強處、弱處和表現情況的分析技術。

financial leverage management ratios　**財務槓桿管理比率**

衡量公司利用固定費用的資金（如：負債、優先股股票或租賃）來融資資產的程度。

financial ratio　**財務比率**

利用某一特定時點公司損益表或資產負債表內的二個數值所計算出來的統計判定標準。

Generally Accepted Accounting Principles, GAAP　**通用會計原則**

準備財務報表須依循的一套會計法則。

income statement　**損益表**

表示公司在一段期間內表現情況的財務報表。

Last-In, First-Out, LIFO　**後進先出存貨評價法**

此法假設公司會先使用最新的存貨，因此，他們會根據最新存貨的取得成本來認列，而非以存在最久的存貨。

liquidity ratios　**變現力比率**

顯示公司支付短期負債的能力的財務比率。

market-based ratios　**市場基準比率**

評估市場（投資者）對公司風險和表現的財務比率。

Market Value Added, MVA　**市場附加價值**

是指公司負債、權益資金的市場價值和公司資本的差額。

profitability ratios　**利潤力比率**

衡量公司經理人員賺取利潤的效率程度的財務比率。

statement of cash flows　**現金流量表**

顯示公司營運、投資和融資活動對現金餘額的影響。

stockholders' equity　**股東權益**

資產負債表中公司普通股總面額、資本公積和保留盈餘的總和。又稱公司帳面價值、所有人權益、股票持有人權益或淨值。

trend analysis　**趨勢分析**

檢視公司長期表現，通常是以一個以上的財務比率爲分析基礎。

PART 

評價的決定因素

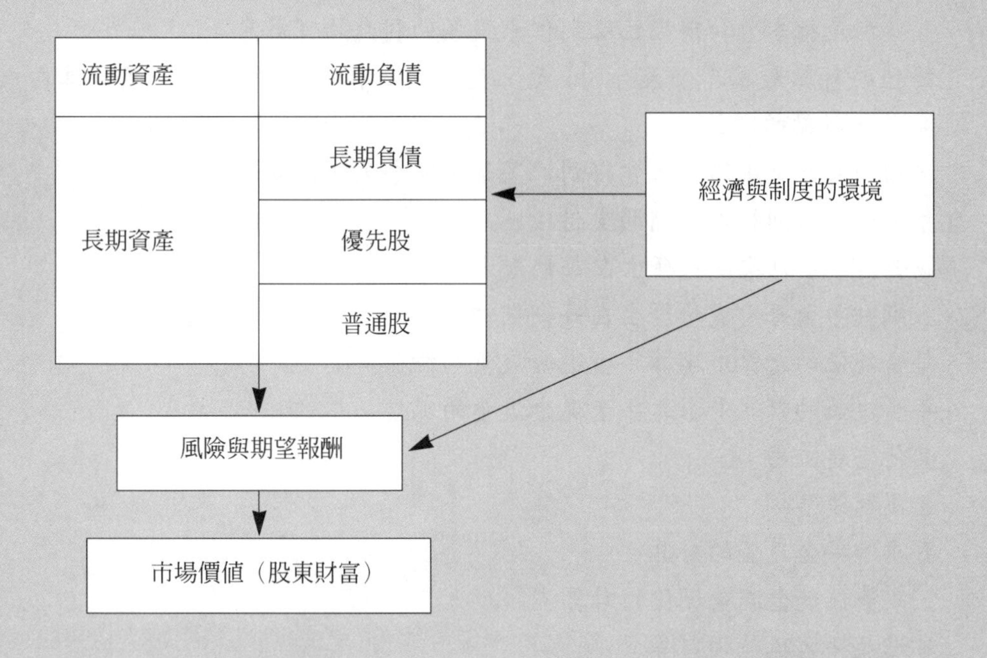

財務管理的主要目標即在增加公司股東所持之股票價值至最大化。本篇將詳細探討評價過程。

第4章分析貨幣的時間價值，其重要性可因一任何重要的財務決策而影響整個公司好幾年。第5章則探討風險的決定因素及評價過程的風險。第6及第7章則為公司證券建立一套評價模型。第6章著重於固定收益證券的評價，如債券、優先股。第7章則為普通股的評價。

本書這幾個章節非常重要，因評價對任何財務決策皆有直接及間接關係。另外，第7章也説明證券行銷過程。

第4章　貨幣的時間價值

本章重要觀念

1.利息的觀念：

a.單利是指只對本金計息。

b.複利是指本金和前期已賺到但未提領的利息均可計息。

2.終值的計算是求算今天存的x元，及每期賺取複利i的利息，並計算在未來某一時點的價值。

3.現值的計算是求算未來會得到的某筆金額今天的價值。

4.年金是一系列相等的期間支付：

a.普通年金每次支付發生在每期期末。

b.期初年金每次支付發生在每期期初。

5.年金終值的計算是求算年金現金流量的終值。

6.年金現值的計算是求算年金現金流量的現值。

7.其他重要主題：

a.複利頻率。

b.永續年金現值的計算。

c.不等值現金流量現值的計算。

d.遞延年金現值的計算。

財務課題——一百萬到底值多少？

你的某位朋友最近接受了棒球聯盟的市場行銷工作。這個棒球聯盟已經和許多新球員簽約，希望下一季出賽成績和門票銷售量都能很好。爲了增加售票量，聯盟正考慮，如果門票年度銷售量達到2,000,000張他們將頒獎給幸運的球迷。

以下是該聯盟考慮的細節：在觀賽人數超過2,000,000張的當天將從球迷中抽出一位幸運得獎者，得獎者將可以得到100萬美元，加上提供終身的花生和Cracker Jacks，但是該聯盟無法立即付出100萬美元。因此，便要你的朋友來決定下列各種預定付款方法在抽籤當時的成本：

1. 每年付50,000美元連續二十年，第一次付錢發生在抽籤當天。
2. 每年付50,000美元連續二十年，第一次付錢發生在抽籤之後十年。
3. 每年付50,000美元連續二十年，第一次付錢發生在抽籤之後二十年。

該聯盟預計在抽籤當時爲了一連串每年付款向保險公司投保，並支付一筆保險費。保險公司建議該聯盟採8%的折現率來計算。

該聯盟行銷部副總經理同時也要你的朋友決定在二十年後開始每年付款50,000美元，持續到永遠（而非二十年後就停止）目前的成本（副經理相信總付款金額會大於100萬美元）。

你朋友對財管課程不太在行，於是打電話問你是否想要幾張免費的棒球票以及是否有傳眞設備。

這類型的問題顯示了擁有計算貨幣時間價値的知識的重要性。在本章的後面我們將提供你朋友被指派任務的解答。

緒論

對於一個專精的財務管理者而言，了解貨幣的時間價值是十分重要的。實際上，任何人只要會接觸到錢便需要有這個概念。如下列這些人：

- 從事放款和其他投資的銀行家。
- 須考慮各種資金來源和成本的財務人員。
- 選擇投資方案的公司決策者。
- 評估各種證券的證券分析師。
- 面對各種財務課題的個人，從個人信用帳戶的管理到決定是不是添購房屋設備等財務課題。

每個人經常都會使用到「貨幣時間價值」的觀念。許多人卻擔心這個觀念是十分難懂的，其實，有了現值表和財務計算機，這個觀念是十分容易了解的。

「貨幣時間價值」不僅是個非常有用的觀念，它也是許多理論的引導者，如下：

- 證券和其他資產的評價。
- 資本預算（評估投資計畫）。
- 資金成本。
- 營運資金（短期資產和負債的管理）。
- 租賃分析。

本章將介紹「貨幣時間價值」的觀念和應用。讓學生了解貨幣時間價值的原理，而非只是精通於使用計算機和現值表。

財務符號的定義說明

在開始討論貨幣時間價值之前，我們要先說明一些財務符號。在財務管理中，一般的習慣：小寫的字用來代表百分比和時間長度，而大寫的字表示金錢。例如，我們用i表示利率、n表示期間數、PMT表示現金支付、PV表示現值，而FV表示終值。在本書唯一的例外是，我們用T來表示稅率，而t表示時間。用i來表示利率和一般財務計算機的符號是相同的，但是在後面的章節，如第6章，當利率變成一個特定的要求報酬率，我們使用k來定義要求報酬率，這是許多財務分析師共有的習慣。

利息

貨幣是有時間價值的，也就是說，今天的一塊錢比一年後的一塊錢有價值，主要的原因便是今天的一塊錢可以用來投資賺取報酬（即使是考慮風險和通貨膨脹）。假設你有100美元且決定把它放到存款帳戶一年，如此一來，你暫時放棄花費這100美元，或放棄將這100美元投資到其他地方，如：美國國庫券，或放棄償還其他100美元的貸款等其他選擇。相同的，銀行借錢給公司等於放棄了從其他投資可能得到的報酬。

利息（interest）是某人放棄目前消費或其他投資機會，而將資金「租給」借款人所得到的報酬。而這筆投資出去的錢稱爲「本金」（principal），借款人所能運用本金的這段時間稱爲「期間」（term），而借款人爲了補償放款人放棄其他投資或消費的機會，在每一期間支付本金某一比例的錢給放款人，此一比例稱爲「利率」（rate of interest）。

單利

單利（simple interest）是表示只以本金計算利息的支付（指借款人）或賺取（指放款人）。單利的計算等於本金乘以每期利率再乘以期間數：

$$I = PV_0 \times i \times n \qquad 〔4.1〕$$

其中，I＝單利（美元）；PV_0＝第0期的本金或現值；i＝每期的利率；n＝期間數。

以下的問題示範公式〔4.1〕的使用：

1.以每年10%的利率借100美元，借6個月的單利是多少？

解答：$PV_0 = \$100 \quad i = 10\% \quad n = \frac{6}{12} = 0.5$

$I = \$100 \times 0.10 \times 0.5 = \$5$

2.如果Isaiah Williams買了一棟房子，以每年10%借了30,000美元，則他第一個月的利息支付是多少？

解答：$PV_0 = \$300 \quad i = 10\% \quad n = \frac{1}{12}$

$I = \$30{,}000 \times 0.10 \times \frac{1}{12} = \$250$

3.Mary Schiller每3個月會從支付6%年利率的銀行帳戶中收到30美元的利息，則Mary存多少錢在銀行帳戶中？因爲這題中PV_0未知，所以將公式〔4.1〕轉換成：

$$PV_0 = \frac{I}{i \times n} \qquad 〔4.2〕$$

則$I = \$30 \quad i = 0.06 \quad n = 1／4 = 0.25$那麼$PV_0 = \$30／0.06 \times 0.25 = \$2{,}000$

通常我們也常計算某人在未來某一時點可以收到多少資金，在財務計算中終值（terminal or future value）以FV_n來代表，定義爲本金加上n年後累積的利息，可以寫成：

$$FV_n = PV_0 + I \qquad 〔4.3〕$$

4.Raymond Gomez借了9個月且年利率爲8%的1,000美元，則9個月後他必須償還多少錢呢？利用公式〔4.1〕和公式〔4.3〕來解出FV，可得下列新的公式：

$$FV_n = PV_0 + (PV_0 \times i \times n)$$

或

$$FV_n = PV_0 [1 + (i \times n)] \quad [4.4]$$

如此便可計算第4題的答案：

$PV_0 = \$1,000 \quad i = 0.08 \quad n = 3/4$

$FV_{3/4} = \$1,000 [1 + (0.08 \times 3/4)] = \$1,000 (1 + 0.06) = \$1,060$

這題以期間線表示如下：

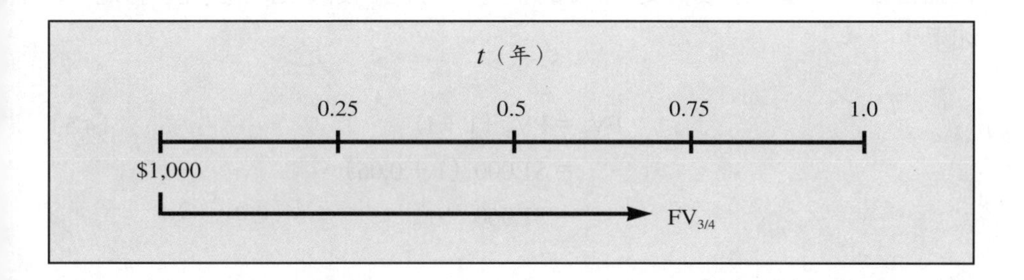

5.Marie Como同意投資1,000美元於某一計畫，該計畫承諾在未來二年內每年付10%的單利，則在第二年年底她將有多少錢？利用**公式**〔4.4〕且假想爲二個10%的單利，則Marie二年後有：

$$\begin{aligned} FV_2 &= PV_0 + (PV_0 \times i \times 2) \\ &= \$1,000 + (\$1,000 \times 0.10 \times 2) \\ &= 1,000 + \$200 \\ &= \$1,200 \end{aligned}$$

這題以時間線表示如下：

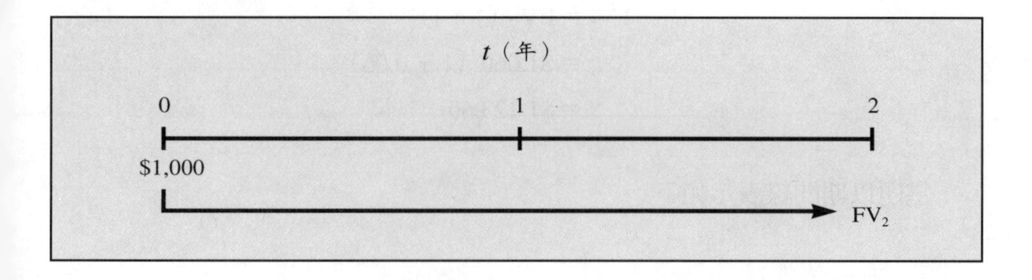

一般來說，如果是單利計算，則n年年底的終值（FV_2）可以公式〔4.4〕來計算。

複利和終值

複利（compound interest）是指不只本金賺取利息，就連前面幾期已經賺到但沒有領走的利息也可以再賺利息。例如，Terry Jones存了1,000美元在儲蓄帳戶，每年以複利支付6%的利息，則一年後該帳戶的終值可以計算如下：

$$\begin{aligned} FV_1 &= PV_0\ (1+i) \qquad (4.5)\\ &= \$1{,}000\ (1+0.06)\\ &= \$1{,}060 \end{aligned}$$

這題以期間線表示如下：

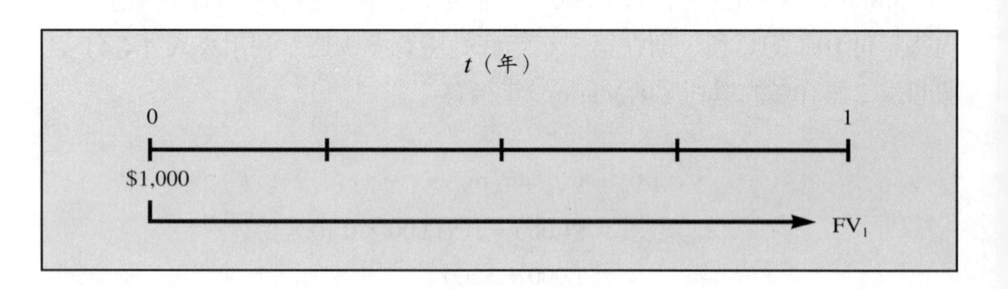

如果Jones把1,000美元和利息繼續存在帳戶中一年，那麼，在第二年年底該帳戶的金額計算如下：

$$\begin{aligned} FV_2 &= FV_1\ (1+i) \qquad (4.6)\\ &= \$1{,}060\ (1+0.06)\\ &= \$1{,}123.60 \end{aligned}$$

這題以期間線表示如下：

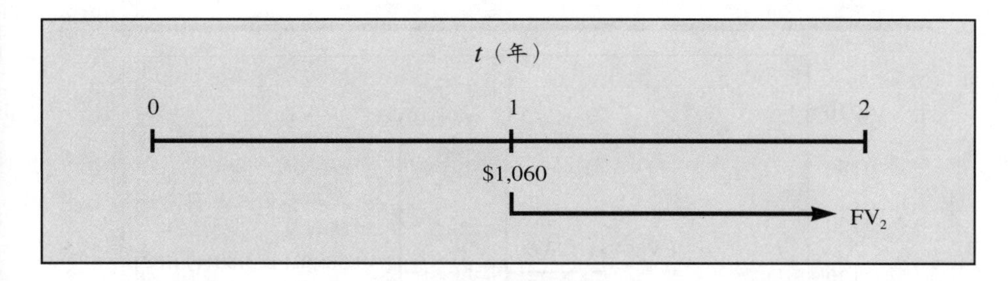

在複利的情況下每期所賺到的利息不只因本金而來，前幾期所累積但未提領的利息均可賺到利息，如圖4-1。如果Jones的帳戶是以單利計算，那麼，在第二年年底帳戶的價值是1,120美元而非1,123.60美元，這其中相差的3.60美元便是由第一期的利息而來，即0.06 × $60。

如果Jones在三年內均未從帳戶提款，則在第三年年底該帳戶共有：

$$FV_3 = FV_1 (1 + i) \quad (4.7)$$
$$= \$1{,}123.60 (1 + 0.06)$$
$$= \$1{,}191.02$$

這題以期間線表示如下：

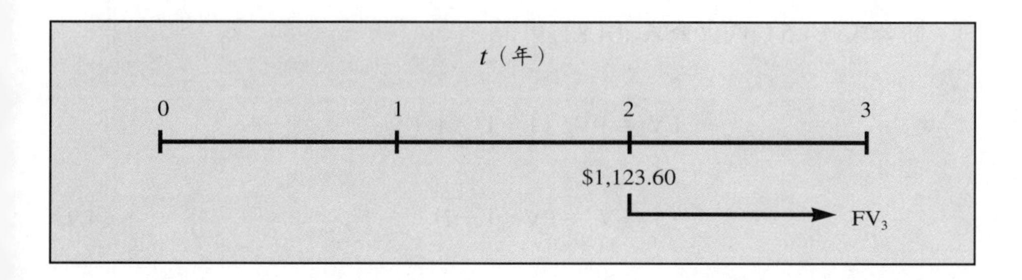

圖4-1顯示，若此帳戶是以單利計算，那麼，在第三年底只值1,180美元，這11.02美元的差距（$1,191.20 − $1,180）是由第一期和第二期的利息而來，即0.06 ×（$60 + $123.60）。

將**公式**〔4.5〕、〔4.6〕、〔4.7〕整理可發展出計算終值的一般公式：

$$FV_3 = FV_1 (1 + i)(1 + i)$$

或

$$FV_3 = FV_1 (1 + i)^2 \quad (4.8)$$

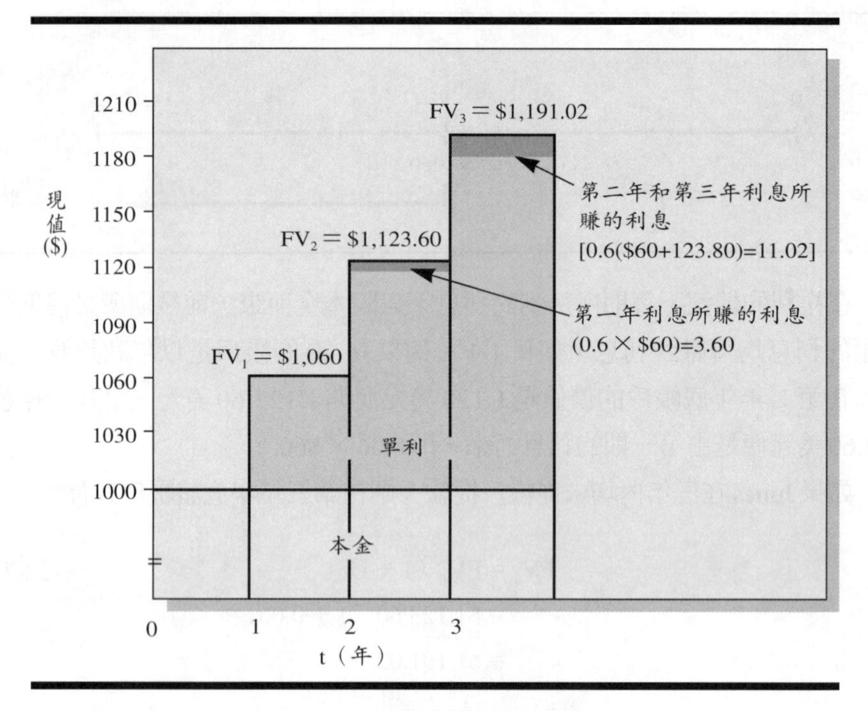

圖4-1 單利與複利之比較

將公式〔4.5〕代入公式〔4.8〕可得：

$$FV_3 = PV_0\ (1+i)\ (1+i)^2$$

或

$$FV_0 = PV\ (1+i)^3 \tag{4.9}$$

這個公式可以延伸到利息為i，n年後的終值：

$$FV_n = PV_0\ (1+i)^n \tag{4.10}$$

雖然公式〔4.10〕在計算未來一、二、三、四年的終值是相當實用的，但如果延伸到更長的期間將會是十分枯燥的計算方法。例如，若計算二十年後的終值，必須算出$(1+i)^{20}$，通常終值利率因子可以用來簡化這種計算。本書後面的表I（見〔附錄B〕）提供了各種利率下，長達六十年的終值利率因子，因為每個終值利率因子都定義為：

$$FVIF_{i,n} = (1+i)^n \qquad (4.11)$$

公式〔4.10〕可以改寫如下：

$$FV_n = PV_0 (FVIF_{i,n}) \qquad (4.12)$$

其中，i＝每年的名目利率、n＝年數。

爲了更加了解表I，可以把每個利率因子想成：在利率i及n期下投資或放款1美元可以得到的報償，對於不是1美元的計算，只要將本金乘上1美元的利率因子即可。

將表I的一部分改製爲表4-1。表4-1可以用來決定存1,000美元、利率6%、二十年後的價值：

$$\begin{aligned} FV_{20} &= PV_0 (FVIF_{0.06,20}) \\ &= \$1,000 (3.207) \\ &= \$3,207 \end{aligned}$$

其中，3,207是從利率6%那一行，向下找出其和二十年交叉時的數值。

表4-1　$1存在利率i，n年的終值利率因子*

年底(n)	利率(i)				
	1%	5%	6%	8%	10%
1	1.010	1.050	1.060	1.080	1.100
2	1.020	1.102	1.124	1.166	1.210
3	1.030	1.158	1.191	1.260	1.331
4	1.041	1.216	1.262	1.360	1.464
5	1.051	1.276	1.338	1.469	1.611
8	1.083	1.477	1.594	1.851	2.144
9	1.094	1.551	1.689	1.999	2.358
10	1.105	1.629	1.791	2.159	2.594
20	1.220	2.653	3.207	4.661	6.728
25	1.282	3.386	4.292	6.848	10.835

*本表及本書中相似的表格，其數字都計算到小數點後三位，如果計算的金額較大，則應使用計算機來計算更正確的數字。

計算機解法

終值也可以利用計算機求出*。例如上面問題求法如下：

輸入	20	6	－1,000		
	n	i	PV	PMT	FV
結果					3,207

註：當主要鍵的上方未出現數字時（如本題中的PMT），表示不需鍵入此數字即可獲得解答。

＊欲使用財務計算機來計算時間價值問題的學生，必須對應輸入鍵的使用十分熟悉，本題即是最基本的範例。

如何求算利率

在有些複利題目中，現值和終值都已經知道，目的在於利用公式〔4.10〕求出利率。例如，某項投資需要最初支出1,000美元，保證在十年後可收回1,629美元，則其終值利率因子為：

$FVIF_{i,10} = \frac{FV_{10}}{PV_0} = \frac{\$1,629}{\$1,000} = 1.629$，從表4-1中第十年那一列的1,629可以找到5%，因此，此項投資的報酬率為5%。

計算機解法

利率也可以由計算機解出。例如，上面的問題求法如下：

輸入	10		－1,000		1.629
	n	i	PV	PMT	FV
結果		5.0			

如何求算複利期間

終值利率因子表也可用來決定複利的期間（n）。例如，決定要多久才能讓8%利率下1,000美元的投資變成2倍，從8%那一行找出終值利率因子2.000或最接近的數值1.999，便可知在九年後1,000美元的原始投資會將近2,000美元，這個問題也可利用公式解出：

$$FV_n = PV_0\ (FVIF_{0.08,\,n})$$

$$FVIF_{0.08,\,n} = \frac{FV_n}{PV_0}$$

$$= \frac{\$2,000}{\$1,000}$$

$$= 2.000$$

在**表**4-1中，8%之下最接近FVIF＝2.000的數值爲1.999，是產生在將近九年後。

複利也可以用圖形來表示，**圖**4-2顯示時間和利率對100美元投資成長的影響。將利率視爲成長率對於後面討論價值評估和資金成本是相當有幫助的。

現值

複利或終值的計算可以回答下列問題：今天將x美元投資於複利i的資產其終值爲何？但財務決策者通常會面臨另一種問題：已知終值FV_n，那麼，它今天的價值是多少？就是它的現值（PV_0）是多少？這個答案牽涉到**現值**（present value）的計算，現值的計算是用來決定未來的美元收入FV_n會等於今天的多少美元支出PV_0。這個數值決定於此項投資期間可賺到的利率。

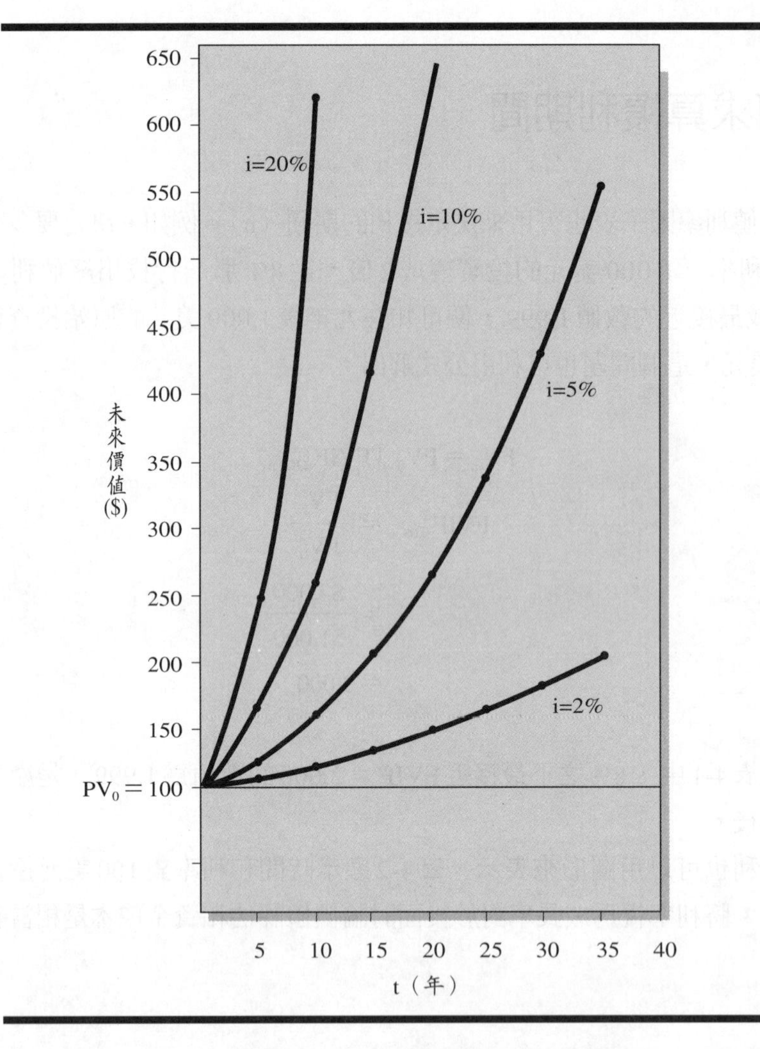

圖4-2　投資$100於不同利率下成長情形

現値和終値的關係可由改寫**公式**〔4.10〕看出：

$$FV_n = PV_0 (1+i)^n \qquad 〔4.10〕$$

或

$$PV_0 = FV_n \left[\frac{1}{(1+i)^n}\right] \qquad 〔4.13〕$$

其中，$1/(1+i)^n$ 是終值利率因子的倒數。尋求現值的過程通稱爲「折現」(discounting)。**公式**〔4.13〕便是基本的折現公式。

舉例示範**公式**〔4.13〕。如果你在今天存款x美元，年利率爲5%，銀行答應在五年後會付你255.20美元，那麼，這項投資是否值得將決定於你今天存多少美元？即現值x美元，前面的**表**4-1終值利率因子表可以解答這個問題：

$$PV_0 = FV_5 \left(\frac{1}{FVIF_{0.05,\,5}}\right)$$

$$= \$255.20 \left(\frac{1}{1.276}\right)$$

$$= \$200$$

這題以期間線表示如下：

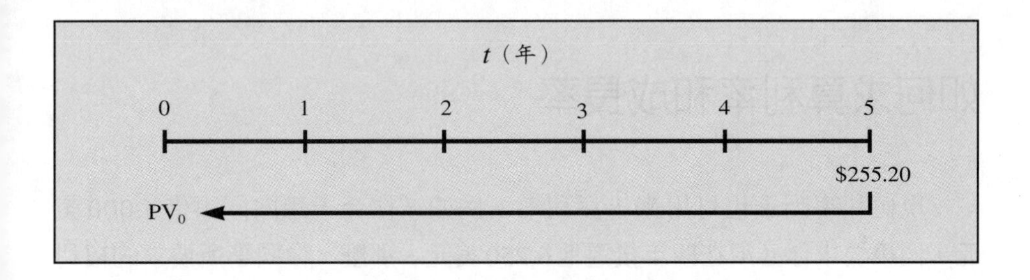

因此，今天投資200美元在五年後報酬爲55.20美元。

因爲計算終值利率因子的倒數是十分枯燥的工作，通常利用現值利率因子（PVIF）來簡化計算每期利息的現值。現值利率因子可以定義爲：

$$PVIF_{i,\,n} = \frac{1}{(1+i)^{n}} \qquad 〔4.14〕$$

公式〔4.13〕可以下列形式表示：

$$PV_0 = FV_n\,(PVIF_{i,\,n}) \qquad 〔4.15〕$$

本章後面的**表**II（見〔**附錄**B〕）提供了一系列的現值利率因子，將**表**II改製爲此處的**表**4-2。

例如，**表**4-2可用來決定二十年後的1,000美元以10%折現的現值：

$$PV_0 = FV_{20}\ (FVIF_{0,10,20})$$
$$= \$1{,}000\ (0.149)$$
$$= \$149$$

因此，今天投資149美元賺取10%的年利率，二十年後將價值1,000美元。相反的，約定在二十年後支付的1,000美元，若以10%的年利率計算，只值今天的149美元。

計算機解法

輸入	20	10			− 1,000
	n	i	PV	PMT	FV
結果			149		

如何求算利率和成長率

現值利率因子也可用來求算利率。例如，你今天想向同事借5,000美元，同事要求你必須在四年後還他6,250美元，那麼，你同事所要求的複利率爲：

$$PV_0 = FV_4\ (PVIF_{i,4})$$
$$\$5{,}000 = \$6{,}250\ (PVIF_{i,4})$$
$$PVIF_{i,4} = \frac{\$5{,}000}{\$6{,}250} = 0.800$$

從表4-2中第四年那一列可發現，0.800介於5%（0.823）與6%（0.792）之間，用插入法可得：

$$i = 5\% + \frac{.823 - .800}{.823 - .792}\ (1\%)$$
$$= 5.74\%$$

因此，這筆借款的有效利率爲每年5.74%，且每年以複利計算。

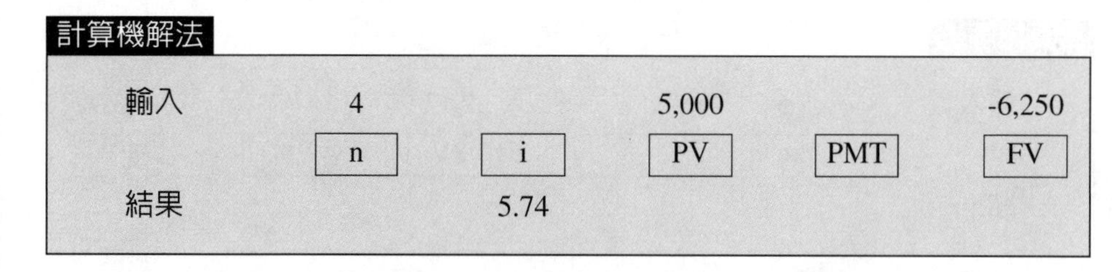
計算機解法

輸入	4		5,000		-6,250
	n	i	PV	PMT	FV
結果		5.74			

現值可以應用在計算盈餘或股利成長率。例如，通用汽車在1993年每股盈餘爲2.13美元，假如每股盈餘在1998年成長到3.92美元，則在這五年間，通用汽車的每年盈餘成長率爲多少？這個問題可用五年期的現值利率因子來求算：

$$\$2.13 = \$3.92\ (PVIF_{i,5})$$
$$PVIF_{i,n} = 0.543$$

從表II或表4-2我們可以在五年期且13%那一列找到這個現值利率因子。因此，通用汽車每股盈餘的預期成長率13%。

表4-2 $1在利率i，n年下的現值利率因子

年底(n)	利率(i) 1%	5%	6%	8%	10%	13%
1	0.990	0.952	0.943	0.926	0.909	0.885
2	0.980	0.907	0.890	0.857	0.826	0.783
3	0.971	0.864	0.840	0.794	0.751	0.693
4	0.961	0.823	0.792	0.735	0.683	0.613
5	0.951	0.784	0.747	0.681	0.621	0.543
8	0.923	0.677	0.627	0.540	0.467	0.376
10	0.905	0.614	0.558	0.463	0.386	0.295
20	0.820	0.377	0.312	0.215	0.149	0.084
25	0.780	0.295	0.233	0.146	0.092	0.047

這種折現過程也可用圖形來表示，圖4-3顯示時間和利率對100美元投資現值的影響。如圖所示，折現率愈高這100美元的現值愈小。

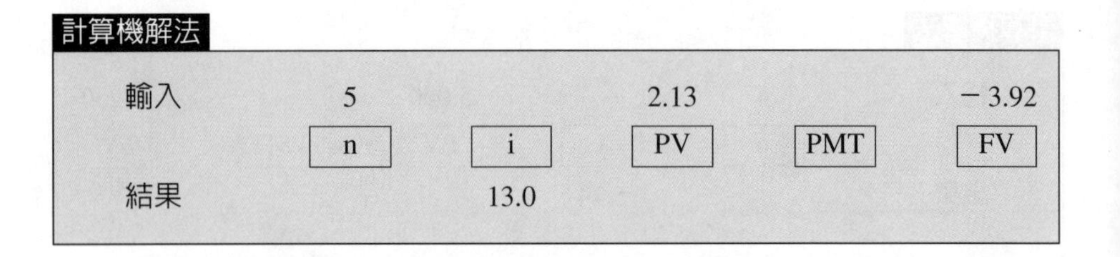

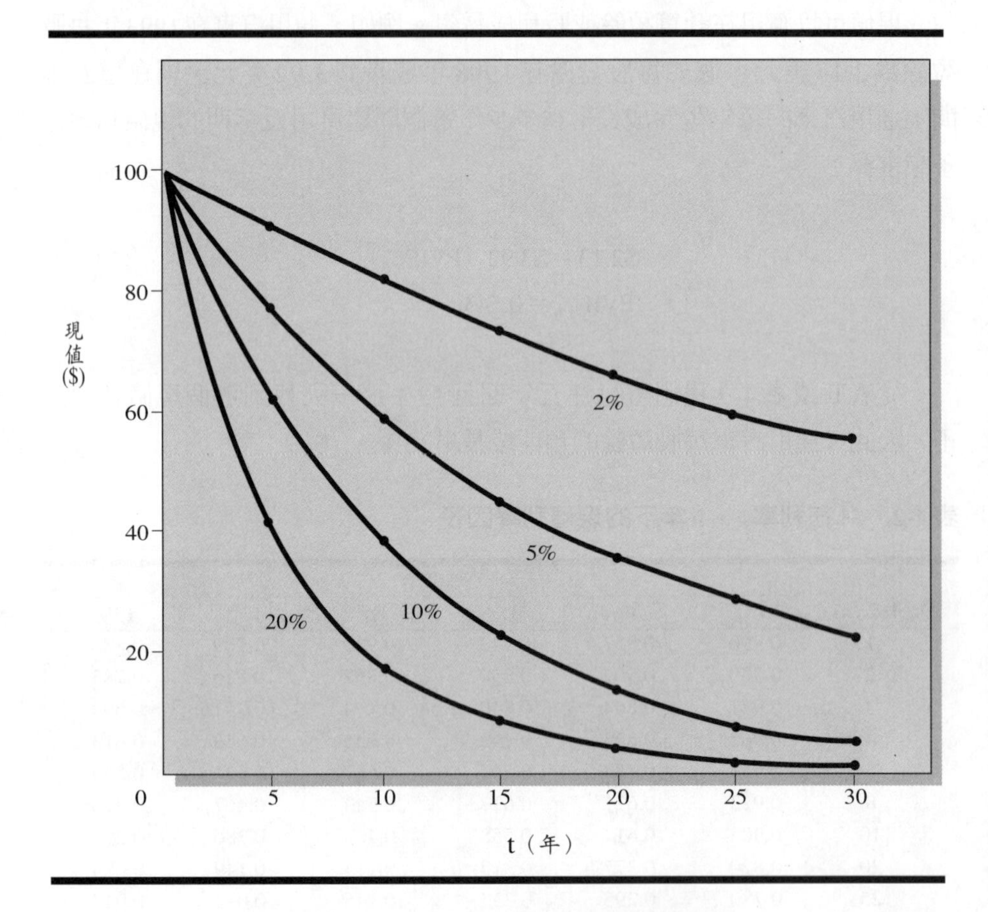

圖4-3　100美元在不同折現率下的現值

年金

年金（annuity）是指在一特定期間內，每期支付或收取相等的現金流量。普通年金（ordinary annuity）是指，支付或收取現金發生在每期期末，如圖4-4所示；而期初年金（annuity due）是指，支付或收取現金發生在每期期初，如圖4-5所示，大部分的租賃費用，如：公寓房租和人壽保險都是期初年金。

在四年的普通年金中，最後一筆現金在第四年年底支出；在四年的期初年金中，最後一筆現金在第四年年初支出。

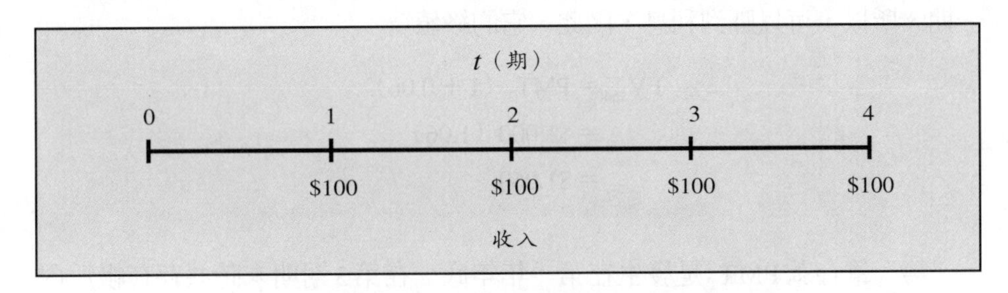

圖4-4　每期＄100的四年期普通年金時間線

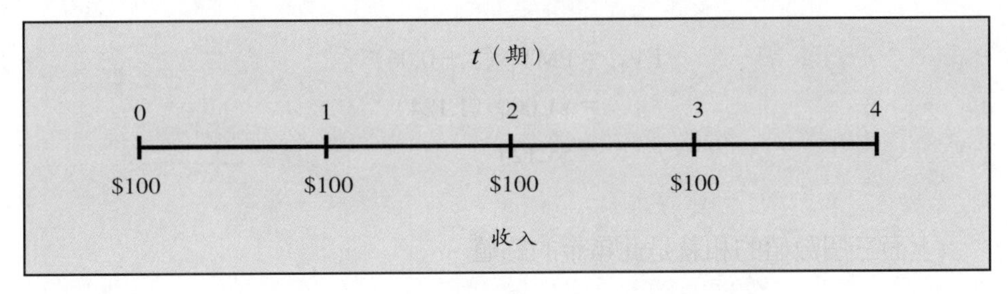

圖4-5　每期＄100的四年期初年金時間線

普通年金的終值

年金終值的問題如下：如果每年年底都存PMT美元，存n年，且每年複利i，那麼，在n年年底共有多少美元？舉例說明，假如Ms. Jefferson連續三年每年都會收到普通年金1,000美元，而且她將在每年年底把錢存入存款帳戶，這個帳戶每年賺6%的複利利息，那麼，在三年後她的帳戶將會有多少美元？

這個問題牽涉到終值的計算，最後一筆存款PMT_3是發生在第三年年底，沒有賺到利息，所以它的終值為：

$$
\begin{aligned}
FV_{3rd} &= PMT_3 \ (1 + 0.06)^0 \\
&= \$1,000 \ (1) \\
&= \$1,000
\end{aligned}
$$

第二筆存款PMT_2是發生在第二年年底，在第3期期末時共存在帳戶內一期，所以，可以賺到利息，因此，它的終值為：

$$
\begin{aligned}
FV_{2nd} &= PMT_2 \ (1 + 0.06)^1 \\
&= \$1,000 \ (1.06) \\
&= \$1,060
\end{aligned}
$$

第一筆存款PMT_1是發生在第一年年底，在第3期期末時共存在帳戶內兩期，因此，它的終值為：

$$
\begin{aligned}
FV_{1st} &= PMT_1 \ (1 + 0.06)^2 \\
&= \$1,000 \ (1.124) \\
&= \$1,124
\end{aligned}
$$

上面三個數值的和就是此年金的終值。

$$
\begin{aligned}
FVAN_3 &= FV_{3rd} + FV_{2nd} + FV_{1st} \\
&= \$1,000 + \$1,060 + \$1,124 \\
&= \$3,184
\end{aligned}
$$

年金終值利率因子是表 I 終值利率因子的和，在這個例子，年金終值利率因子可計算如下：

$$\begin{aligned} FVIAN_{0.06,3} &= FVIF_{0.06,2} + FVIF_{0.06,1} + FVIF_{0.06,0} \\ &= \$1.124 + \$1.060 + \$1.000 \\ &= \$3.184 \end{aligned}$$

圖4-6表示了這個觀念。

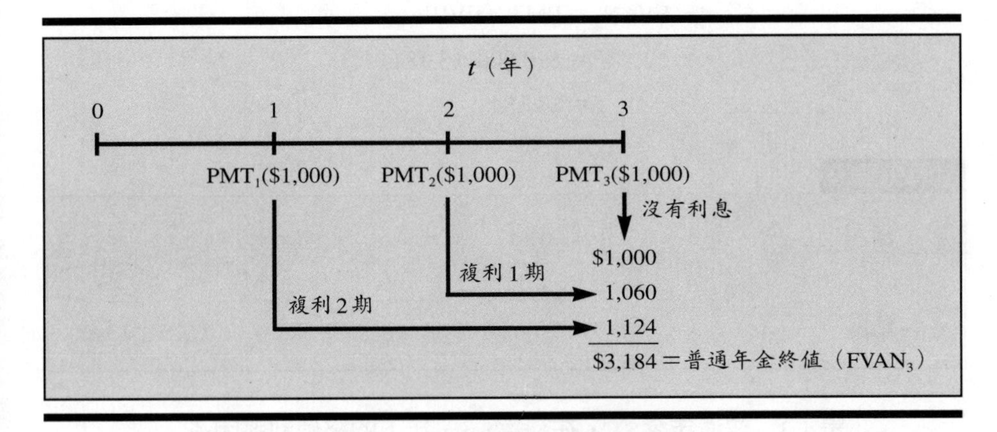

圖4-6　普通年金終值時間線

一般而言，普通年金終值的利率因子公式如下：

$$FVIFA_{i,n} = \sum_{i=1}^{n} (1+i)^{n-1} \qquad 〔4.16〕$$

其中，i＝名目利率，n＝期間數。

普通年金終值利率因子可以用來簡化計算，本書後面也提供了一系列年金終值利率因子表Ⅲ，將表Ⅲ（見〔附錄B〕）的某一部分改製爲表4-3，FVIFA也可以由下列的公式求得：

$$FVIFA_{i,n} = \frac{(1+i)^n - 1}{i} \qquad 〔4.17〕$$

此公式是當年金終值因子表中無法找到相應的i和n，或無法使用財務計算機時使用的。

普通年金終值（$FVAN_n$）的計算方法爲每期的支付金額乘上適當的利率因子$FVIFA_{i,n}$：

$$FVAN_n = PMT\ (FVIFA_{i,n}) \quad 〔4.18〕$$

可以用表4-3來計算Jefferson的年金問題，因為PMT＝\$1,000、利率6%和三年期的利率因子為3.184，則普通年金終值計算如下：

$$\begin{aligned} FVAN_3 &= PMT\ (FVIFA_{0.06,3}) \\ &= \$10,000\ (3.184) \\ &= \$3,184 \end{aligned}$$

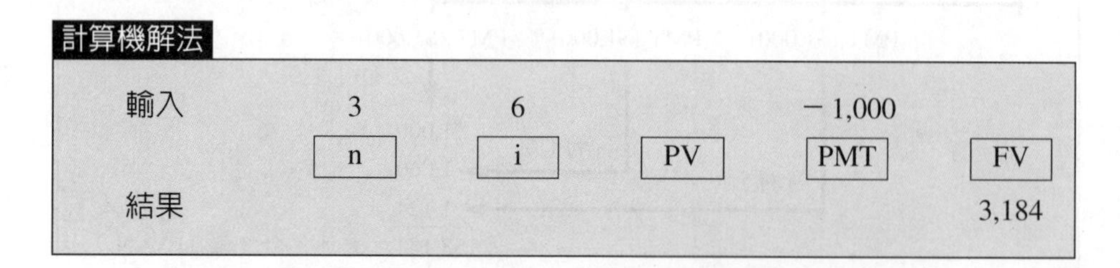

表4-3　普通年金\$1，在利率i，n年下的終值利率因子

年底(n)	利率(i) 1%	5%	6%	10%
1	1.000	1.000	1.000	1.000
2	2.010	2.050	2.060	2.100
3	3.030	3.152	3.184	3.310
4	4.060	4.310	4.375	4.641
5	5.101	5.526	5.637	6.105
10	10.462	12.578	13.181	15.937
20	22.019	23.066	36.786	57.275
25	28.243	47.727	54.865	98.347

償債基金問題

年金終值利率因子也可以用來找出要得到某一終值，每年所須投資的金額，這種問題被稱為「**償債基金問題**」(sinking fund problem)。假如Omega Graphics公司打算在未來的五年每年年底在償債基金帳戶內存一筆錢，賺取每年10%的利息，該公司希望這個帳戶在五年後共有500萬美元用來償還公司債，那麼，在每年年底要存多少錢呢？

此問題可利用公式〔4.18〕或財務計算機解決。將n＝5，$FVAN_5$＝5,000,000和i＝0.095代入公式〔4.18〕可得\$5,000,000＝PMT（FVIFA $_{0.095,}$

$_5$），由於表III並沒有 $i = 0.095$，故我們要使用公式〔4.17〕去求 $FVIFA_{0.095, 5}$

$$\$5,000,000 = PMT\left(\frac{1+(0.095)^5-1}{0.095}\right)$$

$$PMT = 827,182$$

Omega只要在未來五年，每年年底存大約827,182美元到帳戶內，在每年9.5%的利率下便可累積償還公司債所須的500萬美元。

計算機解法

輸入	5	9.5			− 5,000,000
	n	i	PV	PMT	FV
結果				827,182	

期初年金的終值

在本書後面表Ⅲ（年金終值利率因子）是適用於普通年金，如果是期初年金每筆現金支出發生在每年年初，就必須將表Ⅲ加以修改才能使用。

以前面提到的Jefferson爲例，如果Jefferson在未來三年每年年初存1,000美元到存款帳戶內，賺取每年6%的複利利息，那麼，該帳戶三年後共值多少？（如果Jefferson是在每年年底存款，該帳戶在三年後會值3,184美元）

圖4-7將這個問題表示爲期初年金。PMT_1 可以複利3期、PMT_2 可以複利2期、PMT_3 複利1期，正確的期初年金利率因子可以從表Ⅲ計算得到，就是將三年6%的FVIFA（3.184）乘上1加上利率（1＋0.06）可得到期初年金的FVIFA爲3.375，而期初年金的終值可以計算如下：

$$FVAND_n = PMT\,[FVIFA_{i,n}\,(1+i)] \qquad [4.19]$$

$$FVAND_3 = \$1,000\,(3.375)$$

$$= \$3,375$$

將計算機設定在期初支付的模型來求解：

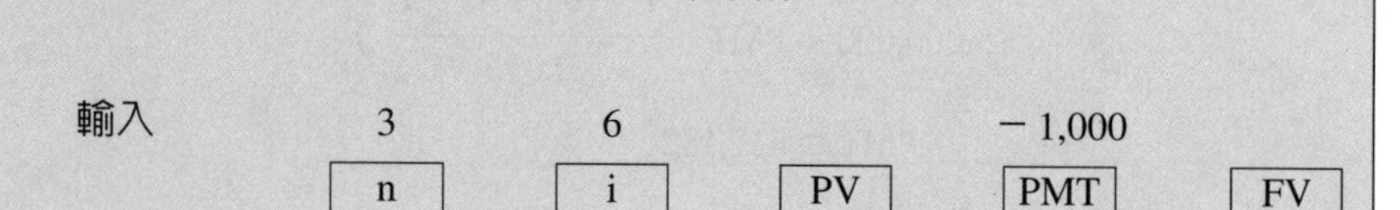

結果 3,375

說明：這個答案比普通年金終值3,184美元大，等於$3,184美元再乘上1＋i或1.06。

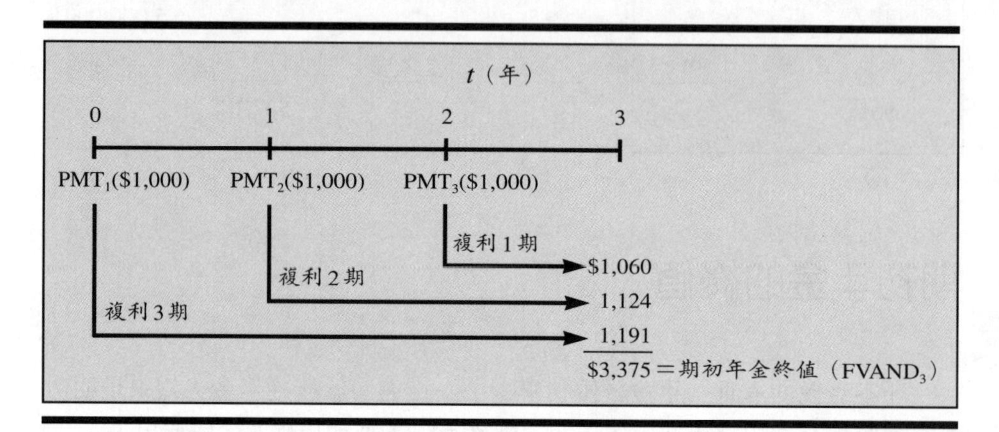

圖4-7　期初年金終值時間線（PMT＝$1,000，i＝6%，n＝3）

普通年金的現值

普通年金的現值（$PVAN_0$）是一連串相等的每期現金支出的現值總和。例如，要計算未來五年，每年年底收到1,000美元的普通年金以6%折現的現值，可以將每一期收入的現值加總如下：

$$PVAN_0 = \$1,000\left[\frac{1}{(1+0.06)^1}\right] + \$1,000\left[\frac{1}{(1+0.06)^2}\right] + \$1,000\left[\frac{1}{(1+0.06)^3}\right] + \$1,000\left[\frac{1}{(1+0.06)^4}\right]$$

$$+ \$1{,}000 \left[\frac{1}{(1+0.06)^5} \right]$$

根據表4-2的利率因子可得：

$$\begin{aligned} PVAN_0 &= \$1{,}000\,(PVIF_{0.06,1}) + \$1{,}000\,(PVIF_{0.06,2}) \\ &\quad + \$1{,}000\,(PVIF_{0.06,3}) + \$1{,}000\,(PVIF_{0.06,4}) \\ &\quad + \$1{,}000\,(PVIF_{0.06,5}) \\ &= \$1{,}000\,(0.943) + \$1{,}000\,(0.890) + \$1{,}000\,(0.840) \\ &\quad + \$1{,}000\,(0.792) + \$1{,}000\,(0.747) \\ &= \$1{,}000\,(0.943 + 0.890 + 0.840 + 0.792 + 0.747) \\ &= \$4{,}214 \end{aligned}$$

圖4-8示範這個觀念。

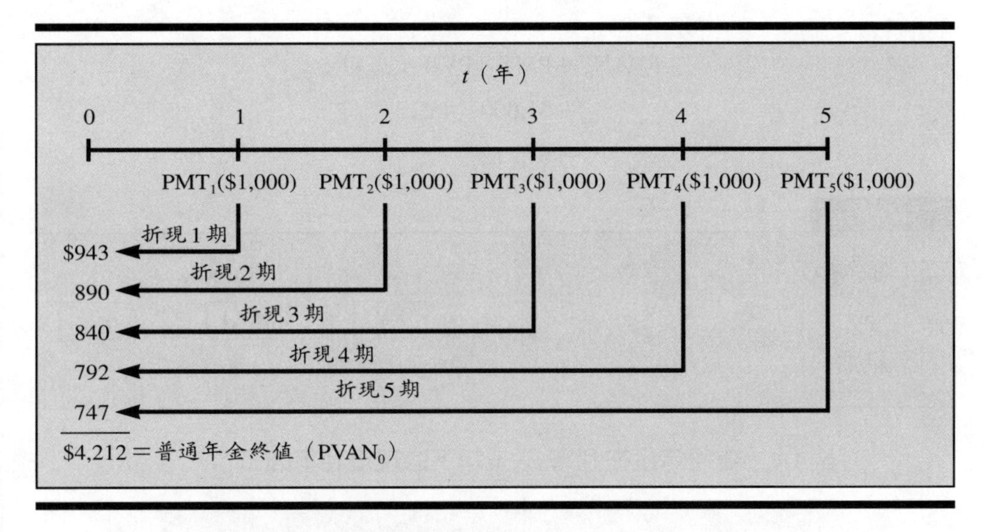

圖4-8　普通年金現值的時間線（PMT＝\$1,000，i＝6%，n＝5）

一般而言，普通年金現值的利率因子可以下列公式求得：

$$FVIFA_{i,n} = \sum_{t=1}^{n} \frac{1}{(1+i)^t} \qquad [4.20]$$

其中，i＝名目利率，n＝期間數。

利用普通年金現值利率因子表可以簡化上面的計算，本書後面表Ⅳ（見〔附錄B〕）提供了許多年金現值利率因子，將表Ⅳ的一部分改製為這裡的表4-4。PVIFA也可以由下列公式求得：

$$PVIFA_{i,n} = \frac{1 - \frac{1}{(1+i)^n}}{i} \quad 〔4.21〕$$

這是當利率因子表中找不到相對應的i和n，以及無法使用財務計算機時所使用。

年金的現值可以由每年支付金額PMT乘上適當的利率因子$PVIFA_{i,n}$而得：

$$PVAN_0 = PMT\ (PVIFA_{i,n}) \quad 〔4.22〕$$

從表4-4找出利率i＝6%和期間n＝5的利率因子，可以計算前一題的年金現值：

$$\begin{aligned} PVAN_0 &= PMT\ (PVIFA_{0.06,5}) \\ &= \$1{,}000\ (4.212) \\ &= \$4{,}212 \end{aligned}$$

計算機解法

輸入	5	6		－1,000	
	n	i	PV	PMT	FV
結果			4,212		

表4-4　普通年金在利率i，n年下的現值利率因子

年底(n)	利率(i) 1%	5%	6%	10%
1	0.990	0.952	0.943	0.909
2	1.970	1.859	1.833	1.736
3	2.941	2.723	2.673	2.487
4	3.902	3.546	3.465	3.170
5	4.853	4.329	4.212	3.791
10	9.471	7.722	7.360	6.145
20	18.046	12.462	11.470	8.514
25	22.023	14.094	12.783	9.077

利率的求算

年金現值利率因子可以用來計算某項投資的預期報酬率。假設IBM以100,000美元買入一部機器，這部機器預期可以在未來五年內，每年帶來23,742美元的現金流量，則這項投資的預期報酬率為多少？

利用公式〔4.22〕我們可以求出這個例子的預期報酬率：

$$PVAN_0 = PMT\ (PVIFA_{i,5})$$
$$\$100{,}000 = \$23{,}742\ (PVIFA_{i,5})$$
$$PVIFA_{i,5} = 4.212$$

從表4-4或表Ⅳ中，5年那一列，我們可以找到PVIFA＝4.212出現在6%那一行，因此，這項投資提供了6%的預期報酬率。

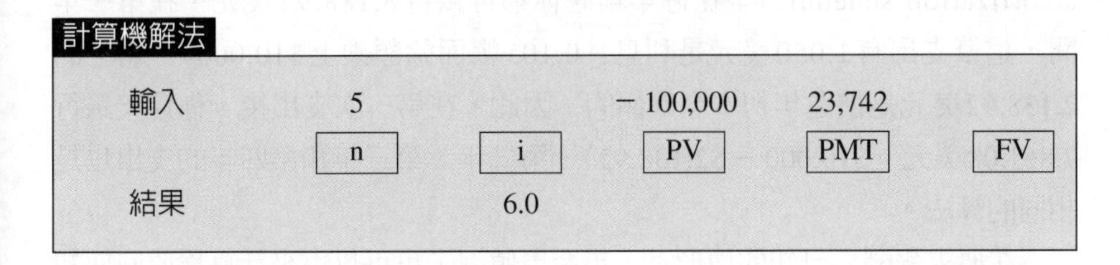
計算機解法

	n	i	PV	PMT	FV
輸入	5		－100,000	23,742	
結果		6.0			

資本回收問題和分期償還貸款

年金現值利率因子也可用來找出在要求的報酬率下，每年要有多少的年金收入才能完全回收某項資本投資，這就是「資本回收問題」(capital recovery problem)。相似的，年金現值利率因子也可用來找出每年要支付多少金額才能完全償還貸款。

假設你向Whisperwood Bank借了10,000美元，這筆貸款為期四年、利率為10.5%，銀行要求你每三年年底都要支付相等的金額，來償還本金和貸款餘額的利息。公式〔4.22〕、表4-4、表Ⅳ或財務計算機都可以用來解出這一題，將n＝4，$PVAN_0$＝\$10,000和i＝0.105代入公式〔4.22〕可得\$10,000＝PMT（$PVIFA_{0.105,4}$）。

由於表IV無法得到i＝10.5，故我們要使用公式〔4.21〕來求得$PVIFA_{0.105,4}$：

$$\$1,000 = PMT\left(\frac{1-\frac{1}{(1+0.105)^4}}{0.105}\right)$$

$$PMT = \$3,188.92$$

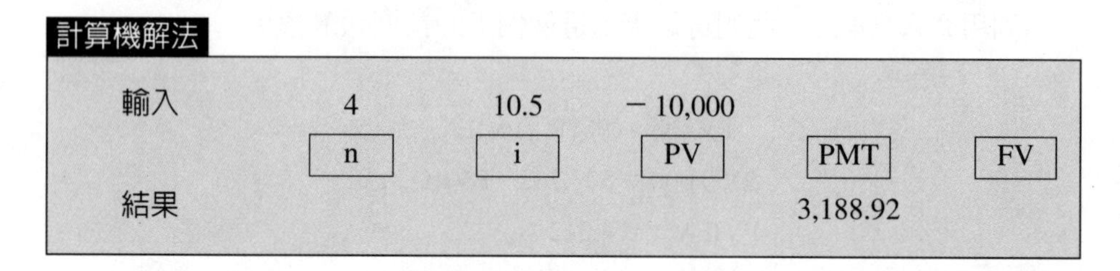

只要在未來四年每年年底支付銀行3,188.92美元，你就可以完全償還貸款並且支付銀行10.5%的利息。表4-5爲「**分期償還貸款時間表**」（loan amortization schedule），在每年年底你都付銀行3,188.92美元，在第一年間，這筆支出有1,050美元是利息（0.105帳面餘額乘上$10,000），剩下的2,138.92美元是償還年初本金餘額的。因此，在第一次支出後，你還欠銀行7,861.08美元（$10,000－$2,138.92），第二年、第三年和第四年的支出也是相同的算法。

在要求報酬率已知的情形下，年金現值因子也可以用來計算爲收回期初投資每年應有多少年金收入。

表4-5　分期攤還時間表

年底	付款	利息（10.5%）	償還的本金	未還的本金
0	—	—	—	$10,000
1	$3,188.92	$1,050	$2,138.92	7,861.08
2	3,188.92	825.41	2,363.51	5,497.57
3	3,188.92	577.25	2,611.67	2,885.90
4	3,188.92	303.02	2,885.90	0

期初年金的現值

在處理年金現值的問題時，期初年金的計算也十分重要，在這種情況下表Ⅳ的利率因子要加以修改。

考慮一個五年期每年1,000美元以6%折現的例子。如果每一筆的金額是在每年年初收到，則這些年金的現值是多少？（在前面普通年金現值的例子中，每一筆金額是在每年年底收到，其現值爲4,212美元）圖4-9用圖解這一題。

第一筆金額在第一年年初（第0年年底）收到，已經是現值的形態，因此不須折現。PMT_2要折現1期、PMT_3要折現2期、PMT_4要折現3期、PMT_5要折現4期。

這一題正確的期初年金利率因子可以從表Ⅳ求得，即五年期6%的年金現值利率因子（4.212）乘上1加上利率（1＋0.06），便得到期初年金的利率因子PVIFA＝4.465。這一筆期初年金的現值可以計算如下：

$$PVAND_0 = PMT \left[PVIFA_{i,n} (1+i) \right] \quad [4.23]$$

$$PVAND_0 = \$1{,}000 (4.465)$$

$$= \$4{,}465$$

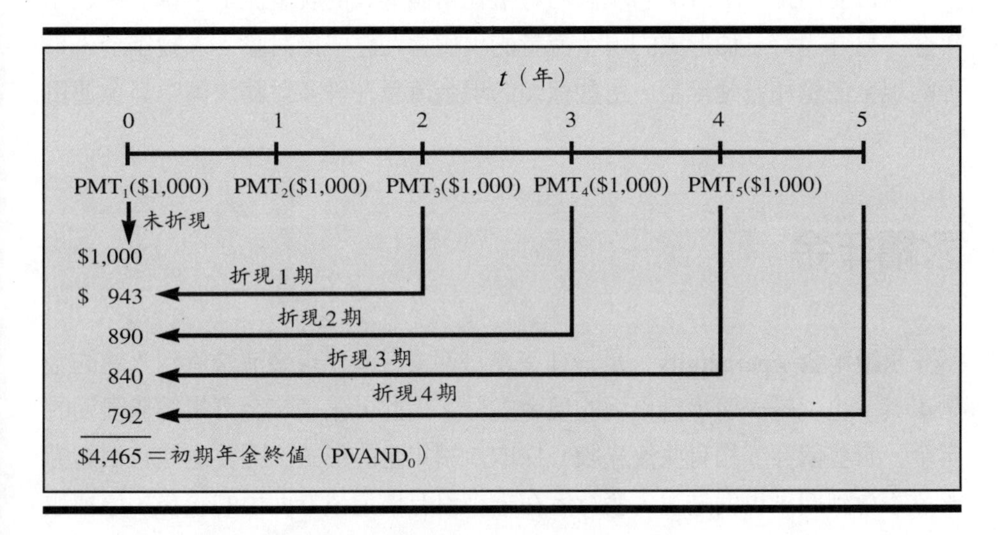

圖4-9　初期年金現值的時間線（PMT＝$1,000，i＝6%，n＝5）

將計算機設定在期初支付模式來求解：

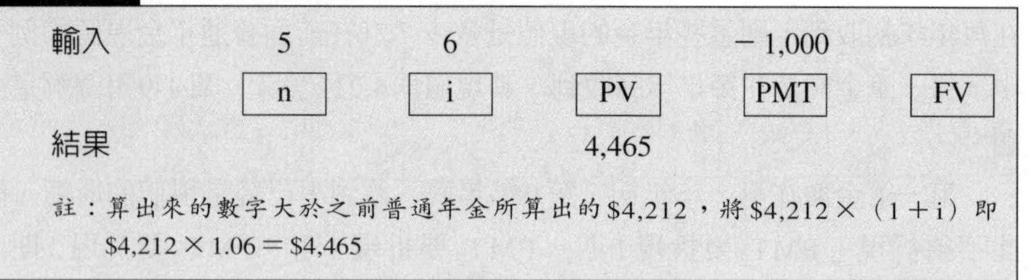

在處理房租或租賃契約時，期初年金的計算特別重要，因爲這些契約通常要求金額必須在每一期期初支付。

現值：其他形式的現金流量

到目前爲止，所討論的現值均著重在兩個形式的現金流量：單一付款和年金。另外還有三種形式的現金流量的現值會在這一節討論：永續年金、不等的現金流量和遞延年金，這些種類的現金流量在許多財務決策中都會運用到。

永續年金

永續年金（perpetuity）是一種答應每期支付一定現金流量直到永遠的金融工具，也就是一連串無止境的現金支付。因此，永續年金可視爲無限期的年金，有些債券（和有些優先股）採取永續年金的形式，因爲這些有價證券永遠不會到期，也就是說，發行者在未來沒有償還債券面值的義務，這種類型的金融工具提供持有人一系列相等的期間支付，直到永遠。

例如，某一金融工具承諾支付一系列相等無窮盡的現金流量，即每年支付相等的金額$PMT_1 = PMT_2 = PMT_3 = \cdots\cdots = PMT$，如果我們要找出這種金融工具的現值可由下面式子代表：

$$PVPER_0 = \frac{PMT}{(1+i)} + \frac{PMT}{(1+i)^2} + \frac{PMT}{(1+i)^3} + \cdots\cdots$$

或者利用加總記號表示：

$$PVPER_0 = \sum_{t=1}^{\infty} \frac{PMT}{(1+i)^t} \qquad 〔4.24〕$$

其中，i＝投資者對此金融工具的要求報酬率。由**公式**〔4.24〕可以明顯看出這種金融工具代表著一種特殊形式的年金，其中年金期數為無限大。這種問題將不能再用**表Ⅳ**來解決了。

例如，假設Baltimore Gas and Electric的B級優先股承諾每年支付4.50美元，直到永遠，且投資人要求的報酬率為10%，那麼，投資人願意付多少錢來購買這個有價證券？

觀察10%的利率因子PVIFA（**表Ⅳ**）可以發現，在10%那一行，當年數增加時，數值也會增加，但增加的速度愈來愈慢。例如，十年期10%的利率因子PVIFA＝6.145，而二十年期10%的利率因子只有8.514（比2倍的十年期利率因子小很多）。**表Ⅳ**中每一行的數值等於1除以那一行的利率i，在10%永續年金的例子中，利率因子將近1／0.10或10。因此，**公式**〔4.18〕可以改寫為：*

$$PVPER_0 = \frac{PMT}{i} \qquad 〔4.25〕$$

---

*公式〔4.24〕是永續年金的現值，可用以下方法簡化成公式〔4.25〕。將公式〔4.24〕重寫成以下的形式：

$$PVPER_0 = PMT\left[\frac{1}{(1+i)^1} + \frac{1}{(1+i)^2} + \frac{1}{(1+i)^3} + \cdots\cdots + \frac{1}{(1+i)^n}\right] \qquad [a]$$

等式二邊同時除以（1＋i）：

$$PVPER_0(1+i) = PMT\left[1 + \frac{1}{(1+i)^1} + \frac{1}{(1+i)^2} + \frac{1}{(1+i)^3} + \cdots\cdots + \frac{1}{(1+i)^{n-1}}\right] \qquad [b]$$

將[b]等式除以[a]等式：

$$PVPER_0(1+i-1) = PMT\left[\frac{1-1}{(1+i)^n}\right] \qquad [c]$$

當n→∞時，$\frac{1}{(1+i)^n} \to 0$，則等式[c]則趨近於以下的等式：

$$PVPER_0(i) = PMT$$

or

$$PVPER_0 = \frac{PMT}{i} \qquad [d]$$

這個例子中要求報酬率為10%，4.50美元的永續年金價值：

$$PVPER_0 = \frac{\$4.50}{0.1}$$
$$= \$45$$

在第6章，永續年金的觀念將在優先股和永續債券案例中做更深入的探討。

不等值現金流量的現值

許多的財務問題——特別是資本預算——不能用年金現值的簡化公式來解決。因為期間現金流量並不相等，考慮一種預期在未來n年會產生不同現金流量PMT_1、PMT_2、PMT_3……PMT_n的投資計畫，這一系列不相等的現金流量的現值等於每一筆現金流量現值的和。用數學式來表示這個現值：

$$PV_0 = \frac{PMT_1}{(1+i)} + \frac{PMT_2}{(1+i)^2} + \frac{PMT_3}{(1+i)^3} + \cdots\cdots + \frac{PMT_n}{(1+i)^n}$$

或用加總記號表示：

$$PV_0 = \sum_{t=1}^{n} \frac{PMT_t}{(1+i)^t} \quad (4.26)$$

$$= \sum_{t=1}^{n} PMT_t\ (PVIF_{i,t}) \quad (4.27)$$

其中，i＝該項投資的利率（也就是要求報酬率）、$PVIF_{i,t}$＝由表II得到的適當的利率因子，值得注意的是，現金流量可正（現金流入）或負（現金流出）。

考慮下面的例子，假設Allied Signal公司在評估一項新設備的投資計畫，該項設備將用來製造一種已開發完成的新產品，預計該設備可使用五年，並且在未來五年間可產生下列的現金流量：

年底（t）	現金流量（PMT_t）
1	＋$100,000
2	＋150,000
3	－50,000
4	＋200,000
5	＋100,000

其中，第三年的現金流量爲負數（這是因爲新的法律規定公司必須購買和建立污染防治設備）。假設利率（要求報酬率）爲10%，則這些現金流量的現值可利用**公式**〔4.27〕計算如下：

$$
\begin{aligned}
PV_0 &= \$100,000\,(PVIF_{0.10,1}) + \$150,000\,(PVIF_{0.10,2}) \\
&\quad - \$50,000\,(PVIF_{0.10,3}) + \$200,000\,(PVIF_{0.10,4}) \\
&\quad + \$100,000\,(PVIF_{0.10,5}) \\
&= \$100,000\,(0.909) + \$150,000\,(0.826) - \$50,000\,(0.751) \\
&\quad + \$200,000\,(0.683) + \$100,000\,(0.621) \\
&= \$375,950
\end{aligned}
$$

圖4-10爲此項投資的期間線，這些現金流量的現值（$375,950）可以和

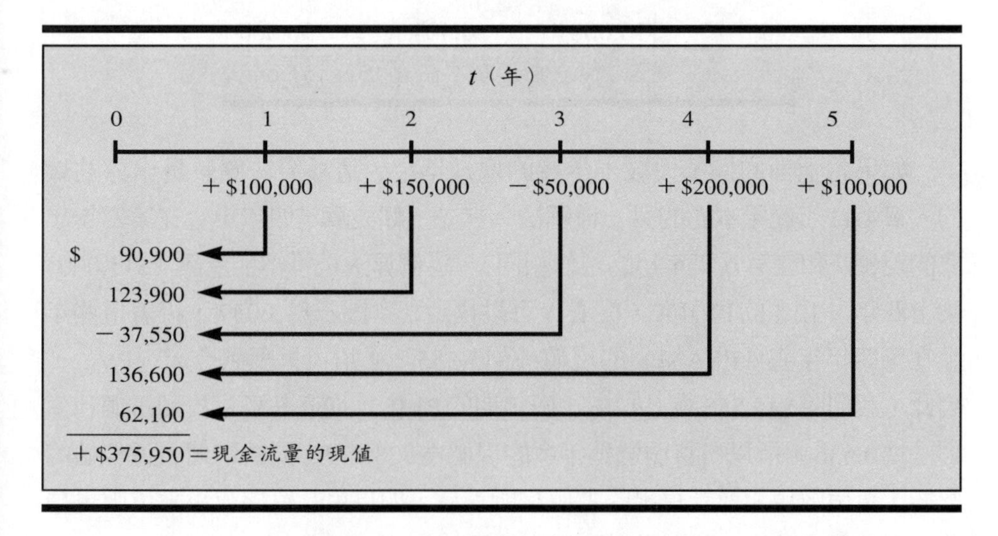

圖4-10　不等值現金流量現值的時間線（i＝10%，n＝5）

期初現金支出（也就是在第0年的淨投資）互相比較，以決定是否購買此設備來生產產品。

在本書後面我們將會看到在資本預算中，這類型的計算方法對評估投資方案是非常重要的。

遞延年金的現值

在財務管理中常會遇到年金的給付是發生在超過一年以後的問題。例如，假設你要提供女兒大學教育，她將在距今五年後開始上大學，而你希望在以後每年年初都可提供她15,000美元，那麼在12%的年報酬率下，你現在需要投資多少才能提供你女兒連續四年的15,000美元？

這題可用圖4-11的期間線來表示。四次支付分別發生在第五、六、七、八年年底，這題當然可利用每筆支出的現值加總來解答：

年 t	支付金額 PMT_t	$PVIF_{.12,\,t}$	現值
5	\$15,000	0.567	\$8,505
6	\$15,000	0.507	\$7,605
7	\$15,000	0.452	\$6,780
8	\$15,000	0.404	\$6,060
		遞延年金的現值＝	\$28,950

如果將上面的例子換成十年後的遞延年金，這種算法應該是十分枯燥的。圖4-11示範了本題的另一種解法，首先，你先算這四年年金在第四年年底的現值（和在第五年年初的現值相同），這個算法是將年金金額（\$15,000）乘上四年、12%的PVIFA，從表Ⅳ可以找到利率因子爲3.037，接著這些年金在第四年年底（$PVAN_4$）的現值（\$45,555）必須再折現到今天（PV_0），因此，我們將\$45,555乘上12%、四年期的PVIF，從表Ⅱ可以找到這個利率因子爲0.636，所以，整個遞延年金的現值爲\$28,973（因爲現值表近似值的影響，這個數值和前計算出的數值有所差異，如果用計算機或小數位數更精確的現值表來計算，將不會有任何的差異）。

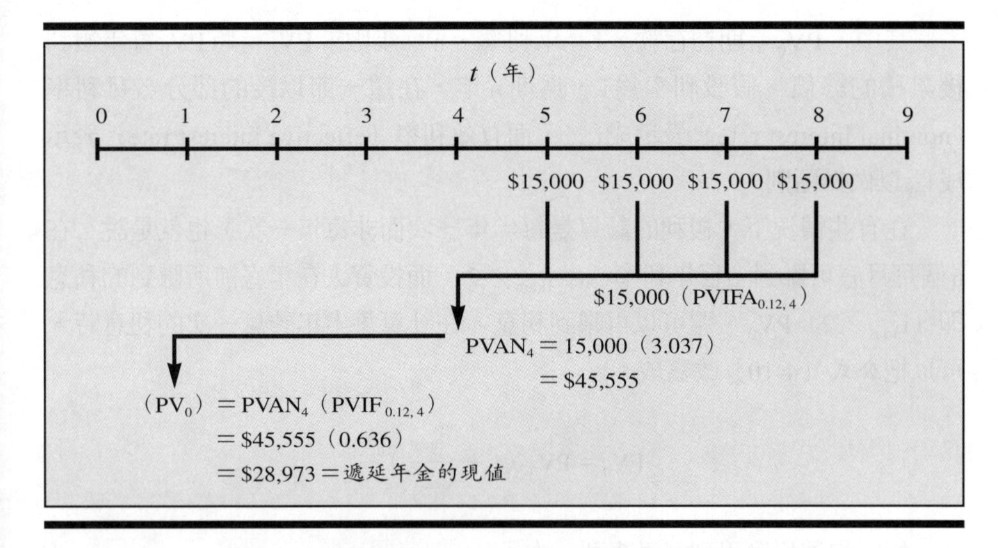

圖4-11　遞延四期的年金的時間值（i＝12%）

如果你今天有28,973美元，並且把它存在每年利率12%的帳戶，那麼，你的帳戶將會有足夠的錢讓你在女兒上大學時，能每年年初提款$15,000，在最後一次提款後帳戶餘額將是零。

複利期間和有效利率

複利利息計算的頻率（如每年、每半年、每季……等等）將會影響現金流量的現值和終值以及賺到或支付的有效利率（effective interest rate）。

複利期間對現值和終值的影響

到目前為止，我們都假設複利和折現是每年計算，試回想複利的公式：

$$FV_0 = PV_0\,(1+i)^n \tag{4.10}$$

其中，PV_0＝期初存款、i＝年利率、n＝年數、FV_0＝將PV_0每年複利後累積的終值。假設利率爲i、爲期n年，在這一節以後的部分**名目利率**（nominal interest rate）表示成i_{nom}，而**有效利率**（effective interest rate）表示成i_{eff}以做爲區別。

在有些情況下，複利的計算是每半年一次而非每年一次，也就是說，在6個月月底可賺到名目年利率一半i_{nom}／2，而投資人在年底前所賺到的利息即（i_{nom}／2）PV_0，還可以再賺到利息。在計算每半年計息一次的利息時，可以把公式〔4-10〕改寫成：

$$FV_0 = PV_0\left(1 + \frac{i_{nom}}{2}\right)^{2n}$$

相同的邏輯應用到每季複利一次：

$$FV_0 = PV_0\left(1 + \frac{i_{nom}}{4}\right)^{4n}$$

一般而言，不管一年複利幾次都可使用下面的公式：

$$FV_0 = PV_0\left(1 + \frac{i_{nom}}{m}\right)^{mn} \qquad 〔4.28〕$$

其中，m＝一年中複利次數、n＝年數（連續複利和連續折現的限制將在〔附錄4A〕中討論）。

表4-6包含了1,000美元在名目利率10%下不同複利次數的終值（FV_1），例如，1,000美元在名目利率（i_{nom}）10%下，每半年複利一次的終值（FV_1）可使用公式〔4.28〕計算：

$$FV_1 = \$1{,}000\left(1 + \frac{0.10}{2}\right)^{2 \times 1}$$

$$= \$1{,}102.50$$

如表4-6所示，複利頻率愈高，存款的終值和有效利率也愈高。有效利率相對於名目利率是存款人眞正賺到的利率，也是利率最具有經濟意義的定義。

表4-6　$1,000以10%複利在不同期間下所得的終值

期初數值	複利頻率	終值（一年後）
$1,000	每年	$1,100.00
$1,000	每半年	1,102.50
$1,000	每季	1,103.81
$1,000	每月	1,104.71
$1,000	每天	1,105.16
$1,000	連續*	1,105.17

*連續複利表示m趨近於無限大，即$FV_n = PV_0\ (1 + i / m)^{mn}$，而$\lim_{m \to \infty}\ (1 + i / m)^m = e^i$，所以，$FV_n = PV_0\ (e)^{im}$，e是自然參數，其值爲2.71828，連續複利與折價的討論請參考〔附錄4A〕。

計算機解法

輸入	2	5	－1,000		
	n	i	PV	PMT	FV
結果					1,102.50

由現值和終值的關係式可以發現，現值也受複利頻率的影響。一般而言，在n年年底收到的金額以i_{nom}折現，每年複利m次的現值爲：

$$PV_0 = \frac{FV_n}{(1 + \frac{i_{nom}}{m})^{mn}} \qquad 〔4.29〕$$

表4-7包含了1年後會收到的1,000美元以名目利率10%來折現，在不同的複利次數下的現值（PV_0），例如，1,000美元以名目利率10%來折現，每季複利一次（m＝4）的現值可用**公式**〔4.29〕來計算：

$$PV_0 = \frac{\$1,000}{(1 + \frac{0.10}{4})^{4 \times 1}}$$

$$= \$905.50$$

如**表**4-7所示，複利頻率愈高，未來會收到的金額的現值會愈小。

在本書中大多數的分析都假設每年複利一次，而非更高的頻率，因爲，一來可以簡化題目，二來兩者差異不大。相同的，除非另外註明，否則證券

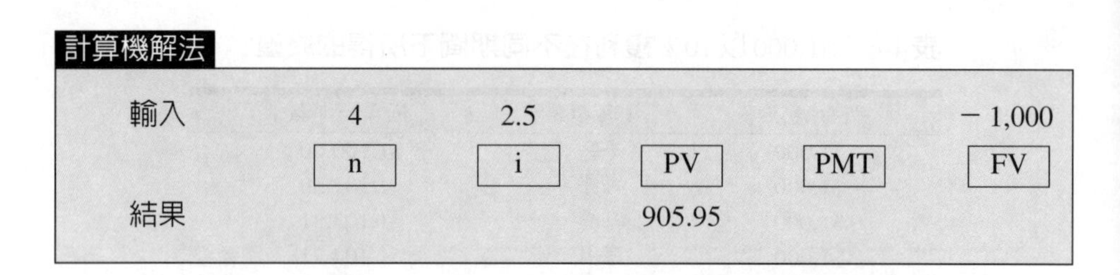

表4-7　$1,000以10%折現在不同期間下所得的現值

金額	複利頻率	現值（一年後）
$1,000	每年	$909.09
$1,000	每半年	907.03
$1,000	每季	905.95
$1,000	每月	905.21
$1,000	每天	904.85
$1,000	連續	904.84

或投資計畫的現金流量，都假設在每一期期初或期末一次收到或支付。複利頻率愈高的題目需要使用更深入的現值表或財務計算機來計算。

不管複利的頻率為何，必須知道在財務和經濟分析中所使用的利率為有效利率。下一節將詳細討論在每年複利超過一次的例子中有效利率的計算。

有效利率的計算

在前面我們已舉例說明，若以名目年利率複利的頻率愈高，則所賺取或支付的有效利率會愈高。因此，如果你可以選擇收取：⑴某項投資的利息是以10%每年複利一次；或⑵另一項投資的利息是以5%每半年複利一次，則你應該選擇第⑵項投資，因為該項投資將有較高的有效利率。

假設名目利率為（i_{nom}），那麼有效年利率（i_{eff}）的計算方法如下：

$$i_{eff} = \left(\frac{1 + i_{nom}}{m}\right)^{m} - 1 \tag{4.30}$$

其中，m＝每年複利次數。

假如，假設某家銀行提供你一項名目年利率12%每季計息一次的貸款，則銀行對你收取的有效年利率為多少？將$i_{nom}=0.12$和$m=4$代入公式〔4.30〕

可得：

$$i_{eff} = \left(1 + \frac{0.12}{4}\right)^4 - 1$$

$$= 0.1255 \text{ 或 } 12.55\%$$

在某些財務情形下，我們會在意在既定的有效年利率下，每期複利時須採用的利率。例如，如果有效年利率爲20%且每季複利一次，你可能會想要知道每季複利利息爲多少，才會達到有效年利率20%。

一般而言，每期利率（其中每年複利超過一次）i_m、最終的有效年利率爲i_{eff}，如果每年複利m次則可計算如下：

$$i_m = (1 + i_{eff})^{1/m} - 1 \tag{4.31}$$

在上面的例子，要產生有效年利率20%，每季所應採用的利率爲：

$$i_m = (1 + 0.20)^{0.25} - 1$$
$$= (1.04664) - 1$$
$$= 0.04664 \text{ 或 } 4.664\%$$

因此，如果你每期可賺4.664%且每季複利四次，則所賺到的有效年利率爲20%。這個觀念將在第6章討論每半年付息一次的債券時應用到。

財務課題的解決

在本章前面的財務課題中，你的朋友必須要計算下列年金的現值：

1.每年50,000美元，連續二十年的期初年金，用8%的年利率來折現，其現值爲多少？

2.每年50,000美元，連續二十年的遞延年金，其中第一次付款在距今十年後，用8%的年利率來折現，其現值爲多少？

3.每年50,000美元，連續二十年的遞延年金，其中第一次付款在距今二十年後，用8%的年利率來折現，其現值爲多少？

從二十年後開始每年支付50,000美元直到永遠的年金，其現值計算方法爲將期初永續年金的現值減掉20期期初年金的現值530,180美元，期初永續年金的現值$PVPERD_0$其算法爲將期末永續年金的現值加上一期的支付金額：

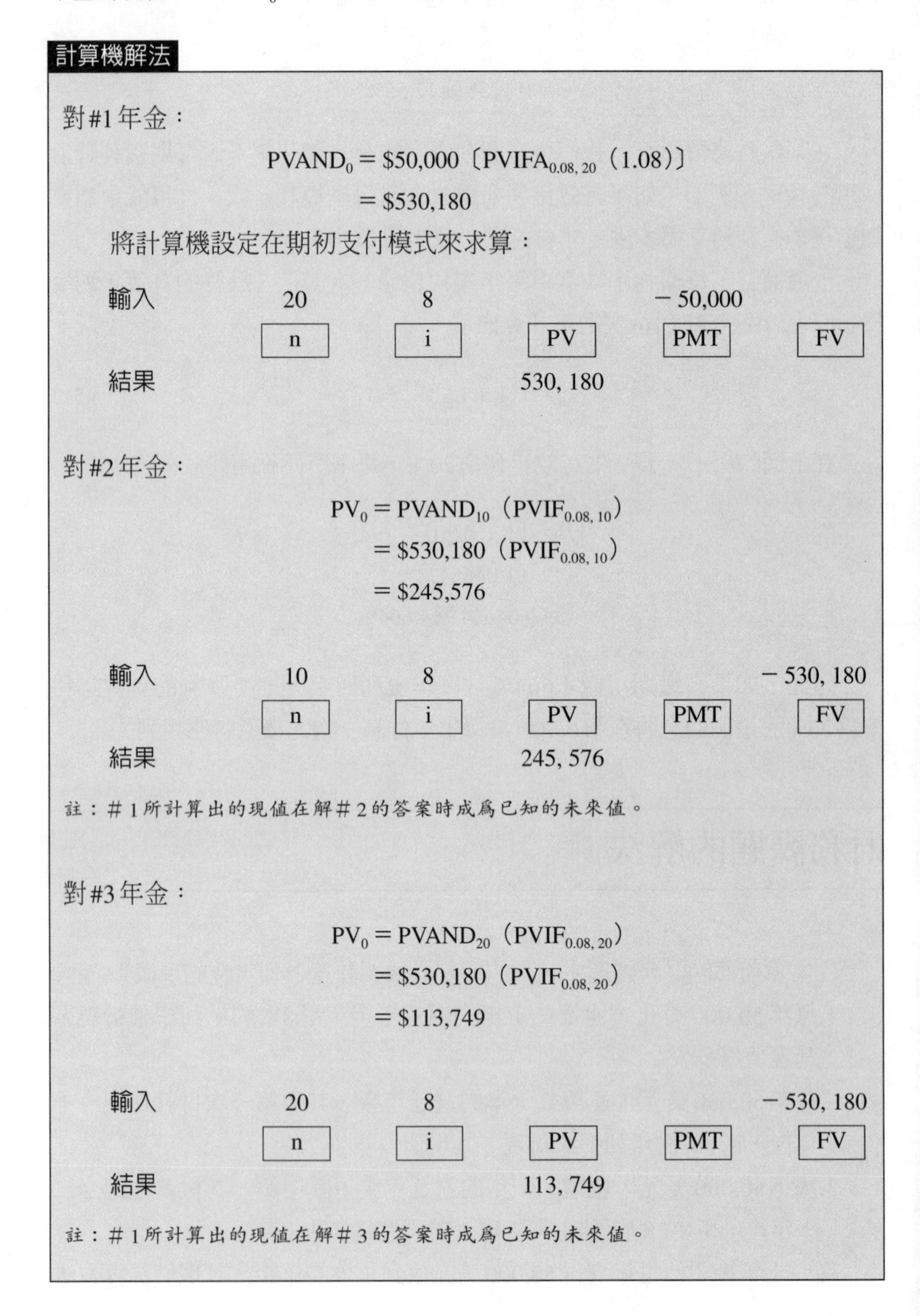

計算機解法

對#1年金：

$$PVAND_0 = \$50,000 \left[PVIFA_{0.08,\,20}\,(1.08)\right]$$
$$= \$530,180$$

將計算機設定在期初支付模式來求算：

	n	i	PV	PMT	FV
輸入	20	8		− 50,000	
結果			530, 180		

對#2年金：

$$PV_0 = PVAND_{10}\,(PVIF_{0.08,\,10})$$
$$= \$530,180\,(PVIF_{0.08,\,10})$$
$$= \$245,576$$

	n	i	PV	PMT	FV
輸入	10	8			− 530, 180
結果			245, 576		

註：＃1所計算出的現值在解＃2的答案時成爲已知的未來值。

對#3年金：

$$PV_0 = PVAND_{20}\,(PVIF_{0.08,\,20})$$
$$= \$530,180\,(PVIF_{0.08,\,20})$$
$$= \$113,749$$

	n	i	PV	PMT	FV
輸入	20	8			− 530, 180
結果			113, 749		

註：＃1所計算出的現值在解＃3的答案時成爲已知的未來值。

$$PVPERD_0 = \frac{PMT}{i} + PMT \qquad (4.32)$$

$$PVPERD_0 = \frac{\$50,000}{0.08} + \$50,000$$

$$= \$675,000$$

因此，從二十年後開始每年支付50,000美元直到永遠的年金現值，為將期初永續年金的現值675,000美元減掉20期期初年金的現值530,180美元，即為144,820美元。

總之，將100萬的獎金分期支付，則主辦者今天的成本，亦即中獎者100萬獎金的現值，都會少於100萬。

摘要

1. 貨幣時間價值在財務決策中的許多部分扮演著重要的角色。
2. 了解「利息」的觀念對穩健的財務管理是很重要的。「單利」是指只有本金能賺取支付利息；「複利」則是本金和前幾期已經賺到，但尚未領走的利息均可計算利息。
3. 年金是指在特定期間數內一系列相等現金流量的支付或收取。普通年金是指現金流量發生在每期期末；期初年金則是指現金流量發生在每期期初。
4. 表4-8摘錄了用來計算各種現金流量現值和終值的公式。
5. 在計算財務數學問題時必須要回答兩個問題：

①我們是否需要終值或現值。

②我們是在處理單一支付或年金問題。

一旦這些問題可以順利回答，可利用下表來找尋適當的利息因子。

	終值	現值
單一支付	表Ⅰ	表Ⅱ
年金	表Ⅲ	表Ⅳ

6.償債基金問題決定為了產生某一終值，每年所須投資的年金數額。

7.資本回收問題決定為了回收某一期初投資所須的年金數額。

8.分期償還貸款表顯示了積欠債務的金額和每期付款的總期數，同時也顯示了每次付款後債務的餘額以及每期付款中的利息和本金。

9.在特定期間中，複利頻率愈高，該項投資的有效利率就愈高。在相同利率下，複利頻率愈高的終值，將比頻率較低的終值來得高，而前者現值則比後者來得低。

10.每個問題所使用適當的複利率或折現率決定於總體經濟中一般的利率水準、分析期間的長短以及該投資的風險。

表4-8　摘錄用來計算各種現金流量現值和終值的公式

計算種類	公式	利率因子表	公式號碼
單一支付終值	$FV_n = PV_0 \ (FVIF_{i,n})$	表I	(4.12)
普通年金終值	$FVAN_n = PMT \ (FVIFA_{i,n})$	表III	(4.18)
期初年金終值	$FVAND_n = PMT \ [FVIFA_{i,n} \ (1+i)]$	表III	(4.19)
單一支付現值	$PV_0 = FV_n \ (PVIF_{i,n})$	表II	(4.15)
普通年金現值	$PVAN_0 = PMT \ (PVIFA_{i,n})$	表IV	(4.22)
期初年金現值	$PVAND_0 = PMT \ [PVIFA_{i,n} \ (1+i)]$	表IV	(4.23)
不等值現金流量現值	$PV_0 = \sum_{t=1}^{n} PMT_t \ (PVIF_{i,t})$	表II	(4.27)
永續年金現值	$PVPER_0 = \frac{PMT}{i}$	—	(4.25)
期初永續年金現值	$PVPERD_0 = \frac{PMT}{i} + PMT$	—	(4.32)

定義：

n＝折現或複利期間數目（通常以年為單位）。

i＝年利率（即是年名目利率）。

PMT＝每年現金流量；年金的支付有二種，一種是期末支付年金，即普通年金（ordinary annuity），另一種是期初支付年金（annuity due）。

PMT_t＝第t期的現金流量。

問題與討論

1.你想要收到下列哪一個：一項二年投資，每年支付5%的單利或每年支付5%的複利？為什麼？
2.下列哪一個較大：10%，二年期的終值利率因子或10%，二年期的現值利率因子？
3.當某一年金的利率上升將使現值產生什麼改變？當某一年金的利率上升將使終值產生什麼改變？
4.你較喜好投資下列哪一項：每年支付6%複利的存款帳戶或每天支付6%複利的存款帳戶？為什麼？
5.哪一種類的契約可能需要使用到期初年金的計算？
6.複利頻率增加會對現值有何影響？
7.為何下列每一人物必須對複利和現值的觀念相當熟悉：

a.行銷經理。
b.人事經理。

8.現值和終值之間有何關係？
9.普通年金和期初年金兩者有何差異？請各舉一例。
10.如果要求報酬率增加對下列有何影響？

a.年金的現值。
b.年金的終值。

11.解釋如何利用年金終值利率因子來解答償債基金問題。
12.描述如何建立分期償還貸款計畫表。
13.1980年11月21日，拉斯維加的MGM Grand飯店發生了悲慘的火災，在火災發生時該飯店只有300萬美元的債務保險。在火災一個月後該飯店花了375萬美元保險費買了額外的170萬美元債務保險追溯到1980年11月1日（火災發生前）。利用現值觀念，說明為何保險人願意接受在這些情況下MGM的投保？
14.某存款帳戶廣告其利息採連續複利且每季支付，這意謂什麼？

15.舉例表示永續年金。永續年金和年金有何不同？

16.解釋如何決定不等值現金流量的現值。

17.評估下列所述：「強大且不昂貴的微電腦發展，使得計算機如同計算尺一樣落伍了」。

自我測驗題

問題一

計算今天存1,000美元在存款帳戶五年後的價值，如果該帳戶支付的利率：

1.每年8%，每年複利。

2.每年8%，每季複利。

問題二

某公司正考慮購買一部預計每年可以節省1,000美元現金，連續十年的機器。使用12%的折現率來計算現金節省的現值（假設現金節省發生在每年年底）。

問題三

Simpson Peripherals在1989年每股盈餘0.90美元，1994年每股盈餘1.52美元，計算在這段期間每股盈餘的年成長率。

問題四

你有一家小公司要出售。購買者提供每年2,000美元連續五年、第一次收款在第四年年底的買價，利用14%的折現率來計算這項提供的現值。

問題五

Yolanda Williams今年35歲開始替她的退休生活計畫。她希望在接下來的25年每年年底另外存下一筆相同的金額，那麼她就可以在69歲時退休。她預計活到80歲，希望可以從這個帳戶中每年提領50,000美元，從她61歲生日直到80歲生日。這個帳戶預計在整個期間每年可賺10%利息，請決定她每年必須存款的數額。

計算題

1.存1,000美元到儲蓄帳戶中，每年賺取6%的利息，在下列年數年底將值多少？

a.三年。
b.五年。
c.十年。

2.如果你對投資要求的報酬率爲9%，你會偏好下列哪一個？

a.今天的5,000美元。
b.五年後的15,000美元。
c.每年1,000美元持續十五年。

3.Lancer Leasing公司同意以每年20,000美元，連續在未來八年出租一部水壓式的挖掘機給Chavez Excavation公司，租賃費用將在每年年初支付。假設Lancer將這些租金投資在年利息9%之處，那麼，在第八年年底這些租金共值多少？

4.Mutual Assurance and Life公司提供由下列兩者之一組成的保險：

a.在未來十二年、每年年初支付1,200美元，第一次付款爲今天。
b.在今天一次支付100,000美元得到在未來十二年內的保險。
如果你有每年8%報酬的投資機會，你會偏好哪一種？

5.如果某帳戶支付20%的名目年利率，而你希望在五年後該帳戶將有10,000美元，則你每年年底要存入多少錢？

6.某位經紀人廣告某項貨幣乘數證券將可以在九年後讓你的錢變作三倍，也就是說，如果你今天以333.33美元買進1張，在九年後它將付你1,000美元。那麼，你在該項證券賺到的報酬率是多少？

7.你有10,000美元可供投資，假設每年複利。如果將它投資在下列各種利率，要多久之後才能使10,000美元變雙倍？

a.8%。
b.10%。
c.14%。
d.20%。

8.Tried and True公司在1978年每股盈餘0.20美元，到了1995年十七年間每股盈餘已成長到1.01美元，則該公司盈餘的每年成長率是多少？
9.在第八年年底收到的800美元其現值是多少？假設年利率如下：

a.4%，每年折現。
b.8%，每年折現。
c.20%，每季折現。
d.0%。

10.Mr. Jones以60,000美元買了一棟建築物。付款情形如下：立即支付10,000美元和二十五年的分期付款，包括本金和每年10%的利息，計算分期付款的數額？第一年的付款減少了多少的本金？
11.某公司以200,000美元購買了100畝的土地，並同意在二十年間每年年底支付41,067美元的分期付款，則該項貸款的眞實年利率是多少？
12.三十年前Jesse Jones在現在的Houston鬧區以每畝1,000美元買下10畝土地，如果該筆土地以每年8%增值，那麼它今天價值多少？
13.Susan Robinson正爲她退休生活計畫。她今年30歲，希望在55歲時能有600,000美元。她估計退休投資可以賺到9%的報酬，她希望每年年底能夠存下一筆相等的錢來完成目標。Robinson在未來二十五年每年年底要投資多少錢，到期後才能實現600,000美元的目標？
14.你願意付多少錢來買一張1,000美元的債券，該債券每年年底支付70美元的利息，二十五年後到期。如果你希望該債券產生的報酬率如下：

a.5%。
b.7%。
c.12%。

（注意：在到期時，該債券將會被贖回，而持有者可以收到現金1,000美元。債券通常是以1,000美元的面值發行，在任何時點眞實的市場價值會隨利率下降而上升，利率上升而下降。）

15.某人壽保險公司會根據客戶保單的現金價值提供（名目）年利率8%的貸款，每季複利，請計算該貸款的有效年利率。

16.你面對著二項投資機會：投資1和投資2，二者的期初成本均爲10,000美元。假設你希望你期初投資的報酬率爲10%，計算二者的淨現值和相對吸引力。

投資1		投資2	
現金流量	年數	現金流量	年數
$5,000	1	$8,000	1
6,000	2	7,000	2
7,000	3	6,000	3
8,000	4	5,000	4

17.你的伯父Claude今年82歲，多年來他共累積了80,000美元的存款，他估計最多再活十年，到時可以花完存款（如果他活得更長，他預期你將樂意照顧他）。Claude將80,000美元存入每年賺取10%的帳戶，十年間每年提領相等的金額——第一次提領是在一年後——那麼十年後帳戶的餘額爲0。他每年可以提領多少錢？

18.你打算以立刻付5,000美元，剩下的25,000美元以轉讓抵押的方式來購買價值$30,000的大廈，銀行提供你一種爲期十五年，每年年底付$3188的貸款。銀行同時要求你支付3%的貸款費用，這使得銀行實際借給你的金額減少，計算該項貸款每年利率。

19.你以10,000美元買下5畝的度假區，五年後你預期可以22,550美元賣掉，且未來五年每年年底租稅支出將是500美元，計算該項投資的年報酬率。

20.某項投資承諾在未來五年每年年底支付6,000美元，而第六年到第十年每年年底支付4,000美元：

a.如果你對這類投資要求12%的報酬率，那麼你對此投資最多願支付多少？

b.假設這些金額是在每年年初收到，在12%的要求報酬率下，你最多願支付多少？

21.你正考慮投資一項二十年後到期的債券，該債券每年年底支付8.75%或$87.50的票面利息，且目前賣價爲919美元，你的邊際所得稅率（應用在利息收入上）爲28%，資本利得和所得使用相同的稅率。如果你今天買入該債券持有至到期日，你的稅後報酬率是多少？

22.你的父母在他們保管箱中發現一張1,000美元的債券，這張債券是你已故的姨媽Hilda在你2歲生日時給的，每年支付5%的利息，每年複利，利息將累積到贖回時支付，而你現在27歲，則此債券目前價值多少（本金加上利息）？

23.假設當地的儲蓄協會廣告一種每年6%名目利率的帳戶，每月複利，則該協會所支付的有效年利率是多少？

24.你母親計畫在今年退休，她的公司提供她一次付清50,000美元的退休金或6,000美元的永續年金讓她選擇。你母親的身體相當健康，預計至少可以活十五年以上。假設以8%來計算該年金，則你母親應選哪一個？

25.某壽險公司提供你一種新的「現金增值」保單，該保單將在你45歲時完全付清，到時其解約金額將是18,000美元，當你65歲時解約金爲37728美元，那麼該保險公司承諾你多少的利率？

26.你阿姨在你六年後完成醫學課程後要幫你開新的診所，她希望你到時能有250,000美元可供使用，如果某帳戶提供12%的年報酬率，那麼在未來6年每年年底她要存入多少錢，才能完成目標？

27.Strikler公司已發行100萬美元爲期十年的債券，且要該公司以十年每年年底存款成立償債基金，該存款可以賺取8%的年利率，在第十年年底償債基金必須有足夠的錢償清債券，那麼每年的償債基金是多少？

28.建立30,000美元貸款，利息11%、爲期三年的分期償還貸款計畫表，該貸款要求三筆每年年底支付相等的金額，請計算應支付之金額。

29.試計算下列試題：

a.某項期初餘額爲100,000美元，10%的貸款在五年後要支付多少錢？（在第五年年底該貸款將被償清，所有支付均相等且發生在年底。）

b.第二年的支付款項中本金占多少？利息占多少？

30. Nucleo-Robotics公司剛發行1,000,000美元第一順位抵押債券，每張面值1,000美元、票面利率15%、該債券二十五年後到期，且要求公司建立償債基金，以便在到期日時足夠贖回80%的債券，第一筆存入基金將發生在第六年年底，該公司將支付20次年底存款，該基金預期在二十年間可賺12%的報酬率，那麼該公司每年要存入多少錢呢？

31.Mitchell投資公司提供你如下的投資機會：

①前五年每年年底6,000美元加上

②第六～十年每年年底3,000美元加上

③第十一～二十年每年年底2,000美元

a.如果你要求的報酬率爲12%，你願意爲該投資付多少錢？

b.如果所有金額是在每年年初收到，你願意爲該投資付多少錢？

32.在退休時你的目標是花五年時間環遊世界，以你慣有的形式旅行每年年初將需要250,000美元，如果你計畫三十年後退休，每年需要多少相等的存款？退休金帳戶將以10%每年複利。

33.Baldwin United公司的經理人提供某項投資。如果你今天在該公司存入25,000美元，在第八～十五年年底它將支付你每年10,000美元。如果你對該類投資要求15%的報酬率，你會投資嗎？

34.你在未來二十五年每年年底存4,500美元到某個支付10%每年複利的帳戶，則在最後一次存款後的二十年每年年底你將可以提領多少？（第25次存款發生在二十年期的期初，第一次提領是發生在二十年期第一年的期末）

35.在退休時你可以選擇一次支付250,000美元的退休金或終生年金51,300美元年金於每年年初支付，如果你預期在退休後可活十五年，在什麼要求報酬率下二種方法對你來說都相同？

36.你在未來四年每年年底存10,000美元到某個支付12%年利率的帳戶，則第十年年底該帳戶餘額爲多少？

37.決定將10,000美元投資在某提供8%名目年利率的銀行定存單，在第三年年底將值多少？如果：

a.每半年複利。

b.每季複利。

c.每月複利。

38.某銀行提供15%的有效年利率、每季複利，則該銀行每季支付多少利息？

39.某項投資需要今天支付100,000美元，預期在四、五、六、七、八、九年年底現金流入爲每年40,000美元，如果你對該類投資的要求報酬率20%，應該採用此項投資嗎？

40.某項100,000美元的投資預期現金流入在第一年爲60,000美元、第二年爲79,350美元，計算該投資預期報酬率到最近似的百分比。

41.某投資提供下列年底現金流量：

年底	現金流量
1	$20,000
2	$30,000
3	$15,000

使用15%的利率將這些不等的現金流量轉化成相等的三年期年金（以現值形態）。

42.恭喜！你已經贏得Publishers Corporation Sweepstakes，你將被提供一次付清的1,000,000美元或終生年金（年底）每年100,000美元。如果你預期可再活二十年，投資報酬率爲15%，你應該選哪一種呢？（忽略租稅）如果你預期報酬率只有7%，則你的答案會如何改變？

43.James Street的兒子Harold今年10歲，一個好學的孩子，已計畫在他18歲生日時上大學，而他父親希望現在就爲此開始存錢。Street估計兒子在大一、大二、大三、大四分別需要18,000、19,000、20,000、21,000美元，他希望在這些年年初都有足夠的錢給兒子。Street希望每年存錢到賺取10%年利率的帳戶，連續8年（第一筆存款將發生在Harold11歲生日，也就是一年後，而最後一次是在他18歲生日，開始上大學時），他希望這個帳戶能有足夠的錢剛好支付兒子上大學的費用，帳戶的餘額可以持續賺取10%的利息。則Street每年要存入該帳戶多少錢來提供Harold上大學？

44.你每季要存多少錢入一個支付20%名目利率每季複利的帳戶，那麼，在第五年年底才有10,000美元（提示：利用利率因子表來計算時，你必須將利率和複利期數調整成以每季基準而非每年）。

45.IRA投資公司替個人規劃退休計畫。你今年30歲，計畫在60歲生日時退休，你想要在IRA中建立一個需要每年年底存入一系列相等存款的退休帳戶，第一筆存款將是在一年後，也就是你31歲生日，最後一筆存款是在你60歲生日，這個帳戶將使你可以每年提領120,000美元，連續十五年，第一次提領是在你61歲生日，此外，在第十五年年底，你希望可以提領額外的250,000美元，這個退休帳戶可賺取12%的年利率。爲了完成你退休計畫，每期需要存入多少錢？

46.如果你未來五年每年年底存1,000美元進入某個支付12%名目年利率、每半年複利的帳戶，那麼，十年後該帳戶將有多少錢？

47.你的小孩將在十二年後上大學，每年年初將需要20,000、21,000、22,000、23,000美元，此外，你和你太太預計在二十年後退休，你希望在十五年的退休生活裏每年可以有75,000美元，這筆錢將在每年年初得到，如果你現在有15,000美元可供此目的使用，那麼，在未來二十年每年年底你必須投資多少錢來完成這個目標？如果這些資金可賺到11%的報酬率。

48.你今年30歲，有2個小孩，其中一個將在十年後上大學且需要四筆年初支付，10,000、11,000、12,000、13,000美元；第二個小孩將在十五年後上大學，且需要四筆年初支付15,000、16,000、17,000、18,000美元，此外，你計畫在三十年後退休，希望在退休後每年年底可以從帳戶提領50,000美元，你預期在退休後可活二十年，第一筆提領是在你61歲生日。爲了達到這個目標，你在未來三十年每年年底需要存下多少金額？如果所有存款可以賺取13%的年報酬率。

49.你目前30歲，你預期在60歲退休且希望從60歲生日開始，連續二十年每年年初可以領到100,000美元的金額，你希望在未來十五年可以存夠達到此目標的金額，也就是，你希望在45歲生日時可以累積到足夠的基金。

a.如果你預計你的投資在未來十五年內可賺取12%年利率，之後每年可賺10%，那麼，你在45歲時你必須累積多少的金額？

b.假設在a的情形下，且你目前有10,000美元可供此目標使用，那麼你在未來十五年每年年底要存多少年金？

50.如果投資者的要求報酬率爲8%，計算預期在每年支付$50利息的永續債券的現値。

51. Maxine Johnson今年35歲且已存下10,000美元供退休時使用。Johnson同時預計在未來十五年每年年底存下3,000美元，而在之後的十五年每年年底存5,000美元。Johnson計畫在65歲退休，假設退休之後可活十五年，那麼Johnson在退休後每年年初可以提領多少且留下100,000美元給繼承人？假設在這整段期間中年利率爲10%。

52.假設今天是19X1年10月1日，你存1,000美元進入某個以8%每年複利的帳戶，而且你以後每年的10月1日將持續存入1,000美元直到最後一次在19X6年10月1日，那麼在19X6年10月1日這個帳戶的餘額是多少？

53.Steven White正考慮提早退休，他有400,000美元的存款。White想知道如果每年年底提領40,000美元，該筆存款可以維持多少年？White認爲存款每年可賺10%。

54.假設今天是1995年7月1日，而你今天存2,000美元進入帳戶之後，你在1996年開始每年7月1日持續存1,000美元進入帳戶，直到最後一次在2001年7月1日，同時你在2003年7月1日提領3,000美元。假設7%的複利率，那麼在2005年7月1日該帳戶餘額爲多少？

55. Drisilla表妹剛滿15歲，她計畫在22歲生日時上法律大學，預計到時的三年年初將花費25,000、26,000、27,000美元。你打算供她上大學且希望所需的資金在她上大學時每年年初都可得到，此外你希望可以給她10,000美元連續十年的年金當做畢業禮物，第一筆年金支付將在Drisilla她27歲生日時得到，你目前有8,000美元可供此用，你希望在未來十年每年年底存下一筆相等的金額來完成剩下的目標，如果你投資的稅前報酬率10%，而你和Drisilla的邊際稅率爲30%，你在未來十年每年年底要存多少錢呢？

56.如果你今天存4,000美元到以8%每季複利的存款帳戶，那麼你從六個月後開始每六個月可以提領多少金額，使得二年後該帳戶餘額為0？

57.十年後收到的1,000,000美元以300%年利率來折現，其現值為多少？

58.你兒子Charlie剛滿15歲，他預計在18歲生日時上大學修習電子工程學。上大學將在四年中花費15,000、16,000、17,000、18,000美元，你希望到時每年年初有足夠的錢給他，此外你希望在他22歲生日時能給他25,000美元當畢業禮物，讓他可以開始就業或上研究所。你目前有8,000美元可供此用，你希望在未來六年每年年底可以存下一筆相等的金額來完成剩下的負擔。如果你的投資稅前報酬率為10%、邊際稅率為30%，那麼在未來六年每年年底要存多少錢？

59.你開始分析各個不同的退休計畫來規劃退休生活。IRA經理人的計畫是要求你在未來三十年每年年初存入5,000美元，此計畫承諾12%的年利率，如果你計畫在未來每年年初（第一次提領在第三十年年底即退休第一年）提一筆金額，連續二十年，則該筆金額是多少？

60.Frank Chang正計畫女兒Laura上大學。Laura剛滿8歲，預計在18歲生日時上大學，到時每年年初將需要25,000美元。Frank計畫送Laura一部Benz車做畢業和22歲生日禮物，Benz將花費55,000美元。Frank目前有10,000美元存款可供此用，Frank預計在九年後可繼承25,000美元也可用來供Laura使用，且他投資的稅後報酬率為7%，那麼，Frank在未來十年每年年底要存下多少錢才能供Laura上大學和買Benz車。

61.Laura和Paul Chavez今年均35歲，他們有個15歲的兒子Mike預計在四年後上大學。Mike的學費預計每年年初付30,000美元且預計他在四年後可以完成學業，如果他真的完成學業，他的父母必須在他大學第四年年底買一部汽車給他，預計花費19,000美元。Laura和Paul已經累積55,000美元可付這些學費，他們想知道要存多少錢（在未來六年每年年初）來支付Mike的花費。假設他們存款的稅前報酬率為10%、邊際稅率為30%，且在未來八年都不變。

62.多少的每月利率才能產生12%的有效年利率？

63.Ted Gardiner滿30歲已經累積了35,000美元，計畫在60歲退休，他希望在未來三十年可以累積足夠的錢好讓他在60歲生日開始每年年初可以有連續二十年100,000美元的退休年金，他想在未來十年每年年底存5,000美元，那麼在第十一～三十年年底他要存多少錢，才能完成這個目標？前十年的利率爲5%，之後利率預期將是7%。

64.Torbet Fish Packing公司希望在未來十年累積足夠的錢來更換其自動化測量機器，新機器預計在十年後要花200,000美元。Torbet目前有10,000美元；預計投資十年來幫助其購買新機器，Torbet計畫在未來十年每年年底另外存一筆相等的償債基金，所有的投資在前五年預期可賺7%，之後可賺9%，那麼Torbet爲此在未來十年每年要存多少錢？

65. Allstate Industries想利用每年年底存一定金額到償債基金，在未來六年可賺8.25%利息，來償還2,500萬的負債，爲達此目的，每年要存多少錢？

66.Crab state Bank提供你年利率11.25%，五年的借款$1,000,000美元，要求每年年底支付一定金額包含本金和利息，請做出這借款的分期攤還表。

67.你今天可以10,000美元買下一資產，預期十年後值20,000美元，忽略不動產稅及所得稅，計算此投資的預期報酬率，利用：

a.現值表和公式。
b.終值表和公式。

68.決定每年10,000美元，維持三年的年金，以8%利率來折現的現值：

a.利用$PVIFA_{i,n}$（公式〔4.20〕）的定義公式。
b.利用$PVIFA_{i,n}$（公式〔4.21〕）的計算式。
c.利用$PVIFA_{i,n}$表。
d.利用財務計算機。

69.決定每年10,000美元爲期三年，折現率8%，普通年金的現值：

a.利用$PVIFA_{i,n}$定義式（公式〔4.16〕）。
b.利用$PVIFA_{i,n}$定義式（公式〔4.17〕）。
c.利用$PVIFA_{i,n}$表
d.利用財務計算機。

70.Garrett Erdle已經26歲，他目前財富呈負值，但他希望能在四年內償還所有負債並開始存退休基金。他希望在退休後前十年，每年提領100,000美元（第一次提領在其61歲生日），而後十年提領150,000美元每年。爲了預防活更久，他希望在80歲生日還有500,000美元，他預估在50歲前稅後報酬爲6%，50歲以後將是7%，Garrett每年要存多少才能達成目標呢？（第一次存款是在其31歲生日，而最後一次在60歲生日）

71.Bobbi Proctor不想讓社會福利來照顧其晚年生活，因此她想現在開始爲退休打算，她已獲得Hackney Financial Planning的協助。她希望退休後每年能有200,000美元，其中第一次得款是在三十六年後，也就是退休的第一年，她預計有二十五年的退休生活，她計畫在未來十五年每年年底存5,000美元，而剩下來退休二十年前，存一筆固定但未知的金額在每年年底。Hackney建議其存款在退休前能賺12%的年利率，但退休後只有8%，那麼她在退休前二十年要每年存多少錢呢？

72.利用網路計算如：Salem Five，來計算下列的時間價值問題：

a.假如你想要以8%借100,000美元爲期二十五年，利用Salem Five的計算機來算每月償還金額。

b.利用Salem Five's " Savings and Investment Planner "計算未來三十年，每年存2,000美元，假設每年賺10%利息，三十年後會是多少？

http://www.salemfire.com

73.利用www. moneyadvisor. com中的分攤計算機，來計算$100,000的負債以9%，分十年來攤，在第五次支付後，餘額是多少？

自我測驗解答

問題一

$FV_n = PV_0 (1 + i)^n$

a. $FV_5 = \$1,000 (1.08)^5 = \$1,000 (FVIF_{0.08, 5}) = \$1,000 (1.469)$

$= \$1469$

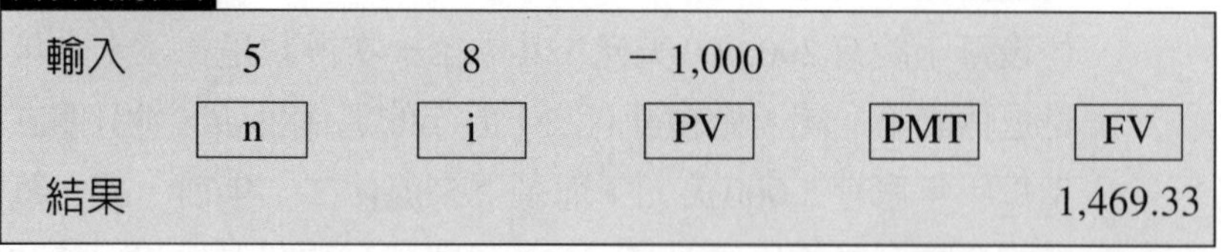
計算機解法

輸入	5	8	－1,000		
	n	i	PV	PMT	FV
結果					1,469.33

b. $FV_5 = \$1,000 (1.02)^{20} = \$1,000 (FVIF_{0.02, 20}) = \$1,000 (1.486)$

$= \$1,486$

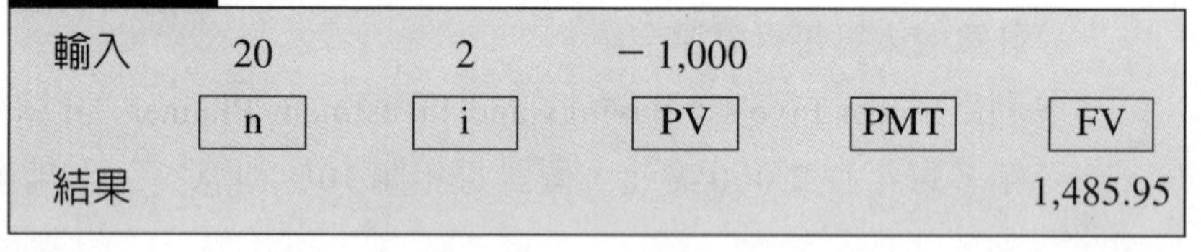
計算機解法

輸入	20	2	－1,000		
	n	i	PV	PMT	FV
結果					1,485.95

問題二

$PVAN_0 = PMT (PVIFA_{0.12, 10})$

$= \$1,000 (5.650)$

$= \$5,650$

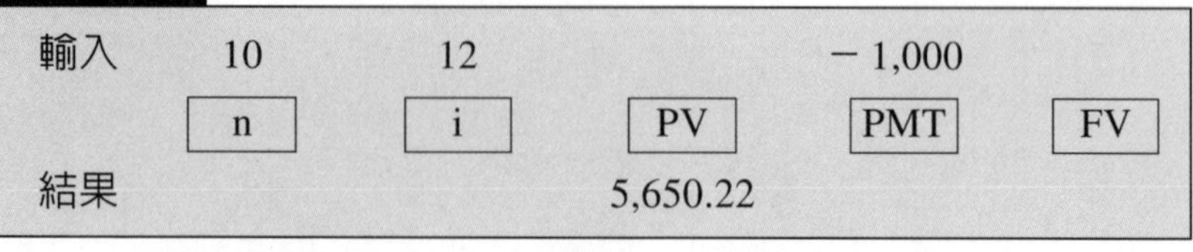
計算機解法

輸入	10	12		－1,000	
	n	i	PV	PMT	FV
結果			5,650.22		

問題三

$FV_n = PV_0\ (FVIF_{i,n})$

$1.52 = 0.90\ (FVIF_{i,5})$

$FVIF_{i,5} = 1.689$

利用表 I ，從五年那一列11%、那一行可以找到1.685。因此，每年成長率將近11%。

計算機解法

輸入	5		−.90		1.52
	n	i	PV	PMT	FV
結果		11.05			

問題四

$PVAN_3 = \$2,000\ (PVIFA_{0.14,5})$

$= \$2,000\ (3.433)$

$= \$6,866$

這一步先算五年普通年金在第四年年初也就是第三年年底的現值，接下來$PVAN_3$要折現到現在：

$PVAN_0 = PVAN_3\ (PVIF_{0.14,3})$

$= \$6,866\ (0.675)$

$= \$4,635$

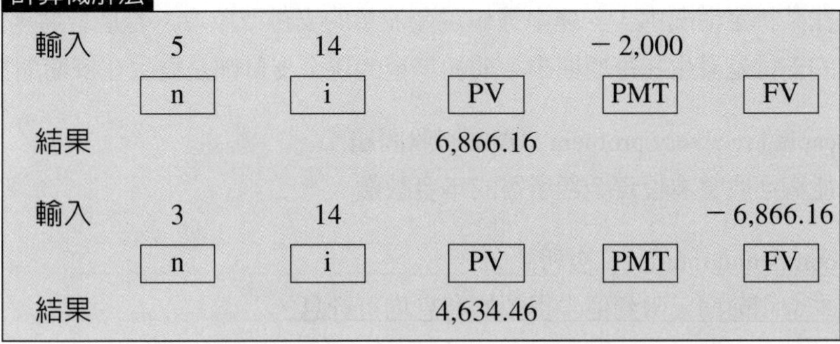

計算機解法

輸入	5	14		−2,000	
	n	i	PV	PMT	FV
結果			6,866.16		
輸入	3	14			−6,866.16
	n	i	PV	PMT	FV
結果			4,634.46		

問題五

$$PVAN_0 = \$50,000\ (PVIFA_{0.10,\ 20})$$
$$= \$50,000\ (8.514)$$
$$= \$425,700\ (\text{在60歲生日所需的金額})$$
$$FVAN_{25} = PMT\ (FVIFA_{0.10,\ 25})$$
$$\$425,700 = PMT\ (98.347)$$
$$PMT = \$4,329$$

計算機解法

輸入	20	10		−50,000	
	n	i	PV	PMT	FV
結果			425,678.19		
輸入	25	10			−425,678.19
	n	i	PV	PMT	FV
結果				4,328.33	

名詞解釋

annuity　年金

在某特定期間內，一連串等值現金流量的支付或收取。若是普通年金，現金的支付是發生在每期期末；期初年金的現金支付則是發生在每期期初。

capital recovery problem　資本回收問題

能夠回收資本投資金額所需的年金數額。

compound interest　複利

本金和前期已賺到但未提領的利息均可計息。

effective interest rate　有效利率

借款者實際付出或放款者實際賺到的利率。

future value（or terminal value）　**終值**

現在支付的金額，採用適當利率（成長率）計算在未來某一時點的價值。

interest　**利息**

個人放棄目前的消費或其他投資計畫，而將錢「租」給企業、銀行、政府、其他機構或個人，所因此賺得的報酬。

loan amorization schedule　**分期償還貸款時間表**

某負債每期期間支付利息和本金的時間表。

nominal interest rate　**名目利率**

債務契約或證券所載明的每期利率。因為許多因素的影響，如：複利的頻率和事先利息扣除額，通常有效利率會高於名目利率。

perpetuity　**永續年金**

每期支付等值的現金流量直到永遠的一種金融工具。

present value　**現值**

未來某一筆現金支付（或一系列未來現金支付）採用適當折現率計算後今天的價值。

principal　**本金**

借款或投資的現金金額。

simple interest　**單利**

只有本金需要計息。

sinking fund problem　**償債基金問題**

為了產生某一終值，每期（年）所需投資的年金金額。

貨幣時間價值完整例題

假設你目前30歲，預計65歲時退休，而如果你在今天退休，將希望每年有固定收入60,000美元連續十五年（你大概可以再活十五年），但是你了解通貨膨脹將降低你未來三十五年來的購買力，所以你要重新調整在65歲時所要的收入，除了每年固定的收入之外，你還希望能有證券資產1,000,000美元，用來自己花費或留給子孫。

實證研究估計過去七十年的物價膨脹和股票、債券報酬大致如下：

	複利率
通貨膨脹	3%
普通股	11
公司債	6
加權投資組合（50%普通股、50%公司債）	8.5

假設這些利率在未來五十年均不變，而你投資股票、公司債，扣掉交易成本可以得到上列的報酬，且假設退休基金是在年底存入，最後假設任何退休基金投資報酬的所得稅可以遞延到65歲開始提領時才支付。

1.假設65歲到80歲所需每年收入均相同，決定通膨調整後每年所需的資金。

2.計算你到65歲時所累積的金額，假設你投資於：

a.普通股。

b.公司債。

c.加權投資組合（50%普通股、50%公司債）。

3.計算爲達到第2題所累積的金額，每年要投資多少在普通股，假設第一次支付是在：

a.30歲。

b.40歲。

c.50歲。

4.計算爲達到第2題所累積的金額，每年要投資多少在公司債，假設第一次支付是在：

a.30歲。

b.40歲。

c.50歲。

5.計算爲達到第2題所累積的金額，每年要投資多少在加權投資組合，假設第一次支付是在：

a.30歲。

b.40歲。

c.50歲。

6.從第3、4、5題的答案，可得到什麼結論？

附錄4A　連續複利和折現

連續複利

在第4章中，我們假設利息是在不連續的時點收到（或隨著支付發生成長），如在每年、每半年、每季……底。如果複利發生次數愈頻繁而非年底一次，將會使有效年利率大於名目年利率 i_{nom}。明確地說，由公式〔4.28〕可算出某筆期初金額（PV_0）的終值：

$$FV_0 = PV_0\left(1 + \frac{i_{nom}}{m}\right)^{mn}$$

其中，i_{nom} ＝名目年利率或成長率，m ＝每年複利次數，n ＝複利年數（而如果複利是發生在每年年底，那麼名目年利率會等於有效年利率）。

如表4-6所示，每年複利次數愈多，目前某金額的終值會愈大。另一種表示法為，每年複利次數愈多，有效年利率會愈大於名目年利率。

在最極端的例子，我們可以計算「連續複利」，連續複利終值的公式為：

$$FV_n = PV_0\,(e)^{i_{nom}n} \qquad 〔4A.1〕$$

其中，e近似於2.71828（這是自然指數的基本值）。如果你有財務用或工程用計算機，$e^{i_{nom}n}$的值通常可以藉由將名目利率i乘上年數，然後再按e^x鍵得到。例如，若1,000美元以名目利率10%連續複利投資1年，那麼1年後的終值為：

$$\begin{aligned} FV_1 &= \$1,000\,(e)^{0.10(1)} = \$1,000\,(2.71828)^{0.10} \\ &= \$1,105.17 \end{aligned}$$

若$1,000是以名目利率10%投資三年，在連續複利下終值為：

$$\begin{aligned} FV_3 &= \$1,000\,(e)^{0.10(3)} = \$1,000\,(2.71828)^{0.30} \\ &= \$1,349.86 \end{aligned}$$

連續折現

公式〔4A.1〕也可以轉化爲連續折現之用，在連續複利的情況下現值可計算如下：

$$PV_0 = \frac{FV_n}{(e)^{i_{nom}n}} \qquad 〔4A.2〕$$

或

$$PV_0 = FV_n\,(e)^{-i_{nom}n} \qquad 〔4A.3〕$$

例如，若在三年後可收到1349.86美元而連續複利率爲10%，那麼現值可計算如下：

$$PV_0 = \frac{\$1,349.86}{(2.71828)^{0.10(3)}}$$

$$= \$1,000$$

有效利率的計算

若已知以名目利率i_{nom}來進行連續複利，利用下列式子可以很容易計算出有效利率：

$$i_{eff} = e^{i_{nom}} - 1 \qquad 〔4A.4〕$$

例如，若以名目年利率20%來進行連續複利，有效年利率算法如下：

$$i_{eff} = 2.71828^{(0.2)} - 1$$
$$= 1.2214 - 1.0$$
$$= 0.2214 \text{ 或 } 22.14\%$$

因爲連續複利，有效利率高於名目利率，貨幣賺錢能力增強，也就是利息累積愈頻繁（連續），而累積的利息可以再持續賺利息。

自我測驗題

問題一

將1,000美元投資7年，名目利率10%，採連續複利，其終值爲何？

問題二

如果名目折現率爲9%且連續折現，那麼8年後所收到$5,000的現值爲多少？

問題三

如果名目利率爲12%，連續複利，計算其有效年利率？

計算題

1. 將10,000美元投資於名目利率12%，連續複利，二年後終值爲多少？
2. 你預計五年後收到5,000美元，若以12%連續折現，其現值爲多少？
3. 某銀行定期存單名目利率爲8%，如果採連續複利，有效年利率爲多少？
4. 名目年利率爲20%，請依下列複利期間來計算有效年利率：

   a. 一年複利一次。
   b. 一季複利一次。
   c. 每月複利一次。
   d. 連續複利。

5. 將1,000美元存在名目利率10%，連續複利十年，其終值多少？會比用10%每年複利的終值大多少？
6. 如果名目利率10%採連續折現，則二十五年後收到的1,500美元其現值爲多少？

自我測驗解答

問題一

$$FV_7 = \$1{,}000\ (e)^{0.10\,(7)}$$
$$= \$2{,}013.75$$

問題二

$$PV_0 = \$5{,}000\ (e)^{-0.09\,(8)}$$
$$= \$2{,}433.76$$

問題三

$$i_{eff} = e^{0.12} - 1.0$$
$$= 1.1275 - 1.0$$
$$= 0.1275 \text{ or } 12.75\%$$

第5章　風險和報酬的分析

本章重要觀念

1.風險代表某一投資未來報酬的變動性。風險會隨著時間愈長而增加。

2.機率分配代表著每一可能結果發生的機會。

a.期望值是每一個可能結果和其相對應發生機率的平均值。

b.標準差是衡量每一可能結果發生機會的總風險或總變動性。

c.當在比較兩個具有不同期望報酬的投資計畫時，變異係數是相當有用的比較方法。

3.某投資計畫——金融資產（證券）或實質資產——的要求報酬率等於無風險報酬加上風險溢酬。

a.無風險報酬是投資在沒有倒帳風險的短期投資工具中所能得到的報酬。

b.風險溢酬是到期風險、倒帳風險、求償順位風險和流動性風險的函數。

4.投資計畫的要求報酬率和其預期能得報酬的風險程度有正向關係。

5.投資組合包含二種以上的資產。

a.投資組合的風險受個別資產風險和資產兩兩間報酬的相關性所影響。

b.將具有非完全正相關的資產組合在一起，可使投資組合的風險降到個別資產風險加權平均之下。

6.資本資產訂價理論可以用來決定投資金融資產和實質資產的要求報酬率。

a.證券的系統性風險是指個別證券因爲那些會影響全體證券市場的因素，如：利率改變，所產生的報酬變異那一部分。

b.貝他值用來衡量證券的系統性風險，是市場報酬和該證券報酬迴歸線的斜率。

c.證券的非系統性風險是指個別證券因爲那些只影響該證券因素所產生報酬變動的部分。

d.證券市場線表示證券所要求的報酬和其系統性風險間的關係。

財務課題——
Citibank企業貸款在投資組合管理技術的應用

在華爾街內精明的投資人和基金管理人均知道要擴散投資到不同的公司、不同的產業，而不要把雞蛋放在同一個籃子裡。現代投資組合理論已發展出量化風險管理策略的好處和運用方法。

銀行也把相同的觀念應用到他們的貸款組合上。在過去，因爲銀行將資產投資於某些種類的貸款上，承受相當大的倒帳風險，也產生了可觀的損失，這些例子包括：對拉丁美洲、美國房地產、高槓桿公司。許多大銀行已經更新貸款策略：限制借給AAA級公司單一產業的金額、增加對低風險產業的借款，如：電訊公司，減少借給高風險產業的金額，如：金融服務機構。Citibank投資組合部門經理人Rod Ballek曾說：投資組合管理的重點在於配合市場上整體報酬，而非過分暴露於風險追求報酬。使用這種更具分析性的方法，銀行均不希望再像過去二十年來，銀行放款產生差異極大的利潤或損失。

本章將發展一些用來幫助財務決策者衡量、管理風險的方法，如：基金管理者、證券經紀商、公司財務部長，也有助於個人理財、退休的規劃。

緒論

第一章已簡單介紹風險以及風險和報酬兩者的關係，回憶前述，某項投資——金融資產或實質資產——的要求報酬率代表著該投資風險的程度，也就是風險愈高，要求報酬率愈高。

本章將風險和報酬的關係做更深入的發展並介紹衡量風險的方法。本章後面部分著重在多角化投資和投資組合風險分析。

風險的含義和衡量

在第1章中，**風險**（risk）定義爲未來實際報酬不同於預期報酬的可能性，也就是報酬的變化性。因此，風險代表著某些不利事件發生的機會。從證券分析或某些投資計畫分析的角度，如：開發新的生產線風險，就是眞實現金流量（報酬）不同於預測現金流量（報酬）的可能性。

如果期初投資的美元報酬是確定的，那麼該投資就稱爲「無風險」（risk-free）。無風險的投資最好的例子是美國公債，美國財政部不可能無法贖回公債或無法支付利息，美國財政部最後的手段是印鈔票。

相對的，RJR-Nabisco債券則是有風險的投資，因爲它有可能付不出利息，而且在到期時沒有足夠的資金贖回債券，也就是這項投資的報酬是有變化性的，每一種可能的結果可用機率來表示。

舉例來說，如果你正考慮投資RJR-Nabisco債券，你可以製作像表5-1三種可能結果的機率表，這些機率表示有80%的機會該債券不會倒帳且可以在到期時贖回，有15%的機會在債券存續期間中付不出利息，有5%的機會該債券在到期時無法被贖回。

因此從投資的角度，風險表示投資的報酬可能不同於預期的機會，利用機率的觀念可以讓風險的定義表達得更明顯。

表5-1 RJR-Nabisco債券的倒帳機率

結　果	機　率
沒有倒帳，到期時償還該債券	0.80
付不出1期或更多期的利息	0.15
付得出利息，但到期時無法償還本金	0.05
	1.00

機率分配

某特殊結果出現的可能性定義爲其發生的百分率。機率分配表示每一可能出現結果的發生百分比率。機率可以用客觀性或主觀性來決定，客觀性決定是基於相似結果過去發生的情況，而主觀性決定是由個人來決定發生的可能性。對一些重複出現的計畫——如在已開發的油田中挖掘油井——可以用客觀性來決定其成功的機率，相同的，對AT&T的債券也可以用客觀性來評估，但是對一些新債券或小公司的債券較難以估計其預期報酬率，因此，高度主觀評估將是必須的。事實上許多主觀性機率估計並不會減低其功用。

符號

符號說明：在開始衡量風險和報酬時先說明在本章中的基本符號：

r ＝某特定證券的報酬率，若有（^）的符號在上面則表示是預期報酬率。

r_f ＝無風險報酬率；短期美國公債提供的報酬。

r_p ＝證券投資組合的報酬率。

r_m ＝市場組合的報酬率；證券市場總合指數，如史丹普500指數或紐約證交所指數，通常用來衡量市場總報酬。

p ＝某報酬率出現的機會。

σ ＝某證券（或投資組合）的標準差。

σ_p＝證券投資組合的標準差。

σ_m＝市場投資組合的標準差。

v ＝變異係數。

z ＝隨機變數（如報酬率）的某特定值和期望值之間相差的標準差個數。

ρ ＝二個證券的相關係數。

w ＝在投資組合中，資金投資在某個證券的比率。

k_j ＝某一證券的要求報酬率。

θ_j＝投資者對某證券所要求的風險溢酬。

β_j＝衡量某一證券報酬與市場投資組合報酬的相關性。

β_p＝衡量投資組合的風險。

期望值

假設某個投資者正考慮要把100,000美元投資在Wisconsin Public Services（WPS）公用事業公司或Texas Instruments（TI）電器設備製造商。投資這二種股票預期均可得到股利和資本利得，我們假設投資者將持有股票一年後再賣出。對這未來的一年，此投資者預期有20%機會景氣繁榮、60%景氣平平、20%景氣衰退。根據這個預期投資者評估WPS和TI投資報酬率的機率分配如表5-2。

從這些資料可以計算WPS和TI投資報酬率的期望值。**期望值**（expected value）是統計所有可能結果的平均數，技術上定義爲各可能結果的加權平均，以出現機率來加權。

表5-2　WPS和TI報酬的機率分配

經濟情況	機　率	每種經濟情況下，預期的報酬*	
		WPS	TI
衰退	0.2	10%	－4%
普通	0.6	18	18
繁榮	0.2	26	40
	1.0		

*舉例來說，WPS的報酬率爲10%，表示年底時，股票價值加上股利共$110,000，但本例是假設投資風險爲零，這並不符合實際情形，以下的討論將慢慢將此假設放寬。

在代數上，對某證券或計畫報酬的期望值可定義如下：

$$\hat{r} = \sum_{j=1}^{n} r_j p_j \qquad 〔5.1〕$$

其中，r＝預期報酬，r_j＝第j種結果的報酬，共有n種可能結果、p_j＝第j種結果出現的機率。WPS和TI的預期報酬計算在表5-3，兩者預期報酬均為18%。

表5-3　投資WPS和TI的預期報酬

WPS			TI		
r_j	P_j	$r_j \times p_j$	r_j	P_j	$r_j \times p_j$
10%	0.2	2.0%	－4%	0.2	－0.8%
18	0.6	10.8	18	0.6	10.8
26	0.2	5.2	40	0.2	8.0
		預期報酬＝$\hat{r}$＝18.0%			預期報酬＝$\hat{r}$＝18.0%

標準差：風險的絕對估計

標準差（standard deviation）是衡量各種可能結果和預期值的離散程度，定義為各種可能結果和預期值差異的平方加權總和的平方根，計算如下：

$$\sigma = \sqrt{\sum_{j=1}^{n} (r_j - \hat{r})^2 p_j} \qquad 〔5.2〕$$

其中，σ＝標準差。

標準差可用來衡量預期報酬的變異性，所以它提供某資產或證券風險的指標。標準差愈大，投資報酬變異愈大，風險也愈大。標準差為0，代表沒有變異也沒有風險。表5-4顯示了投資在WPS和TI的標準差。

如表5-4所計算TI的風險較WPS大，因為投資TI的可能報酬變異較大，用標準差估計為13.91%，而WPI的標準差只有5.06%。

在這個例子中是假設各公司報酬機率分配為離散形態，也就是可能結果的項目和機率是有限的，然而實際上，投資股票可能有許多不同的可能結果

表5-4　WPS和TI報酬的標準差

	j	r_j	$\hat{r}$	$r_j-\hat{r}$	$(r_j-\hat{r})^2$	p_j	$(r_j-\hat{r})^2p_j$
WPS	1（衰退）	10%	18%	－8%	64	0.2	12.8
	2（平平）	18	18	0	0	0.6	0
	3（繁榮）	26	18	＋8	64	0.2	12.8
							$\sum_{j=1}^{3}(r_j-\hat{r})^2P_j=25.6$
	$\sigma=\sqrt{\sum_{j=1}^{n}(r_j-\hat{r})^2P_j}=\sqrt{25.6}=5.06\%$						
TI	1（衰退）	－4%	18%	－22%	484	0.2	96.8
	2（平平）	18	18	0	0	0.6	0
	3（繁榮）	40	18	＋22	484	0.2	96.8
							$\sum_{j=1}^{3}(r_j-\hat{r})^2P_j=193.6$
	$\sigma=\sqrt{\sum_{j=1}^{n}(r_j-\hat{r})^2P_j}=\sqrt{193.6}=13.91\%$						

——從損失到報酬超過TI的40%。爲了表示所有可能出現結果，必須建立連續機率分配，可利用和表5-2相似的表，只是裡面可能包含了更多的結果和對應的機率，這個詳細的表可以用來發展WPS和TI報酬期望値，並可用連續的曲線來近似各結果的機率値。圖5-1示範了WPS和TI投資報酬的連續機率分配。

從這個圖中可以看出WPS可能報酬的機率分配較陡峭，這表示了變異較小，而TI可能報酬的機率分配較平坦，表示變異較高、風險較大。

常態機率分配

許多投資的可能報酬分配傾向於服從常態分配。常態分配的特色爲對稱鐘型分配，如果預期報酬的連續機率分配近似於常態，那麼就可以用標準常態分配（也就是平均數爲0標準差爲1的常態分配如書後表V）。這個表它代表著：眞正結果出現在期望値加減1個標準差之內的機會有68.26%、在期望値加減2個標準差之內有95.44%、在期望値加減3個標準差之內有99.74%。以圖5-2來表示。

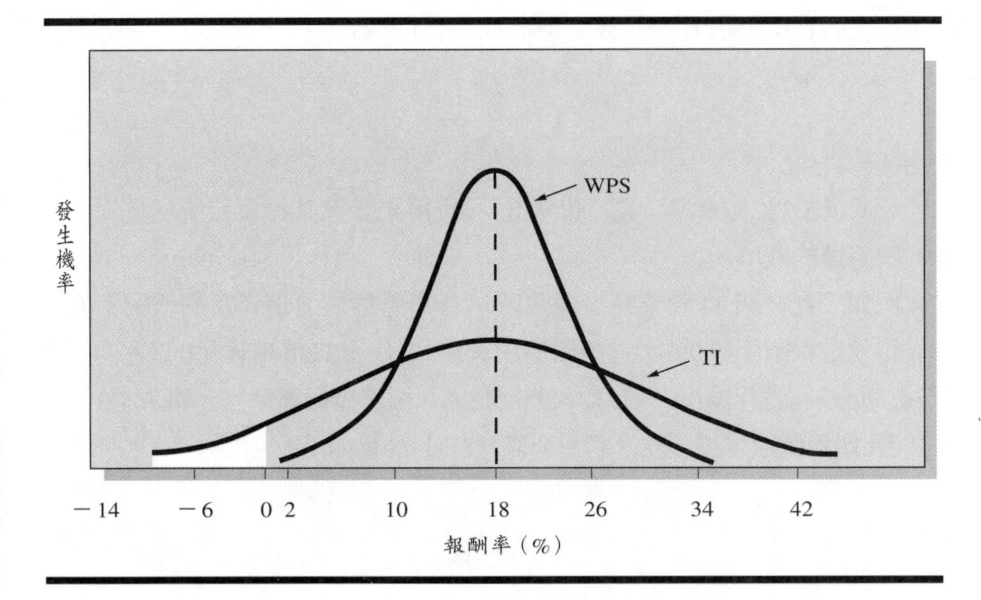

圖5-1　投資WPS和TI股票其預期報酬的連續機率分配

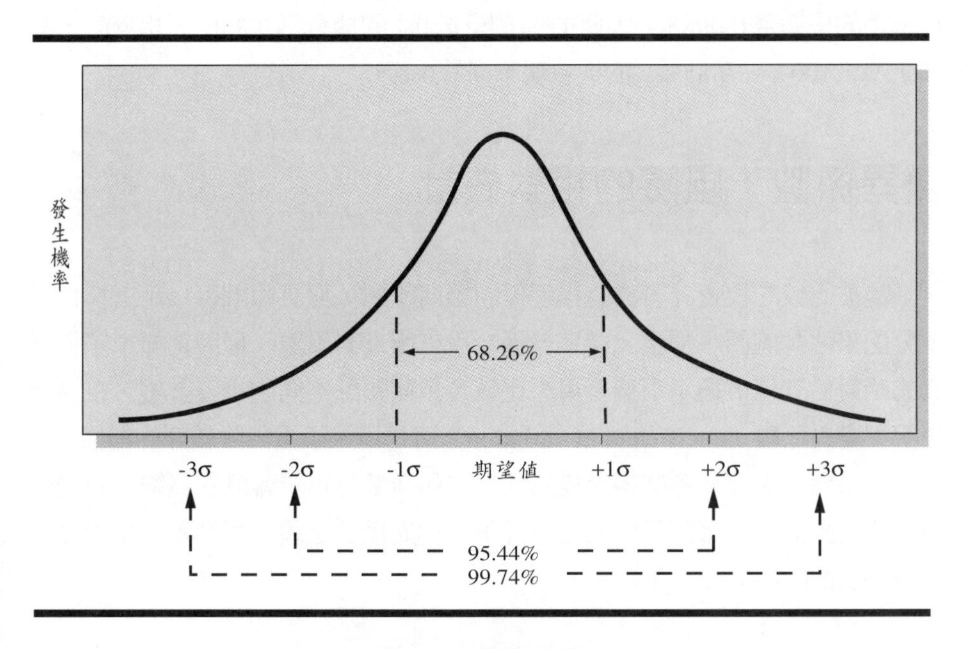

圖5-2　常態分配

特定的r和預期$\hat{r}$相差了幾個標準差z可計算如下：

$$z = \frac{r - \hat{r}}{\sigma} \qquad (5.3)$$

公式〔5.3〕和**表**V（見〔**附錄**B〕）可用來計算某投資報酬低於（或大於）特定值的機率。

例如，在分析TI股票投資風險時，若我們想知道賺到負的報酬率的機率，也就是報酬小於0%，這個標準在**表**5-1中代表TI機率分配0以左的範圍（陰影部分），要計算0%和預期報酬（18%）相差幾個標準差，將**表**5-3、**表**5-4的預期報酬除以標準差，利用**公式**〔5.3〕計算如下：

$$z = \frac{0\% - 18\%}{13.91\%} = -1.29$$

換句話說，0%的報酬在平均數1.29個標準之下，從**表**V可看出1.29個標準差的機率為0.0985，因此TI報酬低於0%的機會為9.85%，相反的，有90.15%（100% − 9.85%）的機會報酬高於0%。

變異係數：風險的相對估計

當被比較的投資計畫具有相近似的預期報酬，而且報酬可以用對稱性機率分配來估計的話，那麼，標準差適合用來衡量其風險。但因為標準差是變異的絕對估計值，通常不適合用來比較各預期報酬不同的投資計畫，在這種情況下**變異係數**（coefficient of variation）將是用來衡量風險較好的指標。

因為變異係數v考慮相對變異性，亦即衡量每單位報酬的風險，較適合用來比較兩個預期報酬不同的投資計畫。變異係數定義為標準差σ相對於期望值$\hat{r}$的比率：

$$v = \frac{\sigma}{\hat{r}} \qquad (5.4)$$

當變異係數增加，資產的相對風險也增加。

例如，考慮T和S兩種資產，T資產的預期年報酬爲25%、標準差20%，而S資產的預期年報酬爲10%、標準差18%。直覺告訴我們T資產風險較小，因爲其相對變異較小。

資產T和S的變異係數利用公式〔5.4〕計算如下：

$$資產T：v=\frac{20\%}{25\%}=0.8$$

$$資產S：v=\frac{18\%}{10\%}=1.8$$

S資產報酬的變異係數大於T資產的，因此S資產是兩者中風險較大的。

一般而言，在比較兩個規模相同的投資時，標準差是風險適當的估計值。但在比較兩個預期報酬不同的投資時，變異係數較適合用來衡量風險。

風險是時間的遞增函數

大部分的投資決策必須要預測未來幾年的報酬，這些預測的報酬其風險性可以當成是時間的遞增函數，愈早產生的報酬通常比那些預期幾年後產生的報酬來得確定。

考慮Tandy公司在決定將其音響店增售一組新的擴音設備時所面臨的風險。這個計畫預期未來七年內每年可替Tandy賺進200萬美元的現金流量，雖然每年的預期現金流量均相等，但假設這些現金流量隨時間增加，其受不明因素影響的風險性愈高是合理的，圖5-3說明這個情形。

在第一年時，分配相對的陡峭，因爲影響當年現金流量的因素（如：需求和成本）已知，但是到第七年時分配則相對地平坦，這表示標準差變大，因爲影響現金流量的因素愈不確定，例如，競爭者可能製造相似的產品使得Tandy公司的需求減少。

某些現金流量並不會隨時間變動而使變異性增加，這些包括：約定的契

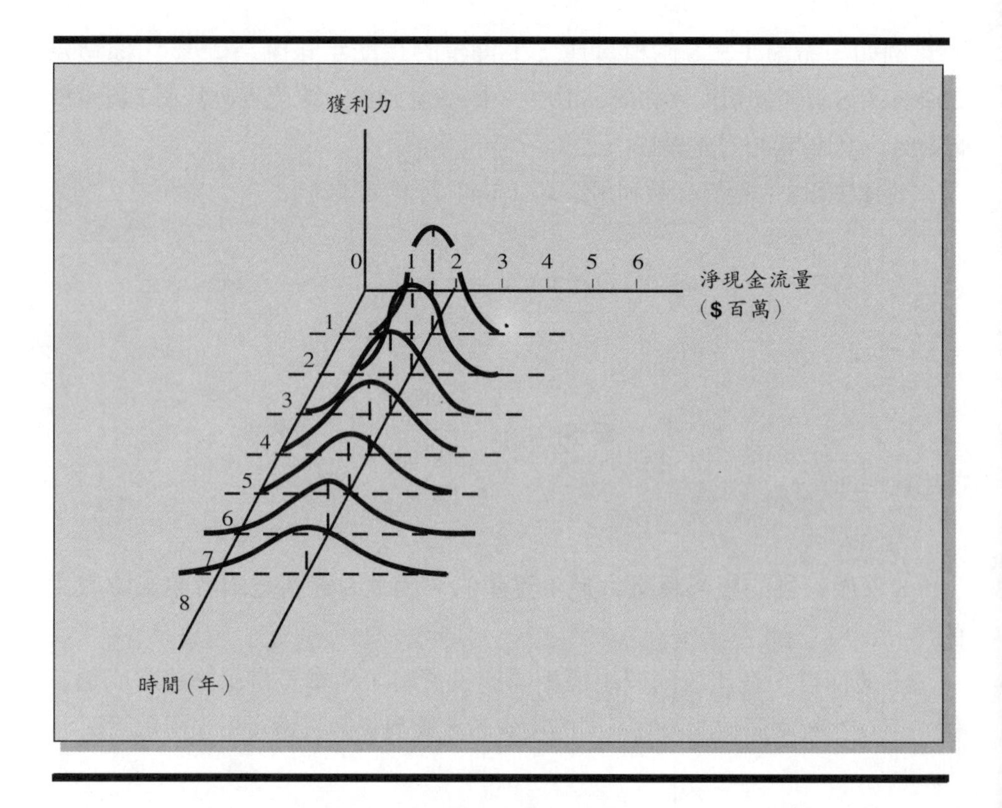

圖5-3　投資計畫隨時間經過的風險：Tandy公司

約，如：租賃費用，其預期現金流量在契約存續期間內固定不變（或隨著事先約定比率調整），儘管有這些例外，我們可以合理地說：大部分投資計畫的現金流量其風險性會隨時間增加而增加，相同的，大部分證券報酬的風險性也隨考慮時間的長遠而增加。例如，購買Chrysler公司債，下一年度的利息報酬幾乎是有保障的，而預定十年後收到的利息報酬則較難有保障，因爲潛在的競爭性如新科技以及其他因素所致。

基本觀念：風險和報酬的關係

風險與報酬之間的取捨是有效率財務決策的重要一環，這包括個人投資金融資產的決策，如：普通股、債券和其他證券，以及公司經理人對於投資實質資產的決策，如：新廠房和設備。

在第1章曾介紹風險和要求報酬率（required rate of return）的關係，其關係可表示如下：

$$要求報酬 = 無風險報酬 + 風險溢酬 \qquad (5.5)$$

風險溢酬是投資者選擇具風險性的投資計畫時預期可以獲得的潛在獎賞。投資者通常都被視爲風險迴避，也就是說，就他們預期平均而言，在投資某一計畫時所承受的風險能得到補償。因此，長期來講，證券的預期報酬和要求報酬率會趨近於相等。

投資者投資於金融資產所要求的報酬決定於金融市場，且受資金供給和需求的影響。投資者購買債券可得到利息和本金，以做爲其延緩消費和承擔風險的補償，相似的普通股投資者預期可得到股利和股價增值，而這些投資者的要求報酬率就代表著公司的資金成本。公司的經理人使用這個要求報酬來計算公司投資產生的預期現金流量的淨現值。證券的要求報酬也是金融證券市場價值的一項重要決定因素，包括：普通股、優先股和債券。

下面章節將著重於要求報酬率的二項要素：無風險報酬率和風險溢酬，也檢視各種證券風險和報酬率的歷史關係。

無風險報酬率

無風險報酬率（risk-free rate of return）的觀念是指投資某個沒有違約風險證券可以得到的報酬率。在債券中沒有違約風險表示所承諾的利息和本金支付得到保證，無風險證券最好的例子爲短期美國政府證券，如：國庫券。因爲美國政府可以多印鈔票，所以這些證券沒有違約風險，當然如果美國政府任意印鈔票來償還債務，將使貨幣購買力下降，然而美國公債的購買者總是被保證可以收到承諾的美元報酬。

無風險報酬率 r_f 等於實質報酬率和預期通貨膨脹溢酬：

$$r_f = 實質報酬率 + 預期通貨膨脹溢酬 \qquad (5.6)$$

實質報酬率是投資者在沒有預期通貨膨脹的期間內，對無違約風險證券的要求報酬率，是讓投資者延後目前眞正的消費機會所必須的報酬。實質報酬率由儲蓄者所提供的資金和投資者對資金需求共同決定。根據歷史資料，實質報酬率估計，平均在2%～4%的範圍內。

無風險報酬率的第二項要素爲通貨膨脹或購買力喪失溢酬，當投資者延後目前消費把資金借貸出去，他們會爲了預期購買力的喪失而要求補償，因此預期通貨膨脹溢酬是包含在任何證券的要求報酬率之內，通貨膨脹溢酬通常等於投資者對未來購買力變動的預期。例如，如果預期未來某期間平均的通貨膨脹爲4%，那麼利用**公式**〔5.6〕，美國國庫券（假設實質報酬率爲3%）的無風險報酬率應爲3%＋4%＝7%。進一步來看，如果通貨膨脹預期將由4%增加到6%，則無風險報酬率應由7%上升到9%（實質報酬率3%加上通貨膨脹溢酬6%）。

在任何時點任何一種證券要求的無風險報酬率，均可以由短期美國公債來估計，如：90天期的國庫券。

在考慮各種證券的要求報酬時，要記住預期通貨膨脹率的增加通常會造成證券要求報酬率的增加。

風險溢酬

投資者在決定某特定證券的要求報酬率（**公式**〔5.5〕）時所加入的**風險溢酬**（risk premium），是幾個不同風險要素的函數，這些風險要素（和溢酬）包括：

1.到期風險溢酬。

2.違約風險溢酬。

3.償債順序風險溢酬。

4.變現力風險溢酬。

每一項風險要素探討如下。

到期風險溢酬

證券的要求報酬率受其到期期間的影響。**利率期間結構**（term structure of interest rates）是表示在只考慮到期期間長短不同的情況下，各種證券利率要求報酬率的圖形，將利率畫在縱軸，到期期間長短畫在橫軸，便產生收益線。在圖5-4顯示了三條美國公債的收益線。值得注意的是這三條收益線

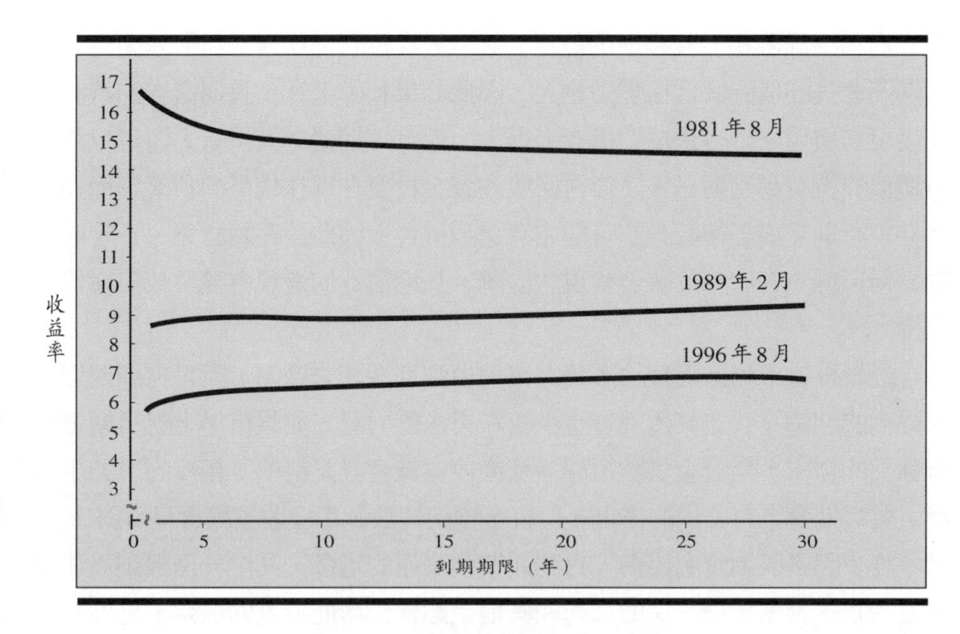

圖5-4　美國公債利率收益線

Source: *Federal Reserve Bulletin* (October 1981, May 1989, and November 1996).

各有不同的形態，1981年8月的收益線呈負斜率，表示到期期間愈長證券的要求報酬愈低。1996年的收益線呈正斜率，表示到期期間愈長證券的要求報酬愈高。

一般而言，正斜率的收益線較負斜率的收益線常見。例如在1993～1995年間3月期美國國庫券利率平均將近4.25%，相對的，十年期美國公債利率平均為6.51%，三十年期美國公債平均為6.95%。

有許多理論已經進一步解釋收益線的形態，包括：預期理論、變現力偏好理論和市場區隔理論。

根據預期理論，長期利率是預期未來（也就是遠期）短期利率的函數。如果預期未來短期利率會上升，收益線將會傾向正斜率；相反的，負斜率的收益線反應著預期未來短期利率的下降。根據預期理論，目前和未來短期利率決定於對未來通貨膨脹率的預期，許多經濟和政治情況可以造成未來通貨膨脹和利率上漲或下跌，這些情況包括：未來政府赤字或盈餘、央行貨幣政策的改變，也就是貨幣供給的成長率以及景氣循環。

變現力偏好理論認為，長期證券的要求報酬率會隨到期期間愈長而拉大，到期溢酬反映著許多資金出借人偏好於到期期間較短的證券。因為這些證券的利率風險小於較長期的證券。在第6章我們會算到當利率變動時，到期期間愈長的債券其價格變動愈大，因此如果利率上升，長期債券的持有人將發現其價值下降得比短期債券來得大，而且短期債券的持有人還可以將這短期債券持有到到期日，然後再回收的資金投資在現在較高的利率，而長期債券持有則需要等待較長的時間才有這種機會。因此該理論認爲，不管收益線爲何形態，其中都反映著變現力溢酬，長期債券的變現力溢酬較短期債券來得大。

最後根據市場區隔理論，證券市場由到期期間來區隔，而每種到期期間區隔內的利率是決定其內部資金供給和需求的力量，如果市場上對長期資金有強烈的需求，但資金供給短缺，那麼收益線會呈正斜率，相反的，如果市場上對短期資金有強烈的需求，但資金供給短缺，那麼收益線會呈負斜率。

許多因素限制資金出借人對到期期間長短的選擇，其中一個限制爲法律規定商銀、儲蓄機構、保險公司和其他金融機構所能投資的種類，另外一個限制爲資金出借人必須要將資產和負債的到期結構互相搭配，例如，保險公司和退休基金，因爲其債務爲長期性，所以它們通常較有興趣將資金做長期投資；相反的，商銀和貨幣市場基金則通常爲短期資金出借人，因爲它們大部分的負債都是以存款形式存在，可以任意提領。

在任何時點，利率期間結構是上述各要素共同的結果，上面三種理論在解釋收益形型態均十分有用。

違約風險溢酬

美國公債通常被視爲無違約風險——也就是利息和本金無法按照債券契約承諾般支付的風險；相反的，公司債則有不同程度的違約風險。投資者會根據證券的違約風險要求較高的報酬率，債券評等機構如：Moody's、Standard and Poor、Duff and Phelps和Fitch提供許多公司債以債券評等方式來估計其違約風險，例如，Moody's以9點的等級來區分債券爲Aaa到C級，其中Aaa級債券的預期違約風險最低。如表5-5，債券利率隨著違約風險增加而增加，反映風險和投資報酬間正的關係，長期間來看不同違約風險債券間投資報酬的差異隨時間變動，反映著經濟展望和隨其而來違約的機率，例如，在相當繁榮的1989年Bbb級公司債利率較高品質A級公司債利率高出0.44%，但在1990年代末期當美國經濟轉弱呈現衰退時，這個差距增加到0.7%。

表5-5　倒帳風險和要求報酬率的關係

證券	收益率
美國公債（30年）	6.84%
Aaa級公司債	7.46
Aa級公司債	7.63
A級公司債	7.77
Baa級公司債	8.18

償債順序風險溢酬

公司發行許多不同種類的證券，這些證券不同處在於它們對公司賺取到的現金流量和公司破產時所有資產的求償權從最後求償權——也就是對資產現金流量只有最後求償權——到最優先求償權的順序將證券加以排列，分別包括：普通股、優先股、收益型債券、次求償權的無擔保公司債、無擔保公司債、第二順位抵押公司債、第一順位抵押公司債。一般而言，證券持有者的求償權愈不優先，則投資者對該證券的要求報酬率愈高。例如，Exxon公司債持有人所能收到的利息和本金受到保證，除非公司不幸破產；相反的，普通股股東的股利收入則沒有此種保障，而且如果公司破產公司清算的價值在支付給股東之前，要先支付給所有具優先求償權的請求者，因此普通股股東對Exxon股票的要求報酬率高於債券持有人對債券的要求報酬率。

變現力風險溢酬

變現力風險是指投資人買賣某公司債券可以快速且沒重大價值損失的能力。例如，在紐約或美國證交所上市的股票或者以NASDAQ系統交易的上櫃股票，其變現力風險很小，對這些股票而言，它們有相當活絡的市場交易可以在快速且低交易成本之下，以目前市價完成；相反的，如果你擁有地處偏僻的Nebraska bank的股票，你可能會發現很難找到買者（除非你想控制銀行），就算找到買者，他可能不願意付你和在紐約交易所上市相似的銀行股股價。變現力風險溢酬對交易不熱絡的股票可能相當重要，如：許多中小型公司的股票。

營運風險和財務風險

觀察每一種股票可以發現公司間要求報酬率有重大的差異。例如，US航空公司股票的要求報酬率就高於對American航空公司股票的要求報酬率。公司間要求報酬的不同，反映著它們營運風險和財務風險的不同。公司**營運風險**（business risk）是指公司營業收入隨時間波動，營運風險受許多因素影響，包括：銷貨和營業成本、隨景氣循環變動公司生產線的多樣化、公司的市場力量和製造技術的選擇。因爲American航空公司爲較大型、市場力量大、多樣化的公司，預期其營運風險較低，所以對其普通股的要求報酬率也較低（其他條件不變）。

財務風險（financial risk）是指公司使用固定成本的資金，如負債和優先股所造成每股盈餘額外的波動，而且當負債融資增加，破產風險增加，例如，1995年US航空公司長期負債相對於淨值比率爲66.9，相對的，American航空公司只有將近1.90，其他條件相同，財務風險的差異造成American航空公司股票要求報酬率相對於US航空公司要來得低。

營運風險和財務風險反映在投資者對公司證券違約風險溢酬內，這些風險愈高，證券的風險溢酬和要求報酬率也愈高。

系統性風險和非系統性風險

在本章後面我們會更深入探討投資者投資公司證券的風險，可以分爲系統性風險（不可分散風險）和非系統性風險（可分散風險）。證券的**系統性風險**（systematic risk）是指因爲那些會影響全體證券市場的因素所造成的報酬變異，如：整體產業展望的改變；系統性風險通常是由證券的貝他值（β）來衡量，β**值**（beta）是估計證券報酬變異相對於整體證券市場報酬變異。**非系統性風險**（unsystematic risk）是指某些特殊因素造成個別證券報酬的變異，非系統性風險可以藉由投資者持有多樣化的證券來降低或完全消除，但系統性風險無法藉由多樣化投資來消除。

各種證券的風險和要求報酬率

圖5-5以各種風險溢酬來表示風險和要求報酬率的關係。如圖5-5所示，短期美國國庫券爲風險最低的證券，所有其他證券有一項以上額外的風險，所以投資者的要求報酬也提高，這個圖表的安排順序表示著各種證券風險和要求報酬的一般關係，有些情況會造成風險和要求報酬順序的不同，例如，某些垃圾債券的風險可能大到投資人會要求比高品質普通股還要高的報酬率。

風險和報酬的關係可以藉由觀察投資人在長期間投資各種證券的眞實報酬率來驗證。財金專家相信，投資人在預期各種證券相對報酬時受其在過去長期間實際得到的報酬相當大的影響，表5-6顯示了投資人在長期間投資各種證券的報酬，此表驗證了用標準差和平均報酬來表示風險和報酬之間正向的關係。

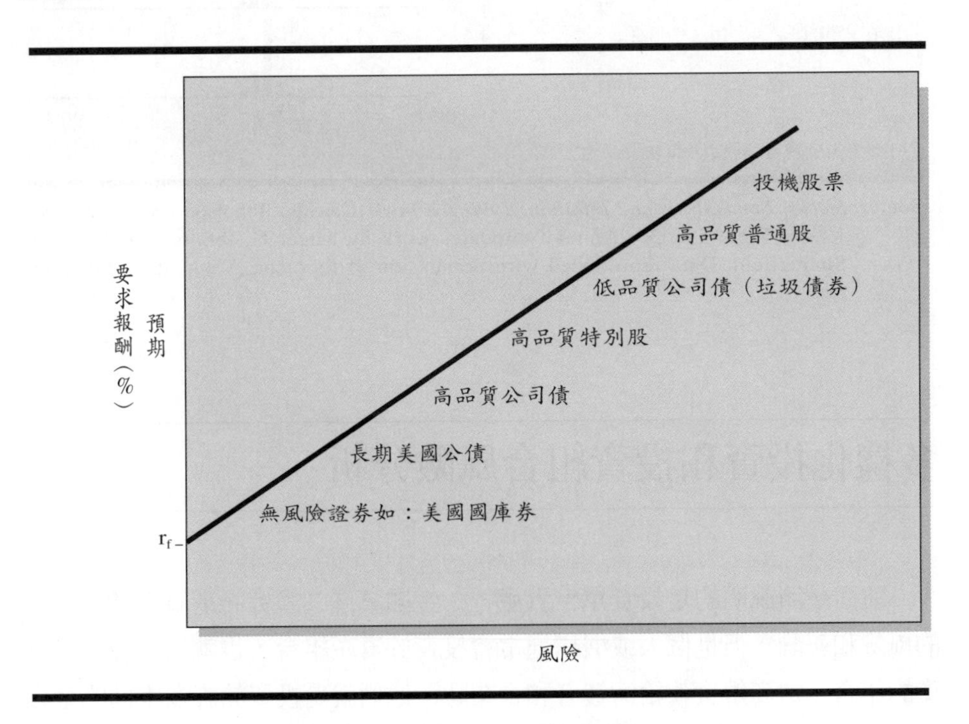

圖5-5　風險——報酬之關係

表5-6　歷史報酬率：1926-1993

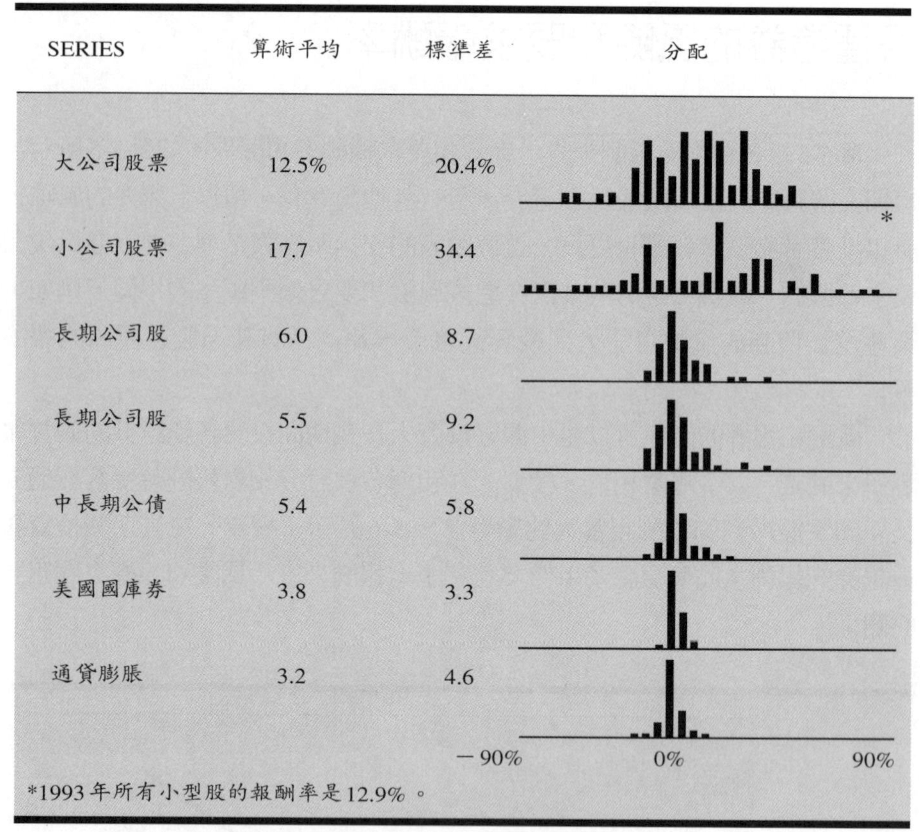

SERIES	算術平均	標準差	分配
大公司股票	12.5%	20.4%	
小公司股票	17.7	34.4	*
長期公司股	6.0	8.7	
長期公司股	5.5	9.2	
中長期公債	5.4	5.8	
美國國庫券	3.8	3.3	
通貨膨脹	3.2	4.6	

*1993年所有小型股的報酬率是12.9%。

Source: *Stocks, Bonds, Bills and Inflation: 1996 Yearbook* (Chicago: Ibbotson Associates, Inc., 1996), Table 2-1, 33. Annually updates work by Roger G. Ibbotson and Rex A. Sinquefield. Data reproduced with permission of Ibbotson Associates.

多樣化投資和投資組合風險分析

前面幾節說明的是投資單一資產——金融資產（證券）或實質資產——的風險和報酬。但是個人或機構通常會投資於資產組合，也就是二種以上資產的組合。當商銀貸款給消費者和企業時，他們就是投資於許多不同的金融資產，個人購買證券如：銀行定存單、公司債和股票，也就是投資於許多不同的金融資產；企業購買各種生產分配機器人（也就是廠房設備），也就是投資於不同的實質資產，因此了解投資組合的報酬而非只是投資組合內單一資產的報酬，是很重要的。**投資組合**（portfolio）的風險，金融和實質資產集合產生的風險將在這一節和下一節加以討論。重要的問題如下：

1.投資組合的預期報酬爲多少？

2.投資組合的風險？

考慮下面例子如Alcoa（鋁業中最大製造商）正打算挖掘提煉金礦來多樣化生產，當經濟繁榮時鋁的銷量相當好，相反的，當經濟不確定時金的需求量最大，因此讓我們假設鋁部門和金部門的報酬呈反向關係。如果Alcoa擴展到金礦的挖掘和提煉。則它整體報酬的變異會比單獨經營某一項來得小。

這種效應圖示在**圖**5-6。**圖**5-6a顯示鋁業的報酬率變異；**圖**5-6b顯示同期間內挖掘金礦報酬的變異；**圖**5-6c顯示二條生產線合併的報酬率。從圖形可以看出，當鋁部門處於高報酬時，挖掘金礦卻處於低報酬，合併後的報酬變得較平穩，風險也較小。

這種降低變異的「投資組合效應」是因爲鋁部門的報酬和挖掘金礦的報酬存在著「負相關」的結果。任何兩變數的「**相關性**」（correlation）——如：報酬率或淨現金流量——是用來衡量變數間共同變動的關係；「相關係數」（ρ）衡量一個變數變大（小）另一個變數跟著變大（小）的相關程度

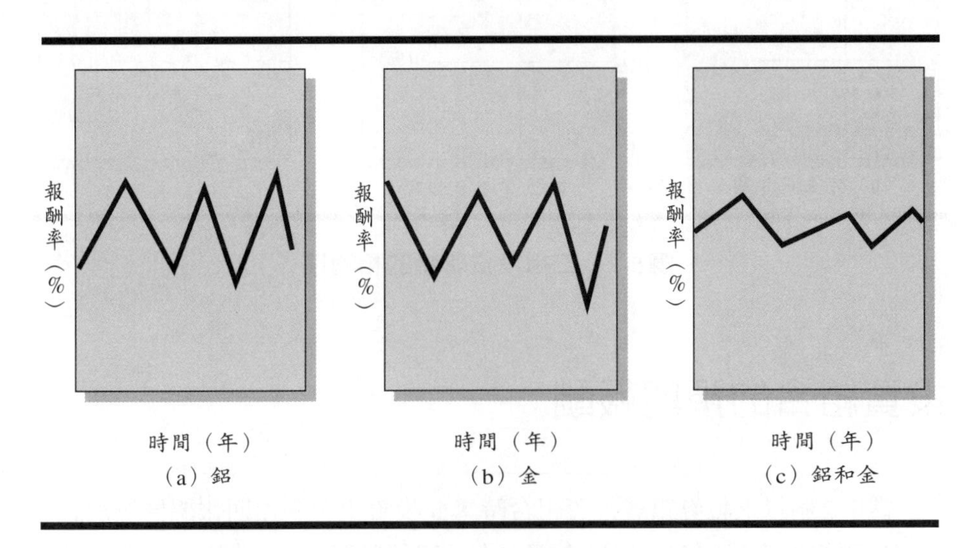

圖5-6　**分散投資與降低風險的介紹**：Alcoa

之相關係數，可以從「完全正相關」（＋1.0）到「完全負相關」（－1.0），如果兩變數無關則這兩變數的相關係數爲0。

圖5-7利用數組的普通股投資來表示完全正相關、完全負相關和無相關。圖（a）表示完全正相關，股票L提高報酬率伴隨著股票M也是高報酬率，相反的，股票L是低報酬率股票M也是低報酬率；圖（b）表示完全負相關，股票P是高報酬率股票Q卻是低報酬率。圖（c）表示無相關，即股票V和W之間沒有明顯的關係存在。

實際上企業和個人所考慮的投資報酬和他們已持有投資的報酬呈正相關，例如，和公司主要生產線相近的投資計畫其報酬和公司已在進行的投資計畫通常具有高度正相關。因此只有有限的機會來降低風險。在Alcoa的例子，如果Alcoa要建立新的煉製廠，那麼，投資於金礦的挖掘和提煉將不能降低其風險，相同的，大多數普通股報酬呈正相關，是因爲它們都受某些共同因素的影響，如：整體經濟情況、利率水準……等等。

爲了更深入了解多樣化投資和投資組合風險的觀念，有必要更明確地估計投資組合報酬和風險。

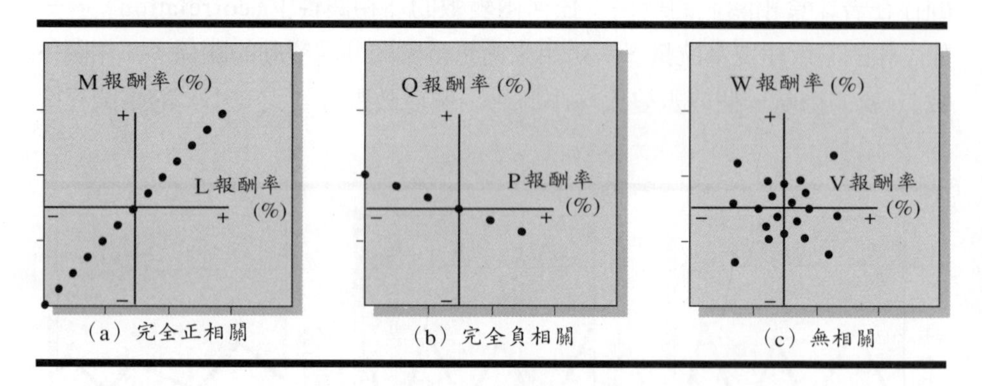

圖5-7　二組投資報酬的相關性

投資組合的預期報酬

當由2個以上證券組成投資組合時，此投資組合的預期報酬爲個別證券預期報酬的加權平均值。如果全部資金投資於股票A的比例爲w_A其餘的w_B投資於股票B，則此投資組合的**預期報酬**（expected return）爲：

$$\hat{r}_P = w_A \hat{r}_A + w_B \hat{r}_B \qquad (5.7)$$

其中$\hat{r}_A$和$\hat{r}_B$爲股票A、B各自的預期報酬。此外$w_A + w_B = 1$，表示所有資金均投資在股票A、B上。

例如，考慮某個包含American Electric Power（A）股票和Bethlehem Steel（B）股票的投資組合，這二支股票的預期報酬率分別爲12%（$\hat{r}_A$）和16%（$\hat{r}_B$），若American Electric Power股票占投資組合75%（w_A）、Bethlehem Steel股票占25%（w_B），則利用**公式**〔5.7〕其預期報酬爲：

$$\begin{aligned}\hat{r}_P &= 0.75(12\%) + 0.25(16\%) \\ &= 13.0\%\end{aligned}$$

表5-7（w_A和$\hat{r}_P$行）和**圖**5-8顯示某個包含股票A和B的投資組合其各種比率下的預期報酬率，例如當$w_A = 1.0$（100%）、$w_B = 0$（因爲$w_A + w_B = 1.0$），投資組合預期報酬爲12%，也就是A的報酬；當$w_A = 0.5$（50%）、$w_B = 0.5$（50%），則投資組合預期報酬爲14%。如前所述當$w_A = 0.75$、$w_B = 0.25$，投資組合預期報酬爲13%。因此我們可以看出證券投資組合的預期報酬等於個別證券報酬的加權平均，其中權數爲各證券占總投資組合的比例，這種線性關係的結果圖示於**圖**5-8。

表5-7　投資組合（A&B）的預期報酬率與投資風險

投資於A的比例 w_A（%）	投資組合預期報酬 $\hat{r}_P$（%）	投資組合風險σ_P（%） $\rho_{AB} = +1.0$	$\rho_{AB} = 0.0$	$\rho_{AB} = -1.0$
0.0%	16.0%	20.0%	20.0%	20.0%
25.0	15.0	17.5	15.0	12.5
33.333	14.67	16.67	13.74	10.0
50.0	14.0	15.0	11.2	5.0
66.667	13.33	13.33	9.43	0.0
75.0	13.0	12.5	9.01	2.5
100.0	12.0	10.0	10.0	10.0

NOTE: $\hat{r}_A = 12\%$，$\hat{r}_B = 16\%$，$\sigma_A = 10\%$，$\sigma_B = 20\%$

一般而言，由n種證券組成的投資組合其預期報酬等於個別證券預期報酬乘上該種證券占總投資組合比率的加總：

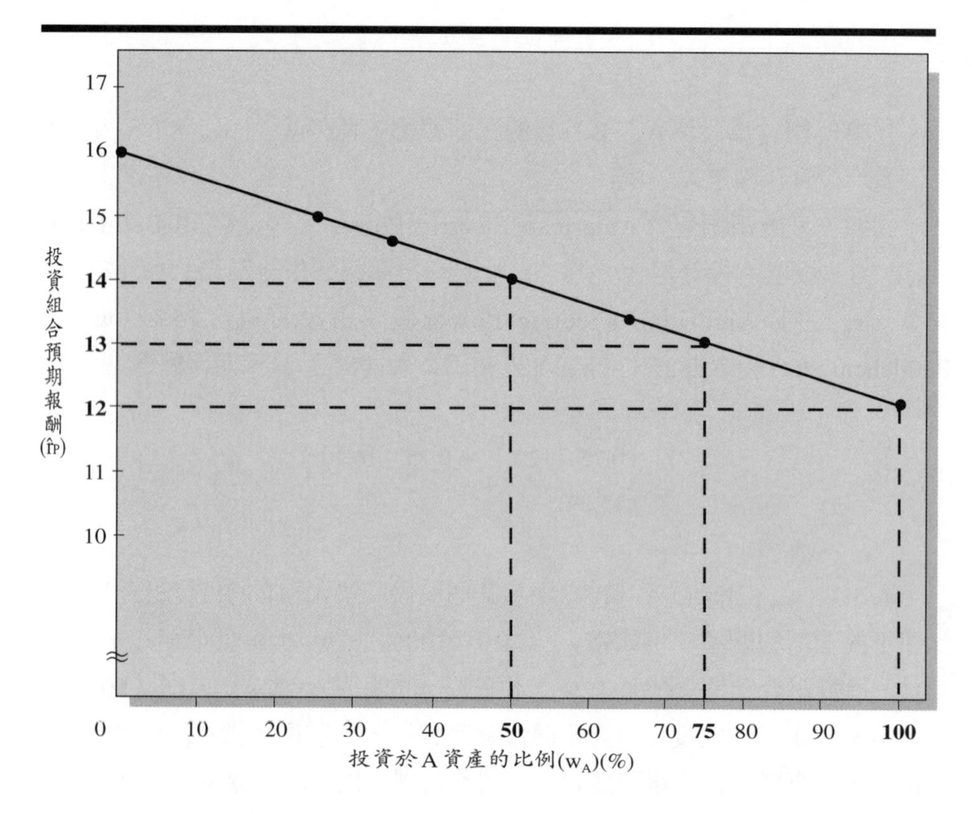

Note: $\hat{r}_A = 12\%$; $\hat{r}_B = 16\%$; $w_A + w_B = 1.0\ (100\%)$. 資料來自表5-7。

圖5-8　投資組合（A&B）之預期報酬率

$$\hat{r}_P = \sum_{i=1}^{n} w_i \hat{r}_i \qquad (5.8)$$

其中，$\Sigma w_i = 1$，$0 \leqq w_i \leqq 1$

投資組合風險

雖然由兩種以上證券組成的投資組合其預期報酬算法為個別證券預期報酬的加權平均，但其風險卻非只是將個別證券風險加權平均。只要個別證券的報酬並非完全正相關，那麼這些證券投資組合的風險便可經由多角化來降低，因此，「**多樣化**」（diversification）投資可以利用投資一組風險特性不同的證券來達成。風險降低的數量視個別證券報酬的相關程度而定，個別證券的相關性愈低，風險降低的機率愈大。

由兩種證券組成的投資組合其風險以報酬的標準差來衡量，算法如下：

$$\sigma_p = \sqrt{w_A^2\, \sigma_A^2 + w_B^2\, \sigma_B^2 + 2 w_A w_B\, \rho_{AB}\, \sigma_A\, \sigma_B} \quad 〔5.9〕$$

其中，w_A＝資金投資在證券A的比例、w_B＝資金投資在證券B的比例、$w_A + w_B = 1$、σ_A^2＝證券A報酬的變異數值（或證券A標準差的平方）、σ_B^2＝證券B報酬的變異數值（或證券B標準差的平方）、ρ_{AB}＝證券A和B報酬的相關係數。

例如，考慮前面提到的由American Electric Power股票（A）和Bethlehem Steel股票（B）組成的投資組合；這二個股票報酬的標準差分別爲10%（σ_A）和20%（σ_B），此外，假設二者的相關係數爲＋0.50，利用公式〔5.9〕這個American Electric Power股票占75%和Bethlehem Steel股票占25%的投資組合，其標準差爲：

$$\sigma_\rho = (.75)^2\,(10)^2 + (.25)^2\,(20)^2 + 2\,(.75)\,(.25)\,(+.50)\,(10)\,(20)$$
$$= 10.90\%$$

利用剛才計算投資組合預期報酬和風險的技巧，我們現在可以更深入探討多角化投資風險和報酬的取捨。下面三個特別的個案將顯示相關係數如何影響投資組合的風險。

案例Ⅰ：完全正相關（$\rho = +1.0$）

表5-7（$\hat{r}_P$和$\rho_{AB} = +1.0$）和圖5-9a顯示，由各種不同比率的American Electric Power（A）股票占75%和Bethlehem Steel（B）股票組成的投資組合。在$\rho_{AB} = +1.0$時，投資組合的風險等於個別證券風險（在此爲10%和20%）的加權平均，因此當投資組合的證券爲完全正相關，那麼將無法降低風險。

案例Ⅱ：零相關（$\rho = 0$）

表5-7（$\hat{r}_P$和$\rho_{AB} = 0.0$）和圖5-9b顯示，$\rho_{AB} = 0.0$時報酬和風險的取

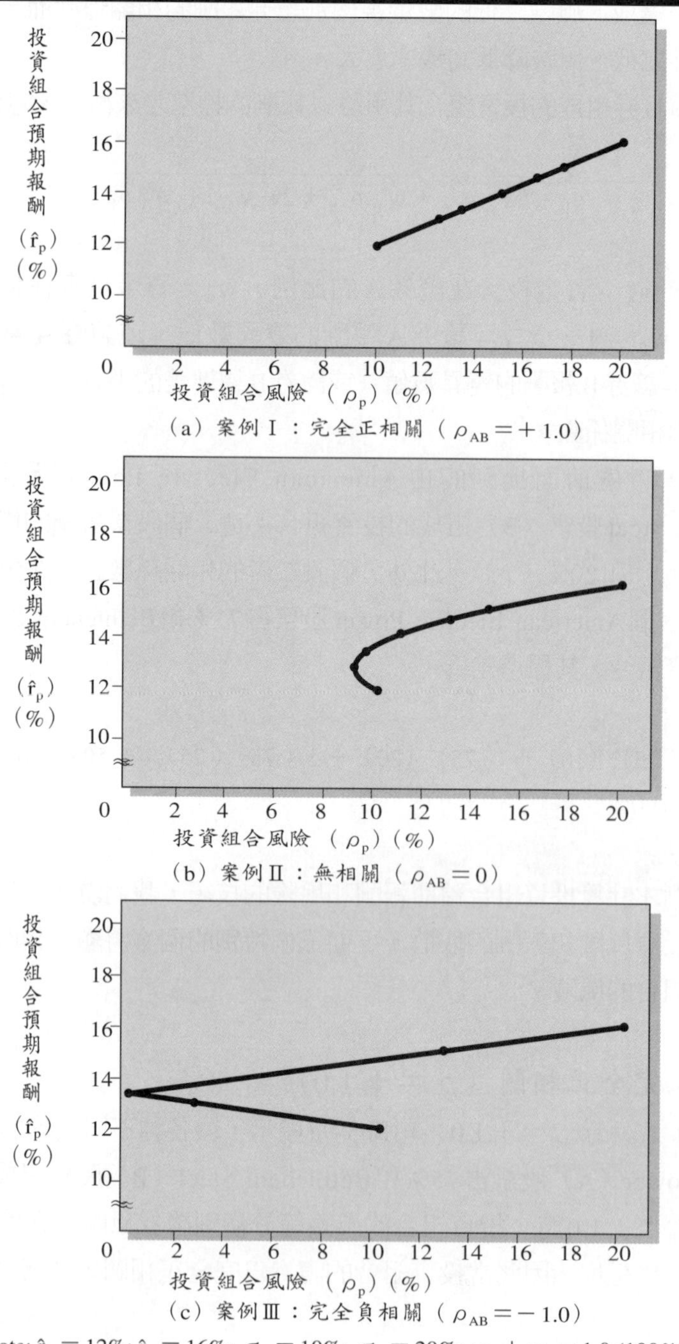

（a）案例Ⅰ：完全正相關（ρ_{AB}＝＋1.0）

（b）案例Ⅱ：無相關（ρ_{AB}＝0）

（c）案例Ⅲ：完全負相關（ρ_{AB}＝－1.0）

Note: $\hat{r}_A = 12\%$; $\hat{r}_B = 16\%$; $\sigma_A = 10\%$; $\sigma_B = 20\%$; $w_A + w_B = 1.0\ (100\%)$.
資料來自表5-7。

圖5-9　投資組合（A&B）中預期報酬率與投資風險的關係

捨，在這個例子中，我們看到多角化可以將投資組合的風險降低到組成投資組合中任一證券的風險之下。例如，由American Electric Power股票占75%和Bethlehem Steel股票組成的投資組合，其標準差只有9.01%。比這二個單一證券的標準差（分別是10%和20%）還低。一般而言，只要這二個證券的相關係數小於1.0，多角化投資可以將投資組合風險降低到個別證券風險加權平均值之下。證券間的正相關愈低，則投資組合降低風險的效用愈大。例如，投資二個屬於不同產業的公司如：Exxon和Delta Airlines，其預期報酬的正相關應小於投資於二個屬於相同產業的公司，如：Exxon和Mobil預期報酬的正相關。

案例Ⅲ：完全負相關（$\rho=-1.0$）

表5-7（$\hat{r}_P$和$\rho_{AB}=-1.0$）和圖5-9c顯示，$\rho_{AB}=-1.0$時報酬和風險的關係。當報酬間呈完全負相關，投資組合風險可以降低到0，也就是說，當兩證券報酬呈完全負相關，會存在某特定證券組合的比例可以將投資組合的風險完全消除。

總之，這三個特例已顯示了相關係數對投資組合風險的影響（利用標準差來衡量），對任何成對的證券已知其相關係數（或可以被估計），便可以利用此數字來決定各種比例證券的組合可以降低多少風險。

效率投資組合和資本市場線

前面敘述風險和報酬的關係可以延伸到二種以上證券組成投資組合的分析，例如，考慮圖5-10陰影區域內的每一點代表任何一種可以投資的證券的風險（標準差）和預期報酬，陰影部分（或機會投資組合）代表所有證券不同比例組成的投資組合，陰影區域邊界上的AB部分代表「**效率投資組合**」（efficient portfolios）或「**效率前緣**」（efficient frontier）。某投資組合爲有效率的，如果在固定的標準差下沒有其他預期報酬更高的投資組合，或在固定預期報酬下沒有其他標準差更低的投資組合。

風險迴避的投資者在選擇其最佳投資組合時，只要考慮在效率前緣上的投資組合，在選擇最佳投資組合是風險最小的投資組合A，或預期報酬最大的投資組合B，或效率前緣上的其他投資組合，端視投資者對風險的態度

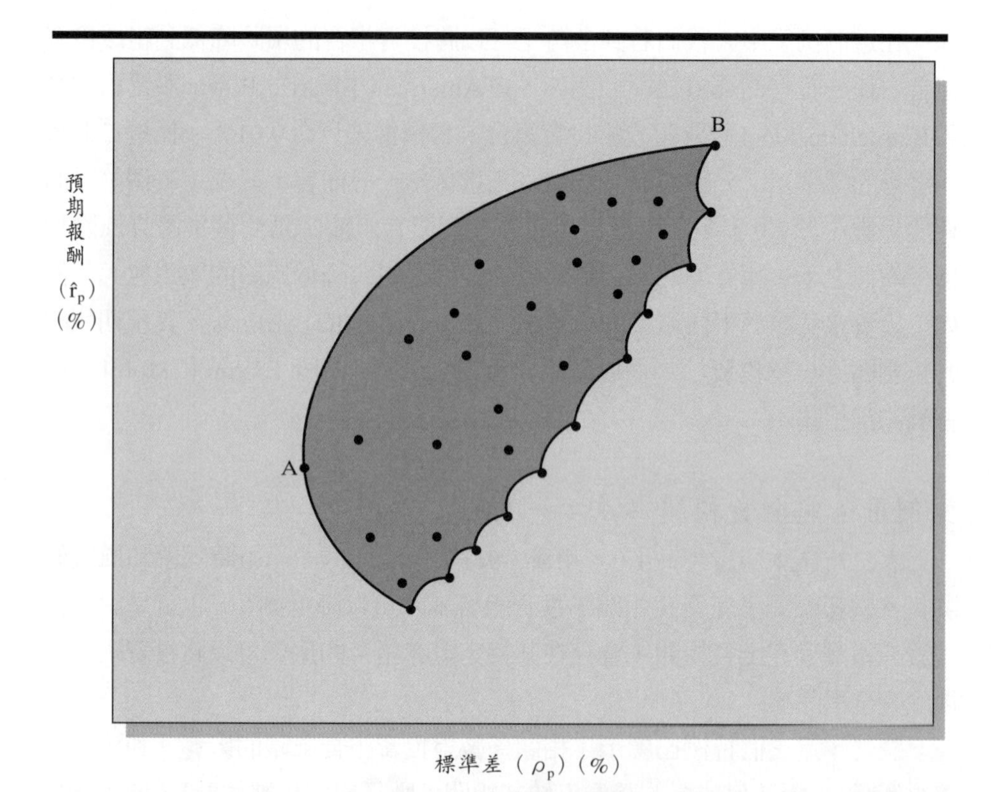

圖5-10　投資機會組合

(也就是風險迴避)。較保守的投資者會傾向於選擇低風險的投資組合(較靠近A),較積極的投資者會傾向於挑選高風險的投資組合(較靠近B)。

如果投資者可以用無風險利率借錢或存錢,他們可以得到如圖5-11中r_f和投資組合m連線上的各組風險和預期報酬。如果市場是處於均衡,那麼投資組合m便代表「市場投資組合」,其中,包括所有以市場價值加權的證券,而r_f和m的連線便是「資本市場線」,這條線上任一風險——報酬組合皆可以藉由投資(存款)一部分的資金在無風險證券(如:美國國庫券)和投資其餘資金在投資組合m中得到,線上m點以上的投資組合可以藉由以無風險利率借錢,然後將這些借來的錢(加上原本的資金)投資在投資組合m(也就是加碼買證券)而得。因爲可以利用無風險利率來借錢或存錢,風險迴避投資者對最佳投資組合的選擇,牽涉到決定投資在市場投資組合的資金比例和剩餘比例投資無風險證券。較保守的投資者會傾向於選擇資本市場線上較靠近r_f點的投資,較積極的投資者會傾向於選擇較靠近m點或以上的投

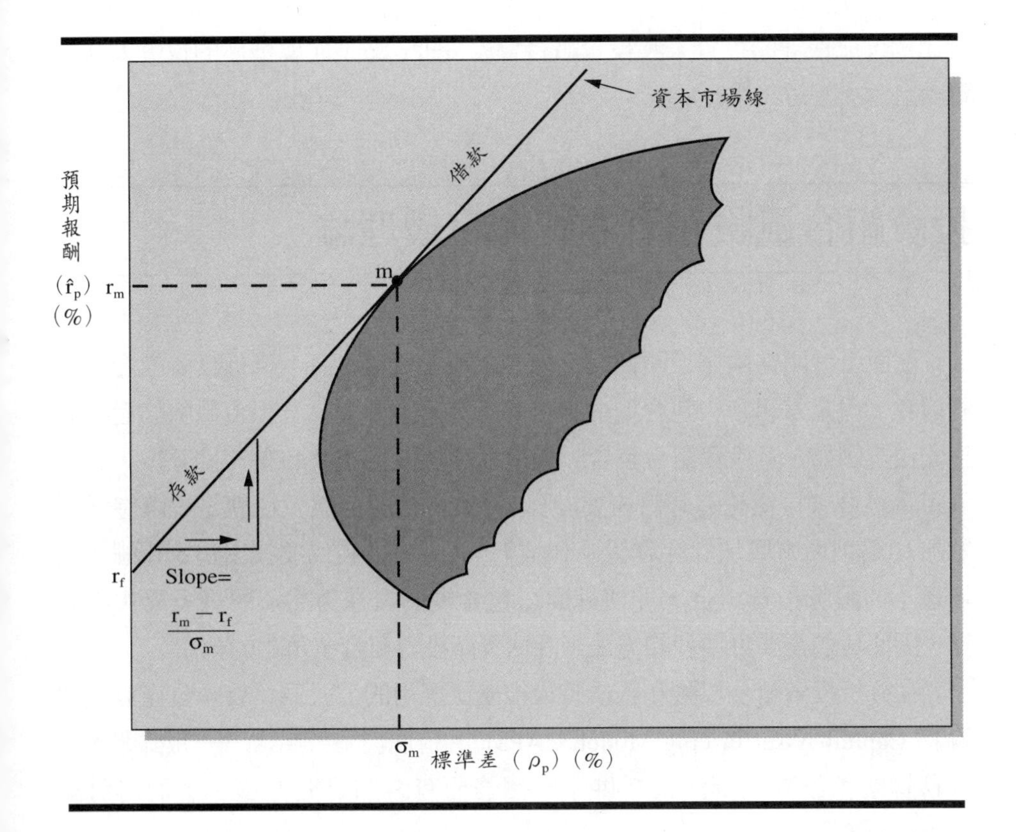

圖5-11　資本市場線

資。

資本市場線的截距為r_f、斜率為（$r_m - r_f$）／（$\sigma_m - 0$）＝（$r_m - r_f$）／σ_m。資本市場線的斜率用來衡量執行時風險的市場價格或者增加一單位風險（標準差多1%）可以得到額外的預期報酬，因此資本市場的式子為：

$$r_P = r_f + \left(\frac{r_m - r_f}{\sigma_m}\right)\sigma_p \qquad (5.10)$$

表示有效率的投資組合其預期報酬等於無風險利率加上風險的市場價格〔($r_m - r_f$)／σ_m〕乘上投資組合的風險數額。

資本市場線上r_f到m之間任一點的組合都可以透過投資在無風險資產與m投資組合各種比例的組合而得到，而在m點以外的組合則表示以無風險利率借錢並投資在m投資組合。

所有投資人均可依其風險愛好程度來決定無風險資產與風險性資產的投

資比例，愈保守的投資人其投資組合會愈接近r_f點，而愈積極的投資人其投資組合會愈接近m點。

投資組合風險和資本資產定價理論

前面已說明當兩個或兩個以上證券組成投資組合時，降低投資組合風險的機會，但是當組合中包含兩個以上的證券時則計算投資組合風險的過程更爲繁複。例如，若投資組合包含十種證券時將需要計算45個相關係數，若投資組合包含一百種證券時將需要計算4,950個相關係數，也就是說證券種類增加10倍但所需增加的計算超過100倍。此外，當我們要找出特定報酬下風險最小的證券投資組合，即使裡面只包含幾個證券仍然需要許多繁複的計算，因此我們需要更便利的方法來評估資產投資組合多角化的效用。

在分析投資組合風險和報酬時最被廣泛應用的公式爲「**資本資產訂價理論**」(Capital Asset Pricing Model, CAPM)。這個模型替風險——報酬關係在財務管理和證券投資決策提供了一個強而有力的研究方法，下面將討論CAPM的發展和應用。

系統性風險和非系統性風險

如前所述，只要投資組合內個別證券並非完全正相關，便可藉由多角化來降低投資組合的風險到個別證券風險（以標準差來衡量）加權平均值以下。因爲市場上的證券一般均呈正相關，所以通常無法完全消除投資組合的風險。當經濟情勢看好，大部分個別證券的報酬會增加；當經濟情勢看壞，個別證券的報酬會下降。雖然個別證券報酬呈這種正的「共變」傾向，但個別證券的報酬也受某些「獨特」因素——非關影響所有證券的經濟因素——影響而造成變異，換句話說各種證券均包含兩種風險：

1.系統性或不可分散風險。

2.非系統性或可分散風險。

此二種風險的加總即爲某證券的總風險：

總風險＝系統風險（不可分散風險）＋非系統性風險（可分散風險）〔5.11〕

系統性風險

系統性風險是指個別證券報酬中因爲那些會影響市場內所有證券的因素所造成的變異部分，所以可能無法分散。系統性風險大概占證券總風險的25%～50%，造成系統性風險——讓所有證券報酬一同變動——的原因如下：

1.利率變動。

2.購買力的（通貨膨脹）變動。

3.投資者對市場預期的改變。

因爲多角化無法消除系統性風險，這種風險是決定個別證券風險溢酬的主要因素。

非系統性風險

非系統性風險是公司特有的風險，是由下列因素造成證券報酬的變異：

1.管理能力和決策能力。

2.罷工。

3.原料的取得。

4.政府規範特殊效應，如污染控制。

5.國外競爭效應。

6.個別公司的財務槓桿和營運槓桿。

因爲非系統性風險是個別公司特有的，所以一個有效率的多角化投資組合，可以成功地消除個別證券中的非系統風險。如圖5-12所示，要有效率的消除投資組合中個別證券的非系統風險，投資組合內並非要包含許多種證券。事實上，平均只要隨機挑選十至十五種證券來組成投資組合就能成功地消除大部分的非系統風險，在多角化投資後還殘留的風險，是市場風險或系統性風險，它並無法藉由多角化投資來消除，不過一般非系統風險占個別證券總風險的50%或更多，所以由此可知，多角化投資對降低風險的好處。

由於個別投資人可以利用少許的證券來達到效率性多角化投資組合，我們可以下結論說：投資個別證券最需要考慮的風險是它的系統性風險，因爲非系統性風險可以輕易地分散掉。

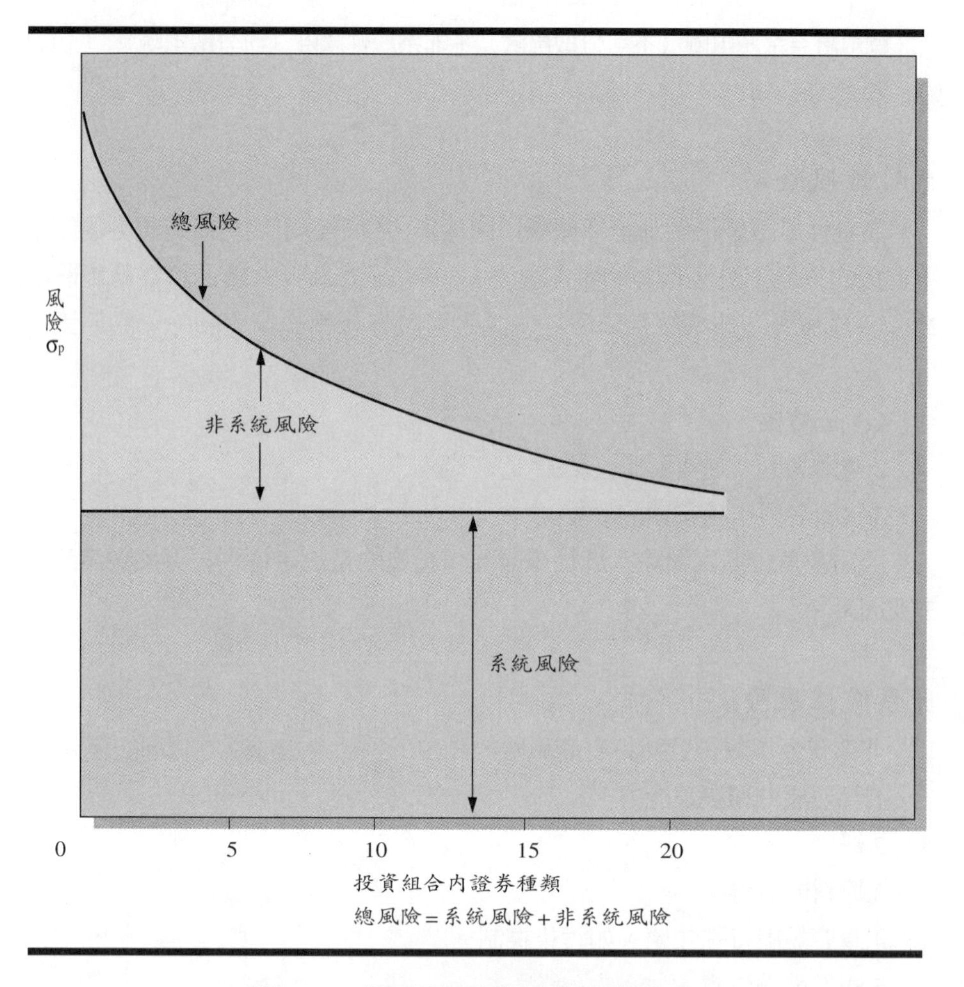

圖5-12　非系統風險與分散投資組合

證券市場

如本章前面討論的公式〔6.5〕，任何風險性資產的要求報酬率等於目前的無風險利率加上風險溢酬。投資者對證券報酬的風險預期愈大，則要求的風險溢酬也愈大，也就是說投資者根據其對風險程度的預期來決定要求的報酬。以數學式來表示對j種證券的要求報酬k_j如下：

$$k_j = r_f + \theta_j \qquad 〔5.12〕$$

其中，r_f ＝無風險利率，θ_j ＝投資者要求的風險溢酬。

證券市場線（Security Market Line, SML）表示目前市場上對具有某一特定系統性風險的證券要求報酬率。如**圖** 5-13 所示，SML 線與縱軸相交於無風險利率 r_f，表示任何預期風險溢酬為 0 的證券，其要求報酬率等於無風險率，當系統性風險增加，風險溢酬和要求報酬率也增加，根據**圖** 5-13 風險程度 a' 的證券要求報酬率為 10%。

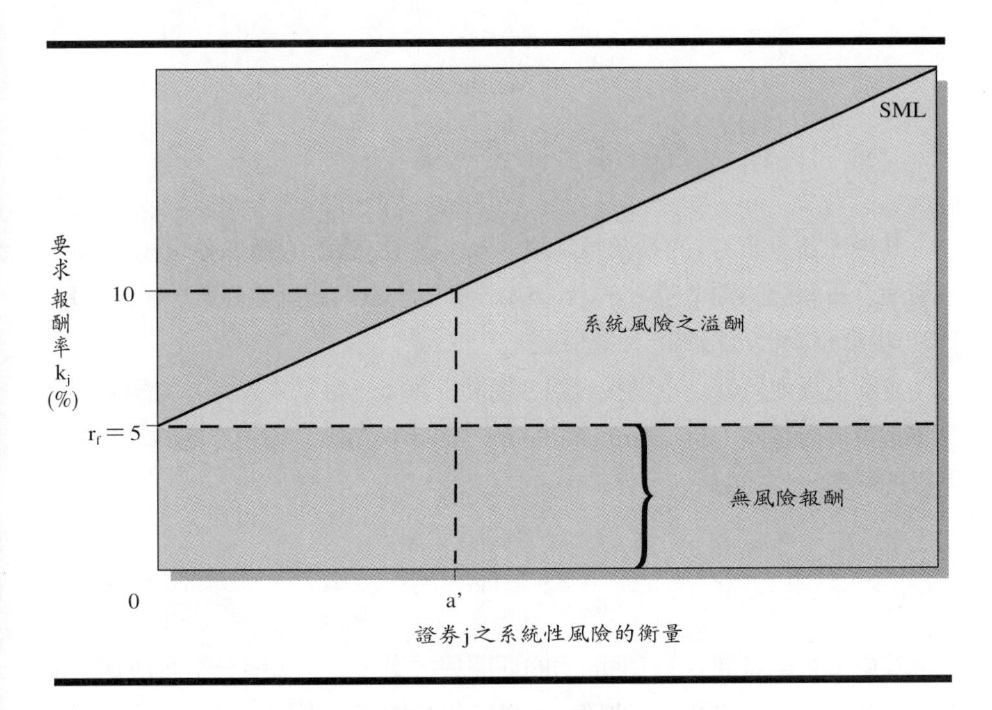

圖 5-13　**證券市場線**

貝他值：系統性風險的衡量

迄今我們尚未說明在考慮 SML 線風險—報酬相互關係下適當的風險估計值。前面在討論投資組合風險時，已說明系統風險的估計，是個適當的出發點。

證券的系統性風險是其總風險（以報酬的標準差來衡量）、證券報酬的標準差以及該證券報酬和其他市場上證券報酬共變數的函數。上市證券的市場指數，如：Standard and Poor's 500市場指數、紐約證交所指數是衡量總市場報酬常用的指標。

衡量證券j的系統風險最常用的是「**貝他值**」(Beta)。貝他值是衡量某一證券報酬相對於市場投資組合m報酬的變異性，定義爲證券和市場投資組合m報酬間的**共變數**（covariance）相對於市場投資組合報酬變異數的比率：

$$\beta_j = \frac{\text{Covariance}_{j,m}}{\text{Variance}_m}$$

$$\beta_j = \frac{\rho_{jm}\sigma_j\sigma_m}{\sigma^2_m} \qquad (5.13)$$

其中，β_j＝證券j的系統性風險、σ_j＝證券j報酬的標準差、σ_m＝市場投資組合m報酬的標準差、σ^2_m＝市場投資組合m的報酬變異數、ρ_{jm}＝證券j和市場投資組合m報酬的相關係數。

實際上貝他值就是市場投資組合期間（每年、每季或每月）報酬率（以市場指數來衡量如：Standard and Poor's 500市場指數）和證券期間報酬率迴歸線的斜率，公式如下：

$$k_j = a_j + \beta_j r_m + e_j \qquad (5.14)$$

其中，k_j＝證券j持有期間內的期間報酬率、a_j＝迴歸分析所決定的常數項、β_j＝證券j的歷史貝他值、r_m＝市場指數持有期間內的期間報酬率、e_j＝隨機誤差項。此方程式稱爲證券j的「**特性線**」(characteristics line)。

圖5-14爲General Motors的特性線，這條線的斜率和截距可以利用迴歸線分析中的最小平方法來計算。這條線的斜率或貝他值爲0.97，表示General Motors普通股的系統性報酬其變動性比整體市場報酬的變動性來得低。

貝他爲1的證券表示該證券屬於平均系統性風險，也就是說當只考慮系統性風險時，貝他爲1的證券，其風險特性和整體市場相同。當貝他值爲1.0時，市場報酬增加（降低）1%，表示個別證券的系統性報酬應增加（降低）1%；貝他值大於1.0——例如2.0——表示該證券的系統性風險高於平均系統風險，在這種情形下，當市場報酬增加（降低）1%，那麼此證券的系統性報酬預期將增加（降低）2%；貝他值小於1.0——例如0.5——表示該證券的系統性風險小於平均系統性風險，這種情形之下市場報酬增加（降低）1%，表示該證券的系統性報酬會增加（降低）0.5%。表5-8摘錄了特定貝

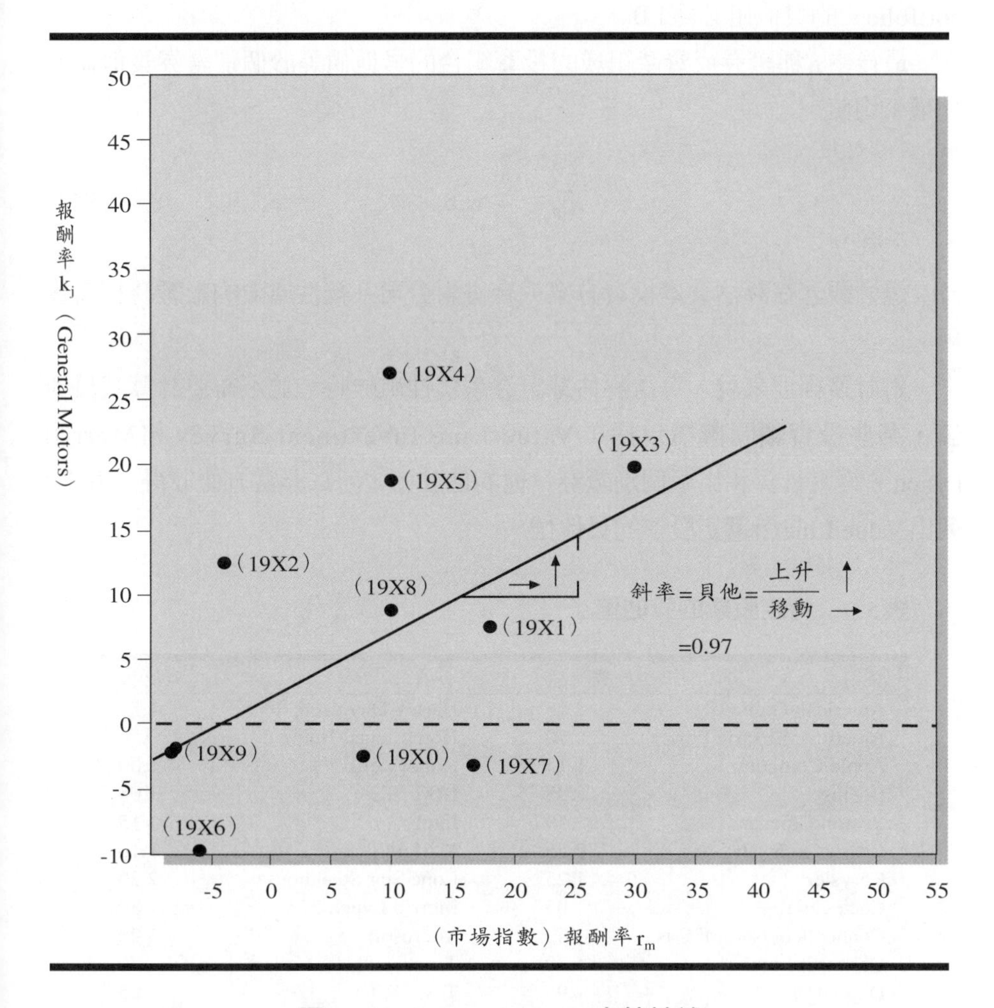

圖5-14　Gneneral Motor之特性線

表5-8　貝他值的含義

貝他值	報酬變動的方向	解釋
2.0	和市場相同	風險爲市場的2倍
1.0	和市場相同	和市場風險相同
0.5	和市場相同	風險爲市場之一半
0	和市場變動無關	沒有市場風險
－0.5	和市場相反	反應爲市場的2倍，但爲反向

他值的含義。

以市場指數來衡量市場投資組合的貝他值等於1.0，由**公式**〔5.13〕可以看出因爲市場報酬和其本身的相關性爲1.0，所以**市場投資組合**（market portfolio）的貝他值必爲1.0。

最後由n種證券或資產組成的投資組合的貝他值等於個別證券貝他值的加權平均值：

$$\beta_p = \sum_{j=1}^{n} w_j \beta_j \qquad 〔5.15〕$$

這個觀念在評估資本投資方案或合併對公司系統性風險的影響時相當實用。

對財務經理來說，每當評估某證券系統性風險時，並不需要計算其貝他值，某些投資顧問機構包括：Value Line Investment Survey和Merrill Lynch，經常計算和出版個別證券貝他的估計值，所以非常方便取得。**表**5-9列出Value Line所選定股票的貝他值。

表5-9　**特定股票的貝他值**

公司	貝他值	公司	貝他值
American Online	2.15	Harley-Davidson	1.50
American Electric Power	.70	Homestake Mining	.50
Apple Computer	1.15	Honeywell	1.00
Boeing	.95	IBM	1.05
Boston Chicken	1.50	Intel	1.15
Charles Schwab	2.25	K-Mart	1.10
Chrysler	1.25	Lone Star Steakhouse	2.20
Coca-Cola	1.05	Merrill Lynch	1.80
Connecticut Natural Gas	.50	Microsoft	1.20
Delta Air Lines	1.30	Texaco	.70
Dupont	.95	Toys 'R'Us	1.25
Exxon	.65	United Air Lines	1.60
Federal Express	1.40	USAirways	1.40
Ford	1.10	Wal-Mart Stores	1.05
General Electric	1.15	Whirlpool	1.35
General Motors	1.10	Wisconsin Public Energy	.70

Source: *The Value Line Investment Survey* (New York: Value Line Publishing, Inc., December 13, 1996). © 1996 by Value Line Publishing, Inc. Used by permission. All rights reserved.

證券市場線和貝他

利用前面所介紹的觀念我們可以計算個別證券的風險溢酬θ，而SML也可以用貝他值來定義，證券j的風險溢酬等於投資者要求的報酬k_j和無風險利率r_f的差距：

$$\theta_j = k_j + r_f \qquad (5.16)$$

如果我們令$\hat{r}_m$爲市場投資組合的預期報酬率、$\hat{r}_f$爲預期短期無風險利率（也就是國庫券的報酬率），那麼市場風險溢酬就等於：

$$\theta_m = \hat{r}_m - \hat{r}_f$$

根據1926～1995年股票的歷史資料，平均市場風險溢酬爲8.8%。

對平均風險（$\beta_j = 1.0$）的證券而言，其風險溢酬應等於市場風險溢酬或8.8%，而$\beta = 2.0$的證券，其風險爲平均證券的2倍，所以它的風險溢酬應等於市場風險溢酬的2倍。

$$\begin{aligned}\hat{\theta}_j &= \beta_j\ (\hat{r}_m - \hat{r}_f)\\ &= 2.0\ (8.8\%)\\ &= 17.6\%\end{aligned}$$

證券j的要求報酬率可以就其系統性風險β_j、預期市場報酬r_m和預期無風險利率r_f來定義：

$$k_j = \hat{r}_f + \hat{\theta}_j$$

或

$$k_j = \hat{r}_f + \beta_j\ (\hat{r}_m - \hat{r}_f) \qquad (5.17)$$

例如，若無風險利率7%，且（$r_m - r_f$）爲8.8%，那麼，貝他值爲1.25的Chrysler其要求報酬率計算如下：

$$k_j = 7\% + 1.25\,(8.8\%)$$
$$= 18.0\%$$

公式〔5.16〕爲以個別證券的系統性風險來定義SML。圖5-15爲其圖示。圖中SML的斜率爲常數，貝他值0到貝他值1之間，斜率相當於（$\hat{r}_m - \hat{r}_f$）／（1－0）〔或（$\hat{r}_m - \hat{r}_f$）〕，代表著某平均風險證券的風險溢酬。若無風險利率爲7%、市場風險溢酬爲8.8%，那麼低風險證券（例如$\beta = 0.50$的證券）的要求報酬率爲11.4%，高風險證券（例如$\beta = 1.50$）的要求報酬率爲20.2%，而平均風險證券（如Honeywell其$\beta = 1.0$）的要求報酬率爲15.8%，相當於市場的要求報酬。

此外，我們還可以利用圖5-15，藉由比較特定貝他值之證券的「預期」報酬和「要求」報酬來決定其吸引性。例如，貝他值爲1.0預期報酬率爲17%，就是一個具有吸引性的投資。因爲其預期報酬超過15.8%的要求報酬率，相對的貝他值爲1.50的證券B就不是一個可接受的投資，因爲其預期報酬（18%）小於要求報酬（20.2%）。

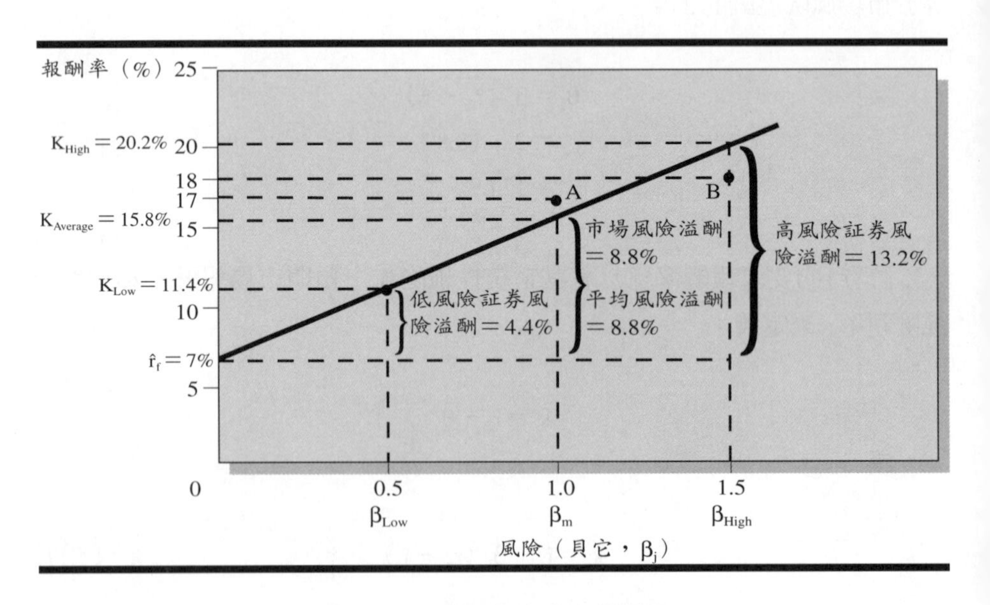

圖5-15　不同貝他值之特性線

通貨膨脹和證券市場線

如前面所述，無風險報酬率r_f包含實質報酬率和預期通貨膨脹溢酬，因爲任何風險性證券的要求報酬k_j等於無風險利率加上風險溢酬，所以若預期通貨膨脹增加，所有證券的要求報酬率都會增加。**圖**5-16表示這個概念，在圖中SML'表示在預期通貨膨脹增加2%之後，所有證券的要求報酬率均增加2%——因爲預期通貨膨脹的改變，例如，平均風險的證券（也就是$\beta = 1.0$）其要求報酬率從15.8%上升到17.8%。當投資者增加其要求報酬率，他們將不願意再用原先價格來買證券，所以價格要下降，也因此證券分析師和投資者均對通貨膨脹抱持不樂觀的看法。

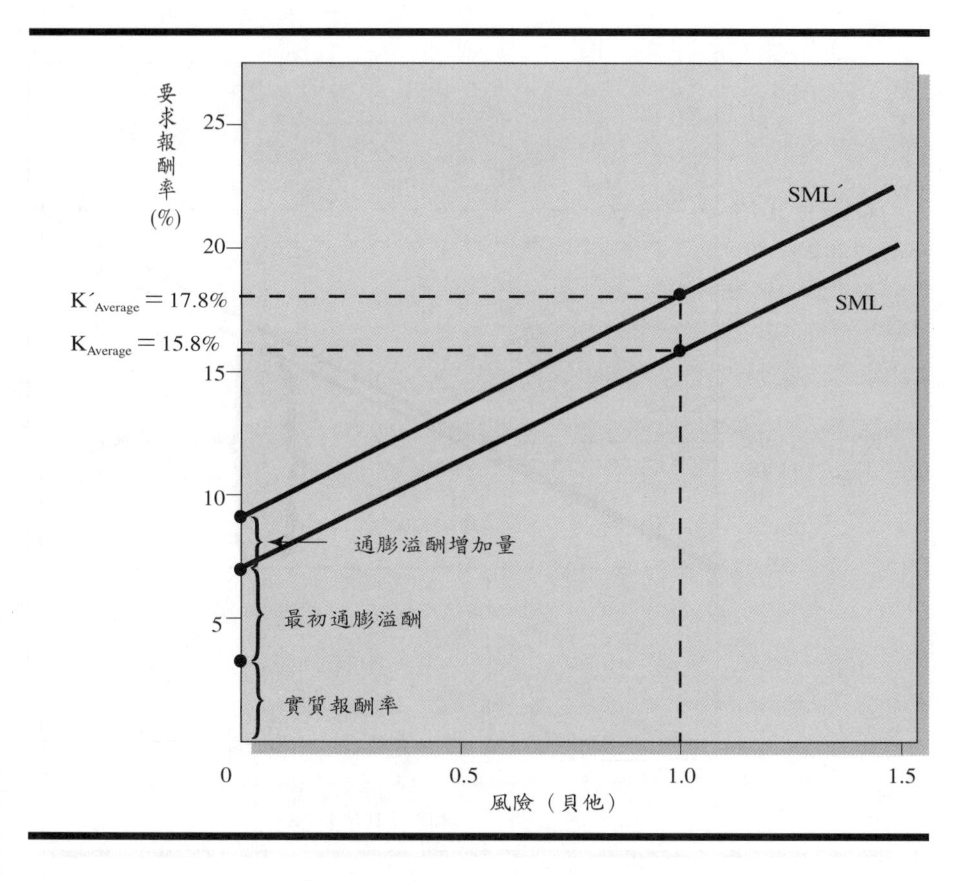

圖5-16　**通貨膨脹與證券市場線**

風險迴避者和證券市場線

若因爲未來經濟前景不確定性而增加投資者對風險更加迴避，並要求較高的報酬率，使平均風險溢酬增加，那麼SML的斜率也會增加，使得β大於1.0的證券其風險溢酬增加量大於β值小於1.0之證券的增加量，這個概念表示在圖5-17。圖中的SML"表示市場風險溢酬從8.6%到9.6%，增加1%後，所有證券的要求報酬率，例如，β＝0.5的證券其要求之風險溢酬只增加0.5%〔0.5×（9.8%－8.8%）〕或要求報酬率從11.4%增加到11.9%，相對的β＝1.5的證券其要求之風險溢酬增加了1.5%（1.50×1.0%）或要求報酬率從20.2%增加到21.7%。

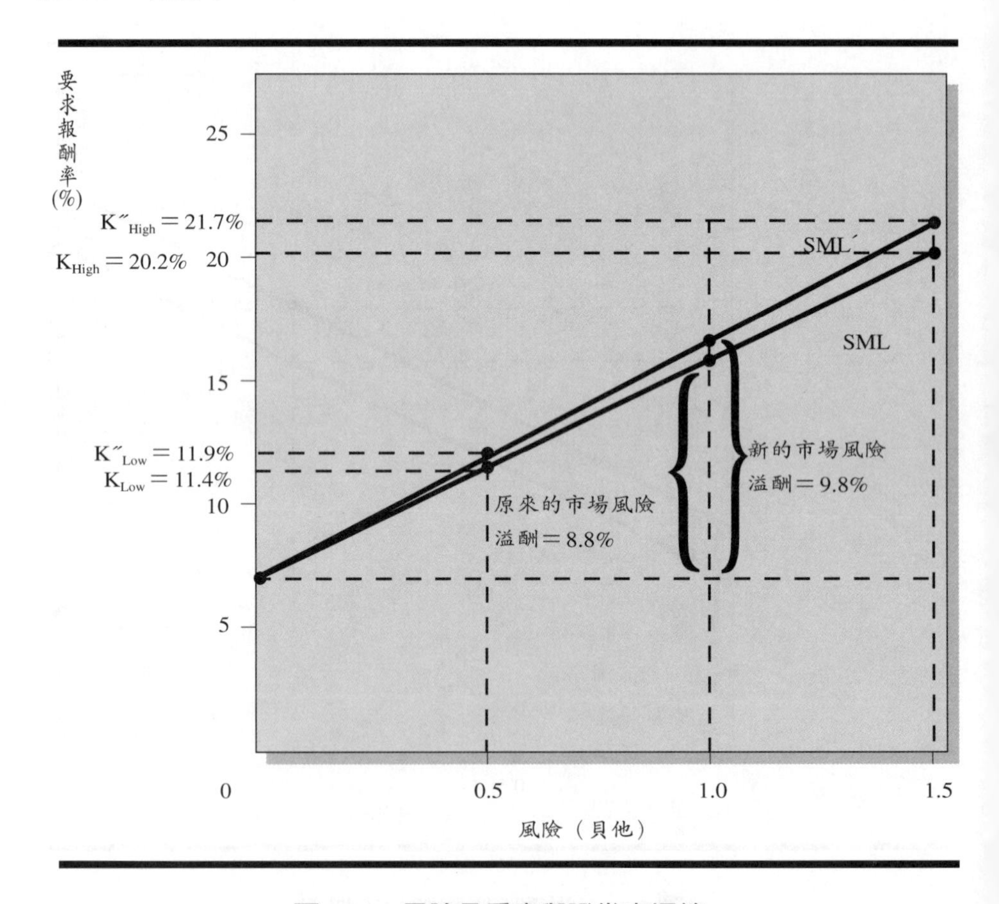

圖5-17　風險承受度與證券市場線

CAPM和投資組合風險觀念的應用

投資組合風險和資本資產定價理論將要求報酬和系統性風險（貝他值）加以連結，是解釋證券與實質資產其風險和要求報酬之間的關係相當重要的教學工具。在第11章，CAPM將用來估計權益資本的成本，也將說明如何得到該模型所需的資料。在第10章，則將探討利用CAPM所得的要求報酬率來調整資本預算決策中的風險。

CAPM的假設和限制

CAPM理論和應用上均基於許多對證券市場和投資者態度的假設，包括下列各項：

1. 投資者均握有完全多角化的證券投資組合，因此，他們的要求報酬主要是受個別證券系統性風險的影響。
2. 證券市場爲競爭性市場，對於任何公司的資訊及未來展望都可以自由取得。
3. 投資者均可以無風險利率借錢、存錢且無風險利率保持不變。
4. 買賣證券不需手續費。
5. 沒有稅的顧慮。
6. 所有投資者偏好特定風險下報酬率最高的證券，或特定報酬下風險最低的證券。
7. 所有投資者對所有證券的報酬變異數相關性均有相同的預期。

雖然這些假設顯然非常局限，但將本章基本的理論加以延伸，解除某些假設，一般還是能得到一致的結論。

CAPM的實證研究得到許多不同的結果，有些研究者得到系統性風險（貝他）和報酬間有正向的關係，但是依據觀察的期間某些結論並不符合統計中的重要性檢定，另外，有些研究者利用不同的股價資料甚至發現某些變數比系統性風險更能衡量普通股股票表現。這些變數包括公司規模的不同、帳面價值之於市價比率，都可以解釋股票報酬的不同；其他研究者則認爲由於正確貝他值難以估計，使得系統性風險和報酬的統計檢定結果有瑕疵，他們認爲，用市場指數如Standard and Poor's 500 Market Index來衡量市場投資組合的報酬，將使估計貝他值產生重大的誤差。

儘管對CAPM的正確性有頗多爭議，但這個模型不管在實務上或觀念上都被廣泛用來考慮證券市場上投資者風險——報酬的相互關係。例如，CAPM就被運用在公共事業上，爲滿足投資者要求報酬率下，如何決定其費率的案件中。

但是在運用這個方法時，還是必須了解幾個實務上的問題如下：

1.對未來市場報酬的預期。

2.決定最適當的無風險利率的估計值。

3.決定某資產未來貝他值最適的估計值。

4.某些實證研究顯示，投資人並未如該理論所述完全忽略非系統性風險。

5.貝他值會隨時間變動難以正確的估計投資者對貝他值的預期。

6.有許多證據顯示，對證券的要求報酬除了受無風險利率和系統性風險影響外，也受總體因素影響，如：利率和通貨膨脹。

國際議題：多角化和跨國性企業

如前所述，利用多角化來降低風險的效果視各證券報酬相關程度而定。國內公司（DMCs）的報酬——公司的基地和營運都在某特定國家內——會和該國整體經濟活動具有正相關，因此這些公司的系統性風險會相對較高，而不同國家的整體經濟活動並非完全相關，所以跨國性公司（MNCs）——在數個不同國家內營運——的報酬其系統性風險會比DMCs來得小。這也顯示了更進一步的降低風險或許可以利用下列之一來達成：⑴投資MNCs；或⑵直接投資經營MNCs的本國公司。

如果證券市場爲完美市場，投資MNCs（策略1）不會比投資經營DMCs的本國公司（策略2）有更多的系統性利益；但如果市場存在著不完美，如：對資本流動有限制、不同的交易成本和不同的稅率結構，那麼MNCs或許可以提供投資者多角化的利益。

實證研究顯示，MNCs比DMCs有較低的系統性風險（以貝他來衡量）和較低的非系統性風險。一般來說，MNCs的總風險（以權益報酬率的標準差來衡量）較DMCs來得低，因此MNCs似乎提供投資者較顯著的多角化利益。

風險的其它定義

本章著重於報酬變異性的衡量方法，有總變異——以標準差和變異係數來衡量，或系統性變異——以貝他值來衡量。雖然報酬變異性非常重要，但它卻沒有考慮另一種重要的風險含義——那就是失敗的風險（the risk of failure），在考慮個別投資計畫時，失敗是指該計畫產生負的報酬率，若以整個公司爲考量時，失敗是指公司產生虧損最後被迫宣告破產。

對風險迴避的投資者來說，這種失敗的風險在決定進行哪種投資時，扮演相當重要角色。例如，公司經理人不太可能酷愛失敗風險相當高，且最後可能造成公司破產的投資計畫，畢竟企業持續生存和經理人的績效是息息相關的。

從最大化股東財富的觀點，失敗是一種特別不受喜愛的情形。破產的直接成本和間接成本可能是相當高的，因此這種失敗風險通常是投資風險相當重要的決定因素，失敗風險和成本可以解釋一大部分爲何許多公司迫切進行多角化的工作，除了可以降低公司的總風險，多角化投資也可以降低破產的機率，因而降低破產期間的預期成本，這些成本包括：

1.在清算時資產以較低的價格賣出所造成的資金損失

2.公司進入破產程序時所產生的法律費用和資產變現成本。

3.公司進入破產程序後因資金無法取得應用而付出的機會成本（例如Penn-Central的破產程序超過八年之久）。

若其他條件不變下，較低的預期破產成本應增加股東財富。

多角化投資也可以降低公司的資金成本。藉由降低公司的總風險，多角化投資將降低公司債的違約風險，公司的債券可以得到較高的評等而得到較少的利息支付。此外，公司的最佳資本結構內可能可以增加低成本債券相對於權益資本的比例，更加降低資金成本，增加股東財富。

雖然在本書中我們對風險的衡量主要是著重於報酬的變異，但也要記住失敗風險和成本的概念。

道德議題：高風險證券

在1980年代高風險債券——垃圾債券——曾有急速的成長，這些債券是信用評等在投資等級之下（Standard & Poor's BBB和Moody's Baa3等級以下）的債券，這些債券最誘人之處，是它們的報酬遠高於其他可投資等級和美國公債的報酬，垃圾債券似乎可以快速增加許多金融機構資產組合的報酬。

雖然有許多複雜的原因可以解釋金融業的崩潰，但至少有部分可歸因於大型金融機構過分投資於高風險債券，在1990年代初期，部分的保險業也遇到相同問題，例如，1991年4月，加州的保險業管理人查封Executive人壽保險公司，因爲該公司的母公司——First Executive公司在1990年年底其債券投資組合市價30億美元，小於投資組合面值98.5億美元，在1991年第1季該保險公司損失46,590萬美元，Executive人壽保險公司可能的崩潰，使得數千名員工因其雇主在該公司購買退休年金保險而陷入險境。

金融業和大型人壽保險公司，如First Executive，因爲過分投資於垃圾債券而造成的問題，使得研究企業道德與表現變得十分有趣，金融機構和First Executive均接受額外的投資風險來換取額外的報酬。

當一個謹慎的公司企圖要增加其投資報酬時應該遵行什麼樣的準則呢？在金融市場中眾所皆知：高報酬通常只能經由承受更高的風險來達到。如果眞是如此，保險公司是不是應該完全避免高風險債券？這些風險如何有效的管理？那麼你或妳以爲該如何向存款人及投保人揭露公司持有資產的風險和報酬特性才是適當的呢？

摘要

1.證券或投資計畫的風險通常定義爲：其報酬的變動性，當可能的報酬只有一種——例如，將美國公債持有到到期日——便沒有風險，當某一計畫可能的報酬不只一種，便具有風險。

2.某投資報酬的標準差，σ，是風險的絕對估計，計算方式爲可能結果和期望值差額的加權平均和開平方。

3.當不同期望報酬的投資計畫相互比較時，變異係數 v 較適合用來評估風險，變異係數是標準差和期望值的比值。

4.因爲對愈長遠現金流量和預期報酬的估計愈不確定，所以一般認爲風險隨時間愈遠而增加。

5.證券的「期望報酬率」反映投資人預期可以得到的報酬，「要求報酬率」反映投資人因爲延後消費並負擔風險而要求的補償，在有效率的金融市場，要求報酬率和期望報酬率應相等。

6.證券的要求報酬率是一般利率水準、無風險報酬、證券的到期風險、倒帳風險、公司的營運風險和財務風險、證券的次級求償風險以及證券流動性風險的函數。

7.證券或某實質資產投資報酬的風險愈高，則該項投資的要求報酬率愈高。

8.風險也受投資多樣化的影響，舉例來說，如果考慮中的計畫其報酬和公司其他投資計畫報酬並非完全正相關，那麼，公司的總風險可能會因接受此計畫而降低，這就是所謂的投資組合效果。

9.兩種以上證券所組成投資組合的預期報酬等於個別證券預期報酬的加權平均。

10.投資組合的風險是個別證券風險和其相互間的相關性函數。

11.資本資產訂價理論是可以用來決定金融和實質資產要求報酬率的理論。

12.證券報酬總風險中的非系統性部分是指公司特有風險那一部分，證券投資組合的多角化可以消除大部分非系統性風險。

13.系統性風險是指證券報酬總風險中因爲市場力量所造成的那一部分，這種風險不能以投資多角化來消除。系統性風險是任何風險性證券投資人要求風險溢酬的基礎。

14.證券市場線提供了風險性證券中風險——報酬之取捨在數學或圖形上表示法，其以系統性風險來衡量風險。

15.證券系統性風險的指數爲其貝他值。貝他值是市場報酬和個別證券報酬迴歸線——特徵線——的斜率值，它是衡量證券報酬變異性相對於整體市場報酬的變異性。

16.普通股的要求報酬包含無風險利率和風險溢酬（等於證券的貝他值乘以市場風險溢酬），而市場風險溢酬等於市場預期報酬和無風險利率之差。

問題與討論

1.定義下列名詞：

a.風險	g.效率前線	m.特徵線
b.機率分配	h.資本市場線	n.證券市場線
c.標準差	i.貝他係數	o.共變數
d.要求報酬	j.資本資產訂價理論	p.系統性風險
e.變異係數	k.相關係數	q.非系統性風險
f.有效率投資組合	l.投資組合	

2.如果某證券的報酬已知爲確定的，那麼報酬的機率分配爲何種形態。

3.無風險的美國公債所牽涉到的風險本質爲何？

4.若預期通貨膨脹增加，那麼投資人對債券要求報酬率會有何變動？債券價格有何變動？

5.在什麼情形下用變異係數和標準差來比較兩個證券報酬的相對風險會是一致的？

6.說明多角化投資如何降低投資組合的風險到個別資產風險加權平均之下？

7.影響資產投資組合風險的主要因素有哪些？

8.區別非系統性和系統性風險，在什麼情況下，投資人可忽略證券的非系統性風險？

9.當預期通貨膨脹增加時，投資人對普通股要求報酬率有何影響？

10.Amrep公司股票的貝他值估計爲1.4，你如何解釋這個數值呢？如何計算其系統性風險？

11.證券的貝他值如何計算？

12.在什麼情況下，貝他值的觀念可用來預估投資人對股票的要求報酬率？在使用CAPM時有何問題？

13.下圖中被包圍區域是將證券以不同比率組合而成的所有投資組合（也

就是機會組合）：

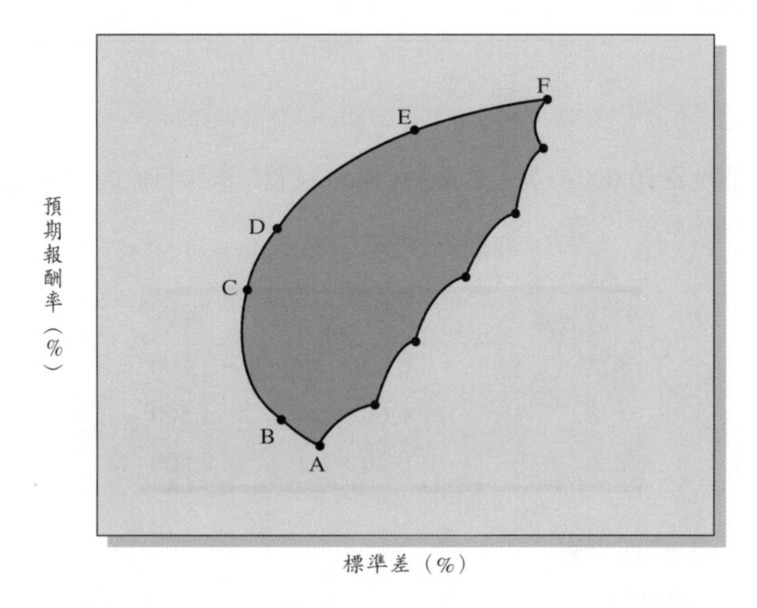

a.哪些投資組合（ABCDE或F）是位於效率前緣？

b.如果投資人追求預期報酬最大，他應該會選哪一個投資組合？

c.如果投資人追求風險（標準差）最小，他應該選擇哪個投資組合？

14.何謂利率的「期間結構」？

15.何謂利率的「風險結構」？

16.風險在財管中的定義爲何？

17.討論風險和預期報酬間的關係。

18.哪些因素分別決定投資人對公司債、普通股和美國公債的要求報酬率？

19.爲什麼收益線有時呈負斜率、有時呈正斜率？

20.美國政府發行的二十年公債和IBM發行的二十年公司債主要有哪些不同？

21.投資人對某公司股票的要求報酬是否可能低於其公司債，若其公司債屬於垃圾債券？

自我測驗題

問題一

下列爲投資10,000於美元General Motors股票未來可能的報酬（紅利）加上資本利得：

經濟情形	機率	報酬
衰退	0.20	$－1,000
普通	0.60	1,500
繁榮	0.20	2,500

計算：a.預期報酬。
b.標準差。
c.變異係數。

問題二

若General Electric普通股在未來一年的報酬率爲常態分配，期望值15%、標準差12%，計算報酬率爲負的機率。

問題三

Consolidated Edison和Apple Computer普通股在明年的預期報酬和標準差如下：

普通股	預期報酬率	標準差
Consolidated Edision	12%	6%
Apple computer	20	15

此外假設這二個證券報酬的相關係數爲＋0.50，若某投資組合包含75%的Consolidated Edison，其餘爲Apple Computer，計算：

1.該投資組合的預期報酬率。

2.報酬率的標準差。

問題四

計算平均投資在下列普通股之投資組合的貝他值：

證券	貝他
Boeing	0.95
Chrysler	1.25
Intel	1.15
Wal-Mart Stores	1.05

問題五

無風險報酬率爲6%，預期通貨膨脹溢酬爲3%，市場投資組合預期報酬爲15%。

1.若Wisconsin Public Service (WPS) 普通股的貝他值爲0.60，求其要求報酬率。

2.假設市場投資組合預期報酬維持不變，但預期通貨膨脹從3%上升到4%，求WPS公司股票的要求報酬率。

3.假設預期通貨膨脹溢酬3%不變，但市場投資組合預期報酬增加到16%，求WPS股票的要求報酬率。

問題六

Xerox公司債在1998年到期，其到期收益率爲8.40%，而相同到期期限的美國公債到期收益率爲7.55%，90天期的國庫券到期收益率爲6.11%，則：

1.國庫券和Xerox公司債到期期間風險有何不同？

2.Xerox公司債的倒帳溢酬爲多少？

計算題

1.你對X和Y公司未來預期報酬的機率分配預估如下：

股票X		股票Y	
機率	報酬	機率	報酬
0.1	−10%	0.2	2%
0.2	10	0.2	7
0.4	15	0.3	12
0.2	20	0.2	15
0.1	40	0.1	16

a.股票X和Y的預期報酬率爲多少？

b.股票X和Y的標準差爲多少？

c.哪支股票你認爲風險較高？爲什麼？

2.計畫542的預期報酬爲22%，標準差爲11%，若該計畫報酬呈常態分配，那麼該計畫報酬低於33%的機率多少？得到負報酬的機率又有多少？

3.Cornhusker公司股票的預期報酬率爲20%、標準差爲15%，Mustang公司股票的預期報酬率爲10%、標準差爲9%

a.你認爲哪支股票風險較高？爲什麼？

b.若你知道Cornhusker股票的貝他值爲1.5，而Mustang股票的貝他值爲0.9，你會改變a小題的答案嗎？

4.某投資人目前把所有財富投資於國庫券。他在考慮投資1/3的資金在Wal-Mart上——其貝他值爲1.30，其餘則投資國庫券。無風險利率（國庫券）爲6%，市場風險溢酬爲8.8%，請計算該投資組合的貝他值和預期報酬。

5.你正考慮購買下列證券組成的投資組合。其預期報酬如下：

證券	預期報酬（%）
A	14
B	9
C	15
D	11

a.如果你投資20%在A證券、40%在B證券、20%在C證券、20%在D證券上，其預期報酬為何？

b.如果你投資40%在A證券、10%在B證券、40%在C證券、10%在D證券上，其預期報酬又為何？

c.在a、b小題的改變下，除了報酬率改變，兩者風險有何不同？

6.你正考慮投資二種證券X和Y。下列為兩者的資料：

	股票X	股票Y
預期報酬	0.10	0.07
報酬標準差	0.08	0.04
貝他值	1.10	0.75

a.如果你投資40%的資金在證券X、60%在證券Y，若兩者相關係數為＋0.5，計算下列：

i.投資組合的預期報酬。

ii.投資組合報酬的標準差。

b.如果你投資70%在證券X，30%在證券Y，則報酬和標準差有何不同？

c.如果在下面情形下，a.小題中的報酬率和標準差有何不同？

i.證券X和Y的相關係數為＋1.0

ii.證券X和Y的相關係數為0

iii.證券X和Y的相關係數為－0.7

7.你所投資的兩支股票的資料如下：

證券	預期報酬	標準差	貝他值	投資%（W）
Xerox	15%	4.5%	1.20	35%
Kodak	12%	3.8%	0.98	65%

a.以投資組合來看，哪支股票的風險較大？若以個別證券來看，哪支股票風險較大？

b.計算投資組合的預期報酬。

c.若兩證券的相關係數爲＋0.60，計算投資組合的標準差。

d.計算投資組合的貝他值。

8.你多樣化投資的證券如下：

	United	Chubb	Chase
預期報酬	12%	14%	9%
標準差	3%	5%	3%
貝他值	1.65	1.2	0.89
投資金額	$50,000	$125,000	$75,000

a.計算投資組合的預期報酬。

b.計算投資組合的貝他值。

9.若無風險利率6%、市場風險溢酬8.6%，計算下列股票的要求報酬率，請利用表5-9的貝他值加以運算。

a.American Electric Power

b.Apple Computer

c.Boeing

d.USAirways

10.SML線估計如下：

$$k_j = 0.06 + 0.088\ \beta_j$$

其中，假設通貨膨脹預期爲4%，如果通貨膨脹預期上升到6%，請計算新的SML線。

11.Pizza Hot-Mexican pizza連鎖店——股票的貝他值估計為1.5，如果SML線如下，請計算Pizza Hot股票的要求報酬率：

$$k_j = 0.06 + 0.088\ \beta_j$$

其中，a.通貨膨脹預期為4%。

b.新的通貨膨脹預期為6%。

12.SML線預估如下：

$$k_j = 0.06 + 0.088\ \beta_j$$

假設因為對未來經濟的展望，市場風險溢酬增加了1.2%：

a.計算SML線方程式。

b.計算Meditek股票（其貝他值為1.25）在市場風險溢酬改變前後的要求報酬率。

13.a.一年後到期的美國國庫券今天可以用92,500美元買到，若持有到到期日，投資人可以收到100,000美元，計算其報酬率。

b.假設NTT公司債一年後到期，今天可用975美元買到，若持有到到期日，投資人可收到1,000美元加上7%的利息，計算其報酬率。

c.計算NTT公司債的風險溢酬。

14.實質利率估計為3%、長期通貨膨脹率為7%，則：

a.目前一年期國庫券的無風險利率多少？

b.若十年期，公債報酬率為12%，那麼一年期、十年期債券的到期風險溢酬為多少？

c.若American Airlines公司債十年到期，目前收益率為13%，其倒帳溢酬為多少？

d.若投資人對American Airlines公司股票的要求報酬率為16%，則其償債順位風險溢酬為多少？

15.計算包含等比例下列證券的投資組合的貝他值：（根據表5-9的貝他值）

a.American Electric Power、Coca-Cola、K-Mart & Electric和Wisconsin Public Energy。

b.Apple Computer、Chrysler、Intel、Merrill Lynch和USAirways。

16.利用公式〔5.17〕，假設你已計算Bulldog Trucking的要求報酬率爲16.6%，利用目前股價、目前股利率和分析師對股利成長率的評估，你預期可以賺到18%的報酬：

a.你覺得要不要買這支股票呢？

b.如果你的預期報酬率爲15%，你認爲股價會有何變化？

17.你想建立一個可賺20%的投資組合，其中包含股票A和B：

證券	預期報酬	標準差	貝他值
A	5%	10%	0.82
B	28	20	1.75

a.你的投資組合包含多少%的A和B？

b.投資組合的貝他值多少？

18.Koch Brickyard公司股票預期報酬率爲14%、標準差爲5%，Uptown Potbelly Stove Work's股票的預期報酬率爲16%、標準差9%：

a.如果你投資30%在Koch股票、70%在Uptown股票，預期報酬爲多少？

b.預期風險爲多少？如果兩股票間：

i.完全正相關（+1.0）

ii.輕微的負相關（−0.2）

19.證券A的預期報酬15%、標準差7%，證券B的預期報酬9%、標準差4%，兩者相關係數爲+0.6。若投資者將財富的1/4投資於A、3/4投資於B，則預期報酬和標準差爲多少？

20.MacDrive的貝他值爲1.3，MacWalk的貝他值爲1.1。若兩家公司合併成立MacRun，則新公司的貝他值爲多少，假設MacWalk是MacDrive的2倍？

21. Tarheel公司股票預期報酬為14%、標準差為8%、貝他值0.8、無風險利率7%、預期市場投資組合報酬為15%，則Tarheel投資人所得報酬小於要求報酬率的機率為多少？

22. Jones Trucking股票預期報酬13%、標準差8%；Bush Steel Mills預期報酬17%、標準差14%，兩者相關係數為＋0.3；Jones'的貝他值為0.9、Bush為1.2、無風險報酬為8%、市場投資組合預期報酬15%；Jones目前股利為4美元、Bush為6美元，則：

a.若你投資40%財富在Jones' B60%在Bush，則預期報酬為多少？
b.投資組合的標準差為多少？
c.在目前市場中，哪一支股票較適合投資？為什麼？

23. 公式〔5.9〕可用以修正來計算三個證券投資組合的風險如下：

$$\sigma_p = \sqrt{w^2_A\sigma^2_A + w^2_B\sigma^2_B + w^2_C\sigma^2_C + 2w_Aw_B\rho_{AB}\sigma_A\sigma_B + 2w_Aw_C\rho_{AC}\sigma_A\sigma_C + 2w_Bw_C\rho_{BC}\sigma_B\sigma_C}$$

你決定投資40%的財富在A上、30%在B上、30%在C上，這三種證券的三種可能結果資料如下：

證券A		證券B		證券C	
報酬	機率	報酬	機率	報酬	機率
10%	0.25	13%	0.30	14%	0.40
12	0.50	16	0.35	18	0.30
14	0.25	19	0.35	22	0.30

計算該投資組合預期報酬和風險，若其相關係數$\rho_{AB} = 0.70$、$\rho_{AC} = 0.60$、$\rho_{BC} = 0.85$。

24. 某投資顧問對下列證券預期報酬的預測如下：

證券	預期報酬
Boeing	20%
Coca-Cola	25
Dupont	12
Exxon	10
Toys 'Ri' Us	30

利用CAPM，無風險報酬爲7%、市場風險溢酬爲8.8%，表5-9之貝他值，哪一個股票最具有吸引力，也就是預期報酬超過其要求報酬。

25.General Mills普通股的預期報酬和標準差分別爲20%和12%，假設其報酬爲常態分配：

a.計算投資該股票產生損失的機率。

b.計算實際報酬小於無風險利率6%的機會。

26.Three Rivers投資公司想要建立一個賺20%的投資組合。其中包含股票X和Y，預期率、標準差、貝他值如下：

	證券X	證券Y
預期報酬	15%	26%
標準差	10%	20%
貝他值	0.94	1.33

計算投資組合的貝他值。

27.Farrell公司普通股目前每股25美元，預期在未來一年會增值5美元，公司預期明年不會發股利，價格的標準差爲3美元，年底可能股價呈常態分態。計算報酬超過30%的機會。

28.a.計算下列每一證券的貝他值，若市場投資組合標準差爲8.0%。

證券	預期報酬	標準差	證券報酬和市場投資組合相關係數
P	12%	10%	.80
Q	18	20	.60
R	15	15	.40

b.根據CAPM，無風險利率7%、市場風險溢酬8.8%，證券P、Q、R何者較有吸引力？

29.兩證券有以下特徵：

	證券A	證券B
預期報酬	15%	12%
標準差	4%	6%
貝他值	0.90	－0.25

此外，相關係數爲－1.0，計算包含等比例證券A、B的投資組合的風險。

30.New Castle公司股票貝他值爲1.50。目前每股付股利3美元、無風險利率8%、市場風險溢酬8.0%。該股票報酬爲常態分配，期望值24%、標準差3%，則：

a.計算該股票要求報酬率。

b.計算該股票目前$25是被低估的機率。

31.在目前經濟情勢下預估實質利率爲2%、30天期的無風險利率爲5%、二十年期美國公債的報酬率爲8%。Forester Hoop公司發行的二十年公司債利率14%，投資人對Forester Hoop股票的要求報酬率爲18%，Brown's Forensic Products的要求報酬率爲20%，計算並指出每一項有意義的風險溢酬。哪些原因造成Brown和Forester要求報酬率的不同？

32.Boston Market的股票貝他值爲1.5，該股票預期過去和未來都不發股利，目前每股50美元。你預期在未來一年年底會上漲到60美元，你認爲其價格分配爲常態，標準差爲2.5美元。目前無風險利率爲

4%、市場風險溢酬爲8.8%，該股票目前被高估的機率有多少？

33.假設某投資組合包含下列股票：

股票	金額	貝他
Texaco	$20,000	70
Delta Air Lines	40,000	1.30
Ford	40,000	1.10

無風險利率爲5%，市場風險溢酬爲8.8%：

a.計算此投資組合的貝他。

b.爲了將投資組合的貝他降爲1.00，要賣掉多少Delta Air Lines的股票來投資於Texaco？

c.計算投資組合在a.b小題的預期報酬。

34. Manyfoods公司股票的貝他值爲0.9，該股票在目前沒發股利，但預期在未來五年將從目前價格15美元升值到25美元，無風險利率爲6%、市場風險溢酬爲7.4%，若該股票的標準差爲2%，其被高估的機率爲多少？

35.進入Market Edge's Web中的Mutual Fund Center，根據標準差和貝他來挑出一些低風險的基金，並觀察其一年、三年、五年的報酬，重複相同動作找高風險的基金，利用你的觀察，報酬是風險的函數嗎？（www. marketedge. com.）

自我測驗解答

問題一

$$1.\ \hat{r} = \sum_{j=1}^{n} r_j p_j$$

$$= -\$1{,}000\,(0.20) + \$1{,}500\,(0.60) + \$2{,}500\,(0.20)$$

$$= \$1{,}200$$

$$2.\ \sigma = \sqrt{\sum_{j=1}^{n} (r_j - \hat{r})^2 p_j}$$

$$= [(-\$1,000 - \$1,200)^2 (0.20) + (\$1,500 - \$1,200)^2 (0.60) + (\$2,500 - \$1,200)^2 (0.20)]^{0.50}$$

$$= \$1,166$$

$$3.\ \upsilon = \frac{\sigma}{\hat{r}}$$

$$= \$1,166 / \$1,,200$$

$$= 0.97$$

問題二

$$z = \frac{r - \hat{r}}{\sigma}$$

$$= \frac{0 - 15}{12} = -1.25$$

$p = 0.1056$（或10.56%）

問題三

$$1.\ \hat{r}_p = w_A \hat{r}_A + w_B \hat{r}_B$$

$$= 0.75 (12) + 0.25 (20)$$

$$= 14\%$$

$$2.\ \sigma_p = \sqrt{w^2_A \sigma^2_A + w^2_B \sigma^2_B + 2 w_A w_B \rho_{AB} \sigma_A \sigma_B}$$

$$= [(0.75)^2 (6)^2 + (0.25)^2 (15)^2 + 2 (0.75) (0.25) (0.50) (6) (15)]^{0.50}$$

$$= 7.15\%$$

問題四

$$\beta_p = \sum_{j=1}^{n} w_j \beta_j$$

$$= 0.25 (9.5) + 0.25 (1.25) + 0.25 (1.15) + 0.25 (1.05)$$

$$= 1.10$$

問題五

$$1.\ k_j = \hat{r}_f + \beta_j (\hat{r}_m - \hat{r}_f)$$

$= 6 + 0.60\ (15 - 6)$

$= 11.4\%$

2. $k_j = 7 + 0.60\ (15 - 7)$

$= 11.8\%$

3. $k_j = 6 + 0.60\ (16 - 6)$

$= 12.0\%$

問題六

1.到期風險溢酬為7.55% － 6.11% ＝ 1.44%，兩者皆同。

2.倒帳溢酬為8.40% － 7.55% ＝ 0.85%

名詞解釋

beta　**貝他值**

用來衡量系統性風險。衡量某證券報酬相對於整個市場投資組合報酬的變異性。

business risk　**營運風險**

公司營運收入隨著時間經過的波動性。

capital asset pricing model, CAPM　**資本資產訂價理論**

說明投資於金融資產（證券）或實質資產時，風險和要求報酬率間的關係。

characteristics line　**特徵線**

某證券期間報酬和市場投資組合期間報酬的迴歸線。該迴歸線的斜率就是該證券的貝他值——其系統性風險的估計值。

coefficient of variation　**變異係數**

標準差相對於期望值的比值，為相對風險的衡量法。

correlation **相關性**

敘述兩變數，如兩資產的報酬，傾向同向或反向變動的統計估計值。

covariance **共變數**

描述兩變數（如：證券報酬）同步變動情形的統計估計量。它是衡量某變動隨時間增加（減少）時，另一變數連帶增加（減少）的程度。

diversification **多樣化（投資）**

指投資在一組具有不同風險特徵的金融資產（證券）或實質資產的行為。

efficient frontier **效率前緣**

一系列有效率的投資組合。

efficient portfolio **效率性投資組合**

指在既定標準差下，具有最高期望報酬或在既定期望報酬下，具有最低標準差的投資組合。

expected return **預期報酬**

投資某一計畫預期所能得到的利益（價格上升和盈餘分配）。

expected value **期望值**

各種可能結果統計上的平均值。定義為：各種可能結果和其相對發生機率的加權平均數。

financial risk **財務風險**

因為公司使用固定成本的資金，如：債券或優先股，所因此造成每股盈餘額外的變異性。

market portfolio **市場投資組合**

由所有證券按其相對於市場價值為權重組合而成的投資組合。

portfolio **投資組合**

二種或二種以上金融（證券）或實質資產的組合。

required rate of return **要求報酬率**

因為投資於某一資產而使投資人延後消費並承受風險，投資人所要求的報酬率。

risk　**風險**

指未來實際報酬異於預期報酬的可能性，即報酬的變異性。

risk-free rate of return　**無風險報酬率**

投資人對沒有倒帳風險證券要求的報酬率，等於實質報酬率加上通貨膨脹溢酬。

risk premium　**風險溢酬**

某風險性資產之要求報酬率和無風險報酬率（如：美國國庫券）的差距。包括：到期風險、倒帳風險、求償順位風險和流動性風險。

Security Market Line, SML　**證券市場線**

個別證券之要求報酬率和系統性風險的關係。

standard deviation　**標準差**

各種可能結果和期望值間變異程度的統計估計值。定義為：各可能結果和期望值之間差的平方和開根號。是風險絕對值的衡量方法。

systematic risk　**系統性風險**

因為那些會影響全體市場的因素所造成個別證券報酬變異的那一部分，又稱為不可分散風險。

term structure of interest rates　**利率期間結構**

在其他條件均相同下，債券利率和期間長短的關係。利率期間結構通常可用「收益線」來圖示。

unsystematic risk　**非系統風險**

指公司特有的風險，又稱可分散風險。

第6章　固定收益證券：特性與評價方法

本章重要觀念

1.固定收益證券（如債券、優先股）的特徵如下：

a.證券的種類。

b.特點。

c.使用者。

d.優點與缺點。

2.閱讀和了解金融市場中股票、債券報價資料，對有效率的金融管理者是必備的技能。

3.若使用現金流量法，資產的價值會等於預期未來可產生的現金流量以適當的報酬率折現所得的現值。

4.要求報酬率爲風險或爲資產現金流量不確定性及無風險利率的函數。

5.有到期日債券的價值等於利息加上本金以投資人的要求報酬率折現所得的現值。

6.到期收益率會等於使債券價格與利息和本金現值相等的報酬率。

7.永久債券的價值（或永久年金）等於每期固定支付的利息除以要求報酬率，因爲沒有本金償還，所以不用此部分的計算。

8.優先股通常被視爲永久年金，其價值會等於每年股利除以要求報酬率。

9.資產的市場價值或市場價格爲最終買者與賣者在市場上完成此資產交易的價格。

10.當資產的價格恰使預期報酬率等於要求報酬率時，此時市場將達到均衡。

11.當公司贖回可贖回債券並以更低利率發行時便是債券贖回。

財務課題——
馬里歐特公司：公司組織重整與債券評價

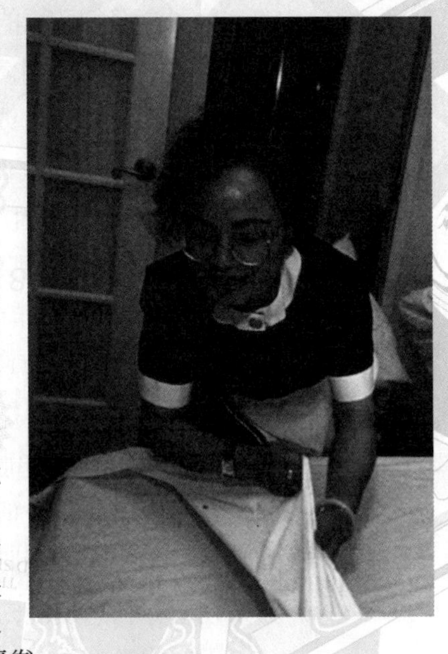

1980年代末期，許多美國上市公司（如RJR-Nabisco）紛紛透過融資買下交易來進行組織重整。近期，許多大型公司開始使用附帶利益方法來進行結構重整。所謂附帶利益是公司將子公司的股票分給股東。當此法對股東有利時，表示這些交易會損害債券持有人的利益。

我們以馬里歐特公司爲例。在1992年底，公司宣布將分爲二個新的單位。較健全的馬里歐特國際公司將經營飯店、各式各樣健康與教育機構之管理設備及餐飲服務、經營退休社區。這個單位的長期負債很少，低於2,000萬美元。另一個單位爲Host馬里歐特公司，擁有141家飯店或汽車旅館及16個退休社區。這家公司保留了馬里歐特公司所有的長期負債——29億美元。股市對此宣告呈現正向反應——馬里歐特公司股價在宣告日當天上漲了12%。相反地，該公司的債券價格則下跌了30%以上，其中，一種債券從110跌到80，每本金1,000美元則損失300美元，且該債券之前被債券評等公司評爲可投資等級，之後則降爲垃圾債券。

馬里歐特公司察覺到此附帶利益法對債券持有人有負面的影響，但是如同其發言人所說——我們受股東的託付，而此種交易帶給股東最好的利益。我們對債券持有人的責任在於按時支付利息，並於到期時償還本金，我們也計畫履行這義務。之後債券持有人控告馬里歐特公司試圖妨礙組織改造。這項行動促使馬里歐特公司改變附帶利益法，降低Host馬里歐特的負債金額，且以高票面利率的債券來交換市面上流通的債券。

公司對債券持有人的義務在契約書中有詳加說明。如同本章所討論的，債券持有人會在債券契約書中訂定適當的限制條款來防範公司結構重整的負面效果，以保護自己的權益。

緒論

公司會發行多種的長期證券來滿足他們的資金需求，包括長期債券、優先股及普通股。長期債券和優先股常被視爲固定收益證券，這些證券的持有者會收到固定的利息或股利支付，且當公司破產時，對公司資產享有一定的清償請求權。舉一個例子，AT&T在1996年發行2億5,000萬元債券，票面利率爲5.125%（即面額1,000美元之債券，每年支付51.25美元的利息），到期日爲2001年。從那時起，不論利率如何變動，公司持續支付此利息。同樣地，杜邦在1947年發行7,000萬美元的優先股，投資人每股付給公司102美元，公司則同意每股每年支付3.5美元股利，之後，即使普通股股利已經增加好幾倍，杜邦還是支付相同的優先股股利。

另一方面，普通股是一種收益變動證券，普通股股東可以分享公司盈餘；當盈餘增加時，他們可以獲得較高的股利分配；當盈餘下降時，股利分配也會減少。普通股股東對公司盈餘和資產有剩餘請求權，因爲普通股股利必須在債券利息及優先股股利皆發放後才可發放。

固定收益證券——長期債券及優先股——在許多方面會有差異。舉例來說，債券利息視爲公司的費用支出，可抵稅，但優先股股利支付則不能抵稅。在法律上，長期債券持有者被視爲借款給公司的人，而優先股股東則被視爲公司的擁有人，因此公司並不被強制支付股利給優先股股東，而且不支付優先股股利的嚴重性較不支付長期債券之利息、本金爲輕。除此之外，長期債券通常會有到期日，而優先股則無到期日。

在發展長期證券的評價模型前，了解各式各樣證券的特性是必要的。長期證券的評價對公司的財務經理、持有者、潛在投資人及證券分析師來說是十分重要的。例如，財務經理必須了解公司證券的價格是如何受到投資決策、融資決策及股利政策所影響。同樣地，證券持有人及潛在投資人將自己對公司證券的評價與實際的市場價格作比較，以作爲買賣決策的依據。另外，證券分析師在作投資建議時，也使用評價技巧去評估長期證券的價格。

本章的重點在於固定收益證券，也就是長期債券和優先股的特性與評價方法，下一章則對收益變動證券（即普通股）作相同的探討。

長期債券的特性

公司透過發行長期債券在資本市場上取得資金，這些債券通常以1,000美元爲單位，且發行公司同意在固定期間（通常一年二次）支付一定金額的利息，並在到期日償還本金1,000美元。大部分**債券面額**（par value (bond)）爲1,000美元，報價以價值的百分比來表示。舉例來說，當市場價格爲「87」表示面額1,000美元的債券可以870美元購買。

長期債券有許多不同的種類，公司通常會視自己特殊的財務狀況及整個產業的特性來決定使用何種債券。

長期債券的種類

長期債券通常以發行公司是否有用特殊實質資產爲擔保來做分類。有擔保債券稱爲**抵押債券**（mortgage bonds），無擔保債券則稱爲**信用債券**（debentures）。

近期，公共事業最常使用抵押債券。近幾年，相對於債券而言，使用抵押債券的比例逐漸下降，而信用債券的使用比例則上升。由於信用債券沒有擔保品，因此品質的好壞則視發行公司的信用評等，如此一來，信用債券多爲大型、財務狀況良好的公司所發行。

抵押債券與信用債券收益率的差距即爲風險或報酬的抉擇。舉例來說，假設Midstates Oil公司可發行抵押債券與信用債券二種，如果抵押債券可以10%的票面利率發行，而信用債券會以10.25%發行，二者的差距是因爲信用債券是以公司未擔保資產及未來獲利能力爲未來清償的依據，所以投資人會對信用債券要求較高的報酬率。

除了以擔保與否來分級以外，債券也可以高級或次級來區分，**高級債券**（senior debt）對公司的盈餘或資產享有優先清償請求權。有時債券的名稱會包括「高級」或「次級」來區分等級，但大部分債券等級的區分需要分析購買者對公司所設的限制。

未擔保債券可以依其清償請求權是否低於其他種類債券來區分。當公司面臨清算或重整時，**附屬信用債券**（subordinated debentures）持有者的清償請求權在其他債券之後。一般來說，附屬信用債券的等級次於其他債券，其中，銀行貸款更是公司所有債券中等級最低的。

資產信託權證被鐵路及卡車公司大量使用，發行此種權證所獲得的錢是用來購買特殊資產，例如，鐵路循環使用存貨。權證持有者擁有資產的所有權，並將之租給權證發行公司。技術上來說，資產信託權證並非眞的債券，即使有發行公司的保證，因爲利息及本金是由**受託人**（trustee）支付（受託人是代表投資人確保其利益之人）。即使如此，資產信託權證仍因爲有債券的所有特徵而被歸類爲債券。

抵押信託債券是以其他公司的股票或債券爲擔保，這種形式的融資在今日多爲控股公司所使用。舉例來說，控股公司可以把子公司的股票或債券當做擔保品來募集所需的資金。在此模式下，就如同子公司向母公司借錢，而母公司則自資本市場借取所需資金，如此做的原因在於母公司以往較子公司容易在資本市場獲得優惠條款。

收益債券傳統上常被使用，直到今日仍有人使用。**收益債券**（income bonds）只有在公司有足夠的收益下，才會支付利息；否則不支付。這種債券很少被直接發行，他們通常在公司破產後重整的情況下，或者要交換次級債券時才使用。因此，未擔保收益債券一般被視爲弱勢債券。

銀行及金融機構常以客戶未來支付的現金流量和商業債權爲擔保品發行債券，例如，應收帳款。信用卡及汽車貸款支付是市場上用來擔保資產抵押債券最常見的二種應收帳款。

污染控制債券和產業收入債券通常由地方政府發行，地方政府債券之利息支付即爲租稅的減免，票面利率較一般公司債爲低，而每一期利息的支付則由因此種債券發行而獲利的公司作履行的擔保。

長期債券的特徵

長期債券有以下一些獨特的特徵。

債券契約

債券契約（indenture）是發行長期債券之公司與購買者之間的一種契

約，一般來說有以下的作用：

1.詳細列出債券的發行條件。

2.列出本金償還的方法。

3.條列出債券持有人對公司所要求的限制條款，公司不得違反，典型的限制條款如下：

a.公司必須維持利息保障倍數在低限以上。

b.公司必須維持營運資金在低限以上。

c.公司支付優先股及普通股股利的最高額度，不能超過此高限。

d.有效限制公司進行租賃或發行其他債券的限制條款。

債券限制條款用來解決債權人、股東與經理人的代理問題，避免股東或經理人採取不利於債券市價或損害公司償債能力的行爲，也可在公司發生重大事件導致債券市價降低時，改變債券的發行條件。例如「放置毒藥」限制條款，允許債券持有人在公司被購併或債券等級降至投資等級以下，可以將手中持有債券以面額賣回給公司。

嚴格的限制條款會降低管理的彈性，因此對公司來說會有成本產生；但同樣地，嚴格的限制條款會提升公司的信用等級而降低借款成本，所以最適的限制條款可最小化公司成本。

受託人

因爲大型公司的長期債券持有人可能分散世界各地，因此1939年的債券契約法案要求推出一位受託人代表債券持有人與公司進行交涉，受託人通常爲商業銀行或信託公司，他們確保公司有遵循債券契約上的限制條款，且發行公司必須支付信託人費用。

贖回條款和債券換回

贖回條款（call feature）是一條選擇性的條款，允許發行公司在到期日之前以贖回價格將債券贖回。許多公司使用贖回條款，因爲它可使公司在利率下跌時，提早將債券贖回。

贖回價格（call price）會大於債券面額，中間的差異即爲**贖回溢酬**（call premium）。在發行的初期，贖回溢酬通常等於一年的利息，有些債券的贖回溢酬是固定的，有些則是逐漸減少。例如，1987年Chrysler發行30,000萬美元，票面利率10.95%的三十年期債券；在1997年時，公司可以面額的105.475%贖回；在1998年，贖回價格下降至面額的104.928%，逐年下降直到2007年。許多債券在發行後的幾年內規定不能贖回，如上例，Chrysler在發行後十年——1997年才可開始贖回，這種情況稱之為遞延贖回（deferred call）。

贖回條款的細節在債券賣出之前由承銷商與發行公司協定，因為贖回條款雖然給予公司融資彈性，但同時也剝奪了債券持有人持有到期的利益，所以發行公司必須以贖回溢酬來彌補投資人，除此之外，可贖回債券的票面利率會高於沒有贖回條款債券的票面利率。

當市場利率低於流通債券的票面利率時，公司會贖回債券以節省利息支出，並發行票面利率較低的債券來代替贖回的債券，這個過程稱為**債券換回**（bond refunding），我們會在本章附錄中討論。

償債基金

一般來說，債券投資人會要求發行公司逐步清償本金，而非在到期日一次償還。因此，償債基金（sinking fund）就是用來每年償還部分本金。如Chrysler發行票面利率10.95%的債券，公司在1998年到2017年之間，每年贖回1,500萬美元的本金，即在到期日之前贖回95%的發行總額。事實上，公司可用兩種方法來使用償債基金：一種是每年在市場上購買部分流通債券；另一種為當債券是可贖回時，在特定年度贖回特定數量的債券。另外，決定何時贖回有兩種方式：一為隨機決定；另外則視市場價格的變化來決定。一般來說，如果市場利率高於票面利率，市價會低於面額1,000美元，此時公司會在市場上將債券購回，如果市場利率低於票面利率，且市價高於贖回價格，則公司會使用贖回的方式。

連結權益債券

有些債券含有轉換的特性，持有人有權選擇是否將債券轉換為公司的普通股。**可轉換債券**（convertible bond）的利息成本會低於條件相同但沒有轉換選擇權的債券，因為投資人將轉換的價值視為報酬的一部分。另一種形式的權益連結債券為附認股權證的債券。**認股權證**（warrant）給予持有人可在特定期間以約定價格購買特定數量的公司股票。可轉換債券及認股權證將在第20章深入討論。

債券發行額度

一般說來，透過承銷商所發行的債券額度多介於2,500萬美元到2億美元，但大型公司有時會一次發行債券超過5億美元。由於透過承銷集團發行債券須支付龐大費用，因此若發行額度小於2,500萬美元則不夠經濟。但另一方面，以私下募集方式發行債券，額度通常較小，多介於500萬到1,000萬美元，因爲買主通常只有一個，如保險公司。

票面利率

新發行債券的「票面利率」(coupon rate of interest) 通常是固定的，而且與市場利率相同以接近面額的價格賣出。但在1980年代初期通貨膨脹嚴重的時候，利率水準達到高點，債券價格波動幅度十分大，因此高評等公司開始發行浮動票面利率債券。

我們舉一個浮動利率債券的例子，BankAmerica在1993年發行於2003年到期的浮動票券，其每季所支付的利息爲：⑴三月期倫敦同業拆款利率加上0.05%；⑵4.2%，二者中較高者。此種債券是保護投資人不受利率上升所影響，因爲如此一來，債券價格的波動就不如固定利率債券劇烈。

另一種在1980年代初期發行的債券爲「深度折價債券」(Original Issue Deep Discount, OID)。此種債券的票面利率遠低於發行時的市場利率，因此會以較面額低許多的價格賣出。有些深度折價債券的票面利率甚至爲零，稱爲「零票面利率債券」(zero coupon)，其中一例爲Allied Signal公司在1983年10月1日所發行於2009年8月1日到期的零票面利率債券。發行此種債券的優點之一爲利息支付的大幅減少，另一個優點爲成本較低；其主要缺點爲到期日需要大量的現金支出。近幾年，深度折價債券漸漸不受歡迎，原因是稅法的改變，發行深度折價債券因視爲損失可抵稅的優惠已不存在，但另一種替代品出現，即Merrill Lynch's TIGRs——國庫投資成長債券——以美國國庫券爲依據，屬零票面利率債券，折價賣出，並在到期日以面額贖回。

到期日

長期債券的到期日 (maturity) 一般多爲二十到三十年，最長到達四十年 (在1993年，Walt Disney和Coca-Cola賣出一百年期的債券，爲自1954年來第一個爲期一百年的案例)。但一般公司較常發行到期日較短的債券，如十年，特別在短期利率很高時，1980年代初期，通貨膨脹率高，利率也高，公司多發行較短期債券。不過到了1990年代初期，通膨率低，利率持平，許多大型公司又紛紛開始發行二十五到三十年期的固定利率債券。

如同浮動利率債券保護投資人避免利率風險一般，公司也發行讓債券持有人有權決定是否以面額贖回的債券，也就是可展期債券或可賣回債券（extendable notes or put bounds）。如果利率上升，債券價格下跌，持有人可以面額賣回債券，並將所得金額投資在較高收益的證券。如Chrysler貸款公司1988年發行於2018年到期的可展期債即爲一種可賣回債券，持有人有權在1992、1996、2000年以及之後的2月1日選擇是否以本金加利息的金額賣回給公司。

在計算債券價值及到期收益率之前，投資人必須記住債券的實際期限可能與書面上記載的期限有所不同，原因包括：提前償還、償債基金的支付及公開市場購回等等。當然債券期限可能隨著公司重整、購併、融資買下、違約或清算等原因而延長或縮短。

債券融資活動資訊

債券融資活動的資訊可在每日的金融報紙上獲得，例如《華爾街日報》至少有一頁是債券市場的各種資訊，包括近期新發行債券的內容及承銷商的公告等。

《華爾街日報》也列出債券次級市場的各種資訊，包括在紐約證券交易所上市、成交量較大之公司債的報價。

公司債

美國公司發行的公司債（corporate bonds）主要在櫃檯市場交易，櫃檯市場由自營商組成的交易網絡，自營商以自己或客戶的帳戶互相買賣股票。櫃檯市場的債券報價資料並沒有報導在《華爾街日報》內，但有些大公司發行的公司債在紐約證交所掛牌上市。這些報價資料就有刊登在《華爾街日報》內，表6-1爲債券報價實例：

債券以其面值的百分比來報價，例如Duke Pw發行公司債的收盤價是1,040美元，而「7s05」表示該公司債提供7%的利率，因此持有者每半年可

表6-1　摘錄於《華爾街日報》的債券報價

公司債	殖利率	成交量	收盤價	變動量
ATT 7s05	6.8	19	102 5/8	-1/8
AlldC zr99	—	65	84 1/2	+1 1/2
DukePw 7s05	6.7	5	104	+1 1/2
UtdAir 10.67s04	8.7	5	122	+1 1/2
Zenith 61/4 11	cv	35	81 7/8	+1 7/8

Source: *Wall Street Journal* (November 25, 1996).

收到35美元的利息，即每年70美元（.07 × $1,000），且在2005年到期。當期殖利率爲年利息除以當天收盤價，例如，$70／104＝6.7%，但這只是該債券到期收益率的近似値而已，這將在本章後面討論。

在殖利率一欄中，Zenith出現的cv表示，其公司債在某些情況可轉換成公司股票（可轉換公司債將在第20章中介紹）。Allied Signal公司債中的zr表示其爲零息債券——即不付利息，在一開始時以面值（1,000美元）折價賣出，而持有者在到期日時可收回$1,000，該債券目前只賣出面值的84.5%，即845美元。

政府債券

美國政府以發行債券取得資金，包括：國庫券、中期公債和長期公債。國庫券的到期日有13、26、52天，到期時，還10,000美元給持有者，國庫券不付利息，而以到期值折價出售。投資人獲得的利息爲購買金額和10,000美元的差額。其報價如下：

到期	距到期日天數	買標	賣標	變動	收益率
97年1月23日	59	5.00	4.96	-0.01	5.07

上列國庫券剩59天就到期，買賣標爲到期價的折價百分比，賣價折價4.96%，換算爲〔$10,000×（365／59）÷（4.96 ÷ 100）〕＝$80.18，即賣價爲$10,000－$80.18＝$9,919.82，收益率爲持有到期時的年化收益率。

較長期公債爲中、長期公債。中期公債以一至十年爲期，長期公債的到期日爲十至三十年，像公司債一樣，每半年支付固定利息，以1,000美元的倍數來發行。公司債和中長期公債報價有兩個差異：第一，中長期公債以面值1%的1/32爲報價單位，因此94：17表示價格爲面値的94又17/32，即945.31美元；第二，公債報出的是到期收益率而非公司債的當時收益率。

債券評等

債券的投資等級是根據多家金融機構所評估之風險程度來區分，包括Moody's投資公司及S&P公司。這些公司在評估一家公司的債券等級時會考慮盈餘穩定性、現金流量涵蓋比例、公司資本結構中負債的相對金額等等。根據Moody's的等級表，最高等級，即風險最低者爲Aaa，接下來依序：Aa，A，Baa，Ba，B，Caa，Ca及C。Standard and Poor's的等級表則是AAA代表最高等級，接著爲AA，A，BBB，BB，B等依次下去。S&P有評估到C與D的高風險等級，其中大部分是從A或B級掉下來的，圖6-1爲Moody's及S&P債券評等（bond rating）的定義。

Moody's公司評等的關鍵因素

Aaa

被評爲Aaa之債券爲最好等級之債券，通常爲投資風險最低者，利息及本金的支付都有很大的保障。

Aa

Aa級債券等級也屬較高者，與Aaa爲同一群，被視爲高級債券。Aa級較Aaa級次之的原因在於安全性因子較少或長期風險較Aaa爲大。

A

A級債券擁有許多值得投資的因子，也被視爲A群與以下的分野。A級債券之利息及本金的支付都是滿安全的，但未來的不穩定性較高。

Baa

Baa級債券被視爲中等債券，近期之利息及本金的支付都可靠，但較長時間的支付則不穩定，缺乏傑出的投資特性。

Ba

Ba級債券有投機的特性，未來充滿不確定性，利息及本金支付的穩定性屬中等，景氣好時與差時的安全性不一致。

B

B級債券缺乏吸引投資的特性，長期之利息與本金的支付及合約的持續性都具有不確定性。

Caa

Caa級債券等級很差，有違約的風險，利息及本金的支付也有風險。

Ca

Ca級債券投機味濃厚，違約風險很高且有許多缺點。

C

C級債券是債券的最低等級，發行此種債券會被視爲前景很差，沒有達到投資的等級。

附註：Moody's在Aa到B之間使用1、2、3來分類。1表示爲該類的較高等級，2爲中間等級，3則爲該類的最低等級。

（續）

圖6-1　Moody's與Standard and Poor's之債券等級定義

Standard & Poor's公司與市政債券的評等
AAA：AAA級債券爲S&P所評之最高等級，利息及本金支付能力最大。
AA：AA級債券支付利息及本金的能力很強，與最高等級的差別只在於規模較小。
A：A級債券與較高等級債券的差別在於利息、本金的支付能力會受到環境改變及經濟情況所影響。
BBB：BBB級債券的利息支付及本金償還能力會因經濟情況不好或環境改變而減弱的幅度大於較高級者。
BB, B, CCC, CC, C：BB、B、CCC、CC及C級債券具有投機性，利息支付及本金償還能力視其條款而定。BB級是投機等級中最低的，C級是投機的最高級，這些債券通常在經濟情況不好時有很大的不確定性及風險存在。
BB：BB級債券是投機性債券中違約風險較小者，但仍面臨公司繼續經營的不確定性，且景氣不好時可能無法支付利息及償還本金，清償順位低於BBB級債券。
B：B級債券有較大的違約風險，短期的利息支付及本金償還問題不大，不過景氣轉壞，支付能力會因此而轉弱，清償順位低於BB級或BB—級債券。
CCC：CCC級債券短期違約的可能性高，且受景氣好壞影響很大，當景氣很差時，可能付不出利息及本金，清償順位低於B或B—級債券。
CC：CC級債券清償順位低於CCC級債券。
C：C級債券之清償順位低於CCC—級債券，C級通常包括公司破產申請已通過，但利息、本金之支付仍繼續的情況。
CI：CI級債券是指沒有利息支付的收益債券。
D：D級債券指無法支付利息及本金的債券，即使寬限期限尚未到期，除非S&P認爲公司可在期限內支付利息及償還本金，另外，當公司的破產申請通過，利息支付及本金償還可能無法履行時也列爲D級。
正號（＋）或負號（－）：從AA級到CCC級間，可在大分類中加入正、負號來區分等級。
r：r代表因非信用風險所導致預期報酬率有很大波動的衍生性商品，例如，本金與利息是連動到股價、商品或外匯的債券，交換交易，選擇權及只償還利息或本金的債券等。

Source: *Moody's Bond Record* (November 1996). Reprinted by permission of Moody's Investors Service, Inc. *Standard & Poor's Bond Guide* (December 1996). Reprinted by permission of Standard and Poor's, a division of the McGraw-Hill Companies.

續圖6-1

表6-2爲獲利及槓桿比率皆中等的美國公司之債券所得之S&P等級，一般而言，獲利能力最佳，槓桿比例最適的公司可獲得最高評等。表6-3即爲各公司債券之信用評等及槓桿比例。低負債比例及最高利息涵蓋比例的公司會有較好的評等。

財務能力較弱的公司（也就是高槓桿或低盈餘的公司）會發行高收益的債券來獲取內部需求及外部購併所需的資本，我們稱之爲**垃圾債券**（junk bonds），Moody's會給予Ba或更低的等級（S&P則給予BB或更低的等級），而且收益率比最高等級的公司債多3%或更多。例如Campeau公司在1988年11月必須支付高於17%的利息，才能獲取購併Federated Department Stores所需資金，此債券被S&P評爲CCC＋，在當時，最高等級公司債（AAA級）

表6-2　不同S&P債信評等之公司的獲利率與財務槓桿比率

債信評等	獲利率		財務槓桿比例	
	營運收入占銷售之百分比	永久性資產之稅前報酬	稅前利息保障倍數	長期債券占資本額百分比
AAA	21.6%	28.2%	16.70x	11.1%
AA	16.0	19.2	9.31	17.0
A	13.9	14.9	4.41	29.7
BBB	12.3	9.8	2.30	40.4
BB	10.3	10.0	1.31	53.0
B	9.7	6.1	0.77	56.8
C	9.8	-0.4	-0.06	74.8

Source: Standard & Poor's *CreditWeek* (November 8, 1993): 39-42.

表6-3　不同債信評等公司的資本結構與保障比例

公司名稱	S&P債信評等*	Moody's債信評等*	負債比例**	賺得固定費用倍數*
Johnson & Johnson	AAA	Aaa	17.3%	16.24
Shell Oil	AAA	Aa1	21.1	10.46
Northern Illinois Gas	AA	Aa1	38.8	4.52
Coca-Cola	AA	Aa3	43.0	16.02
Campbell Soup	AA−	Aa3	36.2	10.01
Rockwell International	AA−	A3	37.0	8.21
J. C. Penney	A+	A1	50.4	4.48
Phillip Morris	A	A2	53.0	8.43
IBM	A	A1	51.7	11.41
Ryder Systems	A−	Aa3	66.7	2.39
B. F. Goodrich	BBB+	Baa1	37.4	4.33
Black & Decker	BBB−	Baa3	54.0	2.17
Public Service Company of New Mexico	BB+	Ba1	51.9	3.18
American Standard	BB−	Ba3	132.0	2.06
Armco	B	B2	246.0	.82
Nextel Communications	CCC −	B3	45.6	− 3.62
Claridge Hotel & Casino	CC	Caa	101.0	.89

*Standard & Poor's Bond Guide（December 1996）. Reprinted by permission of Standard and Poor's, a division of McGraw-Hill, Inc.
**Moody's Bond Record（November 1996）.

的收益率低於10%。二年後，Federated因付不出利息而面臨破產。垃圾債券在1980年代後半期和其它公司債券形成了重要的區隔，其利率從1983年13%變動到1988年的25%。但到了1990年代，垃圾債券的重要性已不復見，而之前所發行的垃圾債券也已被贖回150億美元。垃圾債券比例逐漸下降的原因為：

1.經濟衰退。

2.銀行及存放款機構的倒閉，其中，許多家都有投資垃圾債券。

3.管制金融機構的法規條款逐漸增加。

4.投資銀行的倒閉，如Drexel Burnham Lambert，它是垃圾債券的最大發行者。

5.有些使用垃圾債券來進行財務購併或組織重整的公司遭遇財務困境。

長期債券之使用人

大部分大型及中型公司以長期債券來籌集固定資產所需資金，多為擔保債券或未擔保信用債券。公用事業使用債券的比例很大，是擔保債券的最大使用人，且公用事業的優先抵押債券是一種安全、低風險的投資。相反地，製造業公司使用債券的比例並不一致，而且多使用未擔保債券。

事實上，許多大型公司都有規劃資本經費項目，通常都會使用長期債券來融資新資產的部分資金需求。不過由於借取小額的長期資本並不經濟，因此有進行中建造計畫的公司常常會慢慢減少短期借款，所以大概每隔兩年公司會進入資本市場發行長期債券，所得之部分資金即用來償還短期借款。這樣的過程稱之為將短期貸款換成長期貸款，結果長期貸款有時即指償債貸款。

大部分剛創立的公司試著在資本結構中維持固定的長期負債比例及普通權益比例。在公司正常的獲利營運中，長期負債會因到期而減少，但是普通權益的保留盈餘部分則會一直增加，如此一來，負債權益比會下降。因此，為維持相同的資本結構，公司會定期發行長期債券。由於在美國，公司外部長期資本約有85%到90%以債券融資，因此以新債換舊債的方式，也伴隨著利息的抵稅優惠。

以長期債券融資的優點與缺點

從發行公司的前景來看，長期債券的主要優點有：

■利息抵稅效果使得債券稅後成本相對較低。

■透過財務槓桿來增加每股盈餘。
■公司擁有人對公司可保有較大控制權。

以下是長期債券融資的主要缺點：

■使用債券會增加公司的財務風險。
■貸款者對公司設立限制條款。

從投資人的觀點，債券提供穩定的報酬，因此與投資股票比較起來，投資風險相對較低。但是因爲債券持有人是債權人，不能參與公司的盈餘分配，因此在高通膨時期，債券持有人會發現實質利息減少，因爲名目利息支付是固定的。

國際議題：國際債券市場

除了在美國金融市場籌募資本外，許多公司也到其他國家募集資本。國際債券最初就是賣給非本國人的投資人。在國際債券市場中，有兩種主要的長期融資工具：歐洲債券與外國債券。

歐洲債券（Eurobonds）是由美國公司發行，以美元計價，賣給美國以外的投資人，如歐洲及日本。此種債券通常由國際投資銀行團隊承銷。舉例來說，IBM可以在歐洲或日本發行以美元計價的債券。歐洲債券市場很早就存在，因爲法規的管制較鬆，揭露事項的要求也較少。歐洲債券是無記名債券，債券持有人可用以避稅。因爲以上的原因，以歐洲債券融資的成本會低於國內融資。

相反地，**外國債券**（foreign bonds）是由單一國家的投資銀行團隊承銷，而且以發行當地的幣別計價，發行人通常來自發行國以外的國家。例如，Crown Cork & Seal公司在美國以外有65家工廠，他們可以進入外國債券市場募集資本，以便在法國建造新工廠。另外，他們可以在法國發行以法幣計價的債券，或者在其他國家發行以當地幣別計價的債券。

國際債券（international bond）市場在1980年代成長快速，且持續提供公司以較低成本做爲籌資的管道之一。

基本觀念：資產評價

任何資產的評價都是根據未來收益（或現金流量）的預期，即持有人在資產的年限中所得到的。舉例而言，實質資產（如工廠的生產設備）的價值是根據資產在使用年限中可爲公司產生的現金流量來計算。這些現金流量是資產能增加收入或降低成本的部分加上資產出售所能獲得的殘値，相同的，金融資產（如股票或債券）的價值是根據資產在持有期間內產生的現金流量來計算，這些現金流量爲持有期間內利息或股利的支付加上出售證券時所獲得的金額。

以下的假設將在之後的章節中適用：公司的組織與資產仍維持原狀，且持續產生現金流量。

除了以上所描述的方法外，另外有方法來評價可能面臨破產公司的長期債券，那些公司資產的**清算價值**（liquidation value）是決定公司長期債券價值的主要因素。

現金流量資本化法

決定資產價值的方法之一是計算預期的未來現金流量以適當的要求報酬率折現所得的現值，這就是大家所熟知的**現金流量資本化**（capitalization of cash flow）法，數學式子如下：

$$V_0 = \frac{CF_1}{(1+i)^1} + \frac{CF_2}{(1+i)^2} + \cdots\cdots + \frac{CF_n}{(1+i)^n} \qquad 〔6.1〕$$

或用總和符號，如下：

$$V_0 = \sum_{t=1}^{n} \frac{CF_t}{(1+i)^t} \qquad 〔6.2〕$$

V_0是資產在t=0時的價值，CF_t是t期時的預期現金流量，i是要求報酬率或折現率，n是持有期間的期數。

舉例來說，假設投資的現金流量爲每年投資1,000美元，要求報酬率爲

8%，使用現金流量資本化法則投資的價值爲：

$$V_0 = \sum_{t=1}^{6} \frac{\$1,000}{(1+0.08)^t} \tag{6.2}$$

將此式表示爲年金現值（$PVAN_0$），可用第4章的公式〔4.22〕來計算該投資的價值：

$$\begin{aligned} V_0 &= \$1,000\ (PVIFA_{0.08,\,6}) \\ &= \$1,000\ (4.623) \\ &= \$4,623 \end{aligned}$$

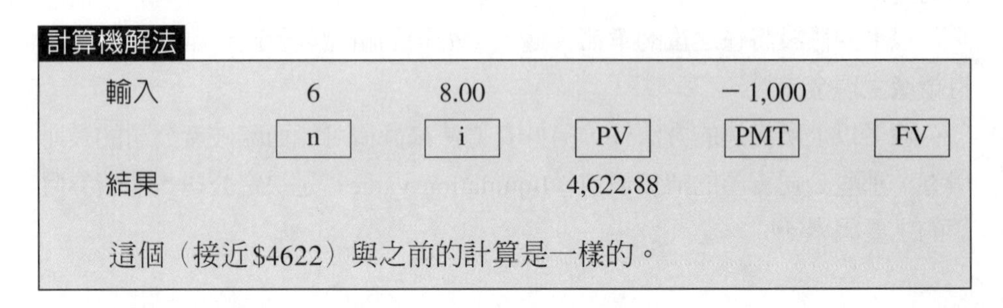
計算機解法

輸入	6	8.00		−1,000	
	n	i	PV	PMT	FV
結果			4,622.88		

這個（接近$4622）與之前的計算是一樣的。

資產的要求報酬率（required rate of return）爲不確定性、風險與無風險利率的函數，如同我們在前幾章討論折現率的決定因子所指出的，此函數是正斜率，表示風險愈高，投資人的要求報酬率愈大。

資產的市場價值與市場均衡

從公式〔6.1〕我們可以得知，資產的價值決定於預期現金流量與持有人（或潛在投資人）的要求報酬率。但是潛在的買者與賣者對資產未來可產生的現金流量看法可能不一致，且會有各自不同的要求報酬率。

資產（如普通股）市場價格或市場價值的決定如同在市場導向經濟中大部分產品與勞務價格決定一樣，是由供給與需求來決定，二者的交點即爲價格，如圖6-2所示。潛在買者以需求線代表，線上的點爲在特定數量下，買者願意付出的最高價格；供給線則代表潛在賣者，線上各點爲特定數量下，賣者願意賣出的最低價格。交易價格會發生在供給線與需求線交叉的那點

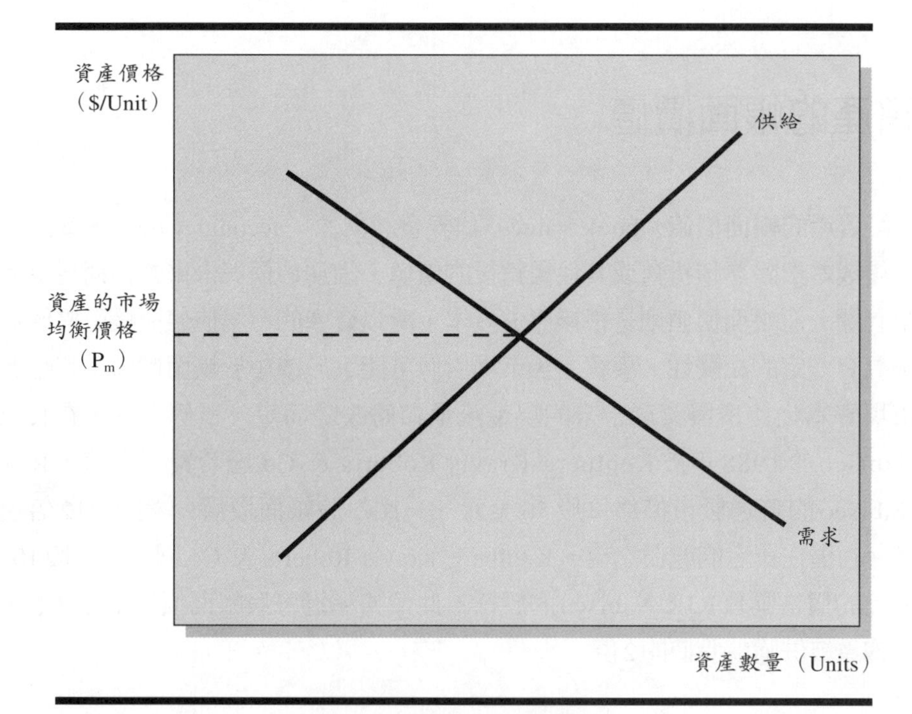

圖6-2　資產的市場價格

上，此交叉點代表資產P_m的市場價值或市場價格。

資產的市場價格為市場上最終滿足買賣雙方並完成交易的邊際價格。邊際滿足買者支付他可接受的最高價格，邊際滿足賣者則賣出他可接受的最低價格。很明顯的，有許多潛在賣者認為資產價值比市價高；相同地，有很多潛在買者認為資產價值比市價低。

當資產價格不再移動時即達到市場均衡，在這一點時，資產的期望報酬率會等於邊際投資人的要求報酬率。當投資人的要求報酬率（i），或資產的預期現金流量改變時，市場會失去均衡。市場價格會反映情況的改變而不斷的調整，直到新的市場均衡出現。

大部分的金融資產會在有組織的市場中買賣。許多小型公司的債券、優先股及普通股如同大部分的中、大型公司一般，在一家或多家的國家或區域交易所或店頭市場進行交易。因為市場上有許多競爭性的買賣方，所以證券的市場價格代表證券價值的一致性評估。雖然沒有證券價值的市場衡量法存在，但是他們的市場價值可以用類似證券在公開市場交易之市價來代表。

資產的帳面價值

資產的帳面價值（book value）代表會計價值（account value），或歷史取得成本扣除累積折舊或其他攤銷後的價值。因爲市價與未來的預期現金流量有關，而帳面價值則是根據歷史成本，所以資產的市場價值與帳面價值並不具有一定的相關性。事實上，市場價值可能大於或小於帳面價值，完全看市場資本化比率與資產未來的現金流量如何改變而定。舉例來說，在RJR Nabisco於1988年被Kohlberg Kravis Roberts & Co.融資買下之前，RJR Nabisco的普通股市價爲每股56美元——比每股帳面價值24美元的2倍還多。在潛在買者的競價之後，Kohlberg Kravis Roberts & Co.同意以每股109美元的價格購買RJR Nabisco的股票，此價格超過每股帳面價值4倍以上，且約爲被併購前股價的2倍。

債券評價

債券（bond）的評價是一個相對簡單直接的過程，因爲持有者未來的現金流量在契約上已明白訂出，發行公司必須定期支付利息及本金償還，否則債券將會違約。債券違約對公司及股東會有嚴重的後果，如面臨破產、組織重整或二者皆有。

由於違約風險的存在，投資人持有債券會要求比無風險利率更高的報酬率。投資人的要求報酬率會因爲不同的公司債券而不同，且視其違約風險而定。在其他條件不變下，債券的違約風險愈大，要求報酬率愈高。

有到期日之債券

期限長短可數之債券支付投資人兩種形式的報酬：未來n期之利息支付（I_1，I_2，……I_n）及第n期之本金償還（M）。第n期即爲債券的到期日，必須償還本金將債券贖回。

債券的價值可以用現金流量資本化法計算，如下：

$$P_0 = \frac{I_1}{(1+k_d)^1} + \frac{I_2}{(1+k_d)^1} + \cdots\cdots + \frac{I_{n-1}}{(1+k_d)^{n-1}} + \frac{I_n + M}{(1+k_d)^n} \quad 〔6.3〕$$

P_0為購買日時債券的價值，K_d為投資人對此債券的要求報酬率。

因為所有的利息支付都是一樣的，所以**公式**〔6.3〕可被簡化為：

$$P_0 = \sum_{t=1}^{n} \frac{I_1}{(1+k_d)^t} + \frac{M}{(1+k_d)^n} \quad 〔6.4〕$$

公式〔6.4〕的第一項為每期I的n期年金之現值；第二項為第n期單一支付額M之現值。**公式**〔6.4〕可被更進一步簡化為：

$$P_0 = I\ (PVIFA_{kd,\,n}) + M\ (PVIF_{kd,\,n}) \quad 〔6.5〕$$

為了應用**公式**〔6.5〕，我們舉了以下的例子。Dole食品公司發行2003年5月15日到期，票面利率7%的債券3億元，每張面額為1,000美元，為了簡化這個例子，假設債券在2003年年底到期，且每年年底支付利息。

投資人希望在1996年5月15日購買一張Dole債券，並對此債券要求8%的報酬率，以下便以此來計算債券價值。假設投資人會持有債券至到期，收取七次的70美元利息加上第十年年底本金1,000美元的償還，**圖**6-3即表示預期的現金流量。將這些價值與Kd＝8%代入**公式**〔6.4〕可得到債券的價

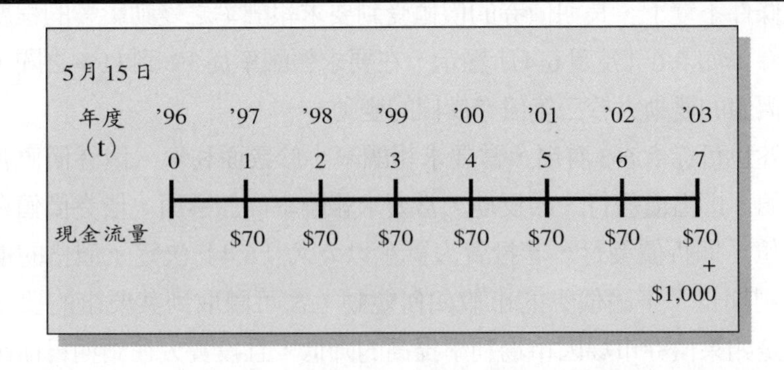

圖6-3　Dole食品公司債券的現金流量

值：

$$P_0 = \sum_{t=1}^{7} \frac{\$70}{(1+0.08)^t} + \frac{\$1,000}{(1+0.08)^7}$$
$$= \$70\ (PVIFA_{0.08,7}) + \$1,000\ (PVIF_{0.08,7})$$
$$= \$70\ (5.206) + \$1,000\ (0.583)$$
$$= \$364.42 + 583$$
$$= \$947.42\ (\text{or } \$947)$$

計算機解法

輸入	7	8.0		70	1,000
	n	i	PV	PMT	FV
結果			－947.94		

註：計算機解出的答案與用公式〔6.4〕求出的答案之間的差距在於利息表只取到小數點後3位，若使用更精確的利息表，解出的答案會更接近$947.94

換句話說，投資人若對Dole債券要求8%的報酬率，會願意在1993年底付出933美元來購買一張債券。

若投資人對此債券的要求報酬率高於8%，則評估其價格會低於933美元；相同的，若投資人之要求報酬率低於8%，則評估其價格會高於933美元。此種介於要求報酬率與債券價格之間的負向關係，可從**表6-4**及**圖6-4**中三年與十五年債券中得知。換句話說，當要求報酬率增加，債券的價值會下降；要求報酬率降低，債券價值則上升。

債券價值與投資人要求報酬率之間的關係須視距離到期日的長短而定。在其他條件不變下，長期債券的價值受到要求報酬率之變動影響的程度大於短期債券，如**表6-4**及**圖6-4**所顯示，在要求報酬率從3%到11%之間，十五年債券價值的變動大於三年債券價值的變動。

另外也可從**表6-3**看出，當要求報酬率小於票面利率。債券價值會高於票面價值，即溢價發行。相反地，當要求報酬率高於票面，債券價值會低於票面價值，即折價發行，若投資人買了以**公式**〔6.4〕決定了價格的債券並持有至到期日，不論債券的市價如何變動，都可賺取到其要求的要求報酬率。但是如果債券市場因市場利率提高的降低，且投資人在到期日前出售，那麼，投資人只賺到小於要求報酬率的報酬率，甚至產生損失；此時，債券

表6-4　不同的要求報酬率下，票面利率為7%的債券之價值

要求報酬率，k_b	15年債券的價值	3年債券的價值	債券價值相較於面額
3%	$1,478	$1,113	溢價
5	1,208	1,055	溢價
6	1,097	1,027	溢價
7	1,000	1,000	平價
8	914	974	折價
9	839	949	折價
11	712	902	折價

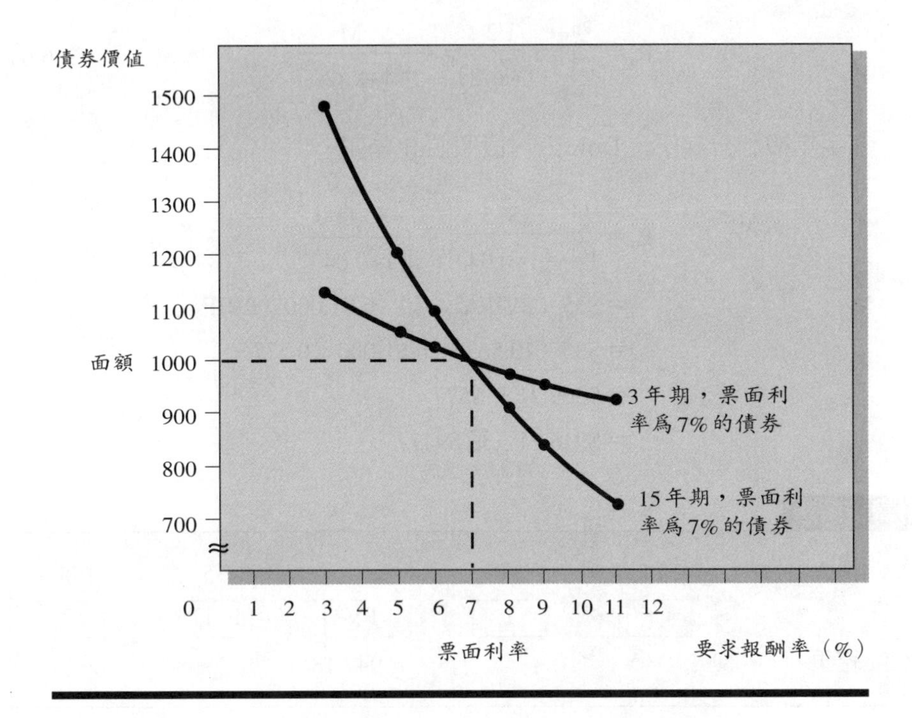

圖6-4　債券價值與要求報酬率之間的關係

（或任何固定收益證券）市場價格的變動即是**利率風險**（interest rate risk）。

除了利率風險，投資人也重視再投資風險。**再投資風險**（reinvestment rate risk）爲當到期時，由於利率下降，投資人被迫將本金投資在較低的利率下。例如，Chrysler的三十年債券持有者，利率10.95%，在1987年購買，每年可得109.5美元的利息，但該公司債標示在1997年開始可以被贖回，如果該公司因爲利率下降而贖回，投資人將不能把本金投資在相似風險債券而得到10.95%的報酬，再投資風險也指利息再投資的風險，當利息再投資的報酬率不同於到期收益率時，若再投資報酬率提高（降低），那麼眞正實現的報酬率將增加（降低）。

半年付息

大部分公司債半年付息一次，如Dole公司債。在第4章中說明的「複利期間對現值、終值的影響」，要求報酬率除以2，而計息次數乘以2，因此，半年付息一次的債券評價公式如下：

$$P_0 = \sum_{t=1}^{2n} \frac{I/2}{(1+k_d/2)^t} + \frac{M}{(1+k_d/2)^{2n}} \qquad [6.6]$$

在半年複利一次下，Dole公司債價值計算如下：

$$\begin{aligned} P_0 &= \sum_{t=1}^{14} \frac{\$35}{(1+0.04)^t} + \frac{\$1,000}{(1+0.04)^{14}} \\ &= \$35\,(PVIFA_{0.04,\,14}) + \$1,000\,(PVIF_{0.04,\,14}) \\ &= \$35\,(10.563) + \$1,000\,(0.577) \\ &= \$369.71 + \$577 \\ &= \$946.71\ (\text{或}\ \$947) \end{aligned}$$

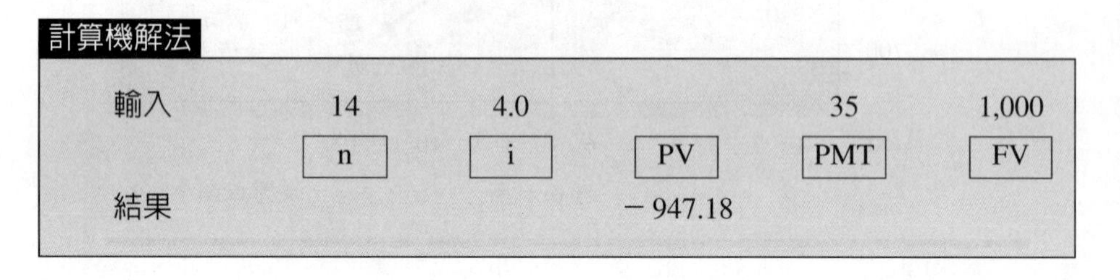
計算機解法

輸入	14	4.0		35	1,000
	n	i	PV	PMT	FV
結果			−947.18		

在這題中，年要求報酬率（k_d = .08）除以2（.08/2 = .04），期間數（n = 7）乘以2（7 × 2 = 14），價值和一年複利一次的價值只差一點點。

永久債券

永久債券（perpetual bond）或永久年金，是沒有到期日的，同意永久支付利息，因此沒有本金的償還，M = 0。

永久債券的評價較有到期日債券的評價簡單。假設債券支付固定利息（I）直到永遠，則價值如下：

$$P_0 = \sum_{t=1}^{\infty} \frac{I}{(1+k_d)^t} \qquad 〔6.7〕$$

K_d是要求報酬率。**公式**〔6.6〕可被簡化成以下的式子：

$$P_0 = \frac{I}{k_d} \qquad 〔6.8〕$$

舉例來說，Canadian Pacific Limited Railroad公司發行4%的永久信用債券，那麼一張面額為1,000美元，投資人要求的報酬率為8%，其價格為何？因為$I = 0.04 \times \$1000 = \$40$，$k_d = 8\%$，我們應用**公式**〔6.8〕可算出下面的答案：

$$P_0 = \frac{\$40}{0.08} = \$500$$

投資人願意支付500美元來購買一張Canadian Pacific的債券。

債券的到期收益率

債券的**到期收益率**（yield to maturity）是使利息加上本金以它折現後的現值，與債券目前市價相等的折現率。如果債券的市價P_0、每年的利息支付（I）及本金（M）已知下，有到期日債券之到期收益率可以用**公式**〔6.4〕來算出，即解出其中的K_d：

$$P_0 = \sum_{t=1}^{n} \frac{I}{(1+k_d)^t} + \frac{M}{(1+k_d)^n}$$

方程式中有四項變數，給定其中三項即可解出第四項的值。在之前介紹的債券價值計算中，此方程式是用在當k_d、I及M的值已知下，解出債券的價值P_0。而在到期收益率的計算中，此方程式則是用在當P_0、I及M的值已知下，解出k_d的值。

如果債券有贖回條款，我們也可以計算預期的贖回收益率。我們把到期價值（M）以贖回價格代替，距到期所剩的年數（n）以距公司贖回債券所剩的年數來代替。如果現在的市場利率低於可贖回債券的票面利率很多，則公司有可能會將債券贖回，在這種情況下，債券的期望報酬率應該是贖回收益率，而不是到期收益率。

計算債券的到期收益率有許多方法。首先可使用別人已製作好的表來找出特定債券之到期收益率。另外，許多財務計算機也可用來計算到期收益率。如果沒有以上的工具，則可利用本書後面〔附錄B〕中的現值表，用「試誤法」*算出到期收益率。

以前面討論到Dole Food公司7%債券爲例。假設每年3月15日付息一次，該公司債在1996年3月15日賣980美元（7年後到期），計算其到期收益率，在$n=7$，$I=70$，$P_0=\$980$，$M=\$1,000$下，求$K_d$：

---

*試誤法的步驟

第一步：對到期收益率作一個大概的估計。如果債券的市價（P_0）高（低）於到期價值（M），則可能的利率會低（高）於票面利率。

第二步：使用第一步估計的利率計算債券現金流量的現值。

第三步：如果債券現金流量的現值大（小）於債券的市價，則試試較高（低）的利率。

第四步：重複以上步驟，直到找到使債券現金流量等於債券市價的利率。

試誤法的運算

$Atk_d=7\%$

$$\sum_{t=1}^{7}\frac{\$70}{(1+0.7)^t}+\frac{\$1,000}{(1+.07)^7}=\$1,000>\$980=P_0$$

試試更高的比率

$$\sum_{t=1}^{7}\frac{\$70}{(1+.08)^t}+\frac{\$1,000}{(1+.08)^7}=\$70(5.206)+\$1,000(.583)$$

$$=\$947.42<\$980=P_0$$

由以上得知到期收益率在7%～8%之間。大約是：

$$k_d\approx 7\%+\frac{\$1,000-\$980}{\$1,000-\$947.42}(1\%)\approx 7.38\%$$

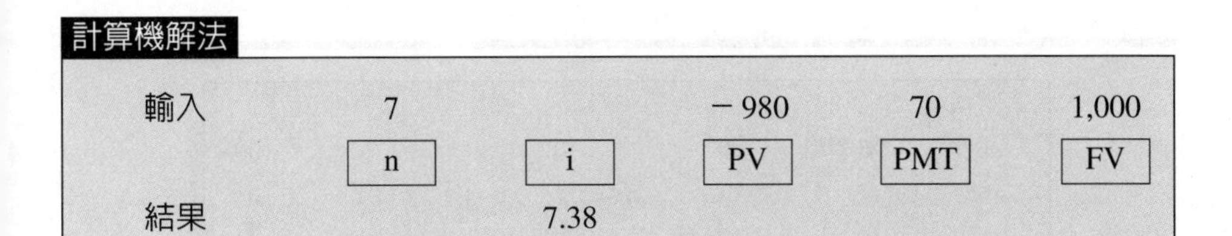

輸入	7		−980	70	1,000
	n	i	PV	PMT	FV
結果		7.38			

因此，到期收益率爲7.38%。

到期收益率（或贖回收益率）可用來比較兩種或多種類似債券的風險，有較高到期收益率的債券會被投資人認爲風險較高。已流通債券的到期收益率可以作爲估計投資人對即將發行之類似債券所要求的報酬率。

零票面利率債券

零票面利率債券（zero coupon bonds）不支付任何利息，僅在到期日償還本金，因此不需使用試誤法來計算其到期收益率。舉例說明，Allied Signal公司的零票面利率債券在2000年8月15日到期，假設在1996年8月15日以760美元購買面額1,000美元的此種債券還有四年到期，請算出其到期收益率。

圖6-5顯示，購買Allied公司零票面利率債券所產生的現金流量。因爲沒有利息支付，到期收益率**公式**〔6.4〕可被簡化爲：

$$P_0 = \frac{M}{(1+k_d)^n} = M\,(PVIF_{k_d,\,n}) \qquad [6.9]$$

將$n = 4$，$P_0 = \$760$，$M = \$1{,}000$代入，可得：

$$\$760 = \$1{,}000\,(PVIF_{k_d,\,4})$$
$$(PVIF_{k_d,4}) = 0.760$$

從本書後面的**表**II（見〔**附錄**B〕），我們可以找到四年期，現値因子爲0.760的利率應該介於7%（0.763）到8%（0.735）之間，利用內插法可得到零票面利率債券的到期收益率大約是7.11%。

$$k_d = 7\% + \frac{.763 - .760}{.763 - .735}\,(1\%) = 7.11\%$$

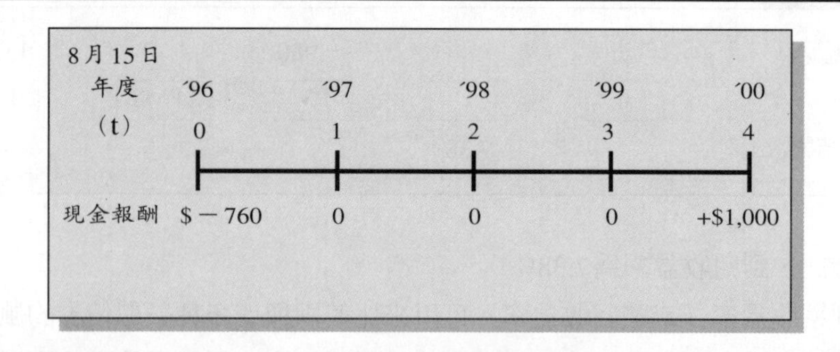

圖6-5　購買Allied公司零票面利率債券的現金流量

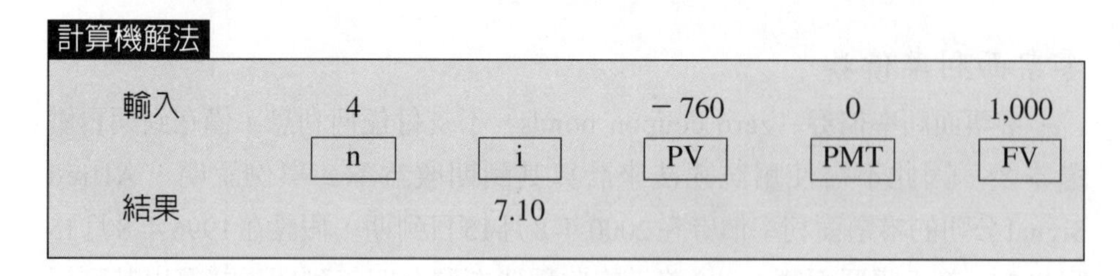

永久債券

永久債券（perpetual bonds）的報酬率，或到期收益率，可以從永久債券的評價公式〔6.8〕解出k_d：

$$P_0 = \frac{I}{k_d}$$

可得：

$$k_d = \frac{I}{P_0} \qquad 〔6.10〕$$

永久債券的收益率不需使用試誤法（或內插法）來計算。

舉例來說，之前曾提及的Canadian Pacific Limited Railroad之4%的信用債券，如果目前市價為640美元，則債券收益率為何？將$P_0 = \$640$，$I = \$40$代入公式〔6.10〕可得：

$$k_d = \frac{\$40}{\$640} = 0.0625（或6.25\%）$$

道德議題：融資買下與債券評價

在1980年代及1990年代早期，許多公司紛紛以融資買下（LBO）的方式進行購併或財務重整。典型的LBO爲公司的買方以賣方資產爲擔保品來籌措購買所需的資金，因此常可在LBO中看到高於90%的負債比例。

LBO會導致被購併公司股東的財富大量增加，如RJR股票價格在RJR被Kohlberg Kravis Roberts融資買下後，從50幾元上升到超過100元，不過債券持有人並未享受到如此的利益。大部分LBO對被購併或重整公司債券的影響爲債券評等的下降，因爲風險增加的原因。LBO中被購併公司債券的市場價值平均下降7%，在RJR這件交易中，債券持有人的損失超過20%。

在RJR這個例子中，有些較大的債券持有人，如大都會人壽保險公司及Hartford保險公司，控告RJR，他們認爲，RJR的管理階層有責任在LBO宣告前六個月發行債券時，必須揭露公司考慮接受LBO的訊息。大都會人壽要求RJR不僅對近期發行債券的損失賠償，之前發行債券的損失也必須賠償，你認爲RJR的債券持有人或其他公司的債券持有人有權在公司以LBO進行重整計畫時要求公司擁有人賠償他們因此項交易所造成的損失嗎？你認爲當在分析債券持有人的權利及管理階層的義務時，債券限制條款應扮演何種角色呢？債券持有人如何避免因LBO所造成的損失呢？

優先股的特性

優先股是公司資本的來源之一，其特性介於長期債券與普通股之間。如同普通股般，優先股是股東權益的一種，但它也如長期債券般被認爲是固定收益證券，即使優先股收到的是股利收入，而非利息收入。由於發行公司並不承諾在某特定日期償還本金，因此優先股比較像永久性的融資而非長期債券。優先股的股利如同長期債券的利息一樣是固定的，不隨時間而改變。

優先股融資的歡迎度在近幾十年來有逐漸下降的趨勢，因爲股利不能從公司收入中扣除，沒有抵稅的效果，而利息支付則可抵稅。這意謂著對一個必須將1/3的收入支付稅款的公司來說，假設稅前優先股與長期債券的利率相同、且公司的資本結構也不改變，則優先股的稅後成本會大於長期債券的稅後成本。

優先股對公司的股利及資產都比普通股享有優先權。舉例來說，如果公司的年度盈餘不夠支付優先股股利，則公司今年不會發放普通股股利。在破產後的清算時，優先股股東對公司資產的清償請求權次於債權人，但優先於普通股股東。

優先股的特徵

如同長期債券般，優先股有其獨特的特點，以下即爲這些特性的探討。

賣出價格與面額

賣出價格或發行價格爲優先股公開出售的每股價格，通常以每股25、50或100美元發行。

優先股面額（par value/preferred stock）由發行公司自訂，通常與最初賣出價格一致，但二者並不一定有絕對關係，以每股25美元售出的優先股，其面額可能爲25美元、1美元或沒有面額。但是不論優先股的眞正面額爲多少，當公司清算時，在債權人的清償請求權已經滿足後，優先股股東要求清償的金額爲發行價格上股利。

優先股的股利通常以絕對金額表示，而非百分比。舉例來說，假設Intermountain Power公司發行優先股，每年支付的股利爲2.20美元，面額爲1美元，且最初每股的賣出價格爲25美元，投資人喜歡稱這種股票爲「Intermountain Power的2.20美元優先股」。

可調整利率的優先股

優先股在1980年代早期很受歡迎，且每期調整一次股利，報酬率也隨著利率而改變。舉一個例子，Citicorp（“Citibank”）在1983年2月18日發行400萬股可調整利率的優先股，期初股利率爲9.75%，直到1983年12月31日，之後每年的股利率爲低於以下三種指標中的最高者4.125%即爲支付之股利率，三種指標爲：⑴三月期國庫券利率；⑵每季股利到期前的十年期利率；⑶每季股利到期前的二十年期利率，但股利率最高不得超過12%，最低不得低於6%。

股利累積特徵

大部分的優先股都具有累積性，意思爲當公司無法支付優先股股利時，無法支付的股利會一直累積下去，在完全付清優先股的累積股利後，公司才能支付普通股股利。這個特徵的主要原因在於，投資人不願意購買不具累積性的優先股。

參加性

如果股票持有人之利益可隨著公司盈餘上升而上升則具有參加性（participating）。不過幾乎所有的優先股都不具有參加性，所以即使公司的盈餘增加，優先股股利仍然維持不變。只有普通股股東的股利會因較高盈餘而增加。

到期日

優先股在技術上來說是公司權益資本的一部分，有些公司會發行永久優先股，即無到期日，是公司股東權益中永久性的部分。但是許多優先股投資人希望有償債基金條款，保證在經過一段時間後，把優先股贖回。

贖回特徵

如同長期債券一樣，優先股有時可以由發行公司選擇是否以特定價格贖回。舉例說明，上面所討論的Citicorp即爲可贖回優先股，可以在1988年2月28日到1993年2月28日間以每股$103贖回，在1993年之後，則以每股$100贖回。

雖然贖回條款允許發行公司可以靈活運用融資計畫，但是贖回條款不能吸引投資人購買，所以公司通常會提供贖回溢酬給投資人，也就是贖回價格與原始賣出價格的差距，其大小決定了優先股是否附有贖回條款。

當市場利率下降至低於發行時的利率，公司執行贖回權利的可能性就會增加，在贖回之前發行的債券後，公司會發行較低成本的債券來代替它。

投票權

根據一般規定，優先股股東在公司董事會中並沒有投票權（voting

rights)，但是如果公司忽略優先股股利或發生損失，則特殊的投票權利就具有效力，在此情況下，優先股股東自成獨立的團體進行投票，選出一或多位的公司董事，以確保董事會中有優先股股東權益的代表。

優先股的交易

公司賣出優先股後，購買的投資人可以在次級市場進行買賣；發行量大，交易活躍的優先股會在重要的股票交易所上市，如紐約或美國股票交易所。不過大部分的優先股交易量都不大，所以都在店頭市場交易。

優先股的使用者

公用事業是以優先股融資的最主要使用人，主要原因爲政府准許公用事業發放之優先股股利可視爲費用，如此一來，降低了優先股的稅後成本，使得造成非公用事業不願使用它的不利原因在公用事業中並不存在。

在近二十五年以來，優先股（通常是具可轉換特性的）使用在購併上較多，常常有購併公司發行優先股來交換被購併公司的普通股。舉例來說，Chrysler在1987年8月以發行優先股的方式購併American Motors，事實上，這也是一個財務槓桿的例子，而且它可以使購併公司的每股盈餘增加。

另一種偶爾會使用優先股融資的使用者是爲了進行擴張計畫而須強化資本的公司，這些公司選擇優先股爲長期融資的原因如下：

1.他們的資本結構及各種限制條款使得他們不能再使用長期債券。

2.股價低迷及潛在的每股盈餘稀釋問題使得他們不用外部普通權益融資方式。

通常這些公司都有相對低的邊際稅率（因爲損失及加速折舊），使得優先股的稅後成本與長期債券並沒有很大的差距。例如，USX與Navistar在過去十年間都發行優先股。

在1980年代，大型商業銀行是另一群優先股的使用者。這些銀行包括BankAmerica、Chase Manhattan及Manufacturers Hanover，他們發行可改變利率之優先股，大部分是爲了獲取更多的資本。

優先股融資的優點與缺點

從發行公司的未來前景來說，優先股的主要優點爲股利的發放具有彈性，在困難時期不發放優先股股利其結果的嚴重性較無法支付長期債券利息的結果爲輕。

除此之外，以優先股融資可增加公司的財務槓桿程度，不過財務分析師可能將優先股的發行視爲債券的發行，使用掉公司舉債能力的部分，否則公司實際上會較願意以較高稅後成本的優先股來融資。

從投資人的觀點來看，購買其他公司優先股的公司，由於公司間股利的發放有70%可免除聯邦所得稅，因此可獲得稅負上的利益。舉一個例子，稅率爲35%的保險公司投資其他公司的優先股，優先股股利收入課稅只須付10.5%。相反地，相同的保險公司必須把所有的利息收入列入應課所得。

優先股融資的主要缺點在於比長期債券高的稅後成本，因爲股利不能列爲課稅所得的減項，這表示在公司資本結構不變下，優先股的稅後成本大於長期債券的稅後成本，結果考慮用固定收益證券進行長期融資之公司會選擇長期債券，而非優先股。我們將在第11章詳細討論債券與優先股成本。

優先股的評價

大部分優先股支付規律且固定的股利，每股優先股股利不會隨著公司盈餘的增加而增加，也不會減少，除非公司面臨嚴重的財務問題。如果優先股股利在某一期因某些原因而縮減，則未付的那部分優先股股利必須先支付後，才可發放任何普通股股利，因此持有優先股之投資人，其預期現金流量爲每期固定金額的股利。

投資人對優先股的要求報酬率爲公司無法支付股利之風險的函數。風險愈高，要求報酬率愈高。由於債券持有人對公司收入及資產有優先請求權，因此持有公司優先股的風險較持有長期債券還高，所以投資人對優先股往往要求較高的報酬率。

因爲許多優先股的發行是沒有到期日的，持有無到期日優先股的投資人，其現金流量即爲永久年金，用以下的評價方程式可將股利支付這個永久年金現值化：

$$P_0 = \sum_{t=1}^{\infty} \frac{D_p}{(1+k_p)^t} \qquad 〔6.11〕$$

D_p 爲每期股利，K_p 爲投資人的要求報酬率。

公式〔6.11〕與計算永久債券價值的**公式**〔6.7〕很像，就如同永久債券評價模型，此方程式可簡化成以下的評價模式：

$$P_0 = \frac{D_p}{k_p} \qquad 〔6.12〕$$

爲了介紹**公式**〔6.12〕的使用，假設巴爾的摩瓦斯與電力公司每年年底支付4.5%累積優先股股利（面額爲100美元），若投資人要求每年8%的報酬率，則股票的價值爲何？假設在可預見的未來不能進行贖回。把 $D_p = \$4.50$（$0.045 \times \$100$）與 $k_p = 0.08$ 代入，得：

$$P_0 = \frac{\$4.50}{0.08}$$

$$= \$56.25$$

摘要

1.長期證券的價值是根據持有人在持有期間預期能收到之現金流量計算出來。

2.現金流量資本化法是用來評估證券的價值，其方法爲將預期的現金流量以投資人的要求報酬率折現所得到的現值即爲證券的價值，其中，要求報酬率爲與資產現金流量相關之風險及無風險利率的函數。

3.證券的市場價值爲最終完成交易之買賣方的成交價格。

4.長期債券與優先股都被歸類爲固定收益證券，因爲利息和優先股股利都是固定不變的；另一方面，普通股則爲收益變動證券，因爲普通股股利經常會改變。

5.長期債券一般以是否有特殊實質資產擔保來分類，有擔保債券即爲抵押債券，而以非抵押資產與公司獲利能力爲擔保的證券稱爲信用債券。

6.長期債券通常有以下的特性：

a.債券契約，發行公司與債券持有人所訂的契約。

b.受託人，代表債券持有人與公司進行交涉。

c.贖回條款，發行公司有權利選擇是否在到期日前贖回債券。

d.償債基金的要求，實務上，公司必須在債券有效期限內，慢慢贖回，降低在外流通金額。

7.債券換回通常發生在公司贖回可贖回債券且之後發行較低成本之債券來代替。

8.永久債券的價值等於利息除以投資人的要求報酬率。

9.長期債券融資的主要缺點爲公司財務風險增加。

10.有到期日債券之價值等於利息與本金以投資人之要求報酬率折現所得的現值。

11.債券的到期收益率爲以特定價格購買債券並持有到期之投資人預期可獲得之報酬率。

12.優先股的特性介於長期債券與普通股之間；如同普通股一般，優先股是股東權益的一部分，而且收到的報酬爲股利；另外，優先股與長期債券相似之處，在於其股利與長期債券之利息一樣，都是固定不變的。

13.優先股有以下的特徵：

a.賣出價格或發行價格，爲公司賣出的每股價格。

b.面額由發行公司決定。

c.大部分優先股都具有累積股利的特性，意即在過去及現在的優先股股利尚未支付前，不得支付任何普通股股利。

d.幾乎所有的優先股都不具有參加性，即優先股並不分享任何公司盈餘的增加。

e.有些優先股是永久性的，其他則由公司慢慢償還。

f.優先股通常是可贖回的。

14.從公司前景來看，優先股融資的優點在於優先股股利的支付具有彈性。

15.優先股融資的主要缺點在於股利不能抵稅，使得在其他條件一致下，優先股的稅後成本高於長期債券的稅後成本。

16.大部分優先股的現金流量都可視爲一項年金，因此優先股的價值等於每年優先股股利除以投資人的要求報酬率。

問題與討論

1.定義以下與長期債券有關的名詞：

a.債券契約　b.受託人　c.贖回條款　d.償債基金　e.可轉換特性　f.票面利率

2.描述以下債券的基本特性：

a.抵押債券　b.信用債券　c.附屬信用債券　d.資產信託權證　e.抵押信託債券　f.收益債券

3.假設公司同時以面額賣出兩種長期債券，分別爲票面利率9.125%的高級信用債券與票面利率9%的附屬信用債券。投資人在考慮投資其中之一時，他所面臨的風險與報酬的取捨爲何？

4.在以下的融資工具下，面額、市場價值及帳面價值間的關係爲何？

a.長期債券　b.特別股

5.定義以下與特別股有關的名詞：

a.累積股利特性　b.參加性　c.贖回特性

6.在使用現金流量資本化法來評估實質或金融資產的價值時，哪些變數應事先知道或估計出來？

7.定義以下名詞：

a.資產的市場價值　b.市場均衡

8.資本的帳面價值與市場價值的主要差異爲何？

9.描述當債券以下列情況賣出時，票面利率與要求報酬率之間的關係：

a.折價　b.面額　c.溢價

10.債券之到期收益率與票面利率或當期收益率的差異爲何？

11.在何種情況下，債券的當期收益率會等於到期收益率？

12.優先股與長期債券的相似之處爲何？與普通股的相似之處爲何？

13.試解釋爲何債券持有人喜歡償債基金條款。

14.試解釋利率風險的意思。

15.當其到期收益率會隨著市價而變動的情況下，試解釋債券爲何被歸類爲固定收益證券。

16.描述以下各種債券的基本特性：

a.浮動利率債券　b.深度折價債券　c.零票面利率債券

d.可展期債券（可賣回債券）

17.試解釋再投資風險。

自我測驗題

問題一

面額1,000美元的永久債券，投資人要求每年10%的報酬率，請問目前價值爲何？永久債券每年支付8%的利息。

問題二

AlliedSignal公司在外流通的零票面利率債券到期日爲2007年8月1日，如果投資人在1996年8月1日以2,250美元購買一張AlliedSignal債券，該債券在到期日支付5,000美元，請計算投資人的到期收益率。

問題三

Bankers Trust有9%的十年到期的公司債，請計算在10%的到期收益率下，最高的價格。

問題四

投資人要求6%年報酬下，請計算duPont股利4.50美元累積永久優先股的價值，該優先股原以100美元發行。

問題五

《華爾街日報》可以找到如下的報價資料：

BondC	7s16	cv	10	95	-1/2
Motrla	zr09	…	1	91 1/2	-1 1/2
Sou Bell	4 3/4 00	4.9	20	97 1/2	-1/4
USAir	12 7/8 00	12.3	160	104 5/8	-1/4

試問：

1.Southern Bell公司債的票面利率、到期年數爲多少？

2.若你買入1單位USAir公司債，在收盤交易，要付多少錢？

3.爲何USAir公司債利率比Southern Bell公司債高？

4.Boise Cascade公司債中的c v代表什麼？

問題六

美國公債報價如下：

利率	到期日	買價	賣價	變動	賣價收益率
11 3/4	Feb 01	140:07	140:11	-10	5.11

試問：

1.面值1,000美元的公債，你要花多少錢買？

2.該公債美元價格變動量爲多少？

計算題

1.在以下各種要求報酬率下，請問面額1,000美元，票面利率4%的Canadian Pacific Limited永久信用債券之價值爲何？

a.4%

b.5%

c.6%

2.在1996年，Canadian Pacific Limited的公司債最高、最低市價分別爲790美元和475美元，計算在下列情形買入的到期收益率：

a.以1996年最高市價。

b.以1996年最低市價。

3.AlliedSignal公司債券票面利率9.875%，2002年6月1日到期。假設每年支付一次利息，請問在以下各種不同要求報酬率下，對在1996年6月1日購買並持有到期的投資人來說，每1,000美元面額之該債券，價值爲何？

a.7%

b.9%

c.11%

d.要求報酬率8%，每半年付息一次。

4.創意金融公司計畫發行面額1,000美元，票面利率每五年改變一次，十五年期的債券。頭五年票面利率爲10%，第二個五年爲10.75%，最後五年爲11.5%。如果你要求11%的報酬率，你願意付出的最高價格爲何？（每年年底付息）

5.Southern Bell發行票面利率4.375%，2003年8月1日到期債券，可從1999年8月1日以1,000美元贖回。假設每年付息一次，如果投資人在1996年8月1日以853.75美元購買面額1,000美元之該債券，請用試誤法算出正確的到期收益率。（算至小數點第三位）

6.AT&T發行票面利率8.125%，2024年7月15日到期的信用債券。假設每年付息一次，如果投資人在1996年7月15日以1,025美元購買面額1,000美元之該債券，請問到期收益率爲何？

7.AlliedSignal公司在1982年發行2000年到期之零票面利率債券，售出價格爲100美元。請問若投資人在下列情況下購買，則其到期收益率爲何？（算至小數點第3位）

a.在1982年以發行價購得（發行日與到期日皆以7月1日爲準）

b.在1996年7月1日以750美元之市價購得

c.解釋爲何a.與b.算出的報酬會不同

8.如果你在今日以225美元購買零票面利率債券，十一年後到期並收到1,000美元，請問你獲得的報酬率爲何？（算至小數點第3位）

9.Chrysler在1987年發行票面利率爲10.95%，2017年8月1日到期的信用債券，則：

a.如果投資人在1996年8月1日以1,086.25美元購得，請計算到期收益率。請解釋爲何投資人在1996年願意支付1,086.25美元來購買此債券，而他只能在2017年收到1,000美元。

b.此債券可從1998年8月1日起以1,054.75美元贖回。假設Chrysler在1996年8月1日贖回此債券，請計算1998年8月1日起的贖回收益率。

10.在以下各種要求報酬率下，試計算Litton公司之2.00美元累積性優先股的每股價值。

a.9%

b.10%

c.12%

11.Baltimore Gas & Electric公司4.5%累積優先股面額爲100美元，若投資人要求9%報酬率，試計算每股價值。此優先股可以110美元加上應計股利贖回，不過在可預見的未來並沒有贖回的可能性。

12.以American Telephone & Telegraph 8.125%利率，2024年7月15日到期公司債爲例，若從2003年7月15日開始可贖回以1,039.71美元，其提早贖回收益率爲多少？

13.Hooks Athletics公司優先股面額爲30美元，股利爲2.50美元，在十年後可由股東決定是否以30美元賣回，十五年後公司可以32.50美元贖回（若股票在十年後未被賣回，預期十五年後會被公司贖回）。如果投資人要求稅前報酬率爲15%，請問該優先股目前市價應爲何？

14.Dooley公司之在外流通債券1億美元，票面利率10.5%，每年付息一次，面額1,000美元，二十年後到期。因爲Dooley的風險增加，所以投資人要求在未來二十年每年報酬率爲14%，且在第十年年底，債券可以110%的面額被贖回。

a.假設投資人預期債券不會被贖回，則債券的價格爲何？
b.假設投資人預期債券在第十年年底會被贖回，則債券的價格爲何？

15.Zabberer公司債券票面利率爲12%，每年付息一次，到期支付1,000美元，十四年後到期，公司有權在第八年以高於到期支付金額12%的溢酬贖回，你相信公司到期將會進行贖回，如果你要求10%的稅前報酬率，則今日你會支付多少價格購買此債券。

16.Waters公司有1億美元債券，票面利率8%，每年付息一次，發行時以面額1,000美元賣出，還剩十二年到期。五年後債券持有人可以面額賣回，但公司不能贖回，如果你的要求報酬率爲前七年8.2%，後五年9%，請問你願意付多少價格購買？

17.RJR Nabisco發行面額10美元，每年股利0.84美元的優先股，五年後到期，到時股東有權選擇收回10美元或一股普通股，其價值最高不得超過14美元，若普通股價值高於14美元，則給予價值爲14美元比例的普通股。普通股目前市價爲8.875美元，普通股每年每股支付10分股利，預期未來五年內普通股股利每年成長，如果你的要求報酬率爲12%，則預期每股交易的最高價值爲何？

18.計算Citicorp的優先股於1983年發行，每年的股利率，在下列不同的利率下：

	國庫券利率	10年期利率	20年期利率
a.	5.0%	6.0%	6.5%
b.	8.5	10.5	11.5
c.	16.0	14.5	14.0

19.《華爾街日報》債券報價如下：

ATT 7 1/8 02	6.9	7	103 3/4	+1/4
AlskAr 6 7/8 14	cv	81	99	–
Chrysler 10.4 s99	10.0	55	104	-3/8
MGM Grd 12s02	11.1	25	108 1/8	-5/8
US West zr11	–	12	36	–

a.求每公司債的票面利率到期年數。

b.在收盤價交易下，你願意付多少來買US West公司債。

c.爲何MGM Grand公司債利率遠高於AT&T？

d.Chrysler公司價格從前一天收盤價到今天收盤價，變動多少？

20.6月期國庫券的賣價折價爲3.02%，那麼要付多少錢買面額10,000美元的國庫券？

21.你要付多少來買2015年11月到期，報價143：15的公債？其票面利率爲9.875%。

22.《華爾街日報》中Pep Boys公司債報價如下：

Pep Boys zr11	–	82	57	+1/8

a.爲何沒有利率報價呢？

b.公司債投資者能有多少報酬？

23.Columbia Gas目前（1993）因爲宣告破產，沒有支付公司債利息，其中利率8.25%的債券於1996年到期，以109%賣出（即1,090美元），爲何有人願花1,090美元來買一破產公司的債券呢？

24.Chock Full O'Nuts有7%利率，2012年到期的公司債，《華爾街日報》的報價爲83.5（835美元），但沒有當期收益率的資料，只有cv，此cv代表什麼？你認爲該公司爲何發行此種債券？

25.到Money Advisors Web中的Human Life Value計算你生命的貨幣價值，根據它們的計算，你的生命價值多少？你同意嗎？爲什麼？（www. moneyadvisor. com.）

自我測驗解答

問題一

$$P_0 = \frac{I}{k_d} = \frac{\$80}{0.10} = \$800$$

問題二

$$P_0 = \frac{M}{(1+k_d)^n} = M\ (PVIF_{k_d,\,n})$$

$n = 11 \quad M = \$5{,}000 \quad P_0 = \$2{,}250$

$\$2{,}250 = \$5{,}000\ (PVIF_{k_d,\,11})$

$(PVIF_{k_d,\,11}) = 0.450$

使用表II，期間十一年，0.450的現值因子在7%（0.475）與8%（0.429）之間，利用插入法可以得到到期收益率（k_d）爲：

$$k_d = 7\% + \frac{.475 - .450}{.475 - .429}\ (1\%)$$

$$= 7.54\%$$

計算機解法

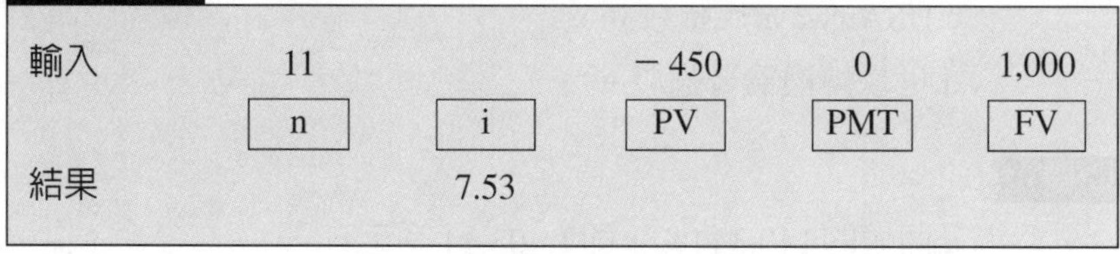

輸入	11		−450	0	1,000
	n	i	PV	PMT	FV
結果		7.53			

問題三

$$P_0 = \sum_{t=1}^{n} \frac{I}{(1+k_d)^t} + \frac{M}{(1+k_d)^n}$$

$n = 10 \quad I = .09(\$1{,}000) = \$90 \quad M = \$1{,}000 \quad k_d = 0.10$

$$P_0 = \sum_{t=1}^{10} \frac{\$90}{(1.10)^t} + \frac{\$1{,}000}{(1.10)^{10}}$$

$= \$90(PVIFA_{0.10,\,10}) + \$1,000(PVIF_{0.10,\,10})$

$= \$90(6.145) + \$1,000(0.386)$

$= \$939.05$（或\$939）

計算機解法

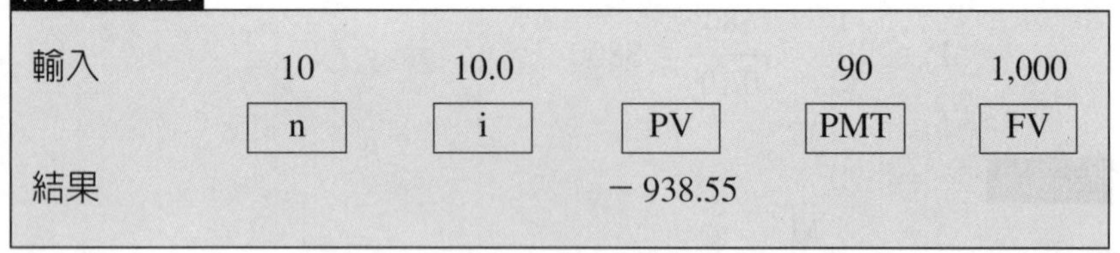

輸入	10	10.0		90	1,000
	n	i	PV	PMT	FV
結果			－938.55		

如果投資人支付938.55美元，預期的到期收益率爲10%，如果投資人支付價格高於938.55美元，預期的到期收益率會小於10%。所以投資人願意支付的最高價格爲938.55美元。

問題四

$$P_0 = \frac{D_p}{k_p} = \frac{\$4.50}{0.06} = \$75$$

問題五

a.票面利率4.75%，到期日2000年

b.1,046.25美元

c.USAirways風險較高。

d.可以轉換爲普通股。

問題六

a.面值的140,344%，即1,403.44美元

b.1%的-0.3125＝－3.125美元

名詞解釋

bond　債券

約定除了到期日本金的償還之外，每期支付債券持有者利息。大部分公司債

面額爲1,000美元。

bond rating　**債券評等**
評估債券違約的可能性，通常由傑出的評等公司來評估，例如Standard and Poor's或Moody's。

bond refunding　**債券換回**
可贖回債券被贖回後以較低的利息成本發行新債券來代替舊債券。

book value　**帳面價值**
指資產或公司的會計價值。每股普通股的帳面價值等於公司的帳面價值（或股東權益）除以在外流通之普通股股票數量。

call feature　**贖回條款**
允許債券發行人在到期日之前贖回債券之條款。

call premium　**贖回溢酬**
債券贖回價格與其面額的差異。

call price　**贖回價格**
債券可被贖回的價格。

capitalization of cash flow　**現金流量資本化**
用來決定某資產未來所產生期望現金流量之現值的方法。這牽涉到以適當的利率來折現未來預期的現金流量。

convertible bond　**可轉換債券**
持有者有權將債券轉換成普通股。

coupon rate of interest　**票面利率**
債券上標明的利率，將票面利率乘以面額或本金即可決定每期的利息支付額。

debenture　**信用債券**
以發行公司的信用及獲利能力爲擔保所發行的債券，並非以房地產或特殊資產來擔保。

Eurobond　歐洲債券

指在國外發行以本國貨幣計價的債券。

foreign bond　外國債券

由外國公司發行以當地貨幣計價的債券。

international bond　國際債券

由借錢人在外國發行的債券。

income bond　收益債券

當公司賺取足夠的收益才支付利息的債券。

indenture　債券契約

債券發行公司與債券投資人所訂的契約。

interest rate risk　利率風險

當利率變動時，證券市場價格波動的風險。

junk bond　垃圾債券

信用評等低的公司所發行的高收益債券。

liquidation value　清算價值

公司賣掉所有資產並停止經營後的公司價值。

mortgage bond　抵押債券

以特殊資產或資產組合爲擔保的債券。

par value（bond）　債券面額

代表所借的本金並在到期日償還（通常爲1,000美元）。

par value（preferred stock）　優先股面額

由發行公司決定其面額。

prepetual bond　永久債券

沒有到期日的債券。

reinvestment rate risk　再投資風險

當債券到期，因爲利率下降使投資人必須把本金投資在利率較低的風險。

required rate of return　**要求報酬率**

也稱做折現率，用來評估某一資產預期現金流量的價值。資產的預期現金流量風險愈高，要求報酬率也愈高。

senior debt　**高級債券**

對公司的盈餘與資產享有優先償還請求權。

subordinated debenture　**附屬信用債券**

公司清算時，必須所有高級債券皆償還後，附屬信用債券才可提出償還請求權。

trustee　**受託人**

債券持有人的代表，負責監督公司是否有按照約定行事。

warrant　**認股權證**

公司發行的長期選擇權，持有人有權在約定期間內以約定價格購買特定數量的公司股票。

yield to maturity　**到期收益率**

使債券之利息與本金的現值等於債券現在價格的折現率。

附錄6A　債券贖回分析

債券贖回過程

當公司執行提早贖回轉換公司債的權利，而發行更便宜的債券來替代，便是債券贖回。是否贖回受資本預算（現值）分析的左右，主要的好處是稅後利息的節省；主要的投資或現金流出，包括權利金和新債的發行成本。

每當利率降低，許多公司便面臨是否贖回的決策。例如，在1980年代以13%或更高利率發行債券的公司，在1990年初期便可以低於9%的利率重新發行。

以下例說明債券贖回：APCO公司在五年前以13%發行三十年期1億美元的公司債，同時，利率已下降，且公司經理認爲已是最低值了，該債券現在可以面值107%贖回，公司將重新發行二十五年期10%的1億美元的公司債，新發行成本爲0.5%或500,000美元，未攤還發行成本爲450,000美元，如果APCO決定贖回舊債，發行新債，則會有三星期新舊債同時存在，而造成重複利息，該公司邊際稅率40%，折現用的稅後發行成本爲0.10×（1－0.4）＝0.06。請決定是否該贖回，分析如下：

第一步：計算利息節省（現金流入）

年利息（稅後）＝發行額×利率×（1－稅率）　〔6A.1〕

舊債年利息＝$100（百萬）×13%×0.6＝	$7.8（百萬）
新債年利息＝$100（百萬）×10%×0.6＝	$6.0（百萬）
稅後節省的年利息	$1.8（百萬）

現值（利息節省）＝稅後節省的年利息×$PVIFA_{0.06,25}$

＝$1.8（百萬）×12.783

＝$23.009（百萬）

第二步：計算淨投資（t＝0的淨現金流出），包括稅後權利金、新發行成本、舊發行成本和重複利息

稅後權利金計算如下：

$$\text{稅後權利金} = \text{權利金} \times (1 - \text{稅率}) \qquad [6A.2]$$
$$= \$7\ (\text{百萬}) \times (1 - 0.4)$$
$$= \$4.2\ (\text{百萬})$$

權利金是一項現金流出。

新債發行成本爲0.5%或500,000美元，不能在當期抵稅，而必須資本化，在債券存續期間攤提，因爲發行成本的好處是分期享受，所以：

$$\text{新債發行成本現值} = \text{發行成本} - \text{稅負現值} \qquad [6A.3]$$
$$= \text{發行成本} - (\text{攤提的每年稅盾} \times PVIFA_{0.06,25})$$
$$= \text{發行成本} - \left(\frac{\text{發行成本}}{\text{年數}} \times \text{稅率} \times PVIFA_{0.06,25}\right)$$
$$= \$500{,}000 - \left(\frac{\$500{,}000}{25} \times 0.4 \times 12.783\right)$$
$$= \$500{,}000 - \$102{,}264$$
$$= \$397{,}736$$

新債發行成本現值是一項現金淨流出

APCO已攤提舊發行成本，如果贖回，將不能再享受這項好處，而要在贖回時沖銷掉，因此喪失發行成本的利益，所以：

$$\text{舊發行成本現值} = \text{舊發行成本損失稅盾現值} - \text{沖銷掉的現值} \qquad [6A.4]$$
$$= \left(\frac{\text{舊發行成本}}{\text{年數}} \times \text{稅率} \times PVIFA_{0.06,25}\right) - (\text{舊發行成本} \times \text{稅率})$$
$$= \left(\frac{\$450{,}000}{25} \times 0.4 \times 12.783\right) - (450{,}000 \times 0.4)$$
$$= \$92{,}038 - \$180{,}000$$
$$= -\$87{,}962$$

舊發行成本效益再贖回時是一項淨現金流入。

在贖回時，通常公司要發行新債來償還舊債，兩者同時存在短於1個月，因此，舊債利息被重複，費用如下：

$$\text{重複利息} = \text{發行額} \times \text{舊債年稅後利率} \times \text{同存時間} \qquad [6A.5]$$

$$= \$100（百萬）\times 0.078 \times \frac{3}{52}$$

$$= \$450,000$$

重複利息是一項現金流出。

總結，淨投資計算如下：

權利金	$4,200,000
新發行成本現值	397,736
舊發行成本現值	− 87,962
重複利息	450,000
淨投資（現金流出）	$4,959,774

第三步：最後，贖回的淨現值

$$贖回淨現值 = 利息節省現值 - 淨投資現值 \quad〔6A.6〕$$

$$= \$23.009（百萬）- \$4.960（百萬）$$

$$= \$18.049（百萬）$$

因爲淨現值爲正，APCO應贖回舊債，發行新債。

摘要

1.債券提早贖回是指公司執行贖回權利，以發行較便宜的債券代替。

2.債券贖回是資本預算分析之一，若稅後利息節省現值大於贖回時現金流出現值，則要贖回，現金流出包括權利金和新發行成本。

問題與討論

1.何謂「債券提早贖回」？利率水準如何較可能發生？解釋之。

自我測驗題

問題一

Warren電力公司正考慮以10%，二十年的公司債來贖回12%，1億5,000萬美元的舊債，此舊債還有二十年才到期，可以105%贖回，未攤提的發行成本爲600,000美元，新發行成本爲0.4%，新舊債並存四星期產生重複利息，該公司的加權資金成本爲10%，邊際稅率爲40%，該公司經理認爲利率已相當低了，請問決定贖回舊債的淨現值爲何？

計算題

1. Springfield瓦斯電力公司正考慮用8%，二十年的公司債來贖回11%，5,000萬美元的舊債，此舊債二十年後到期，現在可以108%來贖回，未攤提的發行成本爲400,000美元，而新發行成本爲0.875%，公司預估會有四星期的重複利息，該公司加權資金成本爲10%，邊際稅率爲40%，且經理認爲利率已相當低，請計算提早贖回的淨現值，並建議該公司是否應該贖回。
2. Phillipsburg能源公司正考慮以10%，十五年的公司債來贖回11.5%，2億5,000萬美元的舊債，此舊債十五年後到期，目前可以103.5%來贖回，未攤提的發行成本爲937,500美元，新發行成本爲0.5%，有三星期的重複利息，該公司加權資金成本爲10%，邊際稅率爲40%，其財務長認爲利率已相當低，請計算提早贖回的淨現值。
3. Altoona電力公司正考慮以10%，十年期的新債，來贖回12.5%，2億美元的舊債，此舊債十年後到期，目前可以104%贖回，未攤提的發行成本爲666,667美元，新發行成本爲0.4%，有四星期的重複利息，該公司加權資金成本爲10%，邊際稅率爲40%，其財務長認爲利率已相當低，請計算提早贖回的淨現值。

自我測驗解答

問題一

第一步：利息節省（現值）

稅後年利息＝發行額×利率×（1－稅率）

舊債年利息＝$150（百萬）×12%×（1－0.40）＝$10,800,000

新債年利息＝$150（百萬）×10%×（1－0.40）＝$ 9,000,000

稅後年利息節省 $ 1,800,000

利息節省現值＝稅後年利息節省×$PVIFA_{0.06,20}$

＝$1,800,000×11.470＝$20,646,000

第二步：淨投資

稅後權利金＝$150（百萬）×（0.05）×（1－0.40）

＝$4,500,000

新發行成本現值＝發行成本－稅盾現值

$$=\$600,000-\left(\frac{\$600,000}{20}\times 0.40\times 11.470\right)$$

＝$462,360

舊發行成本現值＝稅後利益損失及舊發行成本的現值－沖銷舊發行成本稅後現值

$$=\left(\frac{\$600,000}{20}\times 0.40\times 11.470\right)-(\$600,000\times 0.40)$$

＝－$102,360

重複利息＝舊債稅後利率×同存期間

$$=\$150（百萬）\times(0.12)(1-0.40)\left(\frac{4}{52}\right)=830,769$$

總結

權利金	$4,500,000
新發行成本現值	462,366
舊發行成本現值	－102,360

重複利息	830,769
淨投資（現金流出）	$5,690,769

第三步：NPV計算

贖回淨現值＝利息節省現值－淨投資現值
＝$20,646,000－$5,690,769
＝$14,955,231

第7章　普通股：特性、評價與發行條件

本章重要觀念

1.收益變動證券的特性包括：

a.會計觀點

b.股東權益

c.特徵

d.優點與缺點

2.在資本市場上的操作，投資銀行提供許多服務。

3.資本市場出售證券的方法包括：

a.公開市場銷售

b.私下募集

c.原有股東認購

4.根據股利評價模型，普通股的價值等於未來所有股利以投資人要求報酬率折現後所得的現值。

5.在固定成長股利模型中，普通股的價值等於下一期股利除以投資人要求報酬率減掉股利成長率的差距。

6.當公司未來股利永遠固定不變時，可以使用零成長股利評價模型。

7.非固定成長股利評價模型使用方法爲：每年股利的現值加上期末預期股票價格的現值。

8.對小公司的股票作評價時，須考慮股票的市場性、股票是代表多數還是少數的股東，以及是否具有投票的權利。

財務課題——BOSTON CHICKEN初次公開上市（IPO）

1980年代中期，Scott Beck成功地將一家名為Blockbuster Video的小型電影出租公司轉型成大型且獲利的全國性連鎖店。到了1989年，Blockbuster以1億2,000萬美元的價格買下Beck在Blockbuster的合夥股份。在1991年，Beck和其他二位合夥人投資2,700萬美元在Boston Chicken，並取得控制權。Boston Chicken是一家賣烤全雞的公司，Boston Chicken的銷售額在1993年預估為4,400萬美元，利潤預估為200萬美元（實際上1993年的銷售額為4,250萬美元，利潤為160萬美元，或每股13%）。

1993年底，Boston Chicken的經理與Merrill Lynch商談有關承銷股票的公開上市，以便取得資金進行積極的擴張策略。有關承銷上市方面，Merrill Lynch的投資銀行面臨訂定合理股價的挑戰，如果訂得太高，Merrill Lynch可能無法將190萬股全部賣完，會有剩餘的股數，若以較低的市價賣出的會有損失。另一方面，如果價格訂得太低，Boston Chicken的經理人必須放棄公司的多數控制權，以籌得一定金額的資本。

初次上市股票的訂價是一項艱困的工作，因為承銷商無法得知這些股票的市場價值。在Boston Chicken這個例子中，該公司過去的表現並非十分突出，1991年的銷售額為520萬美元，損失260萬美元；在1991年，該公司只擁有5家店面與29家經銷商。到了1992年，銷售額達到830萬美元，損失擴大到590萬美元，此時公司有19家店面及64家經銷商。公司過去的紀錄、其他快速成長公司的市場價值及Beck在Blockbuster時的紀錄等，這些都是Merrill Lynch評斷Boston Chicken股票價值的重要依據。至於其他的公開上市程序，Merrill Lynch須準備公司上市計畫書（通常稱作「紅皮書」），並透過經紀商分發給潛在投資人。根據估計的零售需求，並考慮以上因素後，Merrill Lynch將股價訂在每股20美元。

1993年11月9日，股票上市成功，且在Merrill Lynch所訂的20美元股價下，需求遠超過供給。該股票在NASDAQ上市之開盤價為45.25美元，當天最高價為51美元，收盤價為48.5美元。許多人仍抱持著懷疑的態度，不輕易買進，不過在1994年2月初，股價維持在每股48元左右。

從某一觀點，這次的承銷上市是成功的，Merrill Lynch成功地賣出所有的股票，Boston Chicken獲得了擴張所需資金。不過從Boston Chicken最初擁有人的觀點來說，在籌集資金效率的情形上，這次的IPO是一次災難。Merrill Lynch低估了需求，使得公司多發行一倍的股票，如果一開始訂的價格與IPO之後的市場價格較接近的話，公司只須發行一半的股票籌得相同的資金。的確，如果訂價接近真實價值，而發行相同數量的股票時，Boston Chicken就可以延緩1994年初期發行的1億3,000萬美元的可轉換債券。當問及他們的發行價格時，Merrill Lynch不作評論，只說「隱藏市場的需求很強」。 以上的例子說明，普通股價值的評估十分具有挑戰性，有其難度，即使如專業的投資銀行——Merrill Lynch，也無法完全評估正確。普通股評價的準則與方法，我們將在本章作深入的探討。

緒論

與一般長期債券及優先股等固定收益證券不同，普通股是收益變動證券。普通股股東對公司盈餘有參與性，因爲如果盈餘增加，他們收到的股利就增多，如果盈餘減少，股利也會下降。舉例來說，Tucson Electric Power公司在1974年發行新股，當年股利爲每年每股0.84美元。到了1989年，股利上升到每年每股3.90美元，上升了好幾倍。但是在1990年代，公司遭受嚴重損失，股利也縮減爲零，股價也從1986年及1987年的一股65美元跌到1994年初期的一股3.875美元。

普通股與長期債券及優先股的另一個相異處，在於普通股市價的波動幅度較大，因此投資普通股的報酬也不穩定，變動幅度是長期債券或優先股的好幾倍。

本章除了描述普通股的特性外，並對證券的上市程序、投資銀行扮演的角色深入探討，最後並推導出普通股的評價模型。

股票報價說明

表7-1顯示，紐約股票交易所中部分股票報價，從左邊看起，前二欄是股票過去五十二週中的最高價與最低價，例如：E. I. du Pont de Nemours & Company每股價格最高爲109.75美元，最低爲70.125美元，在股票名稱右欄的是該股票的行情指示器代號，du Pont是DD。接著下一欄是最近期的年股利，例如du Pont公司最近一期的年股利是每股2.28美元，股利通常分四季支付；下一欄是股利率（百分比），du Pont的股利率爲2.0（以年股利除以

表7-1　紐約交易所部分股票報價

過去52週 最高價	最低價	股票名稱	代號	股利	股利率%	本益比	成交量（百股）	當日最高價	當日最低價	當日收盤價	當日股價的變化
109 3/4	70 1/8	DuPont	DD	2.28	2.0	18	29428	112 5/8	108 5/8	111 5/8	+2 7/8
60 1/4	51 5/8	DuPont	pfA	3.50	6.4		2	55	55	55	−1/2
76	65	DuPont	pfB	4.50	6.3		2	72	71 1/2	72	+1

Source: *Wall Street Journal*（January 20, 1997）.

收盤價來計算，$2.28/$115.625＝2.0%）

再下一欄是本益比（以盤價除以過去四季盈餘的總和）。本益比表示投資人願意支付多少來購買公司1美元的盈餘，一般來說，公司風險愈高，本益比愈低；相同地，未來預期成長率愈高，本益比也會愈高。下一欄是成交量，以百股爲單位；表上那天du Pont公司股票的成交量爲2,942,800股。

接下來三欄是當天股票的最高價、最低價與收盤價。而最後一欄是當天股價的變化，即當日與前一個交易日收盤價的差距（或前次交易發生的收盤價）。在那天，du Pont公司股價上漲2.875美元。

當公司有優先股在外流通時，通常也在交易所進行交易，會被列在普通股後面優先股類別中。**表7-1**可以看到du Pont有兩種優先股在外流通，A是每股支付$3.50的優先股，B是每股支付4.50美元的優先股。但與普通股不同的地方在於優先股股利在發行時就決定，而且不會隨著時間改變。

普通股的特性

普通股股東是公司眞正的所有人，普通股股東對公司盈餘及資產的請求權是在政府、債權人及優先股股東的請求權之後，所以普通股是剩餘形式的所有權。另外，普通股也是長期融資中永久形式的一種，因爲不同於債券及某些優先股，普通股並沒有到期日。

普通股之會計入帳方法

普通股出現在公司資產負債表右邊的股東權益項目上，**表7-2**即顯示Lawrence公司的股東權益項目。

股東權益（stockholders' equity）包括特別股和普通股，Lawrence公司普通股的權益等於股東權益總額減掉優先股：

$$\$117,820,000 - \$37,500,000 = \$80,320,000$$

換句話說，普通股面額、資本公積及保留盈餘的總和即爲普通股股東權

表7-2　Lawrence公司的股東權益項目，12月31日，19X5（千元）

股東權益	
優先股；面額$25；核准2,000,000股； 發行及在外流通1,500,000股	$37,500
普通股；面額$2；核准10,000,000股； 發行及在外流通6,675,000股	$13,350
資本公積	28,713
保留盈餘	38,257
股東權益總額	$117,820

益的總額。

普通股的**每股帳面價值**（book value per share）計算如下：

$$每股帳面價值 = \frac{普通股股東權益的總額}{在外流通股數} \tag{7.1}$$

應用在Lawrence公司上：

$$每股帳面價值 = \frac{\$80,320,000}{6,675,000}$$

$$= \$12.03$$

普通股的帳面價值計算是以資產負債表爲依據，與普通股的市價沒有關聯，因爲市價是依據經濟情況及公司未來盈餘的預期所決定出來的。

普通股項目的金額是將流通在外股數乘上面額得到，**面額**（par value）大小由公司決定。繼續以上的例子，Lawrence有6,675,000股流通在外的股票，面額爲2美元，總額爲13,350,000美元。

爲了介紹資本公積的特性，假設Lawrence決定以每股20美元賣出600,000股股票來籌集額外的12,000,000美元權益資本，記在普通股項目的金額爲12,000,000美元（600,000股乘上面額2美元），剩餘的部分就加到資本公積項目上，換句話說，這個帳目是代表股票發行時，支付金額超過面額的部分。

保留盈餘項目爲，盈餘保留下來留在公司，不發放給股東的部分，屬於內部產生的資金，是企業資本最重要的來源之一。

股東權利

普通股股東的權力包括：

1.**配股權**：股東有權以股利的形式分享公司盈餘的分配。

2.**資產權**：公司清算時，股東對滿足政府、員工及債權人請求權後的剩餘資產有清償請求權。

3.**優先認股權**：股東有權按比例分享任何新發行的股票。例如，若股東擁有20%的公司股份，則可購買20%的新發行股票。

4.**投票權**：股東在一些股東事務上有投票權，如董事的選舉。

所有股東皆有配股權、清算權及投票權（除了事先註明沒有投票權的股票），而優先認股權目前只有在少數公司才存在（優先認股權將在第20章深入探討）。

股東投票權

公司股東選出董事係透過二種方式：多數投票法與累積投票法。多數投票法與一般的政治選舉相似，如果有二名候選人角逐，其中一人得票率須超過50%才能贏得選舉。使用多數投票法，少數人的意見可能無法在董事會上表達。

相反地，累積投票法可使弱勢團體較易選出自己的董事代表，基於上述原因，累積投票法在有大股東的公司中很少見，而且常被管理階層所反對。舉例來說，General Mill公司的管理階層對於股東提出採取累積投票法的反應是透過投票否決此提案，他們認為此舉會造成董事會派系紛爭。依照**累積投票法**（cumulative voting），須選出的代表有幾位，每股就有幾票。例如，若公司要選出七位董事，擁有100股的股東將有700票，他可將所有的票都投給一位候選人，因此增加候選人選上的機率。以下的公式可用來決定選出一位候選人所需的股數：

$$\text{股數} = \left(\frac{\text{欲當選董事人數} \times \text{在外流通股數}}{\text{應選董事人數} + 1}\right) + 1 \qquad (7.2)$$

當然，並非所有股東都會投票，在這種情況下，在外流通股數就以實際投票股數來代替。

看看下面的例子。Markham公司有11名董事，而且流通在外股數有100萬股。如果在某一年應選董事人數為7名，而且所有的股東都投票，則當選一名董事至少需要的股數為：

$$\frac{1 \times 1{,}000{,}000}{(7+1)} + 1 = 125{,}001$$

除了董事選舉外，股東也可對其他事情進行投票，如是否保留稽核公司或增加核准發行的股票數目。

董事的選舉及其他須投票的事務都發生在每年的股東大會，由於所有股東不可能都參加，所以管理階層（或其他人）可以用委託人的方式來代其投票，正常來說，一位股東只能有一份委託書，而同一派的股東將委託書全部寄出的可能性很小，因此就產生了委託書爭奪戰（proxy fight）；在公司表現很差時，委託書爭奪戰就十分常見。

股東常被要求在購併戰中，是否被接管的議題上進行投票。舉例說明，在1993年末及1994年初期，QVC及Viacom在Paramount Communications的控制權爭奪戰中，股東被要求在二方之中作一選擇。

普通股的其他特性

本段包含與普通股持有人有關的其他主題，包括：(1)普通股種類（common stock classes）；(2)股票分割；(3)股票股利；及(4)股票購回（stock repurchases）。

普通股種類

偶爾公司會創造出多種的普通股，理由在於公司希望出售一部分舊有股東的股票來籌募資金，以維持公司的控制權，我們可用創造無投票權股票（nonvoting stock）來達成這個理想。一般來說，稱作Class A的普通股是不具投票資格的，而Class B則有投票權，除此之外，其他條件皆相同。福特汽車公司是一家大型且持股分散的公司，擁有多種普通股。福特有發行37,700,000股Class B股票，完全由福特家族所持有，占所有投票權利40%比重。另外，福特的469,800,000股普通股由投資大衆持有，占所有投票權利60%。近年，通用汽車創造了二種新的普通股——「E」和「H」，分別用在Electronic Data Systems及Hughes Aircraft公司的購併案上。

股票分割

如果管理階層認爲公司的普通股應降低價格來吸引更多買者時，就會進行**股票分割**（stock split）。在一些財務單位中似乎形成一股共識，認爲最適股價應介於15美元到60美元，因此，如果股價上漲超過這個範圍，管理階層就會進行股票分割，使股價回復到最理想的交易水準。

舉例來說，Colgate-Palmolive普通股股價在1997年初期上升至每股150美元，那時董事會宣告要進行一股分割成二股的股票分割。

公司常常選擇在股票分割的時間提高他們的股利水準，例如，IBM在宣布股票分割時，許多分析師即預期IBM的股利在股票分割後會增加。

許多投資人相信股票分割是財務健康的表示，但是僅作股票分割並不代表未來股價的表現一定很好。

從會計的觀點來看，當股票分割時，它的面額也會改變，例如，2-for-1的股票分割，面額下降了一半，股數則增加了一倍，在公司的會計帳戶及資本結構上則沒有任何改變。

反向股票分割

反向股票分割（reverse stock splits）爲使股數減少的股票分割，用來使低價位股票上升至最適交易水準的價格。例如，1996年中期，陷入困境的Tucson Electric電力公司宣布進行1-for-5的反向股票分割。公司在這次的分割之後，Tucson的股價約在一股16美元左右。除了因爲低價股所傳遞的負面印象外，Tucson的管理階層也擔心潛在投資人會因低價股交易產生較大比例的手續費，而不願購買股票，因此才進行反向股票分割。

不過許多投資人認爲反向股票分割代表公司財務狀況不好，因此使用上仍不普及。

股票股利

股票股利（stock dividends）係指分配給股東的股利不是現金，而是股票。一般股票股利的比率約爲2%到10%，也就是說流通在外的股票數目會增加2%到10%。從會計的觀點，股票股利的發放牽涉到的會計分錄爲將保留盈餘一部分轉移到普通股及額外支付資本項目。

股票購回

公司不定時會買回一些自己的股票——**庫藏股**（treasury stock）。**圖**7-1爲TRW股票購回的宣告書。

在本次交易中摩根史坦利公司擔任

TRW公司之財務顧問

TRW公司

已買回

7,702,471股的普通股

作爲公司重整的一部分

圖7-1　**宣告買回自家公司股票**

股票購回可視爲現金股利的發放，第14章會有深入討論，除此之外，公司買回自己股票的原因包括：

1. **多餘現金的處理**：公司可能從營運或資產出售而累積一筆多餘現金，因爲管理階層認爲在可預見的未來該筆資金不可能投資獲利，所以就用在股票購回上。
2. **財務重整**：公司可發行債券，並將所得資金用來買回股票以改變資本結構，藉著財務槓桿的增加來獲利。
3. **未來公司的需求**：將股票買回可以用在將來購併其他公司時、股票選擇權執行時、可轉換證券轉換時，以及認股權證執行時。
4. **減低被購併的風險**：股票購回可以增加公司股票的價格，減少公司的現金餘額，如此一來就降低了欲購併公司的投資報酬率。

這些原因並不互斥，一家公司可能因爲多種原因而買回自己的股票。

以普通股融資的優點與缺點

普通股融資的主要優點之一爲沒有固定股利支付的義務存在。不過，實際上股利的減少對一家股利支付規律的公司來說是不尋常的，因爲公司的管理階層通常將目前的股利水準視爲未來股利的最低限。但是普通股融資確實較固定收益證券給予他們融資計畫更多的彈性，所以對公司來說，普通股的風險低於固定收益證券。當公司使用固定收益證券融資時，對公司有二個限制：一是限制增加負債；二是維持一定的營運資金水準。

除此之外，當公司的資本結構超過最適的負債金額，以普通股融資是有利的，可降低公司的加權資金成本。

但是從投資人的觀點來說，投資普通股的風險大於債券及優先股，因此會要求較高的報酬率，也就是說以普通股融資的成本會大於固定收益證券。

從另一個觀點來看，普通股融資常會導致每股盈餘被稀釋，尤其當公司所獲得的資產並不能立即生產時。表7-3爲Desert Electric Power公司19X6及19X5的情況，表達了這一點。

請注意，雖然公司的淨收益從19X5年到19X6年是增加的，但是因爲新股的發行而使得每股盈餘下降。因此新股的發行會稀釋原來股東對公司盈餘的清償請求權，換句話說，如果新資產可以比舊有資產產生較高的報酬率，則原來股東會因盈餘增加而獲利。同樣地，如果公司投資的範圍很廣，盈餘稀釋問題只是短暫的，在資訊充分的市場中，並不會造成負面的結果。

外部權益融資的缺點爲銷售普通股時，必須負擔相對較高的發行成本。

表7-3　因普通股融資所產生的每股盈餘稀釋效果：Desert Electric Power公司

	至9月30日止	
	19X6	19X5
普通股可獲得的淨收益	$25,821,000	$20,673,000
在外流通股票的平均數目	15,600,000	12,122,007
平均每股盈餘	$1.66	$1.71

證券承銷過程：投資銀行的角色

投資銀行（investment bankers）是金融中間人，在資本市場中提供長期資金的供給者與使用者，因此，在證券承銷時扮演十分重要的角色。當一家大型公司想從資本市場募集資金時，一定會尋求投資銀行的專業服務。實際上，大部分的大型企業公司會與他們的投資銀行維持長期的關係。

投資銀行在承銷過程中對客戶提供的幫助有：

- 長期的融資計畫。
- 發行證券的時間。
- 購買證券。
- 證券的承銷。
- 私下貸款與租賃的安排。
- 購併時進行的商談。

總而言之，投資銀行是金融市場專業服務的重要來源，也是承銷過程中重要的部分。

如何賣出證券

公司可以在初級資本市場中以三種方法賣出證券：

1.透過投資銀行以「公開市場銷售」（public cash offering）方法賣出證券。

2.將債券或股票以私下募集方式賣給一個或多個投資人。

3.透過認股權將股票賣給原有股東。

投資銀行通常使用上面三種方法幫助公司賣出證券。圖7-2即為出售公司證券的各種方法及步驟的流程圖。

公開市場銷售

一般來說，當公司希望發行新證券，並公開出售時，會找一家投資銀

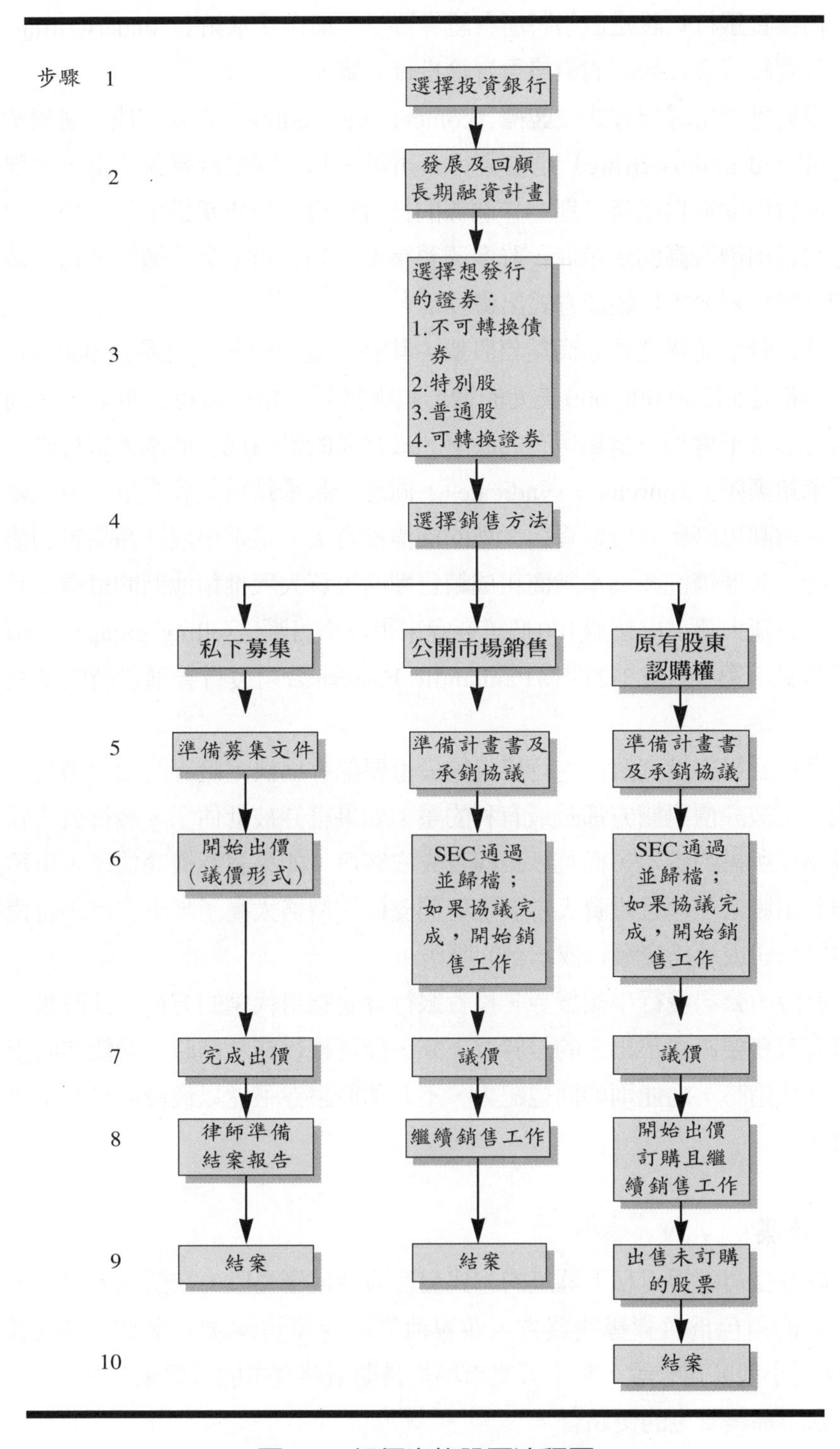

圖7-2　如何出售股票流程圖

行，由投資銀行以設定價格將所有證券買下，稱作「**承銷**」（underwriting），之後投資銀行會以較高的價格再賣給投資大衆。

承銷可以用議價方式或**競標**（competitive bidding）方式完成。**議價承銷**（negotiated underwriting）是由發行公司與它的投資銀行商談決定，大部分公司都會偏愛與自己有長期合作關係的投資銀行。競標承銷則是，公司會將證券賣給出價最高的承銷商，許多國營事業，如公用事業及鐵路公司，被他們的主管機關要求以競標方式出售股票。

發行股票並透過承銷商銷售股票，其發行量一般都會超過25,000,000美元，總額達到250,000,000美元的情形也很常見。由於發行量很大，個別投資銀行通常不會獨自承銷所有的股票，最常見的是組成一個**承銷銀行團**，稱作「**承銷團隊**」（purchase syndicate），同意一起承銷這些股票以分散風險。有時承銷團可將所有股票賣給大型的機構投資人，這常出現在高品質的債券發行時，其他情況多為承銷商組成銷售團向投資大衆推銷他們的證券，當發行量十分龐大時，由超過100個證券商來組成銷售團（selling group）的情形也很常見。第2章圖2-2即為Panhandle Fastern公司發行普通股時的承銷團隊。

發行公司與投資銀行進行協議的最重要部分為決定證券的出售價格，證券能公正被評價對雙方都是最有利的事；如果證券被低估了，發行公司就不能募集到所需的資本，而且承銷商會失去客戶；如果證券被高估了，承銷商很難賣出股票，而且投資人會發現他們支付的價格太高了，下次就不會選擇由這家公司或承銷商發行或承銷的股票。

有時，公司發行小額證券，投資銀行會同意用代銷的方法，此時投資銀行沒有義務要將賣不出去的證券買下來，投資銀行在承銷時，功能如同交易員；在代銷時，功能則如同經紀人，不必承擔證券不能以最優價格賣出去的風險。

私下募集

許多公司選擇用私下募集的方式發行債券或優先股，在這種方法下，投資銀行的角色為負責尋找買方，並與他們協商契約條款，收取「尋找者費用」。對小型公司來說，私下募集市場是長期債務資本的重要來源之一。

私下募集資金的優點有：

1.因為不需承銷費用，可節省許多發行成本。

2.可避免因準備登記文件及等待期間所造成的時間耽擱。

3.可提供借貸雙方契約條款更多的彈性。

私下募集的缺點之一爲，利率比透過承銷發行的債券與優先股高出約0.125%。對於小額發行的債券與優先股——低於20,000,000美元——承銷費用所占的比例顯得相當大，由於這個原因，小額發行的證券通常使用針對特定機構投資人之私下募集法。

原來股東認購權與備用承銷

公司可以透過發行權證將普通股賣給原有股東，該**權證**（right）允許股東以低於市價的約定價格購買公司新發行的股票。每一股會收到一張權證，如果公司流通在外的股數有一億股，而且希望透過權證賣掉新發行的一千萬股股票，則每一張權證允許持有者購買0.1股時，須花10張權證才能買到1股。

當公司以發行權證來出售股票時，通常會尋求投資銀行的幫助，鼓勵權證持有人購買股票。另外，所謂的備用承銷安排是指投資銀行同意以約定價格將未賣出去的股票買下來，之後再出售，此時投資銀行承擔風險，因此收取承銷費用作爲補償。

權證法（rights offering）在美國已漸漸沒落，但在英國仍常被使用。1992年10月，British Aerospace試圖發新行總額732,000,000美元（432,000,000英鎊）的普通股，並以權證法出售，約定價格爲每股380便士。很不幸的，British Aerospace的股價在那段期間跌到一股363便士，因此，只有4.9%的新股由權證持有人買去，剩下的由承銷商買下，承受極大的損失。

發行直接成本

投資銀行同意承銷某支股票後即承擔了一定的風險，因此會要求承銷折價或**承銷差價**（underwriting spread）以爲補償，計算如下：

$$承銷差價=公開賣出價格-公司收到金額 \qquad (7.3)$$

承銷差價的例子可參考表7-4。

要比較議價與競價的承銷差價是很困難的，因爲兩者同時使用是很少見

表7-4　承銷差價的例子

公司名稱	發行額度（百萬美元）	承銷差價	S&P評等*
發行債券			
First Interstate Bancorp.	$100	0.63	AA
CIGAN Corporation**	100	1.00	AA
Coming Glass Works**	100	1.00	A
U.S. Leasing International**	30	2.00	BBB
Jerrico, Inc.	40	1.88	BB
Petro-Lewis	85	3.35	B
Sunshine Mining Company	30	3.68	B
發行普通股			
El Paso Electric Company	$57.5	3.26	
Ryder System, Inc.	83.4	3.88	
Southwest Airlines	34.7	3.89	
Service Corporation International	48.26	4.48	
Adage, Inc.	10.0	6.26	
Atlantic Southeast Airlines	5.2	8.00	

*Stand ard and Poor's（S&P）公司的債券評等有：AAA（最高等級），AA, A, BBB, BB, B, CCC,CC,C。

** 可轉換條件。

的。一般說來，公用事業競價的差價會低於一般公司議價的差價，這是因爲公用事業的風險比一般公司爲低。

除了承銷差價，證券承銷的其他直接費用還包括律師及會計師費用、稅負、SEC的登記成本及印刷費。對發行額低於1,000萬美元的權益來說，直接成本平均占總收入額的比例會超過10%；而發行額介於2,000萬到5,000萬美元者，所占比例會低於5%；至於金額龐大的權益發行案，直接成本平均占總收入額的比例約3.3%。近期Service Corporation International發行1,350,000股普通股，承銷差價爲$2,160,000，其他發行直接費用爲280,564美元。債券承銷的直接成本比權益**發行成本**（flotation cost）要低上很多，大約介於0.5%到4%。

一般說來，發行普通股的直接成本高於優先股，而優先股又高於債券，原因爲風險與發行成本成正比，普通股的承銷風險大於優先股，優先股又大於債券，因爲股價變動幅度大於債券價格。造成直接成本差異的另一個原因，爲投資銀行承銷普通股的費用大於優先股或債券，因爲普通股是設計賣給龐大的個別投資人，而債券往往由少數的機構投資人購買。

直接成本與發行的品質也有很大的關係，例如，發行低品質債券就必須付出比高品質債券較高比例的直接成本，因爲承銷商承擔的風險較大，要求的補償也較多。最後，直接成本與發行量大小也有關係，在其他條件相同下，發行量小，成本就會占較高比例，因爲不論發行規模大小，承銷商都有許多固定費用要支付，如廣告費、律師費、登記文件成本等等。

其他發行成本

除了直接成本，還有許多與新證券發行有關的成本。

1.準備上市時，管理公司內部之時間成本。

2.新證券價格低於正確市場價值的低估成本。價格低估是因爲投資人對初次上市證券價值充滿不確定性，且不知上市是否成功。舉例來說，Duracell是知名的電池製造商，初次上市時股價爲15美元，第一個交易天收盤價爲20.75美元，賺了38.3%，類似的例子還有之前的Boston Chicken公司，因此初次上市之股價低估是很常見的。

3.現金增資造成的股價下跌成本。現金增資的宣告會造成股價平均下跌約3%。

4.吸引投資銀行承辦的成本，包括超額分配選擇權或稱「綠鞋」(green shoe)。該選擇權包含在承銷契約中，它給予投資銀行以當初發行價格額外購買該次發行數量15%的權利，此種設計是爲了讓投資銀行能應付超額訂單。此選擇權在發行日後30天有效，如果股價在這段期間高過發行價格，則投資銀行可執行該權利而獲取利潤。

總而言之，這些間接費用可以組合成龐大的發行費用，特別是發行普通股時。Ritter曾經作了一項估計，他發現使用代銷法時，直接成本與價格低估成本加起來占發行金額比例超過31%；使用承銷法則超過21%。

登記要求

1933年的證券法規定，任何公司發行新證券時，必須將所有相關事項完整揭露；1934年的證交法將適用範圍擴大到流通證券的交易，該法案也創立了證券交易管理委員會(SEC)，負責執行聯邦證券法案，這些聯邦法並不評判證券發行品質，他們只要求完全揭露事實。

任何公司計畫出售跨州證券，總額超過1,500,000美元且到期日超過270天者，都需向SEC提出登記，程序包括：登記文件及發行簡介的準備；其中，登記文件包含：公司投資、營運及財務狀況等資訊，而發行簡介則彙總了登記文件中的資訊，供潛在投資人使用。

在公司提出登記文件、發行簡介後，在SEC核准該次發行，公司可以出售股票之前，通常會有20天的等待期間，在這段期間，公司會使用臨時說明書來進行證券的預售，這份臨時說明書通常稱作「紅邊書」，因為裡面的文件多為紅框，表示該說明書不是正式的銷售簡介。當SEC核准此次發行後，新證券即可正式銷售，而且新證券的購買者都可拿到發行簡介的最後版本。

備用登記法

1983年11月，SEC採用一種新的備用登記法，而且Rule 415也允許債券及權益證券的發行使用備用登記法，不過只有高評等的大型公司可以使用，所謂大型公司是指流通在外的權益市值超過150,000,000美元，而高評等則是指必須達到投資等級。備用登記法是指公司向SEC登記一筆大的發行額度，但並非一次全部發行完畢，可以在兩年內分次發行，只要在發行前幾個小時向SEC提出簡短的文件說明即可，如此一來，公司不僅可以減少成本，也可以選擇在市價較有利的情況下發行證券，不過目前在使用上仍不普及。

國際議題：全球權益市場

大型跨國公司逐漸增加在國際市場募集權益及債務資本的比重，許多大型的非美國公司看中美國市場的規模大、流動性佳，而紛紛到美國來出售權益證券。例如，1993年德國知名的汽車公司Daimler-Benz到美國資本市場發行權益證券，Daimler希望藉著到世界各國資本市場出售股票來達到增加投資人數及節省一些資金成本的目的。

在全球權益市場交易，跨國公司可因各國制度上的差異而獲利。目前許多跨國公司已將本身的股票擴展到美國、日本及西歐市場（如倫敦和巴黎）進行交易，這些交易所允許大型跨國公司的股票可以24小時都進行交易，此種全天無休的服務使得投資人可在任何時間進行買賣，除此之外，跨國公司可藉此提高知名度，增加產品認同度，以達到最基本的利潤要求。

全球資本市場的出現，使得國家的界限愈來愈不重要，公司可突破國界獲取全球最便宜的資金。

基本觀念：普通股的評價

原則上普通股的評價與其他證券的評價並無不同，基本步驟都是將預期的現金流量資本化，不過有幾個複雜因子存在。

首先，持有普通股產生的現金流量有二種形式：持有期間的現金股利支付，以及結束持有時，股票價格的變化（資本利得或資本損失）。普通股股東所收到的現金流量全是由公司盈餘所支付，不過卻有兩種選擇，可以在當期以現金股利方式發放給股東，也可以將錢留在公司進行再投資，以創造未來更高的股利與股價。

第二點，因爲普通股股利一般都具有成長性，而非固定不變，因此用在債券及優先股評價的年金及永久年金公式在此並不適用，必須使用較複雜的模型。

最後一點，普通股預期的現金流量比債券及優先股具有較高的不確定性。普通股股利與公司盈餘具有某種程度的相關性，因此，要十分準確地預測未來的盈餘及股利有其困難度。

爲了要了解如何將現金流量現值化法用在普通股評價上，我們從單期的股利模型開始，然後再推展到多期的評價模型。

單期股利評價模型

假設投資人購買普通股並持有一期，到期後收到現金股利D_1，股票以P_1價格賣出，若投資人的要求報酬率爲k_e，請問對投資人來說，股票今日價值爲何？

依據現金流量資本化評價法，股票未來預期的現金流量折現後的現值如下：

$$P_0 = \frac{D_1}{(1+k_e)} + \frac{P_1}{(1+k_e)} \tag{7.4}$$

舉例說明，如果俄亥俄機械公司的普通股預期一期後支付1.00美元股利，且股價爲27.50美元，對要求報酬率爲14%的投資人來說，股票今日的價值爲何？答案計算如下：

$$P_0=\frac{\$1.00}{(1+0.14)}+\frac{\$27.50}{(1+0.14)}$$
$$=\$1.00\,(PVIF_{0.14,\,1})+\$27.50\,(PVIF_{0.14,\,1})$$
$$=\$1.00\,(0.877)+\$27.50\,(0.877)$$
$$=\$24.99\,(\text{or }\$25)$$

所以，以25美元購買該股票的投資人，一期過後收到1美元股利，並以27.50美元賣出股票，將可獲得14%的報酬率。

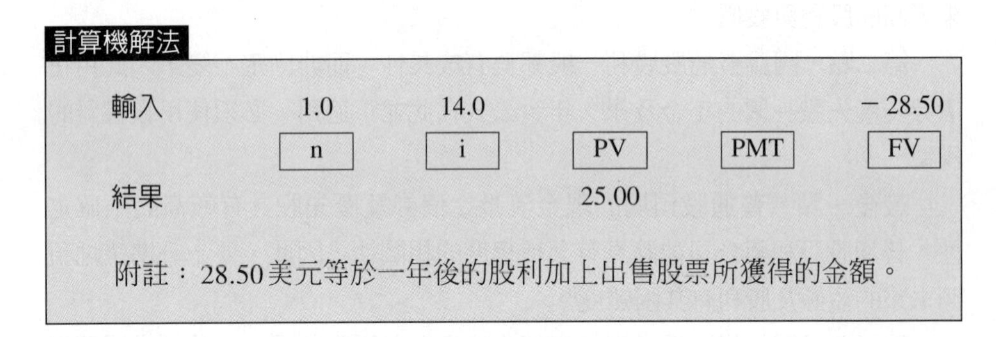

計算機解法

	n	i	PV	PMT	FV
輸入	1.0	14.0			－28.50
結果			25.00		

附註：28.50美元等於一年後的股利加上出售股票所獲得的金額。

多期股利評價模型

之前所說的股利評價模型可推展出多期的模型。購買一股普通股並持有n期的投資人，他的預期現金流量爲未來n期每期的股利支付加上第n期期末出售股票所獲得的金額，將這些預期現金流量以投資人的要求報酬率k_e來折算成現值，以下即爲評價方程式：

$$P_0=\frac{D_1}{(1+k_e)^1}+\frac{D_2}{(1+k_e)^2}+\cdots+\frac{D_n}{(1+k_e)^n}+\frac{P_n}{(1+k_e)^n} \qquad 〔7.5〕$$

我們再以俄亥俄機械公司的例子爲例，假設投資人持有期間改爲五年，要求報酬率仍爲14%，股利第一年爲1美元，第二年爲1美元，第三年爲1美元，第四年爲1.25美元，第五年爲1.25美元，且第五年年底預期股價爲41美元，使用**公式**〔7.5〕來計算股票的價值：

$$
\begin{aligned}
P_0 &= \frac{\$1.00}{(1+0.14)^1} + \frac{\$1.00}{(1+0.14)^2} + \frac{\$1.00}{(1+0.14)^3} \\
&\quad + \frac{\$1.25}{(1+0.14)^4} + \frac{\$1.25}{(1+0.14)^5} + \frac{\$41.00}{(1+0.14)^5} \\
&= \$1.00\,(PVIF_{0.14,1}) + \$1.00\,(PVIF_{0.14,2}) \\
&\quad + \$1.00\,(PVIF_{0.14,3}) + \$1.25\,(PVIF_{0.14,4}) \\
&\quad + \$1.25\,(PVIF_{0.14,5}) + \$41.00\,(PVIF_{0.14,5}) \\
&= \$1.00\,(0.877) + \$1.00\,(0.769) + \$1.00\,(0.675) \\
&\quad + \$1.25\,(0.592) + \$1.25\,(0.519) + \$41.00\,(0.519) \\
&= \$24.99\ (\text{or } \$25)
\end{aligned}
$$

我們可以發現，不論投資人持有的期間多長，俄亥俄機械公司普通股目前的每股價值皆為$25.00。

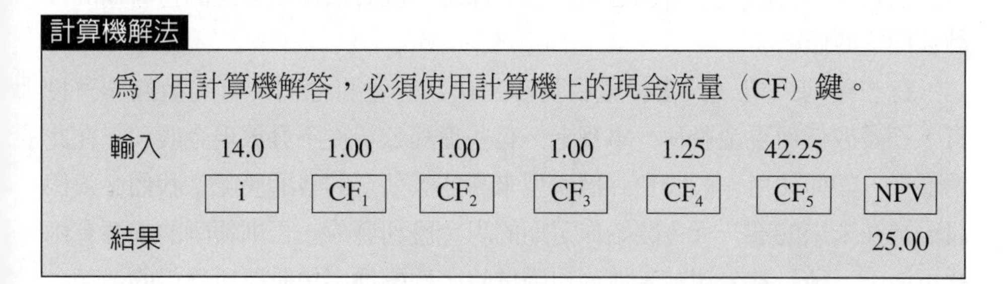
計算機解法

為了用計算機解答，必須使用計算機上的現金流量（CF）鍵。

輸入	14.0	1.00	1.00	1.00	1.25	42.25	
	i	CF_1	CF_2	CF_3	CF_4	CF_5	NPV
結果							25.00

一般的股利評價模型

前面介紹的每一種評價模型中，股票目前的價值都是由期末的股價及持有期間的長短來決定，雖然看起來很簡單，但要正確估計出未來的股價這個變數是很困難的，因此我們最後可以衍生出一個將P_n消除的模型，此模型就是將原來股利評價模型中P_n以另一個式子來代表。

首先，第n期期末的股價P_n可以被重新定義，使用現金流量資本化法，第n期期末的股價P_n表示為預期的未來股利，以要求報酬率k_e折現後的值，公式如下：

$$P_n = \sum_{t=n+1}^{\infty} \frac{D_t}{(1+k_e)^{t-n}} \qquad 〔7.6〕$$

將**公式**〔7.5〕式代到**公式**〔7.6〕，可導出一般股利評價模型，如下：

$$P_0 = \sum_{t=1}^{\infty} \frac{D_t}{(1+k_e)^{t}} \qquad 〔7.7〕$$

因此，公司普通股的價值會等於預期的未來股利折現後的現值，如上面所顯示的，**公式**〔7.5〕算出的公司普通股價值與**公式**〔7.7〕算出的價值是相等的。不論股利會隨著時間而變動或固定不變、增加或減少，一般股利評價模型都可適用。

我們可以發現，一般股利評價模型將股利視為沒有到期日的**永久年金**（preemptive right），雖然此種假設對繼續經營的公司來說是很合理的，不過當公司在可預見的未來可能遭購併或清算時，就必須使用較短的持有期間來計算股票價值。

有些獲利公司（如康柏電腦及聯邦快遞）會將他們所有的盈餘作再投資，不發放任何現金股利。事實上，有些獲利公司從不發放現金股利，在此情形下，如何使用一般股利評價模型來評估該公司的普通股呢？我們必須假設公司在未來的某一天會開始作定期的現金股利發放，否則報酬的來源有兩種可能：一種是當公司被其他公司購併時，報酬為出售股票所獲得的金額；另一種是當公司清算時，報酬即為最後的清算股利。

如同第1章所說的，公司的主要目標是最大化**股東財富**（shareholder wealth），一般股利評價模型**公式**〔7.7〕指出，股東的財富是以公司普通股的價值P_0來估算，它是預期的股利支付與投資人要求報酬率的函數，因此，財務決策必須與最大化股東財富的目標一致，所以經理人在做任何決策時，須考慮這些決策對未來的股利及折現率的影響。財務決策與股東財富的關係在圖7.3有詳細的說明。財務管理的重點之一就是找出並評估這些關係。

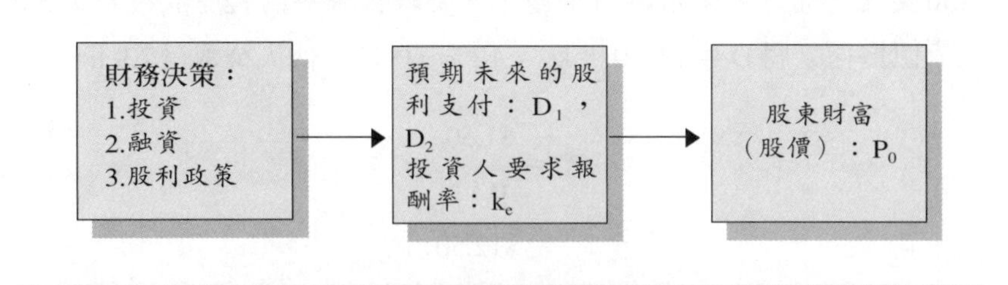

圖7-3　**財務決策與股東財富間的關係**

一般股利評價模型的應用

公司的股利支付有許多不同的形式，包括：零成長、固定成長及非固定成長等，其評價方法皆可由一般股利評價模型簡化得之。

零成長股利評價模型

如果公司未來的股利支付是永遠固定不變，則**公式**〔7.7〕中的D_t可以用固定值D來代替，並得出下列式子：

$$P_0 = \sum_{t=1}^{\infty} \frac{D}{(1+k_e)^t} \qquad 〔7.8〕$$

上列方程式代表永久年金的值，與上一章導出的**公式**〔6.7〕（評估永久債券）及**公式**〔6.11〕（評估優先股）相似。**公式**〔7.8〕可以簡化得到：

$$P_0 = \frac{D}{k_e} \qquad 〔7.9〕$$

此模型只有在公司的股利支付是永久不變時才有用，雖然符合此條件的普通股很少，但是對股利在未來很長的一段期間為固定不變的股票來說，仍是評估價格的方法。**圖**7-4顯示零成長股利支付的範例。

為了介紹零成長股利評價模型，假設Mountaineer Railroad普通股每年股利爲1.50美元，而且未來皆維持不變，對要求報酬率爲12%的投資人來說，股票的價值爲何？將D＝\$1.50，k_e＝12%（0.12）代入**公式**〔7.9〕，可得：

$$P_0 = \frac{\$1.50}{0.12} = \$12.50$$

固定成長股利評價模型

如果公司股利未來每年固定成長，成長率爲g，直到永遠，則第t期的股利應爲：

$$D_t = D_0(1+g)^t \tag{7.10}$$

D_0是第0期股利。第一期的股利預期爲$D_1 = D_0(1+g)$，第二期爲$D_2 = D_0(1+g)^2$，餘此類推。**圖**7-4中的固定成長曲線即爲此種股利支付的範例。將**公式**〔7.10〕的D_t代入**公式**〔7.7〕的一般股利評價模型得到下式：*

$$P_0 = \sum_{t=1}^{\infty} \frac{D_0(1+g)^t}{(1+k_e)^t} \tag{7.11}$$

公式〔7.11〕中必須假設要求報酬率k_e大於股利成長率g，否則P_0會無限大，接著可將上式簡化得到普通股評價模式：

$$P_0 = \frac{D_1}{(k_e - g)} \tag{7.12}$$

---

* **公式**〔7.12〕即一般所稱的Gordon model，推導過程如下：

$$P_0 = \frac{D_0(1+g)^1}{(1+k_e)^1} + \frac{D_0(1+g)^2}{(1+k_e)^2} + \cdots\cdots + \frac{D_0(1+g)^n}{(1+k_e)^n} \tag{a}$$

將〔a〕二邊同乘以$(1+k_e)$／$(1+g)$：

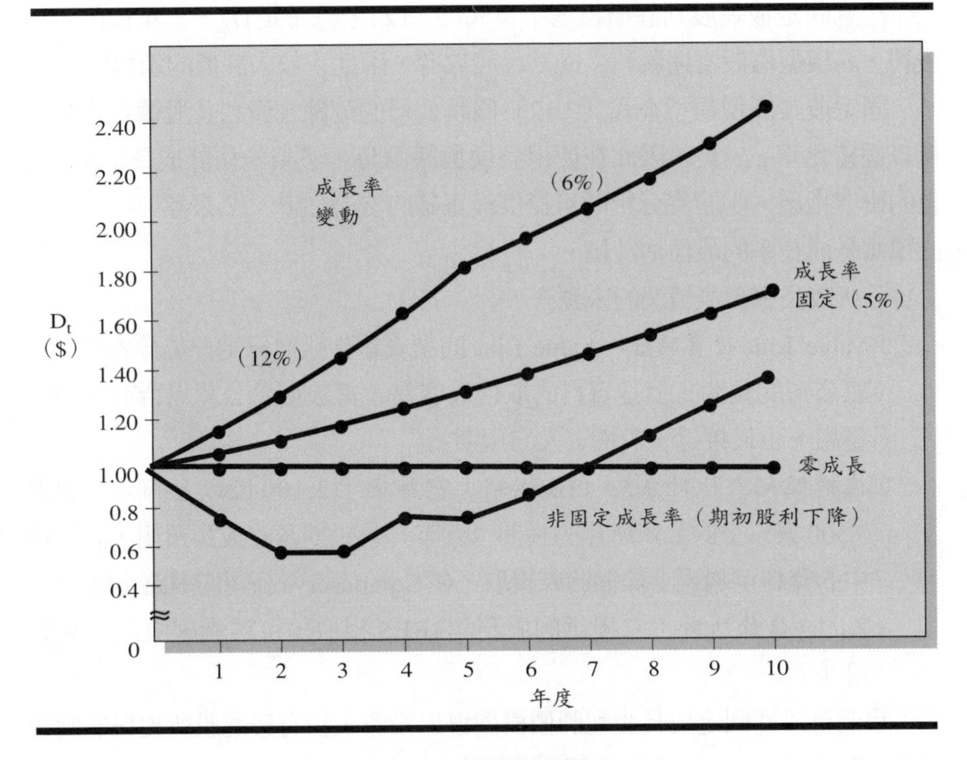

圖7-4　股利成長模式

$$\frac{P_0(1+k_e)}{(1+g)} = D_0 + \frac{D_0(1+g)^1}{(1+k_e)^1} + \cdots\cdots + \frac{D_0(1+g)^{n-1}}{(1+k_e)^{n-1}} \qquad \text{〔b〕}$$

〔b〕－〔a〕：

$$\frac{P_0(1+k_e)}{(1+g)} - P_0 = D_0 - \frac{D_0(1+g)^n}{(1+k_e)^n} \qquad \text{〔c〕}$$

當 $k_e > g$，$n \to \infty$，〔c〕右邊第二項會趨近於零：

$$\frac{P_0(1+k_e)}{(1+g)} - P_0 = D_0 \qquad \text{〔d〕}$$

或

$$P_0\left[\frac{1+k_e-(1+g)}{(1+g)}\right] = D_0 \qquad \text{〔e〕}$$

〔e〕二邊同乘以（1＋g）

$$P_0(k_e-g) = D_0(1+g) \qquad \text{〔f〕}$$

$D_1 = D_0(1+g)$

$$P_0 = \frac{D_1}{k_e-g}$$

注意固定成長股利評價模型中公式〔7.12〕，分子是D_1，一年後的預期股利，該模型假設當期股利（D_0）已發放過，因此不放入評價的過程中。

固定成長評價模型公式〔7.12〕假設公司的盈餘、股利及股價在未來都會以固定比率g成長，因此在使用該模型評價時，必須先估計成長率g。大量的研究指出：⑴證券分析師可提供最正確的成長估計；⑵證券分析師一致的預測是成長率的最佳估計值。

分析成長率預測情況的來源有：

1.**Value Line投資調查**：Value Line的調查報告雖然只是一位分析師對每家公司的預測，但是資料的取得最容易，常放置於公開場合或大學圖書館，也最接近一般投資人的預期。

2.**機構經紀人估計系統**（IBES）：它彙集了2,100位以上的分析師對3,500家以上的公司所作的長期（五年）及短期盈餘成長預測，該系統中的資料可透過上線網路來獲取，如Compuserve公司的網路系統。

3.**Zacks盈餘估計**：它提供的服務與IBES相似，可透過網際網路來獲得。

我們可以從固定成長股利評價模型導出投資人持有普通股所獲得的兩種報酬，將公式〔7.12〕中的k_e解出，得到：

$$k_e = \frac{D_1}{P_0} + g \qquad 〔7.13〕$$

投資人的要求報酬率等於股利率D_1／P_0加上股價上漲率g，g也就是股利成長率。

為了介紹固定成長評價模型的應用，我們以Duke Power公司為例。Duke Power公司下年度股利為2.23美元，且根據Value Line的估計，盈餘及股利成長率為每年5.0%，投資人的要求報酬率為10%，則股票價值的計算為將$D_1 = \$2.23$，$g = 5.0\%$（0.05）以及$k_e = 10\%$（0.10）代入公式〔7.12〕，可以得到：

$$P_0 = \frac{\$2.23}{(0.10 - 0.05)}$$

$$= \$44.60$$

因此，投資人10%的要求報酬率是由5.0%的股利率（D_1／P_0＝\$2.23／\$44.60）加上5.0%的成長率組成。

非固定成長股利評價模型

許多公司都經歷過銷售、盈餘及股利的成長率不是固定不變的情況，當開發出新技術、新市場時，會有超速成長的期間，通常發生在公司生命周期的初期，接下來就是快速成長期，盈餘及股利以較整體經濟成長率爲大的速率在成長，並趨於穩定，之後當公司達到成熟，成長機會減少時，成長率就開始下降。**圖**7-4中最上面的一條曲線即爲超速成長的範例。

非固定成長模型也可用在正經歷短暫不景氣的公司，預期之後就會恢復正常的成長（**圖**7-4最下方的非固定成長曲線即爲一例）。舉例來說，1992年IBM支付股利4.84美元，但1993年縮減爲1.58美元，1994年縮減爲1美元，當重整工作完成後，盈餘及股利成長將恢復回來，例如Value Line預期股利在1997年會成長到2.50美元。因此，在1993年初想評估IBM股票的投資人必須反映出這次的下跌，然後再增加公司的股利成長率。

沒有任何單一模型或方程式可應用在非固定成長的情況，一般來說，非固定成長股票的價值會等於非固定成長期間每年股利的現值加上非固定成長期期末股票價格的現值，即：

P_0＝非固定成長期間每年股利的現值＋非固定成長期期末股價的現值　〔7.14〕

非固定成長期期末股票價格的估計可以用下列方法：

1.證券分析師，如Value Line，所估計的未來（五年）股票價格區間。

2.可以使用Value Line、IBES及Zacks所估計的未來五年盈餘成長率來導出未來五年的每股盈餘（EPS），而本益比就是股價除以每股盈餘（P/E），只要將類似公司的本益比乘上估計的每股盈餘（EPS），即可得到未來五年股價的估計值。

3.在非固定成長期期末，我們可以使用**公式**〔7.12〕的固定成長率評價模型來估計股票的價值。假設一公司在前m期股利是以非固定的比率成長，從第m＋1期開始，股利會以g_2的成長率成長，直到永遠，則在第m期期末股票價值P_m會等於：

$$P_m = \frac{D_{m+1}}{k_e - g_2} \quad 〔7.15〕$$

爲了介紹此模型的應用，我們假設NICOR公司的盈餘及普通股股利在未來五年會以每年12%來成長，在超速成長期之後，股利會以6%的速度來成長，直到永遠。公司剛支付的股利$D_0 = \$2.00$，請問對一位要求報酬率爲15%的投資人來說，NICOR普通股的價值是多少？

表7-5列出以上問題的詳細解答。首先，計算非固定成長期間所收股利的現值（本題是第一年到第五年的股利），總和爲9.25美元；第二，使用固

表7-5　NICOR股票的價值

年度，t	股利 $D_t = \$2.00(1+0.12)^t$	現值因子 $PVIF_{0.15,t}$	現值 D_t
前5年股利的現值			
1	$\$2.00(1+0.12)^1 = \$2.24$	0.870	\$1.95
2	$2.00(1+0.12)^2 = 2.51$	0.756	\$1.90
3	$2.00(1+0.12)^3 = 2.81$	0.658	\$1.85
4	$2.00(1+0.12)^4 = 3.15$	0.572	\$1.80
5	$2.00(1+0.12)^5 = 3.53$	0.497	\$1.75
			\$9.25

第5年底股票的價值 $P_5 = \frac{D_6}{(k_e - g_2)}$

$$P_5 = \frac{D_6}{0.15 - 0.06}$$

$$D_6 = D_5(1+g_2) = \$3.53(1+0.06) = \$3.74$$

$$P_5 = \frac{\$3.74_6}{0.15 - 0.06} = \$41.56$$

P_5的現值 $PV(P_5) = \frac{P_5}{(1+k_e)^5}$

$$PV(P_5) = \frac{\$41.56}{(1+0.15)^5} = \$41.56(PVIF_{0.15,5}) = \$41.56(0.497) = \$20.66$$

股票的價值 $P_o = PV(\text{前5年股利}) + PV(P_5)$

$$P_o = \$9.25 + \$20.66 = \$29.91$$

定成長模型算出第五年年底NICOR普通股的價值，$P_5 = \$41.56$。接著算出$P_5$的現值，等於20.66美元。最後，將股利現值（\$9.25）加上P_5的現值（20.66）即可得到普通股每股價值（\$29.91）。圖7-5爲購買NICOR普通股未來可產生之現金流量的時間表。

圖7-5　NICOR股票的現金流量

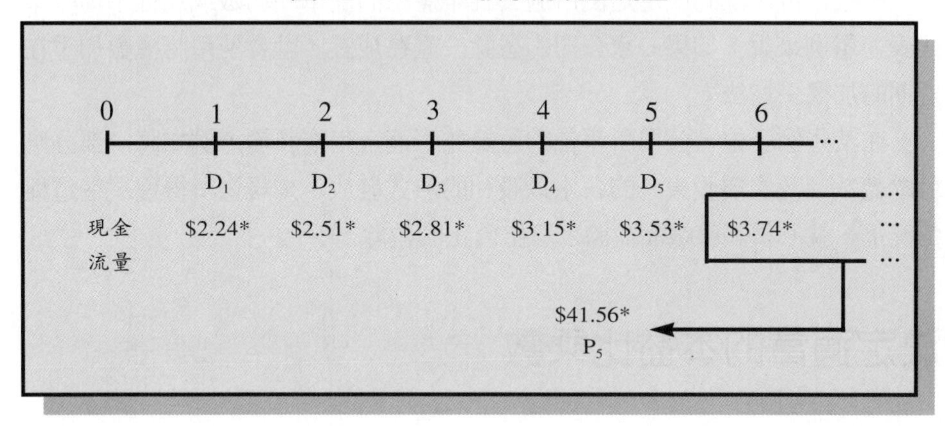

財務議題：幾乎完全由一人持有之公司的評價

許多小型公司的擁有人幾乎持有公司的所有股票，由於供此種公司股票交易的市場並不存在，因此當企業家需要知道自己公司的價值時，必須請專業估價員進行評估。公司進行估價的原因包括購併、清算、股票上市、不動產及贈與稅的退還、融資買下、資本結構重整、員工認股計畫、部門獨立、不動產評價，以及各種訴訟案件等。

本章所發展應用在大型上市公司的評價原則也可用在小型公司的評價上，不過小型公司的評價有幾項獨特的挑戰，例如在評價幾乎由一人持有之公司的股票時，必須考慮此種企業的本質及歷史、未來經濟展望、企業未來展望、獲利能力、股利支付能力、公司的帳面價值，以及公司的財務狀況等。

不過，在評估銷售商品及勞務的公司時，獲利能力是最重要的考量因素。一般在評估整個公司的價值時，是將公司的盈餘水準乘上適當的本益比，此法稱作「盈餘資本化」（capitalization of earnings）法，並算出「**繼續經營價值**」（going-concern value）。如果股票在公司是代表少數權益時，則價格會因缺乏市場性而打折。

正常盈餘的決定

一般正常盈餘的決定是使用過去五年盈餘的簡單平均數或加權平均數來代表。舉例來說，如果一家公司的盈餘一直在成長，就會使用將權數加重在近期的加權平均法。

在某些例子中，公司所報告的盈餘並不適合用作評價，例如將一部分應付給總裁（及主要股東）的薪水以股利的形式發放，來規避所得稅，在這種情況下，就必須調整帳面盈餘，算出真正的盈餘。

決定適當的本益比乘數

評價的下一步驟就是決定將盈餘資本化的適當比率，即把盈餘乘以本益比乘數。一般如果股票有進行交易，可以很容易在金融市場上觀察到本益比乘數，不過中小企業股票交易市場並不存在，所以分析師多以類似公司的本益比代替，並作一些調整。

少數股份的折價

在中小企業中，少數權益的股票缺乏控制權及市場性，這些股票的買者多是其他股東或公司本身。除此之外，少數股份持有者所收到的股利極小，也沒有控制權，並且無法改變次等地位，因此少數權益的股票評價時都會被打折。

評估少數權益股票的過程是將整個公司的價值除以流通在外的股數，然後適當的折價以獲得其價值，折價的幅度從最低6%到最高超過50%。

最後的結論是小型公司與大型公司的基本評價觀念是相同的，不過小型公司的股票缺乏市場性，而且分析時必須考慮少數權益的問題。

道德議題：AT&T vs. NCR

1990年年底，AT&T提出以每股90美元購買NCR公司股票，溢酬高達NCR股價的88%。NCR的董事會拒絕了AT&T，理由是他們認爲AT&T出的價格並不適當，而且也未反映出NCR公司的價值。在AT&T出價前，NCR股票的交易價格多維持在40美元以上，若該公司的經營團隊不變，此價格可視爲股東預期未來可收到的現金流量的現值，則AT&T的行動即爲惡意購併。

NCR的董事會及管理階層拒絕AT&T的購併引發了許多有趣的問題，包括：

1.爲何AT&T願意以如此大的溢酬來購買NCR？

2.如果股票價格反映了未來預期現金流量的現值，爲何購併前NCR股票的價格比AT&T提出的購併價格低了許多？

3.NCR的董事會稍早通過反購併防禦條款，如要求需有80%的選票才能罷黜NCR的董事會。在最大化股東財富目標的前提下，反購併防禦條款所扮演的角色爲何？

4.在何種情況下，NCR的抵抗購併行爲對最大化股東財富目標是有貢獻的？

摘要

1.普通股股東是公司眞正的所有權人，而且普通股也是永久融資的一種。另外，普通股股東有參與公司盈餘，當盈餘增加時，可收到較多股利；盈餘下降時，則股利減少。

2.股東的權力包括下列幾種：

a.分配股利的權力。

b.清算時，當優先請求權滿足後，享有對剩餘資產的請求權。

c.投票權。

d.優先認股權。

3.如果普通股價格上升超過最適區間，公司管理階層會使用股票分割，使價格回復到最適交易水準。
4.公司購回本身股票的原因有好幾種，包括：財務重整、公司未來需要、剩餘現金的使用，以及降低被購併風險。
5.普通股因爲沒有固定股利負擔，所以在融資運用上較優先收益證券具有彈性。
6.投資銀行在公司發行證券時，提供全方位的服務，包括時機的選取、發行程序的架構等。新發行證券的銷售方法有：公開市場銷售、私下募集及原有股東認購。
7.普通股的發行成本一般皆高於債券及優先股，而且有規模經濟存在。
8.普通股的評價比債券或優先股困難許多，原因如下：

a.現金流量有兩種形式：現金股利及股價上漲差價。
b.普通股股利一般皆爲成長狀況，而非固定不變。
c.普通股所收到的現金流量具有比其他證券更高的不確定性。

9.根據一般股利評價模型，普通股的價值會等於未來預期的股利以投資人的要求報酬率折現所得到的現值，我們也可以導出未來股利會成長的普通股評價模型。
10.假設股利以固定比率g成長，則普通股的價值會等於下一年的股利D_1除以投資人要求報酬率k_e與成長率g的差。
11.小型公司的股票評價因爲市場性的不足、流動性的缺乏以及小股東與大股東持股的差距，因而具有特殊的挑戰性。

問題與討論

1.定義以下與普通股有關的名詞：

a.無投票權股票
b.股票分割

c.反向股票分割
d.股票股利
e.帳面價值
f.庫藏股

2.公司資產負債表上的保留盈餘是否即爲公司用來發放股利或作爲資本預算的資金？請詳細解釋。
3.討論公司買回自己股票的理由。
4.解釋普通股的面額、帳面價值及市場價值的差異。
5.討論各種股東權利。
6.是什麼原因使得普通股的評價法比債券及優先股還複雜？
7.根據一般股利評價模型，即使公司不發放任何現金股利，把所有盈餘進行再投資，公司普通股的價值仍大於零，原因爲何？
8.解釋財務決策與股東財富間的關係。
9.假設其他因素不變，解釋以下因素如何影響普通股的評價：

a.市場利率上移，使得投資人要求較高的報酬率。
b.外來的競爭增加，降低了公司盈餘及股利未來的成長。
c.公司增加南美的投資造成投資人調高公司普通股的風險。

10.在固定成長股利評價模型中，解釋以下的意義：

a.股利率
b.股價成長率

11.解釋爲何永久債券、優先股及零成長普通股的評價模型是相同的。
12.解釋普通股的帳面價值如何隨著時間而改變。
13.多數投票法與累積投票法的差異爲何？
14.投資銀行的主要功能爲何？
15.請問證券銷售的三種方法——私下募集、公開市場銷售及原有股東認購法的差異爲何？
16.你認爲公司以下列二種方法籌措資本的風險，何者較大？承銷或代銷？
17.列出公司發行證券時主要的發行成本。
18.備用登記法與一般股票發行登記的差異在哪裡？

自我測驗題

問題一

假設Commonwealth Edison公司下一年股利D_1爲3美元，而且每年的成長率爲4%，請問該公司普通股目前的每股價值爲何？投資人要求每年12%的報酬率。

問題二

Edgar公司剛發出的股利D_0爲2美元，預期未來三年每年會成長20%，之後每年以6%成長，直到永遠。如果你要求的報酬率爲20%，則你願意付多少錢買一股該公司的股票。

計算題

1.General Land Development公司（GLDC）的普通股預期明年發放1.25美元股利，目前市價爲25美元，假設公司未來的股利是以固定比率在成長，投資人要求報酬率爲12%，請問GLDC隱含的成長率爲何？

2.JRM的當前股利D_0爲2美元，而且未來也維持2美元，當投資人要求報酬率爲16%時，JRM股票價值爲何？

3.Spiro公司的普通股股利在前四年從1美元（第0年）升到1.36美元（第四年），請計算下列問題：

a.以複利方式計算這四年的年成長率。

b.假設股利以a小題算出的比率繼續成長，請預測Spiro下一個五年的股利。

c.假設Spiro股價以與股利相同的比率增加，而且投資人計畫持有五年，要求報酬率爲12%，請計算Spiro股票的價值。

4.Heller企業的總裁告訴分析師說，他預期公司盈餘及股利會在未來六年上升一倍，目前公司的盈餘及股利爲4美元和2美元：

a.請估計這六年的股利成長率（複利方式）。

b.假設公司盈餘及股利以a.小題算出的比率成長，請預測未來六年公司的盈餘和股利。

c.根據固定成長股利評價模型，當投資人要求報酬率爲18%，請計算Heller企業普通股的價值。

d.爲何c.小題所算出的股票價格不能代表要求報酬率爲18%的投資人的正確評價呢？

e.假設盈餘及股利在未來六年以a.小題算出的成長率成長，但之後成長率降爲6%，請計算Heller普通股的價值（要求報酬率爲18%）。

5.Kruger Associates正在考慮投資McIntyre Enterprises的股票，後者目前股利爲1.50美元，預期股利在未來三年以每年15%成長，接下來的三年以每年10%成長，McIntyre的稅率爲40%。Kruger預期McIntyre股票的價值從現在到第五年年初會上漲50%，如果Kruger要求12%的報酬率，則Kruger對McIntyre股票評估的價值爲何？

6.Piedmont Enterprise剛支付的股利D_0爲每股1美元，預期股利在未來二年會以每年20%成長，之後下降爲6%直到永遠。如果你要求15%的報酬率，你預期股票在第五年年初的價格應爲多少？

7.加拿大國家鐵路以每股30元賣出10,000,000股股票給投資大衆，公司從承銷商獲得287,506,114美元，則這次股票發行的承銷差價爲何？

8.假設你對Alpine Land and Development公司累積了一筆很大的投資，而且對目前管理階層的績效表現不滿，準備召開董事會。公司有9位董事及1,500,000股流通在外的股數，所有股票皆可投票，這次開會9位董事中有4位要重選，則：

a.如果投票採用累積法，要確保你當選需要多少股數？你有可能以較少票數當選嗎？

b.假設你的朋友也有Alpine的股票，而且看法與你一致。如果投票採用累積投票法，則確保你們二人當選需要多少股數？

c.如果投票採用多數投票法，則a.與b.的結果會變成如何？

9.假設General Electric普通股目前市價爲68美元，$D_0 = \$2$，如果投資人要求每年14%的報酬率，則每年的成長率爲何？（假設固定成長評價模型適合General Electric）。

10.Carroll's Bowling Equipment的股票目前股利D_0爲3美元，預期股利未來三年以每年15%的比率成長，第四年股利爲1美元，之後會以每年6%固定成長。如果你要求24%的報酬率，請問你願意以多少價格購買該股票？

11.Excel公司最近經歷了一段盈餘下滑的期間，現金股利發放暫停，投資人也預期未來一年股利不會恢復，直到第二年年底，將支付0.2美元股利，下一年上升到0.75美元，再下一年爲1.50美元，之後股利會以每年5%固定成長。所有股利都是年底支付。如果要求報酬率爲18%，請問今天股票的價值爲何？

12.VSE公司最近因盈餘下降沒有支付股利，近期管理階層的變動爲公司帶來一線曙光，投資人預期VSE明年股利爲1美元，下一年增加爲2美元，之後二年以每年10%成長。Chuck Brown，一位新的投資人，預期股價會在三年內上升50%，如果Brown計畫持有股票二年，且要求報酬率爲20%，請問他對股票的評價爲何？

13. Sports Novelties公司正經歷產品需求暴增時期，公司近期支付股利D_0：0.25美元，且一年後會上升到0.75美元，之後七年會以每年15%來成長，Coley計畫購買該股票，並持有三年，他相信第四年年底股票價值會上升到30美元，如果Coley要求20%的報酬率，請問股票目前價值應爲何？

14. Watkins公司產品需求暴增，公司最近支付股利D_0：0.50美元，明年會上升到1.00美元，之後七年會以每年20%成長，Susan購買該股票，並計畫持有三年，她相信第五年年底股票價值會上升到40美元，如果Susan要求20%的報酬率，請問股票目前的價值爲何？

15.Whitehurst Associates考慮投資Ivanhoe Enterprise的股票，Ivanhoe最近支付股利（D_0）3美元，預期股利在未來三年以每年15%成長，之後三年以10%成長。Ivanhoe的邊際稅率爲40%。Whitehurst預期Ivanhoe的股價從現在到第五年年初會上升40%，如果Whitehurst要求12%的報酬率，則Whitehurst對Ivanhoe股票的評價爲何？

16.Alpha玩具公司從未支付股利，但新任總裁宣稱公司將在二年後發放第一次股利，每股2美元，預期在之後三年，股利會以15%的速度成長，之後二年以10%成長，雖然公司預期在之後每年仍會發放一些股利，但並不預期可以獲得。該公司最近的本益比為15，公司預期本益比未來仍維持不變，在第六年年底的每股盈餘預期為7美元。公司的邊際稅率為40%、資本結構為40%負債（稅前成本為20%）、60%權益，如果你的要求報酬率為15%，請問你願付多少來購買該公司的股票。

17.Bragg's Fort公司過去十五年經歷盈餘每年20%的快速成長時期，Bragg's的股價為50美元，每股盈餘為3美元，近期的股利為2美元，Bragg的beta為1.3，長期的無風險利率為6.9%，市場報酬率為14%，公司債券被Moody's評為Aa，目前利率為9%，Bragg's的平均稅率為30%、邊際稅率為40%。一位新的財務分析師建議評價Bragg's可以使用固定成長的股利評價模式。如果她相信資本市場是有效率，而且使用資本資產定價模型，請問她所建議的固定成長率為何？是否同意她的評價建議？為什麼？

18.以下是最近《華爾街日報》的股票報價：

25 5/8	12 7/8	offc Depot	ODP		...	26	9083	21 1/2	20 1/2	21 1/4	+ 3/4
39 1/2	32 3/8	Pub Svc Col	PSR	2.10	5.4	14	366	39	38 3/4	39	+ 1/4
40 1/2	30	Sara Lee	SLE	.84	2.2	20	14280	37 7/8	37 1/8	37 7/8	+ 7/8
28 7/8	27 1/4	Gen Motor pfG		2.28	8.1	--	22	28 1/8	27 7/8	28	+ 1/8

a.Office Depot Public Service Company of Colorado與Sara Lee的股利率為何？

b.a題計算出的股利率各不相同，請提出可能的解釋。

c.Public Service Company of Colorado與Office Depot的本益比為何？

d.c小題計算出的本益比各不相同，請提出合理的解釋。

e.你認為General Motor的優先股股利率遠高於Sara Lee普通股股利率的原因為何？

f.Sara Lee前一日的收盤價為何？

19.美國的散戶投資人協會將挑選股票的技巧放在一起列出，並表示經過時間驗證。寫出你從上一章關於評價的內容學到什麼，以及目前你對股票的認知，你同不同意他們所列的技巧？為什麼？（http://

www.aaii.com）

自我測驗解答

問題一

$$P_0 = \frac{\$3.00}{(0.12 - 0.04)} = \$37.50$$

問題二

1.前三年股利的現值為：

$D_0 = \$22.00 \quad g_1 = 0.20 \quad k_e = 0.20$

年度	股利	現值利率因子	現值
t	$D_t = \$2.00(1 + 0.20)^t$	$PVIF_{0.20,t} = 1/(1 + 0.20)^t$	$D_t \times PVIF_{0.20,t}$
1	$\$2.00(1 + 0.20)^1 = \$2.400$	0.833	\$2.00
2	$\$2.00(1 + 0.20)^2 = \$2.880$	0.694	\$2.00
3	$\$2.00(1 + 0.20)^3 = \$3.456$	0.579	\$2.00
現值（前三年股利）			\$6.00

2.第三年年底的股票價值：

$$P_3 = \frac{D_4}{(k_e - g_2)} \qquad g_2 = 0.06$$

$$D_4 = D_3(1 + g_2) = \$3.456(1 + 0.06) = \$3.663$$

$$P_3 = \frac{\$3.663}{(0.20 - 0.06)} = \$26.164$$

3.P_3的現值：

$$PV(P_3) = \frac{P_3}{(1 + k_e)^3} = \frac{\$26.164}{(1 + 0.20)^3}$$

$$= \$26.164(PVIF0.20,t) = \$26.164(0.579) = \$15.15$$

4.普通股價值：

$P_0 = PV$（前三年股利）$+ PV$（P_3）$= \$6.00 + \$15.15 = \$21.15$

名詞解釋

book value（per share）　（每股）帳面價值
公司的總帳面價值除以該公司的在外流通股數。

competitive bidding　競標
出售新發行證券給最高標之承銷團的過程。

cumulative voting　累積投票法
股東可重複投給同一位董事候選人的投票方式。累積投票方式使得少數團體較易選出自己的董事代表。

direct placement　直接募集法
將所有發行股票出售給一家或多家機構投資人，而不公開發行，此法也稱作私下募集法。

dividend yield　股利收益率
每年的股利除以股票價格。

flotation cost　發行成本
發行新股票的成本，包括承銷費用及其他發行費用，如列印及律師費用。

going concern value　繼續經營價值
保持公司原來組織及資產繼續經營下去所產生的價值。

investment banker　投資銀行
承銷新股票的金融機構，幫助公司取得新的資金。

negotiated underwriting　議價承銷
公司希望與投資銀行以公開議價方式出售新發行股票。

par value（common stock）　**面額（普通股）**
由發行公司任意決定普通股的價值。

preemptive right　**永久年金**
每期支付相同的現金流量直到永遠。

Prospectus　**公開說明書**
說明公司的成立經過、業務內容和財務狀況的文件，由證券發行公司編製給投資人做為投資參考。

purchasing syndicate　**承銷銀行團（購買團隊）**
由投資銀行所組成的團體，同意承銷新發行的證券來分散個別承銷的風險。

required rate of return　**優先認股權**
公司規章的條款之一，普通股股東有權認購一定比例的新發行股。

reverse stock split　**反向股票分割**
使在外流通股數變少的一種股票分割法。

right　**權證**
公司發行的短期選擇權，允許原有股東有權以低於市價的特定價格購買特定數量的普通股。

rights offering　**權證配售法**
將股票購買權分配給舊有股東，以此方法出售新發行的優先股，又稱作訂購特權。

shareholder wealth　**股東財富**
公司擁有者（股東）未來預期現金流量的現值，以股東持有之普通股市價來估計。

stock dividend　**股票股利**
額外支付給股東的普通股。

stockholders'（common）equity　**股東權益（普通股）**
公司普通股面額的總值、超過面額的資本及資產負債表的保留盈餘項目。有時稱作擁有人權益，或淨值。

stock split　**股票分割**

交換舊有股東每一股持股之新發行股票數目。

treasury stock　**庫藏股**

發行公司買回的普通股。

underwriting　**承銷**

投資銀行團同意以設定價格購買新發行證券，再賣給投資人的過程。

underwriting spread　**承銷差價**

新發行證券的公開賣出價格與發行公司收到價格的差距，也稱作承銷折價。

stock split 股票分割

[illegible]

treasury stock 庫藏股

[illegible]

underwriting 承銷

[illegible]

underwriting spread 承銷價差

[illegible]

PART THREE

資本投資決策

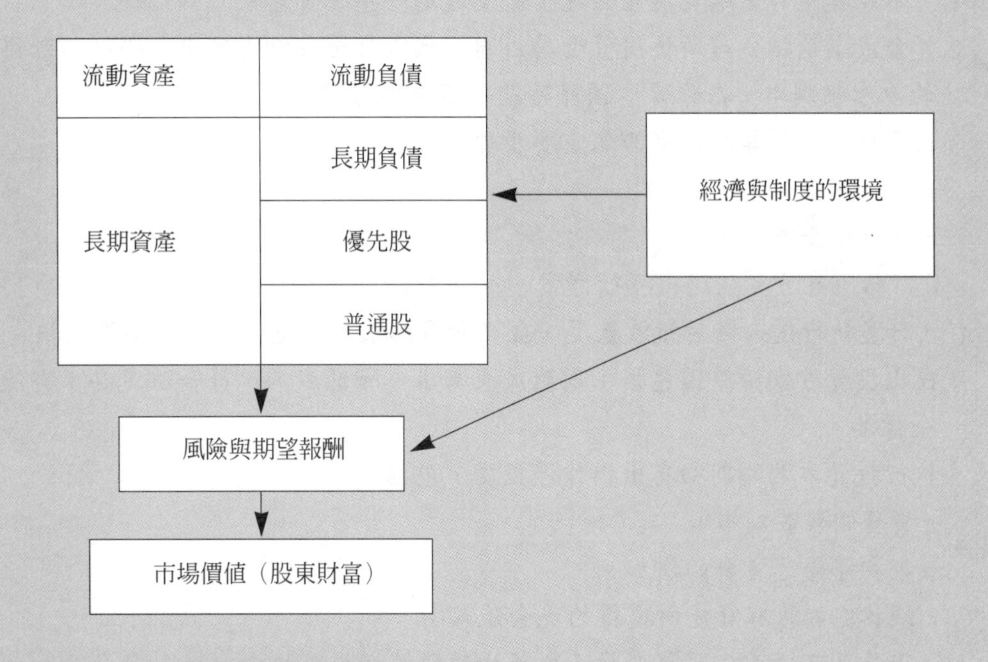

本篇的重點放在公司資產負債表上長期資產的財務管理。投資長期資產（如房地產、土地、設備）對公司未來的現金流量與風險都有重要的影響，因此長期投資（資本預算）決策對公司價值影響很大。第8章是探討長期投資所產生之現金流量的評估方法；第9章則是根據公司的最大化股東財富的目標來分析各種投資決策；第10章則將上述分析延伸，考慮計畫中不同程度風險的評估技巧。

第8章　資本預算與現金流量分析

本章重要觀念

1. 資本預算是計畫購買能產生現金流量超過一年的資產。
2. 資金成本是指公司所使用資金的成本，代表公司在投資案中起碼必須賺得的要求報酬率，在作資本預算時是一項重要的因素。
3. 在進行資本預算時，有四個重要步驟：
   a. 提出投資方案。
   b. 估計現金流量。
   c. 評估所有方案並選出可行方案。
   d. 計畫執行後，檢討績效表現，並在計畫結束後，進行績效的事後稽核。
4. 提出投資方案的原因包括：因應成長需求、降低成本、符合法定要求與健全標準。
5. 執行投資方案的期初支出稱作淨投資，包括：
   a. 資產的裝置成本。
   b. 期初淨營運資金的增加。
   c. 減掉處置舊有資產所獲得的現金流入。
   d. 出售舊有資產與購買新資產所產生的稅的增加或減少。
6. 一件投資方案所產生的淨營運現金流量等於稅後淨營運盈餘的增減加上折舊的增減，並減掉採行此方案造成的淨營運資金的增加。在計畫年限的最後一年，淨現金流量會進行調整以反映出累積淨營運資金的恢復以及稅後殘值的收入。
7. 一件投資計畫的可行性會受到特殊稅負考量所影響，例如使用Modified Accelerated Cost Recovery System（MACRS）的加速折舊法。

財務課題——
福特汽車公司投資JAGUAR汽車公司的例子

爲了與Mercedes-Benz、BMW及Lexus競爭美國高級汽車市場，福特公司於1990年以25億美元購併Jaguar汽車公司。接下來四年，福特在營業上的損失及重整費用共計12億美元，而且更新可以生產25%以上汽車，在英格蘭、Coventry的老舊生產線，以及重新設計Jaguar的最受歡迎車種——XJ Sedan，共計40億美元。更有效率的生產據點可以降低Jaguar的損益平衡點從每年50,000輛到35,000輛，而XJ Sedan的重新設計是爲了提升銷售成績，汽車分析家估計明年可以提升7,000輛到35,000輛。

福特在生產設備與產品設計的投資是爲了回復Jaguar的獲利能力，並開始在投資上獲取報酬。但是財務分析師認爲，即使新的XJ Sedan賣得很好，福特在公元2000年以前並無法自對Jaguar的投資獲得正常的報酬，另一家汽車公司的總裁甚至質疑福特是否能回收對Jaguar的投資。

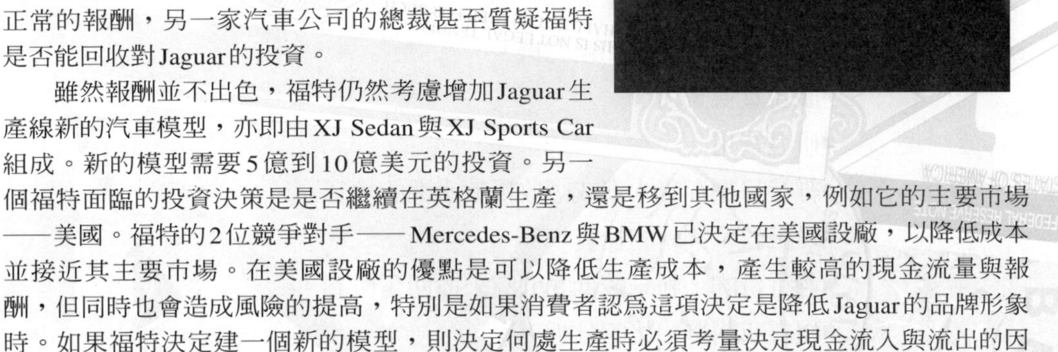

雖然報酬並不出色，福特仍然考慮增加Jaguar生產線新的汽車模型，亦即由XJ Sedan與XJ Sports Car組成。新的模型需要5億到10億美元的投資。另一個福特面臨的投資決策是是否繼續在英格蘭生產，還是移到其他國家，例如它的主要市場——美國。福特的2位競爭對手——Mercedes-Benz與BMW已決定在美國設廠，以降低成本並接近其主要市場。在美國設廠的優點是可以降低生產成本，產生較高的現金流量與報酬，但同時也會造成風險的提高，特別是如果消費者認爲這項決定是降低Jaguar的品牌形象時。如果福特決定建一個新的模型，則決定何處生產時必須考量決定現金流入與流出的因素，進行詳細的分析。

資本投資（計畫的經濟年限超過一年）的分析是重要的財務管理功能，每年大公司與小公司都會花費數千億美元在資本投資上，這些投資決定公司未來幾年的遠景，因此正確的資本投資分析是十分重要的。本章將發展資本投資分析的原則——重點放在現金流量的估計。第9章則探討可以最大化股東財富的資本預算的決策準則。

緒論

本章是介紹公司資產負債表中資產的財務管理的第一章，在本章及接下來的兩章，我們將重點放在長期資產的管理，本書的下冊（第15章到第17章）則將重點放在短期資產的管理，也就是營運資金決策。

資本預算（capital budgeting）是購買長期資產的計畫，而**資本支出費用**（capital expenditure）則是購買長期資產的現金支出，通常會持續在未來產生現金收益超過一年，與一般營運費用不同的地方在於後者所產生的現金收益僅限於未來一年內。

許多不同種類的支出被歸類爲資本支出，使用資本預算模型的架構來評估，包括有：

- 爲了擴張生產線或服務線或者進入新產品市場而購買新的機器設備、不動產或建築物等。
- 更換舊有資產，如鑽孔機。
- 廣告宣傳費用。
- 研發費用。
- 維持目標存貨水準或應收帳款水準的投資。
- 員工教育訓練的投資。
- 發行新的、利息較低的債券來換回舊債券。
- 租賃或購買相比的分析。
- 評估購併的可行性。

資本支出費用因爲需要大額的現金支出以及對公司績效長時間的影響，因此對公司來說十分重要。**表**8-1將美國各類公司在1995年實際及1996年預計的資本支出費用列出，在1995年，美國所有產業的資本支出費用超過5,940億美元，同年，Exxon稅後賺了65億美元，花了90億美元購買新的機器設備，而Unysis則損失了6億2,500萬美元，但當年仍支出了7億2,700萬美元的資本支出費用，包括：機械、研發軟體及廠房設備的支出。

公司的資本支出費用會影響未來的獲利性，同時公司在決定生產何種產品、進入哪種市場、工廠設置地點、以及使用何種技術時，就決定了公司未

表8-1　美國公司的資本支出表（單位：10億美元）

產業	1995		1996預計支出	
採礦建築業		36.0		33.6
製造業		172.3		184.8
耐久財	91.4		100.1	
非耐久財	80.9		84.7	
運輸業		37.0		35.2
通訊業		46.0		46.3
能源業		42.8		40.6
電力	21.4		18.9	
天然氣運送、配銷及其他能源業	21.4		21.7	
躉售與零售業		75.1		71.9
躉售業	21.9		19.7	
零售業	53.2		52.2	
金融保險及不動產業		57.3		57.7
金融	31.0		34.6	
保險與不動產	26.3		23.1	
勞務		123.7		129.4
個人企業勞動，包括農夫	68.4		67.4	
醫藥保健	31.3		34.8	
社會福利、教育及其他個人服務事業	24.0		27.2	
消費性服務				
多角化企業		1.5		1.3
其他產業		2.8		2.7
合計		594.5		603.5

Source: U.S. Bureau of the Census, *Annual Capital Expenditures Survey*. Reprinted in 1996 *Statistical Abstract of the United States*.

來的方向。除了上述原因以外，資本支出費用決策的訂定也是十分重要的，因爲中途改變資本支出計畫會產生一筆很大的額外費用。舉例來說，公司購買高度專業化的生產設備，表示沒有二手市場的存在，當機器不能產生出要求的現金流量時，無法將機器出售，所以公司的管理階層在分析資本支出計畫時，必須建立一套明確的篩選標準爲依據，挑選出適當的計畫，這就是資本預算模型的目標。

資本預算的重要名詞與觀念

在進行資本預算形成過程的討論之前，我們先對後面幾章會出現的名詞與觀念提出解釋。

資金成本

公司的資金成本是指公司使用資金的成本，也稱作要求報酬率，因為它是公司投資計畫至少必須賺得的最低報酬率。在本文中，資金成本是公司在作資本投資計畫決策的重要依據，第9、10章皆假設資金成本是已知項目；第11章則討論決定資金成本的方法。

如何將計畫分類

公司在進行資本支出決策時，通常會遇到許多不同種類的計畫，包括獨立計畫、互斥計畫以及或有計畫，我們將在第9章一一介紹，其中不同的計畫種類對投資決策過程也會造成影響。

獨立計畫

獨立計畫（independent project）是表示計畫的接受或拒絕不受其他計畫的影響。舉例說明，一家公司同時想在總部裝設新的電話通訊系統以及更換鑽孔機，二者並不衝突，如果資金充足，且計畫也都符合最低投資標準，則二個計畫皆可採用。

互斥計畫

互斥計畫（mutually exclusive project）是指一旦接受某計畫，其他計畫就必須放棄。由於二個互斥計畫的功能相同，因此公司只能選擇其中一種。舉例說明，通用汽車正面臨是否將它的Saturn製造工廠設置在Kalamazoo、Michigan，還是Spring Hill、Tennessee的抉擇，最後公司選擇了Spring Hill，則另一地點Kalamazoo即被排除。

或有計畫

或有計畫（contingent project）是指該計畫的接受或拒絕須視其他計畫是否被採行來決定。舉例說明，RJR Nabisco在北卡羅萊納建立新麵包廠的計畫須視公司投資在控制空氣及水質污染設備的計畫如何才能決定。公司在考量或有計畫時，最好將所有互相影響的計畫全都考慮進來，並在進行評估時以單一計畫視之。

可用資金

當公司有足夠的資金去投資所有符合資本預算選擇標準的計畫時，如近年的Phillip Morris，該公司在營運上可說是無資金限制。不過，常常在無資金限制下可接受計畫的期初總成本大於公司可用於投資資本計畫的總資金，這種情況使得**資本配額**（capital rationing）成為必要，即限制資本支出費用，也導致一些特殊的資本預算問題。

資本預算的基本架構

根據經濟理論，公司應該在額外生產一單位的邊際成本等於該單位帶來的邊際收入那一點上進行生產，遵循此原則可達到利潤最大化的目標，該原則同時也可用在資本預算決策上，公司的邊際收入是計畫的報酬率，而邊際成本為公司的邊際資金成本。

圖8-1介紹了簡化的資本預算模型，此模型假設所有計畫的風險皆相同。

A計畫需要2,000,000美元的投資，產生24%的報酬率；B計畫的成本是1,000,000（$3,000,000－$2,000,000），預期有22%的報酬率等繼續下去。這些計畫依據他們的預期報酬率由高而低依序排列下來，由於公司並沒有源源不絕的資金來源，所以以高報酬為優先考量，這個投資計畫表稱為公司的「投資機會線」（Investment Opportunity Curve, IOC）。

MCC代表公司的邊際資金成本，當尋求的資金愈多，MCC也愈高，原因如下：

- 投資人預期公司可因資金的增加而成功地進行許多新計畫。
- 公司的營運風險增加。

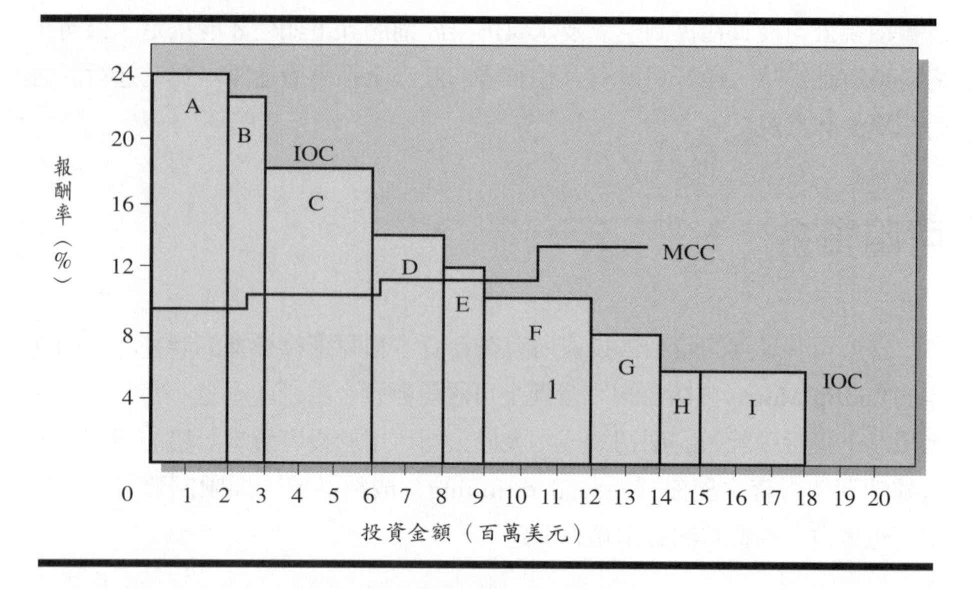

圖8-1　簡化的資本預算模型

- 因資本結構改變，財務風險也增加。
- 資本市場中投資資金的需求增加。
- 出售新股票的成本大於保留盈餘的成本。

原則上，根據資本預算模型，公司應該接受A、B、C、D、E五個計畫，因為它們的預期報酬都超過公司的邊際資金成本。但是實際上財務決策的訂定並非如此簡單，當你使用這套模型時，會碰到一些問題，包括：

- 在任何一個時點，公司不可能知道所有可用的資本計畫。大部分公司都會根據研發結果、市場情況、新技術的發展、公司計畫成效等等而不斷提出資本支出計畫，因此像圖8-1中的計畫表在公司進行資本支出決策時是不完整的。
- 要畫出MCC曲線是很困難的（牽涉到第11章將討論的公司資金成本估計的問題與技巧）。
- 在大部分例子中，公司只能對計畫的成本與收入作不確定的估計，風險愈高的計畫，接受前的要求報酬率應愈大（這個觀念在第10章會更深入討論）。

雖然有這些問題，公司仍會進行資本投資決策。本章及接下來的兩章提供可使用在資本預算決策過程中的工具。

總而言之，過程包含四個重要步驟：

1.提出資本投資計畫。

2.估計現金流量。

3.評估所有計畫並選出可行計畫。

4.計畫執行後，檢討績效表現，並在計畫結束後，進行績效的事後稽核。

產生資本投資計畫的過程

新投資計畫概念的來源有很多，包括公司內、外部。提案最初可能來自公司各個層級——從工廠工人到董事會都有可能。大部分大型及中型公司會將資本支出計畫的尋找與分析責任交給指定的員工部門，包括成本會計、產業工程、市場研究、研究發展及公司計畫部門等等，並建立系統性過程以協助搜尋及分析步驟。例如，公司會請資本支出計畫的原始提案人填寫詳細的內容，其中的資訊包括：計畫的期初成本、預期產生的收入，以及它如何影響公司的營運費用等等，這些資料提供給公司高層主管進行分析並決定是否接受。

提案是否進行二審通常視計畫的種類而定。

投資計畫的分類

前面曾經提及資本支出計畫有許多種類，分成：追求營運成長所產生的計畫、爲了降低成本所產生的計畫以及爲符合法令要求及健全標準所產生的計畫。

追求營運成長所產生的計畫

假設公司生產特殊產品並預期在下一年度會增加需求，如果公司舊有機器已無法應付需求，則擴大公司產能的提案就會提出，可能由公司計畫組織、分部組織或其他部門提出。

由於大部分舊有產品最後都會被淘汰，因此公司的成長須視新產品的發展與市場情況而定，這就牽涉到了研發投資計畫、市場研究投資、銷售測試投資，甚至包括新工廠、機器設備的投資。例如，為了使採礦業能繼續成長，他們必須不斷在開採技術創新上投資。1995年Amoco的資本支出金額為41億美元，其中27億就是使用在開採技術創新上。相同地，高科技產業的公司（如電子業及製藥業）必須持續從事研發工作才能保持競爭力，例如，1995年Merck花了13億3,100萬美元在研發上，大約占了銷售金額的8%。

為了降低成本所產生的計畫

就如同產品會隨著時間過去而被淘汰一樣，工廠的機器設備、生產裝置也是如此。正常來說，使用舊機器來營運會產生較多的費用，因為維修及時間的消耗都具較高成本，除此之外，新技術的發展可以使舊有機器合乎經濟效益的被廢棄，這些因素創造了降低成本的投資計畫，包括以更新、更有效率的機器來更換舊有機器。

為符合法令要求及健全標準所產生的計畫

這些計畫包括控制污染計畫、通風設備、防火裝置等等，進行分析時，這些計畫最好被視為或有計畫，因為必須其他計畫被接受了才會開始考慮到它。

舉例說明，假設Bethlehem鋼鐵公司希望在俄亥俄的克利夫蘭市建一座新的鋼鐵工廠，但此決策必須視州法律所要求的降低污染設備的投資金額多寡而定；因此，投資新工廠的總成本除了營運設備成本外，應包括降低污染設備的成本。至於在已存在的工廠中加裝設備的情況下，所作的決策則較複雜。例如，假設一公司被告知必須在已營運一段時間的工廠中裝置降低污染機器，則公司必須算出這麼做的最低成本，通常為該計畫產生的淨現金流出的最小現值，接著公司必須決定該廠在剩餘年限中所產生的現金流量是否足夠抵掉支出費用，如果不行，公司會考慮建一座新的工廠，或者直接結束原有工廠的營運。

計畫規模與決策形成過程

計畫的種類常常會影響資本投資決策形成過程，但是仍必須考慮其他因素，特別是執行計畫所必須支出的費用多寡。

大部分公司將制定決策的權力分散化，例如，支出費用較多的計畫必須總裁及董事會同意，而中等規模支出的計畫可由分部副總裁作出最後的決定，另外，工廠經理及部門的領導人可全權處理小額支出費用的計畫。例如，在Hershey食品公司中，超過500,000美元的計畫必須由公司級主管評估，低於500,000美元的計畫則由營運部門級主管評估，Hershey正致力於500,000美元或500,000美元以上的計畫都要求由公司級主管評估的系統。這種「命令的分配」因不同公司而異，但是在大型公司中，由一人完成所有資本支出決策是不可能的，因此通常會採用分權系統。

基本觀念：估計現金流量的原則

資本預算的進行主要是估計計畫的現金流量，並非只是估計對會計利潤的貢獻。一般的資本支出需要期初的現金流出，即「**淨投資**」（net investment），接著估計計畫預期在未來幾年所能產生的淨現金流量，這些估計十分重要。

圖8-2爲某一計畫的現金流量估計值。在期初淨投資100,000美元之後，計畫在五年年限中預期產生的現金流量分別爲第一年50,000美元；第二年40,000美元；第三年30,000美元，第四年25,000美元，以及第五年5,000美元，這種類型的計畫被稱作「**正常計畫**」（normal project）或「**傳統計畫**」（conventional project）。

不正常的或非傳統的計畫在現金流量上會有多於一次的符號改變，表8-2介紹三種不同典型計畫的現金流量。X、Y、Z三個計畫分別有一些分析上的問題，我們先對這三種計畫進行描述，X計畫要求三年後關閉生產設備並重新建造；Y計畫在第五年可能有一個礦產投資計畫，因此有負的現金流量，代表在原有礦產採掘完了之後關閉所產生的放棄成本；最後，Z計畫則

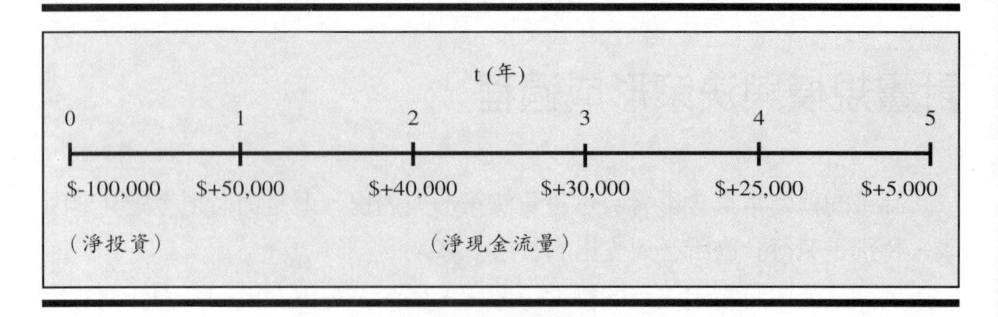

圖8-2　估計正常資本投資計畫的現金流量

表8-2　非正常計畫樣本現金流量狀況

計畫	年數					
	0	1	2	3	4	5
x	-100,000	+80,000	+60,000	-50,000	+75,000	+60,000
y	-200,000	+150,000	+50,000	+40,000	+30,000	-20,000
z	-150,000	-20,000	-20,000	-25,000	-25,000	-30,000

是控制污染投資計畫。

不論計畫的現金流量正常與否，估計時的基本原則仍然相同，包括：

- **現金流量應以增量原則來估計**：換句話說，某一計畫現金流量的估計是以計畫採行前後，公司所有現金流量如何變化爲觀點，因此所有接受此計畫而造成的收入、成本及稅金的改變都包括在分析的範圍中，反過來說，現金流量不會因投資而造成改變的計畫應該予以排除。
- **現金流量應以稅後基礎來估計**：因爲計畫的期初投資是以稅後金額計算，所以計畫的報酬應該用稅後現金流量來估計。
- **所有計畫造成的間接效果應該包含在現金流量的計算中**：舉例說明，如果工廠擴張計畫需要增加公司的營運資金（可能以現金餘額、存貨或應收帳款等不同形式增加），則營運資金的增加應包含在計畫的淨投資中。我們再舉另一個例子，假設公司的一部門推薦一種新產品，但該產品與公司另一個部門的產品會產生競爭，則第一個部門必須考慮新產品是否值得推出，當新產品對第二個部門的銷售產生很大的影響，則該計畫缺乏吸引力。
- **評估計畫時不用考慮沉入成本**：沉入成本（sunk cost）是已經支出的

費用無法收回，因此在評估計畫的可行性時不需考慮進去。例如，1994年Chemtron公司考慮興建一座新的化學處理設備廠，兩年前，公司已花了500,000美元雇用R.O.E.顧問團隊針對新設備對環境造成的影響進行分析，由於不論計畫是否執行，500,000美元都無法回收，因此，在1994年進行計畫可行性分析時，不用將500,000美元考慮進去。唯一須考慮的成本是如果計畫開始執行，在執行點之後所產生的增量支出。

- **計畫中所使用資源的價值應該以他們的機會成本來評估**：資源的**機會成本**（opportunity cost）是指如果他們不用作此計畫的用途，用作其他用途時所能產生的現金流量。例如，用來興建化學處理廠的地點之前已屬於Chemtron所有，原始成本爲500,000美元，但最近可賣到1,000,000美元，如果Chemtron決定興建化學處理廠，就必須放棄出售土地可獲得的1,000,000美元，所以這片土地適當的機會成本爲1,000,000美元，而非原始成本500,000美元。

估計現金流量的這五項原則可以用來計算計畫的淨投資及淨現金流量時所遭遇的問題。

淨投資（NINV）

一個計畫的淨投資（NINV）是該計畫期初淨現金支出，計算的步驟如下：

第1步驟：新計畫成本加上資產的裝置及運送費用，以及使其正常運轉的費用。

加上

第2步驟：因爲新投資所造成的任何期初淨營運資金的增加。

減掉

第3步驟：當投資計畫爲更新資產時，出售舊有資產所獲得的淨收入。

加上或減掉

第4步驟：出售舊有資產及購買新資產所課的稅。

等於

淨投資（NINV）

我們舉兩個計算淨投資的例子，並討論稅對淨投資的影響，在資產更新的例子中，稅的效果發生在出售資產所產生的利得或損失。

如果某一計畫會產生額外的收入，而且公司放寬顧客的信用，則期初應收帳款的額外投資是必要的，除此之外，如果必須增加存貨才能使收入增加，則期初存貨的額外投資也是必要的，以上二種情況都是期初營運資金的增加（營運資金可能是現金、應收帳款、存貨），增加金額的計算應扣除流動負債的增加（如應付帳款或薪資與稅金應付帳款）。根據一般情況，更新計畫需要的淨營運資金的增加很少，甚至沒有；另一方面，擴張計畫則常常需要額外的淨營運資金。

有些計畫在有正的現金流入之前會有超過一年的支出，這些例子中，計畫的NINV會等於一連串的支出以公司的資金成本折現所得到的現值。例如某計畫的現金支出如下：第零年100,000美元，第一年300,000美元，第二年

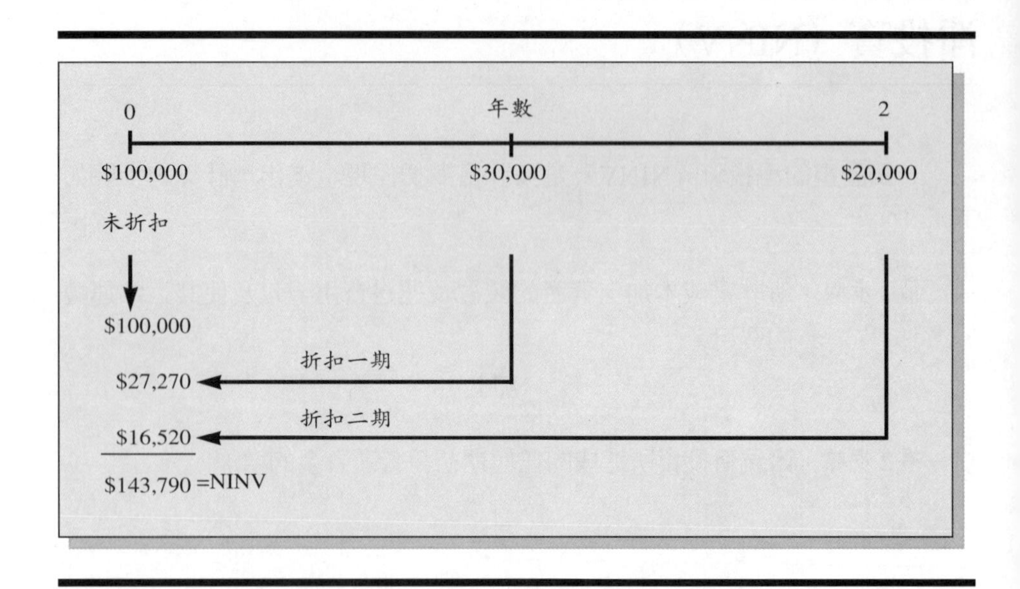

圖8-3　有多期支出計畫的淨投資時間表

20,000美元，假設資金成本爲10%，則NINV會等於143,790美元，計算如下：

年（t）	現金支出	$PVIF_{0.10,t}$	現金支出的現值
0	$100,000	1.000	$100,000
1	30,000	0.909	27,270
2	20,000	0.826	16,520
			NTNV = $143,790

此觀念可參見圖8-3。

淨（營運）現金流量

資本投資計畫預期在期初投資之後會產生稅後現金流量，估計計畫的增量現金流量過程是資本預算程序的重要部分。

資本預算主要與計畫的**淨（營運）現金流量**（Net (Operating) Cash Flows, NCF）有關，即現金流入減掉現金流出，在計畫年限的任何一年，NCF等於稅後營運盈餘的變化（△OEAT），加上折舊的變化（△Dep），減掉淨營運資金增加的部分（△NWC）：

$$NCF = \triangle OEAT + \triangle Dep - \triangle NWC \quad (8.1)$$

折舊是資產的成本在超過一年的經濟年限中系統性的分配，折舊可以降低盈餘，也可以降低稅金，在其他條件相同下，如果公司在某一年因執行計畫而使折舊增加，則那一年的稅後淨現金流量會增加。除此之外，稅後淨現金流量也被當成公司投資在淨營運資金上的變化。在其他條件相同下，如果公司因執行一計畫而增加應收帳款，但沒有增加流動負債，則當年的稅後淨現金流量會減少，另一方面，公司在某一年減少淨營運資金的投資會使得當年的NCF增加。

△OEAT會等於稅前營運盈餘（△OEBT）乘（1－T），T是邊際稅率：

$$\triangle OEAT = \triangle OEBT\,(1 - T) \quad (8.2)$$

△OEBT被定義爲收入的變化（△R）減掉營運成本的變化（△O）與折舊的變化（△Dep）：

$$\triangle OEBT = \triangle R - \triangle O - \triangle Dep \qquad [8.3]$$

將公式〔8.3〕代入公式〔8.2〕可得到以下的式子：

$$\triangle OEAT = (\triangle R - \triangle O - \triangle Dep)(1 - T) \qquad [8.4]$$

將公式〔8.4〕代入公式〔8.1〕可以得到以下的式子：

$$NCF = (\triangle R - \triangle O - \triangle Dep)(1 - T) + \triangle Dep - \triangle NWC \qquad [8.5]$$

上式可進一步將$\triangle R = R_w - R_{wo}$，$\triangle O = O_w - O_{wo}$，$\triangle Dep = Dep_w - Dep_{wo}$代入，得到NCF的有效定義：

$$NCF = [(R_w - R_{wo}) - (O_w - O_{wo}) - (Dep_w - Dep_{wo})](1 - T) + (Dep_w - Dep_{wo}) - \triangle NWC \qquad [8.6]$$

其中，R_{wo} ＝不實行計畫時，公司的收入。
R_w ＝實行計畫時，公司的收入。
O_{wo} ＝不實行計畫時，不包括折舊的營運成本。
O_w ＝實行計畫時，不包括折舊的營運成本。
Dep_{wo}＝不實行計畫時，折舊的變化。
Dep_w ＝實行計畫時，折舊的變化。

在計畫的經濟年限最後一年時，公式〔8.6〕必須進行調整，反映出資產稅後殘值的增量。

表8-3　淨現金流量的計算與等式

計算	變數	等式
收入的變化	△R	
扣除：營運成本的變化	－△O	
扣除：折舊費用的變化	－△Dep	
等於：稅前營業收入的變化	△OEBT	8.3
扣除：稅	－T（△OEBT）	
等於：稅後營業收入的變化	△OEAT	8.2 & 8.4
加回：折舊費用的變化	＋△Dep	
扣除：淨營運資金的變化	－△NWC	
等於：淨現金流量	NCF	8.1 & 8.5

稅後殘值的回收

不論已產生折舊的資產何時賣出，都會有稅的效果，並影響出售資產的稅後淨收入，這些稅的效果在計畫結束時計算稅後殘值時是很重要的。先前曾經提到，出售資產所產生的稅的效果在計算淨投資時也是很重要的，以下我們介紹四個例子來說明。

例1：以帳面價值出售資產

如果公司以稅制帳面價值出售資產，則不會產生利得或損失，因此沒有稅的效果。例如，Burlington Textile以稅制帳面價值50,000美元出售資產，不會產生稅（一般所謂的稅制帳面價值是將資產的裝置成本減掉累積折舊）。

例2：以低於帳面價值的價格出售資產

如果Burlington Textile以20,000美元價格賣掉稅制帳面價值爲50,000美元的資產，會產生30,000美元的稅前損失，假設此資產是用來營運的，則該損失可列爲營運損失，抵消營運收入，有效降低公司的稅金，降低金額等於損失乘上公司的邊際稅率。

假設公司的稅前盈餘爲100,000美元，則稅金會等於100,000美元乘以公司的邊際稅率（40%），即40,000美元。因爲出售資產所產生的營運損失30,000美元，使得公司的可課稅所得下降爲70,000美元，稅金也下跌爲

28,000美元，其中，12,000美元的稅金差距會等於出售舊有資產的損失乘上公司的邊際稅率（$30,000 × 40%）。

例3：以高於帳面價值但低於原始成本的價格出售資產

如果Burlington Textile以60,000美元出售該資產，其中50,000美元不用課稅，但剩下的10,000美元要課稅，如此一來，公司的稅金增加4,000美元，即利得乘上公司的邊際稅率（$10,000 × 40%）。

例4：以高於原始成本的價格出售資產

如果Burlington Textile以120,000美元出售原始成本爲110,000美元的資產，出售的部分利得被視爲一般收入，部分被視爲長期資本利得（capital gain）。視爲一般收入的利得會等於原始成本與稅制帳面價值的差距，即60,000美元（$110,000 − $50,000），資本利得部分則是超過原始成本的部分，即10,000美元。在1993年的收入一致法案下，一般收入及資本利得都必須課相同的公司稅率（35%）。

淨營運資金的回收

在計畫的最後一年，當初要求的增量淨營運資金投資會以現金歸還給公司。在計畫年限的最後，不只是期初的淨營運資金支出，所有額外要求的淨營運資金都會回收，因此所有累積的淨營運資金會在計畫的最後一年回收回來，淨營運資金在計畫最後一年的減少增加了當年的淨現金流量。當然，NWC的回收沒有稅的效果。

利息的變化與淨現金流量

公司常常以舉債方式來購買資產，例如發行債券或銀行貸款，但是將利息支出從計畫的現金流量中扣除是不正確的，原因有二個。

首先，公司的融資決策應與投資決策公開獨立，公司在尋找由債券、權益（普通股）及優先股組合的資金時，必須與管理階層所考慮的財務風險與資金成本的取捨目標一致，通常是爲了追求資金成本最小的資本結構。由於投資決策與融資決策必須獨立運作，所以每一個新計畫的融資都可視爲與公司資金來源比例相同。

第二點，當使用折現法評估計畫時，折現率已經將用來融資計畫的資金成本合併計入，因此若在計算現金流量時將利息扣除會造成成本重複計算。

折舊

折舊（deperciation）的定義爲年限超過一年的資產，其成本作有系統的攤銷；允許公司將固定資產的成本在一段期間內分配攤銷，使每個會計期間的成本與收入能有較好的搭配。每年的折舊費用就是將歷史成本作一下分配，但並不表示資產的市場價值也是遞減的。例如，一家公司正在將一棟辦公大樓折舊，但是大樓的市場價值卻每年都增加。

以製作財務報表爲目的的折舊法有很多種，包括：直線折舊法及各種加速折舊法。使用直線折舊法時，資產每年的折舊金額計算如下：

$$\text{每年折舊金額} = \frac{\text{裝置好的成本}}{\text{資本折舊年限}} \quad \text{〔8.7〕}$$

從稅的觀點來看，公司所使用的折舊率對現金流量有很大的影響，因爲折舊是非現金費用，可扣抵稅金，所以折舊的金額愈大，公司的可課稅所得愈低，稅的支付額減少，公司的現金流入就會增加。

舉例來說，如果Badger公司某一年的收入爲1,000美元，不包括折舊的營運費用爲500美元，直線折舊100美元，而且邊際稅率爲40%，則其營運現金流量爲：

收入		$1,000
減掉營運費用	$500	
折舊	100	
總和		600
稅前營運盈餘		$400
減掉稅金（40%）		160
稅後營運盈餘		$240
加上折舊		100
營運現金流量（CF）		$340

現在假設Badger公司選擇使用加速折舊法，則折舊費用會由原來的100美元變成150美元，新的營運現金流量如下：

收入		$1,000
減掉營運費用	$500	
折舊	150	
總和		650
稅前營運盈餘		$350
減掉稅金（40%）		140
稅後營運盈餘		$210
加上折舊		150
營運現金流量		$360

比較上述二種方法發現，加速折舊法使稅後營運盈餘由原先的240美元減少爲210美元，稅金也由160美元減少爲140美元，但卻使營運現金流量由340美元增加爲360美元，因此對公司來說，使用加速折舊法是較佳的選擇，因爲可以降低稅金，增加現金流量。一般來說，公司通常在稅法允許的範圍內，希望折舊的速度越快越好，因此會使用在資產年限初期折舊比例最高的折舊法，目前在美國最常被使用的折舊法爲調整過的**加速成本回收系統**（Modified Accelerated Cost Recovery System, MACRS）此法在本書的〔附錄A〕有作詳盡的解釋。

爲了使計算方法較簡易，本章所舉的計算現金流量的例子都使用直線折舊法。實際上，一般公司多採用MACRS來計算計畫的淨現金流量，而折舊所造成稅的減少是用來計算稅後淨現金流量。

資產擴張計畫

公司爲了增加銷售（或降低成本）而添購資產的計畫稱作資產擴張計畫。

舉例說明，假設TLC Yogurt公司計畫開一家運動設施店，並與本身的優格與健康食品店連結起來。機器設備的成本爲50,000美元，運送及裝置費用爲5,000美元，使用直線折舊法，經濟年限爲五年，無殘值。爲了開這家店需增加7,000美元的存貨、現金及應收帳款（扣除應付帳款）。

在營運的第一年，TLC預計總收入會增加50,000美元，第二年爲60,000美元，第三年爲75,000美元，第四年下降爲60,000美元，第五年再次下降爲45,000美元，至於營運成本第一年會增加25,000美元，之後每年以6%成長，直到第五年期限結束；另外折舊費用爲每年11,000美元（$55,000／5），TLC的邊際稅率爲40%，除此之外，TLC預計在第一、二、三年每年會增加5,000美元的淨營運資金，第四、五年沒有，計畫結束時，所有的淨營運資金都會回收。

計算淨投資

首先，我們來計算該計畫的淨投資。TLC支付50,000美元的器材設備，再加上5,000美元的運輸及裝置費用，最後必須投資7,000美元在期初的淨營運資金上，則零期的淨投資（NINV）爲：

購買運動設備價格	$50,000
加上運送及裝置費用	5,000
加上期初淨營運資金	7,000
等於淨投資	$62,000

在本題中因爲沒有出售既有資產，所以不需要使用第3及第4步驟。

計算每年淨現金流量

接著我們要計算計畫的每年淨現金流量，使用公式〔8.5〕所得到的現金流量如表8-4所示。

表8-4　計算TLC建廠計畫每年的淨現金流量

	第1年	第2年	第3年	第4年	第5年
增加的收入（△R）	$50,000	$60,000	$75,000	$60,000	$45,000
減掉增加的營運成本（△O）	25,000	26,500	28,090	29,775	31,562
減掉增加的折舊（△Dep）	11,000	11,000	11,000	11,000	11,000
等於稅前增加的營運盈餘（△OEBT）	$14,000	$22,500	$35,910	$19,225	$2,438
減掉增加的稅金（40%，T）	5,600	9,000	14,364	7,690	975
等於稅後增加的營運盈餘（△OEAT）	$ 8,400	$13,500	$21,546	$11,535	$1,463
加上增加的折舊（△Dep）	11,000	11,000	11,000	11,000	11,000
減掉增加的淨營運資金（△NWC）	5,000	5,000	5,000	0	－22,000
加上稅後殘值	—	—	—	—	0
等於淨現金流量（NCF）	$14,400	$19,500	$27,546	$22,535	$34,463

運動設施計畫的現金流量可以彙總如下：

年度	淨投資與淨現金流量
0	－$ 62,000
1	14,400
2	19,500
3	27,546
4	22,535
5	34,463

第9章我們將介紹許多不同的資本預算決策模型，並使用在如上例的現金流量上，以決定最適的資本投資計畫。

資產重置計畫

前面的資產擴張計畫介紹了在計算淨投資及每年淨現金流量時的重要因素。本節將討論資產重置計畫，所牽涉到的是淘汰舊有資產，並以較有效率的資產來代替它。

假設Briggs & Stratton在十年前購買了一部自動鑽孔機，經濟年限爲二十年，原始成本爲150,000美元，已經完全折舊，帳面價值爲0，售價40,000美元。公司計畫以新的、價值190,000美元的新鑽孔機來代替它，運送及裝置費用爲10,000美元，新機器使用直線法完全折舊，預計可用十年，預計十年後的殘值爲25,000美元。Briggs & Stratton最近的邊際稅率爲40%。

計算淨投資

淨投資計算的第1、第2步很簡單，新計畫成本（$190,000）加上運送及裝置費用（$10,000）等於200,000美元，本例中不需要期初的增量淨營運資金。

第3、第4步則是將出售舊有鑽孔機所得到的金額作稅後調整。

因爲舊有鑽孔機以40,000美元賣出，利得必須視爲一般所得課稅。表8-5總結了Briggs & Stratton的NINV計算過程，最後NINV會等於176,000美元。

表8-5　Briggs & Stratton的淨投資計算

新鑽孔機成本	$190,000
加上運送及裝置費用	10,000
等於裝置完成成本	$200,000
加上期初增量淨營運資金	0
減掉出售舊鑽孔機的收入	40,000
等於稅前淨投資	$160,000
加上出售舊鑽孔機的利得課稅金額（40%×$40,000）	16,000
等於淨投資	$176,000

計算每年淨現金流量

假設Briggs & Stratton預計在計畫的第一年收入會從70,000美元上升到85,000美元，之後會以每年2,000美元的速度上升，直到計畫結束。

假設新機器的生產力可抵過二台舊機器，則在計畫第一年營運成本可由40,000美元下降到20,000美元，之後新機器的營運成本會每年增加1,000美元，直到計畫結束。在折舊費用方面，舊機器已經完全折舊，新機器則使用直線法折舊。邊際稅率爲40%。另外，我們假設公司的淨營運資金在更新機後不會有任何改善。

因爲購買新鑽孔機而產生的第一年淨現金流量的計算是將$R_w = \$85,000$，$R_{wo} = \$70,000$，$O_w = \$20,000$，$O_{wo} = \$40,000$，$Dep_w = \$20,000$，$Dep_{wo} = \$0$，$T = 0.4$及$\triangle NWC = \$0$代入如下的公式〔8.6〕如下：

$$NCF = [(R_w - R_{wo}) - (O_w - O_{wo}) - (Dep_w - Dep_{wo})](1 - T) + (Dep_w - Dep_{wo}) - \triangle NWC$$

得到第一年的NCF爲：

$$\begin{aligned} NCF_1 &= [(\$85,000 - \$70,000) - (\$20,000 - \$40,000) \\ &\quad - (\$20,000 - \$0)](1 - 0.4) + (\$20,000 - \$0) - \$0 \\ &= \$29,000 \end{aligned}$$

將每年不同的收入（R_w）與營運成本（O_w）代入，可得到之後九年的淨現金流量，如下：

第二年：

$$\begin{aligned} NCF_2 &= [(\$87,000 - \$70,000) - (\$21,000 - \$40,000) \\ &\quad - (\$20,000 - \$0)](1 - 0.4) + (\$20,000 - \$0) - \$0 \\ &= \$29,600 \end{aligned}$$

第三年：

$$\begin{aligned} NCF_3 = &〔(\$89,000 - \$70,000) - (\$22,000 - \$40,000) \\ &- (\$20,000 - \$0)〕(1 - 0.4) + (\$20,000 - \$0) - \$0 \\ = &\$30,200 \end{aligned}$$

第四年：

$$\begin{aligned} NCF_4 = &〔(\$91,000 - \$70,000) - (\$23,000 - \$40,000) \\ &- (\$20,000 - \$0)〕(1 - 0.4) + (\$20,000 - \$0) - \$0 \\ = &\$30,800 \end{aligned}$$

第五年：

$$\begin{aligned} NCF_5 = &〔(\$93,000 - \$70,000) - (\$24,000 - \$40,000) \\ &- (\$20,000 - \$0)〕(1 - 0.4) + (\$20,000 - \$0) - \$0 \\ = &\$31,400 \end{aligned}$$

第六年：

$$\begin{aligned} NCF_6 = &〔(\$95,000 - \$70,000) - (\$25,000 - \$40,000) \\ &- (\$20,000 - \$0)〕(1 - 0.4) + (\$20,000 - \$0) - \$0 \\ = &\$32,000 \end{aligned}$$

第七年：

$$\begin{aligned} NCF_7 = &〔(\$97,000 - \$70,000) - (\$26,000 - \$40,000) \\ &- (\$20,000 - \$0)〕(1 - 0.4) + (\$20,000 - \$0) - \$0 \\ = &\$32,600 \end{aligned}$$

第八年：

$$NCF_8 = 〔(\$99,000 - \$70,000) - (\$27,000 - \$40,000)$$

$$-(\$20,000-\$0)](1-0.4)+(\$20,000-\$0)-\$0$$
$$=\$33,200$$

第九年：

$$NCF_9=[(\$101,000-\$70,000)-(\$28,000-\$40,000)$$
$$-(\$20,000-\$0)](1-0.4)+(\$20,000-\$0)-\$0$$
$$=\$33,800$$

第十年時，新鑽孔機的殘值爲$25,000，扣除稅金之後加到第十年的淨現流量中。

$$NCF_{10}=[(\$103,000\text{-}\$70,000)-(\$29,000-\$40,000)$$
$$-(\$20,000-\$0)](1-0.4)+(\$20,000-\$0)-\$0$$
$$+\$25,000\text{（殘值）}-0.4\times\$25,000\text{（殘值課稅）}$$
$$=\$34,400+\$25,000-\$10,000$$
$$=\$\ 49,400$$

表8-6將新鑽孔機十年的經濟年限中每年的淨現金流量作成一個工作表，**表**8-7則是將整個計畫的淨現金流量總結起來，除了淨現金流量外，並將先前計算的淨投資加入，以作爲進一步分析的基礎。我們將在第9章介紹多種資本預算決策模型，用來分析淨現金流量以決定最適的投資計畫。

表8-6 Briggs & Stratton 鑽孔機重置計畫的每年淨現金流量表

	年度									
	1	2	3	4	5	6	7	8	9	10
收入的變動 $(R_w - R_{wo})^*$	$15,000	$17,000	$19,000	$21,000	$23,000	$25,000	$27,000	$29,000	$31,000	$33,000
減掉營運成本的變動 $(O_w - O_{wo})^{**}$	−20,000	−19,000	−18,000	−17,000	−16,000	−15,000	−14,000	−13,000	−12,000	−11,000
減掉折舊的變動 $(Dep_w - Dep_{wo})^{***}$	20,000	20,000	20,000	20,000	20,000	20,000	20,000	20,000	20,000	20,000
等於稅前營運盈餘的變動(△OEBT)	$15,000	$16,000	$17,000	$18,000	$19,000	$20,000	$21,000	$22,000	$23,000	$24,000
減掉稅金(40%)	6,000	6,400	6,800	7,200	7,600	8,000	8,400	8,800	9,200	9,600
等於稅後營運盈餘的變動(△OEAT)	$9,000	$9,600	$10,200	$10,800	$11,400	$12,000	$12,600	$13,200	$13,800	$14,400
加上折舊的變動 $(Dep_w - Dep_{wo})$	20,000	20,000	20,000	20,000	20,000	20,000	20,000	20,000	20,000	20,000
減掉淨營運資金的增加(△NWC)	0	0	0	0	0	0	0	0	0	0
等於加回殘值前淨現金流量的變動	$29,000	$29,600	$30,200	$30,800	$31,400	$32,000	$32,600	$33,200	$33,800	$34,400
加回殘值	0	0	0	0	0	0	0	0	0	25,000
減掉殘值所課的稅(0.4×殘值)	0	0	0	0	0	0	0	0	0	10,000
等於淨現金流量的變動	$29,000	$29,600	$30,200	$30,800	$31,400	$32,000	$32,600	$33,200	$33,800	$49,400

*此計畫收入的變動可能爲正，也可能爲負。

**營運成本的變動可能爲正，也可能爲負，本例中營運成本每年下降20,000美元，爲負的，表示節省成本。

***折舊的變動可能爲正，也可能爲負，本例中爲正的，有降低課程盈餘的效果，減少稅金的支付，而增加該計畫的現金流量。若爲負的，則會增加可課稅盈餘，進而增加稅金的支付，降低現金流量。

表8-7 Briggs & Stratton的鑽孔機重置計畫現金流量彙總

年度	淨投資與淨現金流量	年度	淨投資與淨現金流量
0	−$176,000	6	32,000
1	29,000	7	32,600
2	29,600	8	33,200
3	30,200	9	33,800
4	30,800	10	49,400
5	31,400		

估計現金流量時產生的問題

由於計畫的現金流量發生在未來，有許多的不確定性存在，因此要準確地預測計畫的現金流量是很困難的，不過在資本預算中我們假設決策者能準確估計現金流量，並將這些估計值使用在計畫的評估與篩選上，如果這個假設是眞的，則計畫應該根據銷售經理對收入的估計以及生產員工及工程員工對成本及績效達成率的估計來作評估，這些客觀的輸入值能夠降低現金流量估計的不確定性。

除此之外，不同計畫的現金流量估計會有不同程度的不確定性，例如資產重置計畫的報酬預測比新產品推出計畫的報酬預測簡單，我們會在第10章討論將風險分析併入資本預算決策模型的方法。

實務上爲作出資本預算而估計現金流量的方法

本章乃至於整本書的分析都指出正確估計計畫的現金流量對公司的成功是十分重要的，最近的研究也支持這項論點，並且提供大型公司在估計現金流量時所使用的獨特見解。

問卷所調查的公司大都是每年擁有超過1億美元資本計畫的公司，大約有67%的公司會對每年資本支出的60%作正式的現金流量估計，其中大都是期初支出超過40,000美元的計畫。資本緊俏且高槓桿公司通常會指派一到多位的財務分析師、會計、風險控管員，或部門經理監督現金流量的估計，這反映出資本緊俏公司的大型計畫須有效管理高槓桿的風險。

當公司被問到所作的現金流量估計屬於哪一種形式時，56%的公司使用單一數額估計，8%的公司使用區間估計，剩下36%是二種都使用。假設使用區間估計是爲了控制風險，則二種方法都使用的公司一般都有較高的營運及財務風險。

公司所使用的預測方法包括經理人主觀的估計、敏感性分析、專家的一致性分析及電腦模擬，許多公司同時使用多種預測方法，通常預測的期間愈長（計畫的經濟年限愈長），公司使用多種方法預測未來現金流量的可能性愈高。

財務因素對現金流量的估計是很重要的，包括有計畫要求的營運資金、計畫的風險、稅的考量、計畫對公司流動性的影響、預期通貨膨脹率及預計的殘值等，另外重要的市場因素則包括有銷售預測、產品的競爭優勢與劣勢及產品生命周期等，至於重要的生產因素有營運費用、原料成本、製造費用、產能使用程度及啓動成本。

問卷中有四分之三的公司會把現金流量的實際值與預測值作比較，而大約有三分之二的公司會把實際與預測的殘值作比較，最正確的現金流量估計值是期初支出的估計，正確度最低的現金流量估計值則爲每年營運現金流量。而擴張計畫、現代化計畫及重置計畫比較起來，資產重置計畫的現金流量預測較準確，而且設有資訊系統專門負責現金流量預測的公司所作的預測比資本計畫評估過程簡單的公司要來得正確。

道德議題：現金流量估計誤差

估計投資計畫的現金流量是評估資本支出計畫的最重要步驟，如果估計值出現有意的或無意的偏誤，會造成該計畫被拒絕，但實際上卻可能是可以最大化股東財富的計畫。

經理人會產生現金流量估計偏誤的原因有下列幾種：首先經理人可能高估收入或低估成本以增加計畫被接受的機率，並控制較多投資經費，因爲公司給經理人的紅利需視其負責工作的多寡來決定，所以經理人會試圖擴張公司其他領域經費的控制權。

第二點，有些公司會根據與既定目標相比的相對表現來發放員工獎金（這種獎金方案稱作目標管理），如果經理人很有自信地認爲計畫現金流量的最佳估計值已足夠大到讓計畫通過，則他會將估計值下降到最可能結果的水準，並有信心計畫仍會被接受，如此一來一旦計畫開始進行，經理人須達到績效標準的壓力較小，所以現金流量估計的下方偏誤允許計畫的管理人只要達到第一次提案時的目標即可，通常只是次佳表現而已。

投資計畫現金流量估計的故意偏誤對達成最大化股東財富的目標有何影響？

摘要

1.資本預算是計畫購買產生報酬超過一年的資產的程序。

2.資本投資對公司的表現有長期的影響，適當的資本需求預測可以確保公司的生產力符合未來的需要。

3.理論上公司應該投資在新計畫上直到最後一個計畫的報酬率等於邊際資金成本。

4.計畫可被分類成獨立、互斥及或有計畫三種；其中獨立計畫的接受與否不會受其他計畫影響；互斥計畫的接受與否會受其他計畫影響，因爲彼此有排斥性，只能擇一；或有計畫的接受與否則視其他計畫是否執行才能決定。

5.資金成本是公司所使用資金的成本，在評估資本計畫時會使用到，作爲選擇最適投資計畫的依據。

6.在資本預算過程中有四個基本步驟，包括計畫的產生、估計現金流量、評估並選擇適合的計畫，及事後的檢討。前面二個步驟在本章有詳細介紹。

7.新計畫產生的原因包括追求營運成長、降低成本，或是爲了符合法令的要求及健全標準。

8.計畫的現金流量應該以稅後增量爲基礎來評估，並考慮計畫對公司所有的間接影響。

9.公司用來投資計畫的資金應該以機會成本爲基礎來評估其價值，並使用資金次佳用途所產生的現金流量爲其價值來源。

10.淨投資（NINV）是計畫要求的淨現金支出，包括計畫成本加上期初淨營運資金減掉出售舊資產的收入加上或減掉出售舊資產及購買新資產所課的稅。

11.沉入成本代表已經支出而且無法回收的支出，在評估投資計畫時不用考慮進去。

12.計畫的淨（營運）現金流量是公司投資該計畫後營運現金流量的增量改變，這些流量包括投資前後公司的收入、營運成本、折舊、稅金及淨營運資金的變化。

13.資產擴張計畫要求公司將資金投資在額外的資產以增加銷售或降低成本；相反地，資產重置計畫則是將舊資產淘汰，以更具效率的資產來代替它。

14.使現金流量的估計複雜化的二個問題在於現金流量的不確定性以及估計過程中產生的誤差。

問題與討論

1.試討論在不同使用者下，資本預算程序如何被使用：

a.人事經理

b.研發人員

c.廣告部經理

2.何謂互斥投資計畫？獨立計畫？或有計畫？請舉一些例子。

3.資本配額對公司最大化股東財富的能力有何影響？

4.資本投資計畫的主要類型爲何？計畫的類型是否會影響分析的方法？

5.特定計畫的現金流量應以增量基礎來評估，並考慮計畫所有的間接效果。如此做的原因爲何？

6.估計計畫的NINV時，應考慮哪些因素？

7.在資產重置投資決策中，出售舊資產所產生的稅的效果爲何？

8.既然折舊是非現金支出，那爲何在估計計畫的淨現金流量時要考慮進去？

9.爲何在計算計畫的淨現金流量時將利息支出考慮進去是不正確的呢？

10.區分資產擴張與資產重置計畫的差別。這些差異如何影響資本支出分析？

11.資本預算中所使用的機會成本觀念爲何？

自我測驗題

問題一

Fleming公司（食品配銷商）正考慮更換奧克拉荷馬市倉庫中的填裝線，原有的生產線是多年前以600,000美元購買的，帳面價值為200,000美元，Fleming經理人認為目前可以150,000美元將它賣出。新的、產能增加的生產線目前價格為1,200,000美元，運送及裝置費用需100,000美元，假設Fleming公司的邊際稅率為40%，請計算新生產線的淨投資。

問題二

International Foods（IFC）最近以幾年前購買的機器設備進行海產食物的加工製造，該機器的原始成本為500,000美元，目前帳面價值為250,000美元。IFC想用較新、較有效率的機器來代替舊機器，如果新機器的價格為700,000美元，裝置及運送費用為50,000美元，並要求期初淨營運資金增加40,000美元，使用直線法折舊五年，殘值為零。IFC預計將舊機器以275,000美元出售，而且IFC的邊際稅率為40%。

如果IFC購買新機器，每年收入會增加100,000美元，營運成本會下降20,000美元，而且在計畫年限五年中，收入及營運成本會維持在新的水準上（即收入上升100,000美元，營運成本下降20,000美元）。IFC也預計這五年中，淨營運資金的投資每年增加10,000美元，五年後，新機器已完全折舊並可以70,000美元賣出（假設舊機器每年折舊50,000美元）。

1.請計算計畫的淨投資。

2.請計算計畫每年的淨現金流量。

計算題

1.MacCauley公司銷售額為2億美元，總費用為1億3,000萬美元，公司的資產若使用直線法折舊金額為1,500萬美元，而法律所允許的最大加速折舊金額爲2,500萬美元。假設所有可課稅所得的稅率爲40%，而且淨營運資金將保持不變，則：

a.分別用直線折舊法及加速折舊法計算MacCauley公司的稅後營運現金流量。

b.假設公司爲了帳面目的會使用直線折舊法，爲了稅額目的會使用加速折舊法，請列出損益表。請問在這些情況下，稅後營運現金流量爲何？

2. 某部機器成本爲50,000美元，運送及裝置費用爲1,000美元，折舊期間爲十年，若使用直線折舊法，請計算每年的折舊費用。公司的邊際稅率爲40%。

3.Cooper Electronic公司已經提出以下的投資計畫，有可能在未來6個月內開始執行：

計畫	成本（百萬）	預期報酬率
A	$3.0	20%
B	1.5	22
C	7.0	7
D	14.0	10
E	50.0	12
F	12.0	9
G	1.0	44

a.如果Cooper要求的最低報酬率爲10%，請問應採用哪些計畫？

b.資本預算限制（可用資金的限制）如何影響投資決策？

c.計畫風險的不同如何影響投資決策？

4.Johnson Products計畫購買成本爲100,000美元的新麵粉機器，裝置及運送費用爲2,500美元，如果接受此計畫，期初須投資淨營運資金20,000美元，計畫年限爲八年，使用直線折舊法。一年前Johnson曾支付10,000美元給一家顧問公司進行新麵粉機器的可行性分析。Johnson的邊際稅率爲40%。

a.請計算計畫的淨投資。

b.請計算計畫每年的折舊費用。

5.公司有機會投資一部新機器來代替原有的二部舊機器，新機器的成本為570,000美元，運送及裝置費用為30,000美元，並要求增加淨營運資金20,000美元，二部舊機器分別都可出售——第一部價格為100,000美元（帳面價值為95,000美元），第二部價格為150,000美元（帳面價值為75,000美元），而且第一部的原始成本為200,000美元，第二部的原始成本為140,000美元。公司的邊際稅率為40%，請計算該計畫的淨投資。

6.Argyl製造公司正在評估擴張營運的可能性，這次的擴張需要購買成本為100,000美元的土地。新大樓成本為$100,000，使用直線法折舊二十年，殘值為0，二十年後眞正土地殘值為$200,000，眞正大樓殘值為$150,000。購買機器設備需花費250,000美元，運送及裝置費用為50,000美元，而且機器設備會採用七年MACRS來折舊，二十年後的眞正殘值為0。本計畫將會要求70,000美元期初淨營運資金（第零年），第一年底增加40,000美元，第二年底增加40,000美元，預計第一年會增加公司的EBIT100,000美元，每年的EBIT都會以4%的速度成長，直到計畫結束（二十年）。邊際稅率為40%。請計算計畫的淨投資及第二十年的淨現金流量。

7.Bratton Stone Works計畫進行擴張，並需要支出1,000,000美元買地，5,000,000美元買設備，後者使用七年MACRS折舊，十年後殘值為1,000,000美元，但計畫的眞正年限為十年，而且十年後希望以1,800,000美元出售土地。該計畫預計產生每年700,000美元的收入，營運成本為每年200,000美元，Bratton的稅率為40%。除此之外，該計畫在第零年及第一年年底分別要求250,000美元及150,000美元額外的營運資金投資。請問第十年的淨現金流量為何？

8.Locus Quintatus公司是一家高獲利的馬車製造公司，計畫短期內引進新的模型，並且必須立即支付900,000美元購買機器設備，運送及裝置費用為100,000美元，而且使用七年MACRS的方法折舊。在第一年，Locus會增加營運費用300,000美元，預計第二年開始出售1,000輛馬車，平均價格為800美元，另外，第二年營運費用為300,000美元，而且第二年也會增加淨營運資金50,000美元。Locus的邊際稅率為40%。請問該計畫要求的淨投資為何，第一年及第二年的淨現金流量為何？

9. Clyne公司想要將新一代的Slammin Jammin籃球架推出市場，因此需要購買價格650,000美元的設備，運送及裝置費用為50,000美元，另外，在第零年需支付額外的員工訓練費用100,000美元。至於投資淨營運資金方面，第零年為50,000美元，第一年為25,000美元，第二年為10,000美元，收入則預期第一年為250,000美元，之後以每年25,000美元成長，直到第五年，接著以每年25,000美元下跌，直到第十年計畫結束。營運費用的預估則是第一年80,000美元，之後以每年10,000美元的速度成長，直到計畫結束。折舊的計算是使用七年的MACRS法，十年後殘值為50,000美元。公司邊際稅率為40%，資本利得稅為30%，請計算第十年的淨現金流量。

10. Steber Packaging公司預計明年度銷售額為5,000萬美元，其中40%是支付現金，另外的60%則是記帳，30天內付清。公司的營運費用為2,500萬美元，加速折舊總額為1,000萬美元，雖然公司在財務報表上只列出600萬美元的折舊。Steber的邊際稅率為34%，目前流動資產總額為3,000萬元，流動負債為1,500萬美元，預計下一年度流動資產將會增加到3,000萬美元，流動負債會增加到1,700萬美元，請計算Steber明年的稅後營運現金流量。

11. Hurley的製酒廠計畫購買新的葡萄搗碎機，成本為100,000美元，包括運送及裝置費用，並使用七年的MACRS來折舊。在機器購買的同時，Hurley將會投資5,000美元的淨營運資金，而且第一年底再投資3,000美元，第二年投資$2,000美元。該計畫第一年的淨收入為25,000美元，之後以每年5%成長，直到第六年底，接著以每年10%的速度下降，直到計畫結束。第一年的現金營運費用為10,000美元，之後每年成長10%。Hurley預計七年後以$10,000出售該機器，他的一般所得邊際稅率為40%，資本利得稅率為28%。請計算第七年的淨現金流量。

自我測驗解答

問題一

淨投資的計算：

資產成本	$1,200,000
加上運送及裝置費用	100,000
裝置完成成本	$1,300,000
減掉出售舊資產的收入	150,000
減掉出售舊資產產生損失而節省下的稅金	
〔$50,000（loss）×0.4〕	20,000
淨投資	$1,130,000

問題二

a.淨投資的計算：

資產成本	$700,000
加上運送及裝置費用	50,000
裝置完成成本	$750,000
減掉出售舊資產的收入	275,000
加上出售舊資產所課的稅	
（$275,000－$250,000）（0.4）	10,000
加上淨營運資金	40,000
淨投資	$525,000

b.淨現金流量的計算：

NCF_{1-4}＝〔$100,000－（－$20,000）－（$150,000－$50,000）〕（1－0.4）＋（$150,000－$50,000）－$10,000
＝$102,000

NCF_5＝NCF_{1-4}＋累積淨營運資金的回收＋出售新資產的稅後現金流量
＝$102,000＋$90,000＋$70,000（1－0.4）

= $234,000

名詞解釋

capital budgeting　**資本預算**
計畫購買能產生現金流量超過一年的資產。

capital expenditure　**資本支出費用**
用來購買長期資產所支出的金額，如機器設備。此種現金支出未來都會產生超過一年的現金收益。

capital rationing　**資本配額**
由於資金不足以融資所有的投資方案，因此只選擇符合公司標準的可行方案。

contingent project　**或有計畫**
或有計畫的接受與否須視其他計畫是否被採行。

depreciation　**折舊**
資產成本在資產經濟年限中系統性的配置，期間也可能因爲財務報告或稅的原因而改成其他期間。

independent project　**獨立計畫**
該計畫的接受或拒絕不受其他計畫所影響。

MACRS depreciation　**MACRS 折舊**
調整過的加速成本收回系統（Modified Accelerated Cost Recovery System, MACRS），1986年建立。

mutually exclusive project　**互斥計畫**
該計畫的接受或拒絕與其他計畫是互斥的。

Net（Operating）Cash Flow, NCF　**淨（營運）現金流量**
現金流入減掉現金支出，會等於稅後淨營運盈餘的增減加上折舊的增減並減掉淨營運資金的增加。

net investment　**淨投資**

投資計畫期初的淨現金流出。

normal project　**正常計畫**

該計畫的現金流量為期初資金的支出，之後是一連串正的淨現金流入，有時也稱作「傳統計畫」(conventional project)。

opportunity cost　**機會成本**

投資資金用作次佳的用途所能產生的報酬率。

第9章　資本預算決策標準與實際選擇考慮

本章重要觀念

1. 一個投資計畫的淨現值被定義爲該計畫未來產生之淨現金流量的現值減掉計畫的淨投資。
   a. 如果NPV大於或等於零，就接受該計畫。
   b. 在促使可行計畫的淨現值最大化的同時，公司也達成了使股東財富最大化的責任。
2. 內部報酬率（Internal Rate of Return, IRR）是指使計畫未來產生的淨現金流量的現值等於淨投資的現值的折現率。
   a. 如果計畫的內部報酬率大於或等於公司的資金成本，則接受該計畫。
   b. 淨現值法與內部報酬率法都提供公司在面臨獨立計畫時，評斷接受與否的標準，但是如果遇到彼此有衝突的互斥計畫時，淨現值法優於內部報酬率法。
   c. IRR法的缺點在於有時會形成多重解，在這種情況下就應該使用淨現值法。
3. 利潤力指標（Profitability Index, PI）是計畫未來淨現金流量的現值除以淨投資的比率。
   a. 如果計畫的PI大於或等於1，接受該計畫。
   b. PI可以作爲資本配額中資源分配的依據。
4. 投資的回收期間是指使計畫累積的現金流入（淨現金流量）等於期初現金支出所需的時間。
   a. 回收法的優點在於它忽略了現金流量發生的時點（即未考慮貨幣的時間價值）與回收期間之後所產生的現金流量，而且與最大化股東財富的目標並無絕對關係。
   b. 回收法可以用來衡量計畫的流動性，作爲評估風險的簡易工具。
5. 計畫的事後稽核與檢閱可以幫助公司處理在計畫分析過程中未察覺的誤差，而且不停的檢視可以幫助公司在計畫績效未達預期標準時作出放棄的決策。
6. 在進行資本預算時，不考慮實質選擇權的存在而使用傳統的現金流量折現法時，會使計畫的淨現值的估計產生下方誤差。
7. 假設外國的資本市場是有效率的，則對國際資本預算計畫來說，母公司計算計畫淨現金流量的現值是將計畫的淨現金流量以最近的即期匯率轉換爲本國貨幣後再來計算。

財務課題——Circus Circus的新賭場計畫

Circus Circus公司是一家最大的賭場經營者，其目標放在外國的賭博市場。在1996年，該公司擁有600,000平方英呎的賭場規模及超過13,000個飯店房間。它在拉斯維加斯的主要資產包括Circus Circus、Excalibur與Luxor，這家公司提供較低階層顧客賭博的地方，忽略傳統高階層顧客。由於較低的宣傳成本及合理的勝率使得這項策略十分成功。過去十年，盈餘以每年17.5%的速度成長。

在1997年早期，Circus Circus揭露了有史以來最大的賭場計畫——4000個分級賭場在拉斯維加斯，成本估計爲10億美元。這項新的賭場分級計畫將會打破Circus Circus的傳統，招來高階層的賭客，包括巴加拉賭客。

這項新的10英畝建築物將緊鄰South Seas Island主題館之後，內部將包括衝浪海灘及許多海洋設施。

Circus Circus將會面臨許多關於它的新高階層賭場計畫的競爭；例如，Mirage Resorts公司最近才花了12.5億美元興建賭博分級主題廣場，命名爲Bellagio。ITT則花了9億美元整修它的Caesar's Palace賭場。其他包括MGM Grand公司及Marriott International所計畫的其他大型投資案。

這項新計畫代表Circus Circus爲了掌控拉斯維加斯南邊市場所跨出的大膽一步。在新的分級賭場中，Circus Circus將會控制12,500個場子，並在2004年增加額外的8,000個場子。Circus Circus試圖發展賭場的多樣組合，以吸引所有階層的賭博民眾。

本章將探討用來分析資本計畫之預期現金流量的多種方法，就如同此項新的分級賭場計畫。基本上來說，資本預算分析是很簡單的——如果計畫淨現金流量的現值超過淨投資，則接受此計畫，但在實務上，由於風險的存在，使得要正確估計計畫的現金流量十分困難，例如，法國的歐洲迪士尼樂園計畫與倫敦至巴黎的海底隧道計畫等。但是可以透過以下方法降低計畫風險，來達成期望的結果，並增加股東的財富。

緒論

本章重點放在被廣泛使用的資本預算決策模型，並分析他們的優點與缺點。這些模型將第8章介紹的現金流量程序與第4章介紹的貨幣的時間價值結合起來，提供公司在進行資本支出決策時的評斷標準。

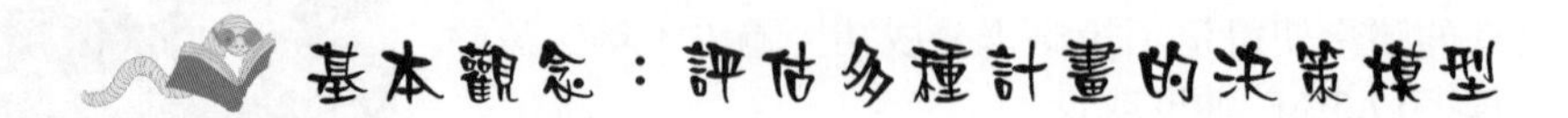

我們在第8章曾經提及資本預算程序有四個基本步驟：提出投資計畫、估計現金流量、估計所有計畫並選出可行計畫，以及**計畫的事後稽核**（project postaudit）與檢討。本章將對過程中的最後兩個步驟進行探討。

評估所有計畫並選擇可行計畫時通常會使用四個評斷標準：

1.淨現值（NPV）。

2.內部報酬率（IRR）。

3.利潤力指標（PI）。

4.回收期間（PB）。

淨現值

第一章我們曾經提到在財管的實務上，淨現值法則是決策形成的主要依據。投資計畫的淨現值——即未來現金流量的現值減掉期初支出——代表該投資對公司價值的貢獻，亦即對股東財富的貢獻。本章將對資本支出計畫的淨現值進行討論。

資本支出計畫的**淨現值**（Net Present Value, NPV）被定義爲，計畫未來的淨（營運）現金流量的現值減掉計畫的淨投資，淨現值法有時也稱作現金流量折現法，亦即現金流量以公司的要求報酬率來折現，公司的要求報酬率也就是資金成本，是指所接受計畫中報酬率最小的，該比率即爲公司的資金成本。

計畫的淨現值可以用下式表示：

$$NPV = PVNCF - NINV \quad [9.1]$$

上式中NPV是淨現值；PVNCF是淨（營運）現金流量的現值；而NINV是淨投資。

假設資金成本爲k，則五年計畫的淨現值可表示成下式：

$$NPV = \frac{NCF_1}{(1+k)^1} + \frac{NCF_2}{(1+k)^2} + \frac{NCF_3}{(1+k)^3} + \frac{NCF_4}{(1+k)^4} + \frac{NCF_5}{(1+k)^5} - NINV \quad [9.2]$$

其中NCF_1……NCF_5是第一年到第五年所發生的淨（營運）現金流量，NCF_5並包括計畫結束後所剩下來的殘值。

另外，我們在第8章有提到正常計畫（normal project）的每年淨現金流量在期初淨投資之後通常都是正的，但是偶爾會有一個或多個計畫年限中的淨現金流量爲負的，當這種情況發生時，正號代表有正的淨現金流量的年度（淨流入），負號代表有負的淨現金流量的年度（淨流出）。

一般來說，計畫的淨現值可以定義如下式：

$$\begin{aligned} NPV &= \sum_{t=1}^{n} \frac{NCF_t}{(1+k)^t} - NINV \\ &= \sum_{t=1}^{n} NCF_t \times PVIF_{k,t} - NINV \end{aligned} \quad [9.3]$$

其中，n是預期的計畫年限，而$\sum_{t=1}^{n}$〔NCF_t／$(1+k)^t$〕是計畫年限中每年淨現金流量折現過後的和，也就是淨現金流量的現值。

爲了介紹淨現值的計算，假設公司正在考慮A與B兩個計畫，它們的淨投資與淨現金流量全都表示在**表9-1**，而兩個計畫淨現值的計算則呈現在**表9-2**，其中資金成本假設爲14%。另外，表中的計算過程我們假設現金流量是在每年年底收到，這樣的假設會使得計畫的淨現值或內部報酬率有些許的低估。**表9-2**中可得知A計畫的淨現值爲負，B計畫的淨現值爲正。

決策法則

一般而言，如果計畫的淨現值大於或等於零時就接受，如果小於零就拒絕，這是因爲正的淨現值原則上可以轉換成股票價格與增加股東財富。在前一個例子中，A計畫因爲有負的淨現值而應予拒絕，而B計畫有正的淨現值

計算機解法

為了使用計算機計算計畫的NPV，使用計算機中的現金流量功能鍵（CF）是必須的。

A計畫

輸入	-50,000	12,500	14	
	CF_0	$CF_{1\text{-}6}$	i	NPV
結果				－1,392

B計畫

輸入	-50,000	5,000	10,000	15,000	15,000	25,000	30,000	14	
	CF_0	CF_1	CF_2	CF_3	CF_4	CF_5	CF_6	i	NPV
結果									7,738

表9-1　計畫的現金流量

年度	A計畫稅後淨現金流量	B計畫稅後淨現金流量
1	$12,500	$5,000
2	12,500	10,000
3	12,500	15,000
4	12,500	15,000
5	12,500	25,000
6	12,500	30,000
	淨投資＝$50,000	淨投資＝$50,000

表9-2　淨現值的計算

A計畫	B計畫			
	年度	NCF	$PVIF_{0.14, t}$*	PV of NCF
6年年金$12,500以14%折現的現值：				
PV of NCF＝$12,500（$PVIFA_{0.14, 6}$）	1	$5,000	0.877	$4,385
＝$12,500（3.889）**	2	10,000	0.769	7,690
＝$48,613	3	15,000	0.675	10,125
	4	15,000	0.592	8,880
	5	25,000	0.519	12,975
減掉淨投資 50,000	6	30,000	0.456	13,680
				57,735
淨現值　$-1,387	減掉淨投資			50,000
	淨現值			$7,735

*取自PVIF表（表II）

**取自PVIFA表（表IV）

應該要接受。

如果兩個或多個互斥投資計畫有淨現值，則選擇其中淨現值最大者。舉例說明，假設公司有三個互斥投資計畫，G、H及I，每個計畫的淨投資爲10,000美元，經濟年限爲五年。如果G計畫的淨現值爲2,000美元；H的淨現值爲4,000美元，而I的淨現值爲3,500美元，則H應該優於其他兩個，因爲它的淨現值最高，預期會對最大化股東財富這個目標有最大的貢獻。

計畫淨現值爲正的來源

是什麼造成計畫有正的淨現值或負的淨現值呢？當產品與因素市場是不完全競爭市場時，公司就有可能賺取超常利潤（經濟租），造成正的淨現值計畫，原因包括以下的進入障礙及其他因素：

1.買方對已建立的商標有偏好。

2.擁有較佳的配銷系統。

3.產品設計與製造技術較優越的商譽存在。

4.擁有較佳的天然資源。

5.新進公司無法獲得足夠的生產因素（管理、勞工與機器設備）。

6.可以較低成本獲得所需資金。

7.生產與配銷的規模經濟來自：

a.生產過程資金來源充配。

b.期初的開始成本很高。

8.可以低於實質價值的成本獲得較佳的勞工與管理人才。

上述因素使得公司在進行內部投資時可輕易判斷出具有正的淨現值的計畫，而且如果進入障礙夠高（如關鍵技術的掌握），使得新的競爭者不易進入或營運初期要達到具有競爭性的期間夠長，則計畫能產生正的淨現值的可能性大爲增加，但是在評估計畫的變動性方面，經理人與分析師必須考慮在新的競爭者出現、現金流量回到正常水準之前能賺取超常報酬的期間有多長，這項評估十分重要，因爲不可能在整個計畫年限中都能賺取超常報酬。

由於以上原因，公司找出具有正的淨現值的投資計畫的可能性提高，不過如果資本市場是有效率的，公司的股票會反應這些計畫的價值，因爲計畫的淨現值可以當作公司採行該計畫後對公司價值的貢獻，如此一來即使公司能找出有正現值的投資計畫，有效率的資本市場也會很快地將具有淨現值的計畫反映在公司股票的市場價值。

假設先前例子中的B計畫是嬌生公司的新嬰兒用品計畫，則該計畫的淨現值會吸引投資人購買嬌生公司的股票。另一方面，假設A計畫是寶僑公司對手推出的新肥皂產品計畫，由於消費者偏好寶僑公司的產品，而且他們的生產與配銷都具有經濟規模，所以很容易導致A計畫的淨現值爲負。

淨現值法的優點與缺點

計畫的淨現值表示如果採行該計畫公司現值增加的金額，所以淨現值法與最大化股東財富的目標是一致的，而且淨現值法也考慮了整個計畫年限中現金流量的大小與發生的時點。

一家公司可以被視爲一連串的計畫組合起來，而公司的總價值就等於這些獨立計畫淨現值的總和，所以當公司接受一項新的計畫，公司價值的增加就等於該計畫的淨現值，這種獨立計畫淨現值的可加性就是財務上所指的價值可加性法則。

在淨現值法中也有指出公司的投資人對計畫所要求的報酬率，亦即資金成本，當計畫的淨現值大於或等於零時，公司的投資人起碼可以獲得他們所要求的報酬率。

淨現值法的缺點在於它所表示的報酬是以金額顯示，而非百分比，因此許多公司使用另一種較容易解釋的方法，也就是內部報酬率法。

內部報酬率

內部報酬率（Internal Rate of Return, IRR）的定義爲使計畫淨現金流量的現值等於淨投資的現值的折現率，也就是使計畫的淨現值等於零的折現率。資本支出計畫的內部報酬率就如同債券投資的到期收益率。

計畫的內部報酬率可由以下的方程式解出：

$$\sum_{t=1}^{n} \frac{NCF_t}{(1+r)^t} = NINV \quad 〔9.4〕$$

其中NCF_t／$(1+r)^t$是第t期的淨（營運）現金流量以r折現的現值；NINV是計畫的淨投資金額；r是內部報酬率。

對一個五年的計畫來說，基本公式可改寫成下式：

$$\frac{NCF_1}{(1+r)^1}+\frac{NCF_2}{(1+r)^2}+\frac{NCF_3}{(1+r)^3}+\frac{NCF_4}{(1+r)^4}+\frac{NCF_5}{(1+r)^5}=NINV \quad (9.5)$$

同時減掉淨投資金額，NINV，可得到下式：

$$\frac{NCF_1}{(1+r)^1}+\frac{NCF_2}{(1+r)^2}+\frac{NCF_3}{(1+r)^3}+\frac{NCF_4}{(1+r)^4}+\frac{NCF_5}{(1+r)^5}-NINV=0 \quad (9.6)$$

這與淨現值法所使用的方程式相同，唯一的差別在於淨現值法使用的折現率，k，是已知的，並依此計算出淨現值，而內部報酬率法的折現率，r，是使計畫的淨現值等於零的折現率，是未知的。

圖 9-1 是介紹淨現值與內部報酬率的關係。圖中的B計畫是表 9-1 中的B計畫在不同的折現率下所求出的淨現值，請注意，如果以資金成本 14% 折現，B的淨現值為7,735美元，與表 9-2 所算出的答案相同。另外，B計畫的內部報酬率約等於 18.2%，因此，內部報酬率是淨現值計算中一個特殊的例子。

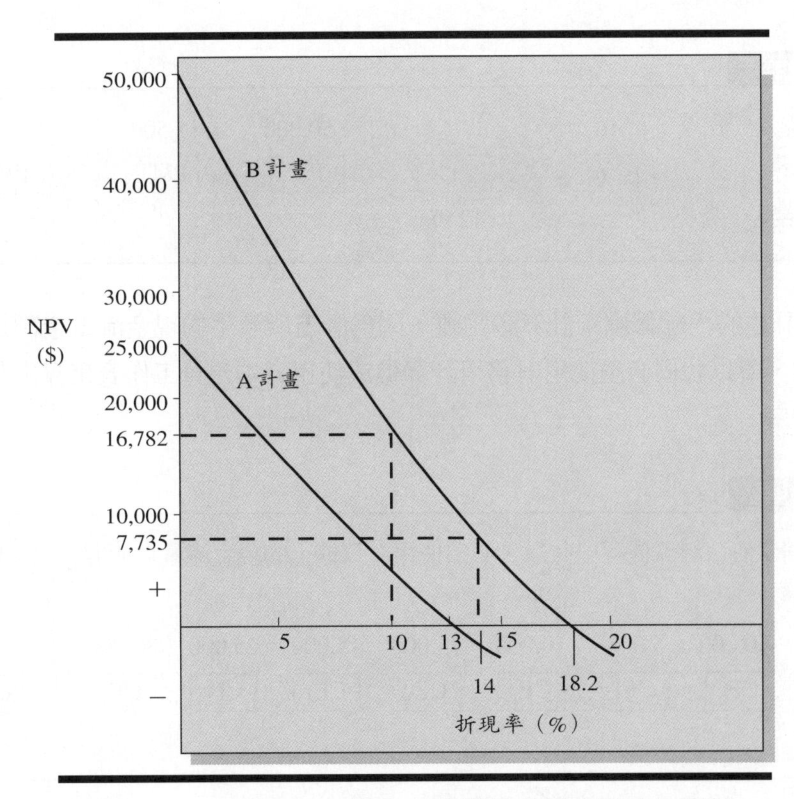

圖 9-1　A 計畫與 B 計畫的淨現值與內部報酬率的關係

A與B計畫的內部報酬率都可以計算出來，其中，A計畫是六年12,500美元的年金，淨投資金額為50,000美元，我們可以使用PVIFA表直接算出，或是使用財務用計算機算出。

在這個例子中，年金的現值$PVAN_0 = \$50,000$，年金支付$PMT = \$12,500$，$n = 6$，以下的方程式：

$$PVAN_0 = PMT\ (PVIFA_{r,n})$$

可以改寫並解出PVIFA：

$$PVIFA_{r,n} = \frac{PVAN_0}{PMT}$$

本例中PVIFA＝\$50,000／\$12,500＝4.000，從表Ⅳ（見〔附錄B〕）我們可以查出n＝6，利率因子為4.000的利率接近13%，所以A計畫的內部報酬率為13%左右。

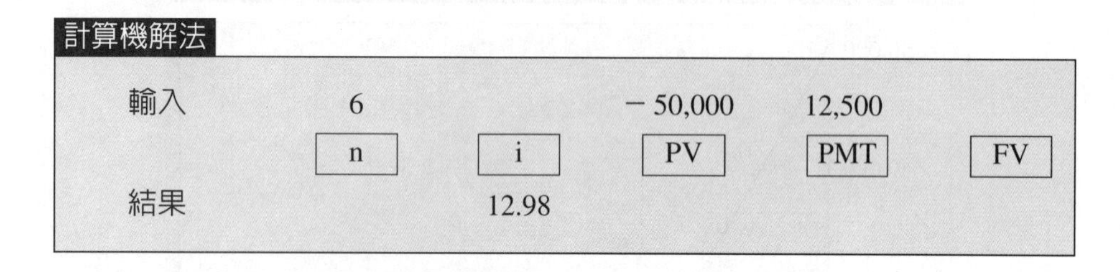

計算機解法

輸入	6		－50,000	12,500	
	n	i	PV	PMT	FV
結果		12.98			

B計畫的內部報酬率計算較困難，因為計畫所產生的現金流量金額是不一樣的，所以我們必須使用財務用計算機或使用資本預算工作表來算出其內部報酬率。

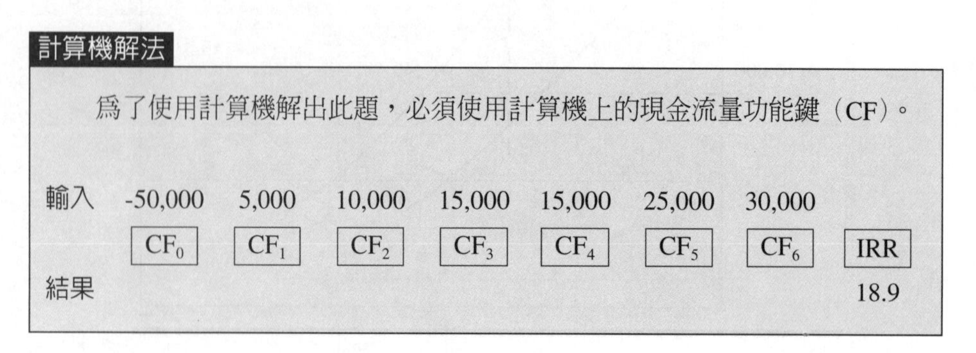

計算機解法

為了使用計算機解出此題，必須使用計算機上的現金流量功能鍵（CF）。

輸入	-50,000	5,000	10,000	15,000	15,000	25,000	30,000	
	CF_0	CF_1	CF_2	CF_3	CF_4	CF_5	CF_6	IRR
結果								18.9

決策法則

一般來說，內部報酬率法是指如果計畫的內部報酬率大於或等於公司的資金成本時，應該接受，如果小於公司的資金成本就應該拒絕。在A與B計畫這個例子中，如果資金成本是14%，則應該接受B，拒絕A。

當兩個**獨立計畫**（independent project）在沒有資本配額的情況下，淨現值法與內部報酬率法的結果相同，可以從圖9-1看出。例如，如果公司的資金成本爲10%，B計畫的淨現值爲正（16,782美元），內部報酬率爲18.19%，超過資金成本。不過，若考慮的是兩個或多個**互斥計畫**（mutually exclusive project），通常選擇內部報酬率大於或等於資金成本中最高者。在本例中，如果A與B是互斥的，B優於A，我們可以從圖9-1中看出，至於此法則的例外，我們將在本章的後面幾節討論。

內部報酬率法的優點與缺點

內部報酬率法被使用現值基礎的資本預算法的企業公司廣泛使用。事實上，在1992年的研究中，調查Fortune500所列出的100大公司中的74家，其中，99%的公司使用內部報酬率法，只有63家公司（85%）使用淨現值法。內部報酬率法較受歡迎的原因可能在於一般人比較能接受計畫的報酬率這個觀念，而淨現值法則是使用金額大小來表示報酬，而且如同淨現值法一樣，內部報酬率法也考慮了整個計畫年限中現金流量的大小與發生時點。

不過，內部報酬率法在使用時也會發生問題，最明顯的就是多重解的問題。在正常的投資計畫中，使計畫的淨現值等於零的內部報酬率只有一個，但是有時會有兩個以上的解。前面曾經提到正常的計畫在期初的支出後就是一連串正的淨現金流量，但是如果因爲某些原因——如計畫結束時大額的廢棄成本或計畫年限中生產設備停止生產而且重新建造的成本，因此在期初的支出後，接下來的淨現金流量便不再全是正的，也會出現負的，此時內部報酬率的解可能就不只一個。

每當計畫有**多重內部報酬率**（multiple rates of return）時，計畫年限中現金流量的形態包含一次以上的符號轉變，如－↑＋＋↑－，在前面的例子中，有兩次符號的轉變——一次是從負到正，另外一次是從正到負。下面的例子有三個內部報酬率——0，100%與200%：

年度	淨現金流量
0	$－1,000
1	＋6,000
2	－11,000
3	＋6,000

不幸地，這些內部報酬率都無法與公司的資金成本比較，因此無法作出接受或拒絕的決定。

雖然有許多方法被用來解決內部報酬率多重解的問題，但是沒有一個是簡單、完整且令人滿意的方法。最好的方法是使用淨現值法，如果計畫的淨現值是正的就接受，如果是負的就拒絕。有許多財務用計算機及電腦軟體被用來計算內部報酬率，不過它們的多重答案會提醒使用者內部報酬率多重解的問題存在，因此還是儘可能使用淨現值法。

利潤力指標

利潤力指標（Profitability Index, PI），或利益－成本比率，是計畫中所有淨現金流量的現值除以淨投資金額，可以用下式表示：

$$PI = \frac{\sum_{t=1}^{n} NCF_t / (1+k)^t}{NINV} \tag{9.7}$$

假設資金成本，k，為14%，使用表9-2的資料計算A、B計畫的利潤力指數如下：

$$PI_A = \frac{\$48,613}{\$50,000} = 0.97$$

$$PI_B = \frac{\$57,735}{\$50,000} = 1.15$$

利潤力指標可以解釋成期初投資金額每一元的現值報酬，與淨現值法相比較，後者是估計全部的現值報酬金額。

決策法則

如果計畫的利潤力指標大於或等於1則接受，如果小於1就拒絕。在本例中，接受B計畫，拒絕A計畫。當考慮二個以上有正常現金流量的獨立計畫時，利潤力指標、淨現值法與內部報酬率法所產生的結果相同，例如A與B計畫。

當面對的是互斥計畫時，淨現值法與利潤力指標會產生衝突，特別是當計畫彼此要求的淨投資金額有很大的不同時。

舉例說明，假設J、K計畫的資料如下。根據淨現值法，J計畫因爲有較大的淨現值所以優於K計畫，但是根據利潤力指標，K計畫優於J計畫。

	J計畫	K計畫
淨現金流量的現值	$25,000	$14,000
減掉淨投資金額	20,000	10,000
淨現值	$5,000	$4,000
$PI = \frac{\text{淨現金流量的現值}}{\text{淨投資金額}}$	1.25	1.40

當衝突發生時，最後的決策必須根據其他因素來決定。例如，如果公司的投資資金並無限制——即沒有資本配額——淨現值法優於其他方法，因爲它所選擇的計畫是能增加公司財富最大金額的計畫，更進一步來說就是最大化股東財富。不過當公司有資本配額存在下，而且資本預算只作一期時，利潤力指標方法優於其他方法，因爲它能指出哪一個計畫可以最大化每元投資金額的報酬，是資金限制存在時較客觀的衡量方法。

淨現值法vs.內部報酬率法：再投資利率的假設

如同先前所說的，當計畫爲獨立計畫時，使用淨現值法或內部報酬率法，二者所產生的決策是一致的，因爲只有在內部報酬率大於資金成本時，計畫的淨現值才會大於零。但是如果是互斥的計畫時，則二種方法可能會產生互相矛盾的結果，譬如A計畫的內部報酬率高於B計畫，但淨現值卻低於B計畫。

舉例來說，以下為L與M計畫的內容，且二者為互斥計畫，二者的淨投資皆為$1,000。如果使用內部報酬率法，則L計畫優於M計畫，因為L計畫的內部報酬率為21.5%，優於M計畫的18.3%。但若使用淨現值法，假設折現率為5%，則M計畫優於L計畫。在這種情況下，找出何種方法才是正確的是十分必要的工作。

	L計畫	M計畫
淨投資	$1,000	$1,000
淨現金流量		
第一年	$667	$0
第二年	$667	$1,400
以5%折現之淨現值	$240	$270
內部報酬率	21.5%	18.3%

決策者對每一計畫中現金流量的再投資利率的不同假設左右著最後的結果，我們可以從圖9-2來看，當折現率（再投資利率）低於10%時，M計畫的淨現值高於L計畫而被採用，當折現率高於10%時，不論使用淨現值法或內部報酬率法，L計畫都優於M計畫，因此在本例中，只有當折現率（資金成本）低於10%時，二種方法才會產生互相衝突的結果。

淨現值法假設現金流量是以公司的資金成本進行再投資，而內部報酬率法則是假設現金流量是以計算出的內部報酬率進行再投資。一般來說，資金成本比內部報酬率較接近真實的再投資利率，因為資金成本是假設下一個投資計畫所能賺到的報酬率，這點我們可以從第8章的圖8-1看出，其中，最後接受的E計畫提供幾乎等於公司的邊際資金成本的報酬率。

總而言之，當資本配額不存在時，面臨互斥投資計畫下，淨現值法優於利潤力指標與內部報酬率法。

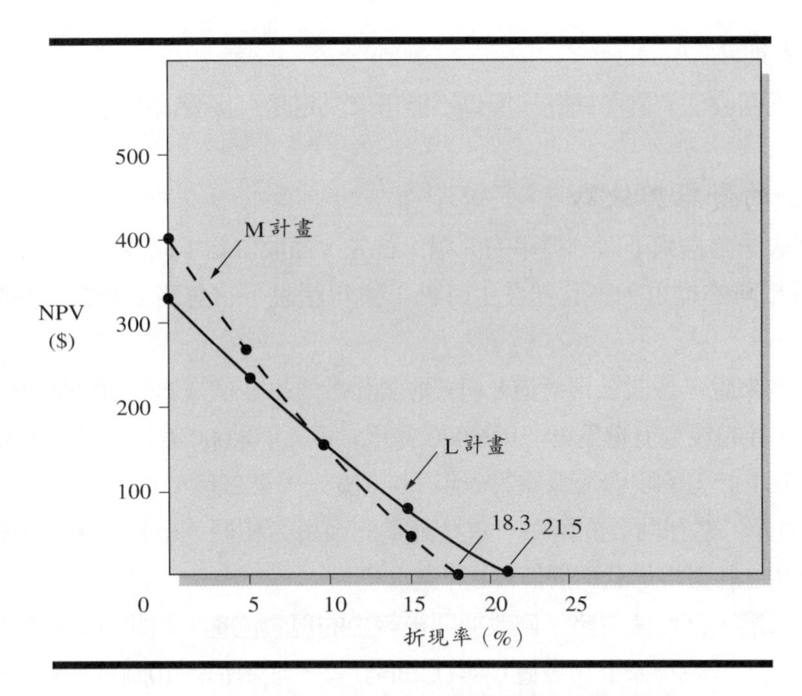

圖9-2　互斥計畫的淨現值與內部報酬率的比較

回收（PB）期間法

計畫的**回收期間**（payback（PB）period）是指，使計畫的累積現金流入（淨現金流量）等於期初支出（淨投資）所需要的時間。

舉例說明，假設一家公司考慮A計畫（淨投資為50,000美元，預計產生六年的淨現金流量，每年12,500美元），因為每年的淨現金流量相同，回收期間會等於淨投資金額除以每年的淨現金流入：

$$PB = \frac{淨投資金額}{每年的淨現金流入} \quad (9.8)$$

則前一個例子的回收（PB）期間的計算如下：

$$PB = \frac{\$50,000}{12,500} = 4年$$

決策法則

因爲回收法有許多缺點，所以不能用來決定是否接受或拒絕投資計畫。

回收法的優點與缺點

回收法會遇到下面一連串的問題，首先，回收法給予回收期間內所有現金流量相同的權重，不管其發生時點，換句話說，它忽略了貨幣的時間價值。

舉例來說，假設公司考慮E與F兩個計畫，每一個成本爲10,000美元，E計畫預計的現金流量爲第一年6,000美元，第二年4,000美元，第三年3,000美元，而F計畫的現金流量爲第一年4,000美元，第二年6,000美元，第三年3,000美元，站在回收的觀點，這些計畫的吸引力相同，但是淨現值法很明確地指出E計畫增加公司價值較F計畫爲多。

第二點，回收法忽略了回收期間後發生的現金流量，因此可能會誤導。舉例來說，假設一家公司考慮C與D二個計畫，成本都是10,000美元，預計C計畫在未來三年每年會產生淨現金流量5,000美元，而D計畫則每年產生淨現金流量4,500美元直到永遠。C的回收期間是二年（$10,000／$5,000），而D的回收期間是2.2年（$10,000／$4,500），如果這些計畫是互斥計畫，回收法偏好C計畫，因爲它有較低的回收期間，但是D計畫很明顯比C計畫還擁有較高的淨現值。

第三點，回收法並無法提供與最大化股東財富目標一致的客觀標準，因爲選擇可接受的回收期間是很主觀的，不同的人使用相同的資料可能會作出不同的接受或拒絕的決定。

回收法有時會將計畫的風險考慮進來進行調整，雖然回收期間短的風險較回收期間長的風險來得少，但是風險一般認爲以計畫報酬的變動性來衡量最好，由於回收法忽略了這點，所以只能說是風險分析的原始工具。

回收法使用上的有效調整可以提供考量流動性的投資人很好的指標，因爲它衡量的是使公司能回收期初投資所需的時間。一家非常關心投資資金是否能提早回收的公司——如在海外政治不安定地區進行投資或預期未來會有資金短缺——可能會發現這個方法很有用。

總結來說，回收法在制定投資決策時不是一個令人滿意的標準，因爲它所選擇的計畫可能不能對公司價值有很大的貢獻，但是仍是有效的輔助決策工具。

表9-3綜合了本章所討論的四個資本預算模型。

表9-3　資本預算模型彙總

模型	計畫接受條件	優點	缺點
淨現值（NPV）	如果計畫的NPV≧0，就接受；也就是淨現金流量以公司資金成本折現所得的現值等於或超過淨投資金額。	考慮現金流量發生的時點。提供客觀、以報酬率爲基礎的接受標準。	大部分觀念皆正確的方法。報酬以金額表示而非百分比，較難與其他百分比數據比較。
內部報酬率（IRR）	如果IRR等於或大於公司的資金成本就接受該計畫。	與NPV所算優點相同。IRR的意義較易解釋。	多重解。有時結論與NPV法會有衝突。
利潤力指標（PI）	如果計畫的PI≧1就接受。	與NPV法有相同的優點。如果有資本配額存在，是一個有效的決策指標。	有時結論與NPV法會有衝突。
回收法（PB）	PB不能用來決定是否接受投資計畫。	使用上簡單又方便。提供衡量風險的原始工具。提供衡量計畫流動性的工具。	沒有客觀的決策依據。沒有考慮現金流量發生的時點。

資本配額與資本預算決策

前面所討論的每一項選擇標準，它們的決策法則都是接受所有符合標準的獨立計畫，不過前提是公司在任何期間對可行資本計畫的金額都沒有限制。

但是許多公司並沒有無限制的資金可供投資，所以與其讓可獲利的投資機會數目決定資本預算的規模，許多公司寧願選擇在資本投資資金上設一個上限，這個限制可能是公司內部經理的自我設定或者因爲外在資本市場的情況而作的設定。

舉例來說，一個十分保守的公司可能會降低使用債券或外部權益資金來融資資本支出，而是將資本支出限制在營運而來的現金流量減掉股利支付後的金額上。另外，公司也可能因爲缺乏足夠的管理能力在特定年度成功地執行所有接受的計畫，所以限制資本支出。

有許多外在的限制也會限制公司的資本支出，例如，公司的貸款協定可能包括未來舉債的限制條款，同樣地，弱勢的財務狀況或證券市場會造成公司發行新債券或股票的發行費用十分地貴，其中，因爲市場而產生限制的原因包括低落的股票市場價值、因爲央行緊縮銀根，導致不尋常的高利率，以及如果公司資本結構中負債佔很大的比例，會降低部分投資人購買新證券的意願。

有幾種不同的方法可以用在**資本配額**（capital rationing）下資本預算決策的形成。當期初支出發生在二期以上時，這些模型就十分複雜，而且需要使用線性或規劃求解。但是當資本預算限制是單期時，我們可以使用利潤力指標這種簡單的方法。簡而言之，此法是由下面幾個步驟所組成：

第 1 步驟：計算每一個投資計畫的利潤力指標。

第 2 步驟：根據利潤力指標由高到低一一排列下來。

第 3 步驟：從利潤力指標最高的計畫開始，依序下來，接受PI大於或等於1的計畫，直到資本預算用盡。

通常公司無法剛好將資本預算完全用盡，因爲最後接受的計畫所需金額若大於剩餘資金就必須放棄，在這種情形下，公司的管理階層有以下三種選擇：

選擇 1：尋找其他組合性計畫，也許包括規模較小、獲利較低的計畫，使公司的資金能充分運用並增加組合計畫的淨現值。

選擇 2：試著放寬資金限制，使公司有足夠的資金接受最後一個計畫。

選擇 3：儘可能接受可行計畫，並將剩餘資金用在短期證券的投資直到下一期，或當股利發給股東，或用來降低流通在外的債券等等。

以下的例子介紹如何將這些選擇用在眞實的資本預算決策中。假設Old Mexico Tile公司的管理階層決定限制公司下一年度的資本支出爲550,000美元，有8個資本支出計畫提出，分別爲P、R、S、U、T、V、Q及W，並依照他們的利潤力指標高低排列下來，如表9-4所示。在550,000美元的上限下，公司的管理階層依照排列順序選了P、R、S和U，T計畫不能接受，因爲它的資本支出需要25,000美元，會超過了550,000美元的限制。P、R、S及U計畫總共會產生114,750美元的淨現值，但所需要的總投資支出金額爲525,000美元，資本預算中還有25,000美元未進行投資，管理階層可以考慮以下三種選擇：

表9-4　根據各計畫的獲利指標來排序

計畫名稱(1)	淨投資金額(2)	淨現值(3)	淨現金流量的現值(4)	PI＝(4)÷(2)	累積淨投資金額	累積淨現值
P	$100,000	$25,000	$125,000	1.25	$100,000	$25,000
R	150,000	33,000	183,000	1.22	250,000	58,000
S	175,000	36,750	211,750	1.21	425,000	94,750
U	100,000	20,000	120,000	1.20	525,000	114,750
T	50,000	9,000	59,000	1.18	575,000	123,750
V	75,000	12,500	87,500	1.17	650,000	136,250
Q	200,000	30,000	230,000	1.15	850,000	166,250
W	50,000	－10,000	40,000	0.80	900,000	156,250

選擇1：對照於先前提到的，本例中可能的投資組合爲P、R、S、T及V五個計畫，可將550,000美元充分運用，而且淨現值爲116,250美元，比只有P、R、S、U計畫的淨現值114,750美元多出1,500美元。

選擇2：可以增加資本預算$25,000，使得T計畫能夠被接受並執行。

選擇3：可以只接受前面四個計畫——P、R、S、U，將剩下的25,000美元投資在短期證券直到下一期。假設短期證券風險調整後的要求報酬等於它所產生的報酬，則此選擇的NPV＝$114,750。

本例中，選擇1似乎優於其他二個。不過在資本預算重新配置過程中，公司永遠不會接受如W計畫的計畫，因爲最低接受標準爲NPV≧0（PI≧1）。

接受計畫的事後檢討與稽核

資本預算程序的最後一個重要步驟是投資計畫實行後的檢討，可以對公司選擇過程的效率性提供有用的資訊。事後稽核（postaudit）的程序主要是比較計畫實際的現金流量與先前預估的現金流量的差距，由於計畫的現金流量包含了不確定的因子，所以實際的值並不會完全等於預估的值，而反覆檢視就是要找出現金流量估計的系統性誤差，並試著找出誤差存在的原因。當事後稽核徹底執行並發揮功效時，這樣的分析有助於公司未來評估投資計畫時作出更好的決策。

事後稽核的重要性在Brown與Miller的研究中已明確指出，他們發現通常不好的計畫在排名上會超過好的計畫，因此，簡單的現金流量估計及簡易的選擇計畫程序，在未來現金流量不確定的因素存在下，往往會造成錯誤接受計畫的比率上升（這些計畫的報酬率平均而言會低於所預估的）。在這種情形下，當計畫被重新檢視時，公司應該矯正潛在的誤差，這些使誤差消失所需要的資訊是從計畫的事後稽核中所獲得的。

一個好的檢討與追蹤系統的重要性，我們將在下面的例子中介紹。Ameritech是中西部5個電話公司的控股公司，它有十分複雜的追蹤系統，使公司可以找出資本計畫提案中每一項估計的個別負責人，當追蹤系統開始時，下一年度的預算已經提出，在新的追蹤系統下，公司部門可以將他們的預算案取回而後再度提出，有700個計畫從新預算中消失，另外，有許多計畫則降低了獲利的估計。

另外一個檢討過程的目的，是要決定在計畫未達到先前的預估時，應繼續下去還是放棄。在考慮放棄的決策時，公司必須比較放棄成本與計畫剩餘年限產生的現金流量兩者的高低，這些未來現金流量通常在計畫已執行一段期間後才會有較正確的估計。

綜合性資本預算範例：設立新的銀行分支機構

第一國家銀行及其信託公司在規模中等城市的商業市中心已設有一家總行，由於人口逐漸移往市郊，第一國家銀行已經發現他們的存款及獲利都在下降，銀行的二位副總裁提出在新的市郊社區設立分行以扭轉劣勢，他們將以下的資料呈報給銀行的執行委員會。

設立分行的成本爲100萬美元，其中的設備預計可使用二十年，而且二十年後分行與設備的殘值爲200,000美元，使用直線折舊法折舊二十年到餘額爲零，每年折舊費用爲$1,000,000／20＝$50,000。分行地點的土地租金爲每年20,000美元。此外，除了100萬美元的投資以外，總行的淨營運資金必須增加100,000美元，來協助分行的設立。

根據客戶調查、人口潮流、競爭銀行的地點，與其他地區銀行設立分行的經驗，分行的收入預估每年400,000美元，其中50,000美元將由總行提走（假設總行不會因爲分行有損失而降低費用50,000美元）。

除了每年的土地租金20,000美元外，新分行每年會產生130,000美元的其他費用。收入與費用在未來二十年中大致維持不變。

銀行的邊際稅率是40%，資金成本（要求報酬率）爲9%（稅後）。

第一步驟：計算淨投資	
新計畫成本	$1,000,000
加上淨營運資金的增加	100,000
淨投資	$1,100,000

淨投資金額會等於新計畫的成本（100萬美元）加上淨營運資金的增加（100,000美元）。

第二步驟：計算淨現金流量	
收入的淨增量（$400,000－$50,000）	$350,000
減掉分行的營運成本（$130,000＋$20,000）	150,000
減掉折舊	50,000
稅前營運盈餘	$150,000
減掉稅金（40%）	60,000
稅後營運盈餘	$90,000
加上折舊	50,000
淨現金流量	$140,000

第一年到第十九年的淨現金流量的計算是將分行營運成本與折舊從收入增量的350,000美元中扣除，得到稅前營運盈餘；扣稅之後得到稅後營運盈餘，再將折舊加回就可得到第一年到第十九年的淨現金流量140,000美元，第二十年的淨現金流量除了140,000美元之外，還要將稅後殘値120,000美元與營運資金100,000美元加回得到360,000美元。

當計畫結束後，增量營運資金便不再需要，因此，期初要求的營運資金100,000美元應償還另作他用，所以應加回第二十年的現金流量中。

第三步驟：排列計畫的現金流量並評估其價值	
淨投資	$1,100,000
淨現金流量：	
第1年～第19年	140,000
第20年	360,000

計畫的現金流量計算並排列完了之後，就必須決定接受或拒絕此分行計畫，接下來將使用本章所討論的決策標準來評估計畫，即淨現值、內部報酬率與利潤力指標。

標準1：淨現值

$$
\begin{aligned}
NPV &= PVNCF - NINV \\
&= \sum_{t=1}^{19} \frac{\$140,000}{(1+0.09)^t} + \frac{\$360,000}{(1+0.09)^{20}} - \$1,100,000 \\
&= (\$140,000 \times PVIFA_{0.09,\,19}) + (\$360,000 \times PVIF_{0.09,\,20}) - \$1,100,000
\end{aligned}
$$

淨現值方程式的第一項是將十九年的年金140,000美元以9%折現所得的現值，使用年金表的現值（表IV），可找到利率因子爲8.950。第二項是第二十年收到的360,000美元以9%折現所得的現值，從現值表（表II）可找到利率因子爲0.178。因此，當資金成本爲9%，該計畫的淨現值如下：

$$
\begin{aligned}
NPV &= \$140,000\,(8.950) + \$360,000\,(0.178) - \$1,100,000 \\
&= \$1,253,000 + \$64,080 - \$1,100,000 \\
&= \$217,080
\end{aligned}
$$

使用淨現值法，而且資金成本爲9%下，因爲有正的淨現值，所以接受該計畫。

標準2：內部報酬率

根據這個模型，我們可以找到使計畫淨現值等於零的折現率：

$$淨現金流量的現值－淨投資＝0$$

或

$$\sum_{t=1}^{19}\frac{\$140,000}{(1+r)^{t}}+\frac{\$360,000}{(1+r)^{20}}-\$1,100,000=0$$

其中，r是內部報酬率。

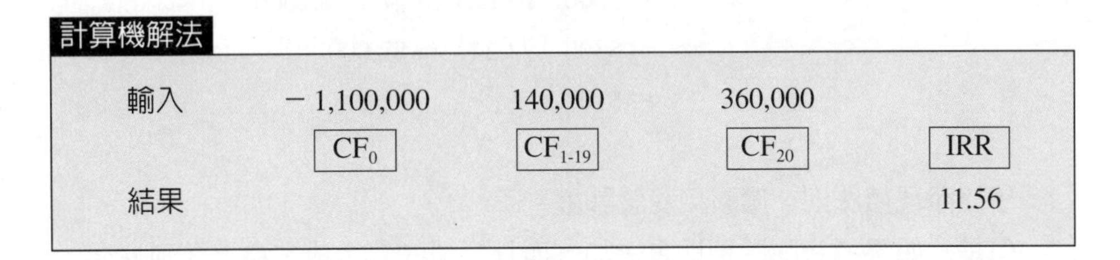

計算機解法

輸入	− 1,100,000	140,000	360,000	
	CF_0	$CF_{1\text{-}19}$	CF_{20}	IRR
結果				11.56

內部報酬率爲11.56%，大於資金成本，應該接受此計畫。

標準3：利潤力指標

利潤力指標是指未來淨現金流量的現值除以淨投資金額的比率。從前面淨現值的計算，我們知道淨現金流量以資金成本9%折現所得到的現值爲1,317,080美元（\$1,253,000＋\$64,080）。

因此，利潤力指標的計算如下：

$$PI=\frac{\$1,317,080}{\$1,100,000}=1.20$$

因爲利潤力指標大於1，所以新分行計畫應該接受。

根據以上的計算，新分行計畫會增加股東財富，所以應該採用，剩下來的唯一步驟是監督計畫的實行績效是否符合、落後或超過先前所估計的現金流量。根據這個計畫的眞正結果，銀行的管理階層可以用較準確的方法來評估其他新分行計畫。

通貨膨脹與資本支出

在通貨膨脹期間，公司資本支出的水準會傾向下降。舉例來說，假設

Apple製造公司有一個預計未來十年每年會產生300美元現金流量的投資機會，淨投資金額爲2,000美元，如果公司資金成本相對較低，爲7%，則淨現值爲正的：

$$
\begin{aligned}
NPV &= PVNCF - NINV \\
&= \$300\ (PVIFA_{0.07,\ 10}) - \$2,000 \\
&= \$300\ (7.024) - \$2,000 \\
&= \$107.2
\end{aligned}
$$

根據淨現值法則，應該接受該計畫。

但是，如果通貨膨脹預期會增加，而且公司的資金成本會上升到10%，則計畫的淨現值將爲負的：

$$
\begin{aligned}
NPV &= PVNCF - NINV \\
&= \$300\ (PVIFA_{0.10,\ 10}) - \$2,000 \\
&= \$300\ (6.145) - \$2,000 \\
&= -\ \$156.5
\end{aligned}
$$

在這種情形下，應拒絕該計畫。

以上的例子假設現金流量不受通貨膨脹影響。不可否認地，計畫的收入會隨著通貨膨脹的上升而增加，但是費用也會增加，因此我們很難判斷淨現金流量會增加還是減少。不過最近的經驗似乎指出，現金流量的增加通常不足以抵銷資金成本的增加，所以資本支出水準在高通膨時期會比在低通膨時期爲低。

幸運地，將通膨考慮進來而調整資本預算的過程十分簡單，因爲資金成本包含預期通貨膨脹的效果，所以當預期未來通貨膨脹率會上升，資金成本也會上升，因此，財務經理必須估計已反映預期的通貨膨脹率的未來現金流量（收入與費用）。例如，如果物價預期在計畫年限中每年增加5%，收入的估計就必須反映物價上升的趨勢，成本或費用的估計也必須調整以反映通貨膨脹率的增加，如員工薪資率增加及原料價格上升。

資本預算中的實質選擇權

在我們討論資本預算時所使用的方法為傳統的現金流量折現法，亦即將淨現金流量以資金成本折現並減掉淨投資金額以決定計畫的淨現值。這種分析法沒有考慮到計畫中任何營運（實質）選擇權的價值或者公司在設計計畫時所安排的選擇權或計畫富有彈性的價值。所謂選擇權就是給予持有人一種權力，但並非義務，可以在特定期間以特定價格買進、賣出或轉換某資產。

為了介紹計畫的附加選擇權如何影響計畫的淨現值，舉例如下：一製造公司的購置車床計畫的淨現值為負的，這個負的淨現值的計算是假設在整個計畫的經濟年限中，車床將一直不停地生產皮件，這種現金流量分析法並沒有將公司放棄此計畫並在次級市場出售車床的選擇考慮進去，除此之外，公司也可能選擇放棄生產皮件而另外生產獲利較高的產品，這種放棄選擇權是包含在計畫中的，而且它的存在可以限制計畫的下方風險。

以下的例子是介紹內含選擇權，也就是包含在計畫中的選擇權。一家電力工廠正在評估應該用瓦斯還是石油來發動渦輪機，這個例子的內含選擇權就是鍋爐可使用雙重燃料，最後的決定須視哪一種燃料的費用較低就使用它。在某些情況下，這種具有彈性的計畫會比只能使用瓦斯或石油的計畫擁有較高的淨現值，即使前者的期初成本比後者還高。換句話說，內含選擇權的價值比因彈性而須額外支付的成本還要大。

當資本預算計畫中的選擇權評價很複雜時，財務經理必須承認選擇權的存在，並且在評估計畫時要將內含選擇權考慮進來。

資本預算中的**實質選擇權**（real option）可以用下列方法分類：

1. **投資時點選擇權**：將投資計畫延後執行，例如一年，可以讓公司對有關產品需求及原料成本的額外資訊進行評估。今天投資該計畫或延後一年投資相同的計畫這二種情況，就如同二個互斥計畫，假設其中至少有一個有正的淨現值，則公司應該選擇淨現值較高的計畫。這種「等候投資」的選擇權就是一種實質選擇權。
2. **放棄選擇權**：中止計畫的選擇權在資本預算中是一個十分重要的實質選擇權。計畫可能因為工廠完全停工並出售機器設備或改變用途生產其他產品而中止。一般來說，放棄選擇權的存在降低了計畫的下方風險，所以應該在進行計畫分析時考慮進來。

3. **停工選擇權**：公司擁有暫時停止計畫以避免負的現金流量的選擇權，例如採礦或製造業有相當高的變動成本，如果產品價格下降到低於變動成本，公司可以選擇停工直到產品價格回復到變動成本以上。停工選擇權同樣也可以降低計畫的下方風險。

4. **成長選擇權**：公司可能面臨如產品研發、開發新市場或購併其他公司等機會，這些計畫可能會有負的淨現值，但每一個計畫在公司採行後都會創造一個成長選擇權，未來可以產生淨現值很高的計畫。

5. **內含選擇權**：除了計畫中自然發生的選擇權之外，經理人可以將選擇權包含在計畫中以增加淨現值。這些內含選擇權可以區分為原料彈性選擇權、產品彈性選擇權或擴張選擇權。

原料彈性選擇權的設計是使公司能依原料成本的不同而改變使用的原料。前面所提的雙重燃料鍋爐即是原料彈性選擇權的一個例子。

產品彈性選擇權的設計是使公司能依產品價格的變化而改變生產的產品。石油精煉廠就具有產品彈性選擇權。

擴張選擇權使計畫經理人可以相對低的邊際成本增加計畫未來的產能。例如，一家公司最近需要占地50,000平方公尺的工廠，但是如果現在擴建到70,000平方公尺，則多出來的20,000平方公尺的成本會比以後再多建20,000平方公尺來得便宜，即使將來對這額外的產能可能並不需要，擴張選擇權的價值仍然存在，會等於期初多建造的成本。特別是當產品未來需求具有極大的不確定性時，擴張選擇權的價值會更為重要。

在作資本預算時使用傳統的現金流量折現法，而不考慮實質選擇權，會使計畫的淨現值產生下方偏誤（低估）。有些營運選擇權，如擴張選擇權，可以增加計畫上方潛力，其他營運選擇權，如放棄選擇權，可以降低計畫的下方風險。

有許多實質選擇權已事先被考慮到，還有更多的考量正在進行，財務經理人應儘可能在評估計畫時將選擇權分析納入。

國際議題：國際資本支出決策的架構

本章先前討論的資本預算決策標準也可以用來評估國際資本支出計畫。舉例說明，假設一家美國香料公司——McCormick & Company正在考慮擴張德國的香料營運。

公司計畫投資500萬美元來擴增德國工廠，預計未來十年每年會產生淨現金流量150萬元馬克，而且根據德國目前的資本市場分析，McCormick決定此計畫的馬克資金成本為15%，此計畫未來淨現金流量的現值以外國貨幣表示的計算如下：

$$PVNC_f = \sum_{t=1}^{n} \frac{NCF_t}{(1+k)^t} \qquad 〔9.9〕$$

使用公式〔9.9〕，德國擴廠計畫的淨現金流量的現值為750萬元馬克：

$$PVNCF_f = \sum_{t=1}^{10} \frac{1,500,000}{(1.15)^t} = DM\ 7,500,000$$

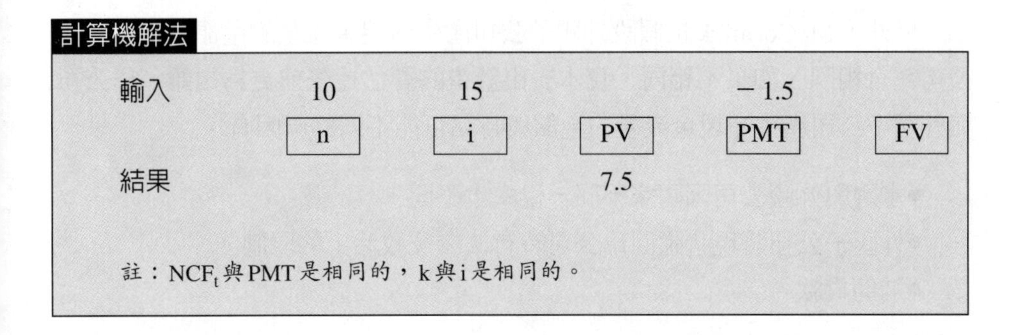
計算機解法

輸入	10	15		−1.5	
	n	i	PV	PMT	FV
結果			7.5		

註：NCF_t 與PMT是相同的，k與i是相同的。

從外國觀點來看，計畫淨現金流量的現值，$PVNCF_f$，是用來計算對母公司來說以本國貨幣計算的現值，$PVNCF_h$，如下：

$$PVNCF_h = PVNCF_f \times S_0 \qquad 〔9.10〕$$

其中S_0每一單位外幣能換成多少本國貨幣的即期匯率。若S_0為\$0.6／DM，則McCormick的擴張計畫的現值約為450萬美元。

$$PVNCF_h = DM\ 7,500,000 \times \$0.6/DM = \$4,500,000$$

計畫的淨現值是將$PVNCF_h$減掉計畫的淨投資金額（母公司投資），所以母公司現值的淨現金流量為：

$$NPV = PVNCF_h - NINV \qquad 〔9.11〕$$

McCormick計畫的淨現值約為－$500,000。

$$\begin{aligned} NPV &= \$4{,}500{,}000 - \$5{,}000{,}000 \\ &= -\$500{,}000 \end{aligned}$$

根據上述的分析，McCormick的德國擴廠計畫是不可行的。

McCormick計畫是假設德國資本市場是有效率的，這情形在已開發國家中都存在，所以資產的買賣與計畫的要求報酬率都可從外國資本市場獲得資訊來決定。

另外，McCormick也假設外國子公司產生淨現金流量的金額與時點與母公司完全相同，如果不相同，資本支出計畫的評估比先前更為複雜。母公司與外國子公司產生淨現金流量的金額與時點可能不同的原因有：

- 本國與外國公司因國家不同，稅率也不同。
- 外國子公司將現金匯回母公司時有法令及政治上的限制。
- 補助貸款。

本節所舉的例子是對母公司而言，計畫淨現金流量的現值正好等於以外幣計算的現值以即期匯率轉換成本國貨幣。

財務議題：資本預算

本章所討論的資本預算方法適合中小企業或大型企業在評估投資計畫時使用，也就是說中小企業與大企業在使資本投資價值最大化的方法上並無不同，不過實務上，中小企業與大企業所使用的資本預算程序常有差異。

我們可以觀察到大企業傾向使用淨現值法與內部報酬率法來評估資本支出計畫，而一份來自Runyon的研究指出，淨值低於100萬美元的公司有70%使用回收法或其他技術上不正確的方法，如會計報酬率法，來評估資本支出計畫，造成計畫的實際表現不如當初分析時的期望。

有許多原因已被用來解釋實務上大企業與中小企業不同的資本支出分析方法，包括第一點，許多中小企業缺乏專業技術來實現先前的分析預估，或者中小企業的管理人才受到許多限制，例如經理人無法找到時機來採行較好的計畫評估方法。除此之外，我們必須承認實行並維持一個複雜的資本預算系統是很昂貴的，因為要使一個正式系統上軌道必須投入大筆的固定成本，而隨後又是收集資料使系統能有效率地運作所需的成本。對中小企業而言，他們的投資計畫多屬於小型的，因此不可能投入大筆資金來建造一個完整且正式的分析系統。

中小企業使用回收法的另一個原因在於許多小型且快速擴張的公司往往會面臨資金短缺的情況，而回收法正可以反映出資金流入的情形，這對在資本市場上較難取得資金的中小企業來說，他們所重視的是計畫產生現金的速度，而非計畫的獲利性。

不論使用最大化資本預算價值的方法有多少阻礙，中小企業仍應採行有效的管理控制法來改善他們的競爭地位，因為使用錯誤的方法，如回收法，會使他們的決策錯誤，導致較差的投資績效。

道德議題：股東資源的使用

經理人由公司的所有人雇用來達成最大化股東財富的目標，而這個目標可以藉由投資在總淨現值最大的計畫組合來達成，所以有些公司的經理人，如Berkshire Hathaway，有意地將重點放在這個目標上，並且成功地達成，不過其他經理人則常常偏離了這個目標。

通常可獲得大量的自由現金流量的公司會投資在有負淨現值的計畫上，而這些公司多半屬於成長機會較少的成熟產業，因為成熟公司的現金流量多，常常因為公司策略上的需要，因此只作很少的分析就接受邊際計畫，該策略是指若將剩餘的現金流量以股利方式發放給股東，會降低公司未來的成長率，所以還是儘量保留資金進行投資。

第3章曾經提到Stern Stewart's Performance 1000是公司績效衡量系統，用來測試經理人增加股東的投資效率性，其中「Market Value Added」(MVA)的衡量可以視為公司過去及現在所有資本投資計畫的淨現值。例如表3-6所顯示的，Coca-Cola有超過600億美元的MVA；General Electric有超過520億美元的MVA，而Merck則大約有310億美元的MVA。相反地，IBM有負

88億美元的MVA; General Motors有負178億美元的MVA ；Ford的MVA爲負137億美元；Digital Equipment的MVA則爲負46億美元。

什麼原因會使得經理人持續採行淨現值爲負的投資計畫？這些決策對股東的影響爲何？對美國經濟的影響又爲何？

摘要

1.財務經理主要使用淨現值法則爲決策法則。

2.投資計畫的淨現值代表該計畫對公司價值的貢獻，也就是對股東財富的貢獻。

3.淨現值的計算是將計畫的淨現金流量以公司的資金成本折現後所得的現值扣除計畫的淨投資金額。

4.內部報酬率是指使計畫的淨現值等於零的折現率。

5.利潤力指標是指將淨現金流量的現值除以淨投資所得的比率，通常在資本配額存在時作爲選擇計畫的標準。

6.回收期間是指使計畫的累積現金流量等於淨投資金額所需的時間，有許多缺點，包括沒有考慮貨幣的時間價值，也沒有考慮回收期間後的現金流量。

7.淨現值法與內部報酬率法對特定計畫會產生相同的結論，但是如果是評估互斥計畫就會產生衝突。淨現值法對再投資利率的假設是計畫的現金流量可以資金成本再進行投資，比內部報酬率的假設更符合實際情形，由於這個原因，淨現值法優於內部報酬率法。

8.計畫的事後稽核檢討對公司的資本計畫分析及挑選程序的有效性提供了有用的資訊。如果事後稽核發現了過程中的系統性誤差，就會進行矯正，另外，計畫的檢視也有助於公司是否應該在計畫結束當時、之前或之後放棄該計畫。

9.一般來說，高度通貨膨脹會降低資本支出水準。不過在通貨膨脹的環境下，只要資本預算程序中，收入與成本的估計有包括預期價格及成本的上升，則本文所討論的資本預算程序仍然有效。

10.財務經理必須察覺使用傳統的現金流量折現法會忽略實質選擇權的價

值，造成計畫淨現值的低估。

11.對國際資本預算計畫來說，站在母公司的立場來計算計畫淨現金流量的現值會等於以外幣計算計畫淨現金流量的現值後，再用即期匯率轉換成本國貨幣，不過前提為外國的資本市場是有效率的。

問題與討論

1.淨現值法如何幫助公司達成最大化股東財富的目標？

2.在何種情況下，淨現值法與內部報酬率法在評估互斥計畫時會產生衝突？

3.什麼情況下內部報酬率會有多重解？當多重解發生時要如何解決？

4.描述當公司面臨資本配額投資資金限制時，如何使用利潤力指標法。

5.回收法的主要優、缺點為何？

6.投資計畫事後稽核的主要目的為何？

7.通貨膨脹對資本支出水準會有什麼影響？要使公司的資本預算在通貨膨脹的環境下仍然有效，財務經理應該如何作？

8.公共事業及非營利組織使用資本預算法進行投資的主要問題為何？

9.如果一個計畫的經濟年限為十年，但使用七年MACRS進行折舊，請問對計畫的接受與否有何影響？

自我測驗題

問題一

某一計畫第0期的淨投資為20,000美元，額外的淨營運資金投資為5,000美元，預計未來十年每年會產生淨現金流量7,000美元，除此之外，計畫結束時淨營運資金會回收，而且要求報酬率為11%，公司的邊際稅率為40%，請計算該計畫的淨現值。計算出的淨現值意義為何？

問題二

一計畫的淨投資爲360,000美元，預計未來八年每年會產生淨現金流量75,000美元，而且要求報酬率爲12%，請計算該計畫的內部報酬率與利潤力指標。

問題三

二個互斥計畫的現金流量如下：

年度	G	H
0	－$10,000	－$10,000
1	5,000	0
2	5,000	0
3	5,000	17,000

1.請計算他們的內部報酬率。

2.假設公司的加權資金成本爲12%，請計算他們的淨現值。

3.應採用哪一個計畫？爲什麼？

計算題

1.某計畫的淨投資爲$20,000，預計未來十年每年產生淨現金流量$3,000，如果計畫的要求報酬率爲12%，請計算該計畫的淨現值？是否接受該計畫？

2.一公司希望爭取到一合約，預計每年年底產生的稅後淨現金流量如下：

年度	淨現金流量
1	$5,000
2	8,000
3	9,000
4	8,000
5	8,000
6	5,000
7	3,000
8	－1,500

為了確保爭取到此合約，公司必須花費30,000美元來更新工廠設備，此更新的設備在八年後無殘值，公司可獲得的類似投資計畫能賺取12%的年報酬率，因更新設備所產生的稅盾好處將反映在淨現金流量中。

a.請計算該計畫的淨現值。
b.應接受該計畫嗎？
c.計算出來的淨現值所代表的意義為何？

3.Jefferson Products公司正計畫購買一座新的印刷機，包括運送及裝置的成本為300,000美元，預計未來十年每年產生淨現金流量80,000美元，在第十年底，機器的帳面價值為0美元，而且可以100,000美元賣出。另外如果採行此計畫，Jefferson將會增加淨營運資金75,000美元，計畫結束後就不再需要並退回給Jefferson。Jefferson對此計畫要求12%的報酬率，而且公司的邊際稅率為40%。

a.請計算印刷機的淨現值。
b.應接受此計畫嗎？
c.計算出的現金流量意義為何？
d.該計畫的內部報酬率為何？
e.在此計畫中，淨現值法及內部報酬率法所假設的再投資報酬率分別是多少？

4.一處種植核桃樹的土地估計二十五年後值12,000美元，如果你的要求報酬率為15%，請問你願意花多少錢買這片土地？（忽略稅金，並假設每年的維護費用為零）

5.一家公司計畫投資100,000美元（稅前）在一個員工訓練計畫，100,000美元的支出會在第零年視為費用。該計畫可提高生產力，降低員工周轉率，預估可產生的報酬如下：

第 1年—第10年	每年$10,000
第11年—第20年	每年$22,000

公司的資金成本為12%。假設100,000美元在第零年已全部付完，公司的邊際稅率為40%。請問公司應該採用此訓練計畫嗎？為什麼？

6.二個互斥的投資計畫預估可產生的現金流量如下：

年度	A	B
0	－$20,000	－$20,000
1	＋10,000	0
2	＋10,000	0
3	＋10,000	0
4	＋10,000	＋60,000

a.請計算他們的內部報酬率。

b.如果公司的資金成本為10%，請計算他們的淨現值。

c.應採用哪一個計畫？為什麼？

7.請將下面一個計畫的內部報酬率為0、100%及200%之多重解的計算過程列出：

淨投資	－$1,000	第0年
淨現金流量	＋6,000	第1年
	－11,000	第2年
	＋6,000	第3年

8.投資1,230美元，預估報酬如下：

年度	淨現金流量
1	$800
2	200
3	400

請計算這個計畫的內部報酬率。

9.Imperial Systems最近一年的資本預算爲100萬美元，可能的投資計畫如下，並將它們的淨投資與淨現值列出，如下表：

計畫	淨投資	淨現值
1	$200,000	$20,000
2	500,000	41,000
3	275,000	60,000
4	150,000	5,000
5	250,000	20,000
6	100,000	4,000
7	275,000	22,000
8	200,000	－18,000

a.請依據利潤力指標將以上的投資計畫依序排列（算到小數點後第3位）。

b.根據利潤力指標的順序並考慮資金限制，請問應採用哪些計畫？是否全部資金都用完？

c.是否有其他的組合計畫所產生的淨現值總和大於b的組合？

d.如果可用資金並未完全用完，請問剩餘資金的機會成本爲何？

10.L-S採礦公司計畫在賓州西部開採一條新的礦區，所需的淨投資金額爲1,000萬美元，預估第一年的淨現金流量爲2,000萬美元，第二年爲5,000萬美元，在第三年底，L-S將支出1,700百萬美元來關閉礦坑並填平此片土地再另行開發。

a.如果資金成本分別爲5%、10%、15%、30%、71%、80%，請計算各種情形下此條礦坑的淨現值。

b.此計畫的特點爲何？

c.如果L-S的資金成本爲10%，是否要接受此計畫？若爲20%，是否要接受？

11.Wang Food Market公司正考慮二個互斥計畫，詳細資料如下：

每年現金流量		
年度	A	B
0	－$30,000	－$60,000
1	10,000	20,000
2	10,000	20,000
3	10,000	20,000
4	10,000	20,000
5	10,000	20,000

Wang對此計畫的要求報酬率爲14%。

a.請計算二個計畫的NPV。

b.請計算二個計畫的IRR。

c.請計算二個計畫的PI。

d.請計算二個計畫的回收期間（PB）。

e.Wang應接受哪一個計畫？爲什麼？

12. Channel Tunnel公司計畫在英吉利海峽以下建造一條長23英哩的火車燧道，成本（NINV）預估爲33億美元，每年的淨現金流入爲6億5,100萬美元，請問公司要產生幾年這樣的現金流入才能使投資人賺取要求的19%報酬率。

13.Alpha計畫需要10,000美元的現金支出，有效年限爲一年，預估一年底產生的淨現金流量爲20,000美元；Beta計畫與Alpha計畫互斥，需要20,000美元的現金支出，有效年限也是一年，一年底產生淨現金流量35,000美元。

a.請計算二個計畫的IRR。請使用10%當作資金成本請計算二個計畫的NPV。

b.應該採用哪一個計畫呢？

14.總公司在美國的國際食品公司正計畫擴張法國的濃湯製造工廠，預估淨投資爲800萬美元，目前即期匯率爲每1美元6.25法郎，而且預計未來十年每年產生淨現金流量500萬法郎，根據法國資本市場分析，公司的資金成本爲16%。請計算此擴張計畫的淨現值。

15.假設你剛被任命爲Fabco的財務總裁，該公司長期以來都使用淨現值法來評估投資計畫，並且接受所有淨現值大於零的計畫。Fabco的加權資金成本爲15%，並估計在未來五年仍維持不變。

過去五年，Fabco的平均資產報酬率爲8%，你一定很關心Fabco的資金成本與報酬率的不一致，CEO要求你針對此點提出報告。請問什麼原因會導致如此的差異（包括公司內部與外在因素）？

自我測驗解答

問題一

$$NPV = -(\$20{,}000 + \$5{,}000) + \$7{,}000(PVIFA_{0.11,10}) + \$5{,}000(PVIF_{0.11,10})$$
$$= \$17{,}983$$

若執行此計畫，公司的價值，即股東的財富會增加17,983美元。由於NPV＞20，應該接受此計畫。

問題二

$$NPV = \text{現金流入的}PV - \text{淨投資金額}$$
$$0 = \$75{,}000(PVIFA_{r,8}) - \$360{,}000$$
$$(PVIFA_{r,8}) = 4.80$$
$$r \approx 13\%\text{（從表IV查）}$$

$$PI = \frac{\$75{,}000(PVIFA_{0.12,8})}{\$360{,}000} = 1.035$$

問題三

1.G計畫：$10,000＝$5,000（$PVIFA_{r,3}$）

$PVIFA_{r,3}$＝2.0

$r \approx 23.4\%$（從表IV查）

H計畫：$10,000＝$17,000（$PVIFA_{r,3}$）

$PVIF_{r,3}$＝0.588

$r \approx 19.3\%$（從表IV查）

2.NPV_G＝－$10,000＋$5,000（$PVIFA_{0.12,3}$）＝$2,010

NPV_H＝－$10,000＋$17,000（$PVIFA_{0.12,3}$）＝$2,104

3.應該採用H計畫，因爲它的NPV較高，不過此決策是假設公司的再投資機會應該以公司的資金成本來表示才正確，而不是另一個計畫的內部報酬率。

名詞解釋

capital rationing　資本配額

由於資金不足以融資所有計畫，因此在資本支出計畫的數目上有所限制，亦即符合公司接受標準的計畫才會被執行。

independent project　獨立計畫

該計畫的接受或拒絕不受其他計畫所影響，也不影響其他計畫的接受與否。

Internal Rate of Return, IRR　內部報酬率（IRR）

IRR是指使計畫淨現金流量的現值等於淨投資的現值的折現率，也就是使計畫的淨現值等於零的折現率，通常作爲評估、評等與選擇多種投資計畫的標準。

multiple rates of return　多重報酬率

同一個計畫產生兩個或多個內部報酬率，只有在使用IRR法來評估不正常的計畫，或計畫的現金流量出現超過一次的符號轉變時才會發生。

mutually exclusive project　互斥計畫
一計畫若被接受會使其他計畫都被放棄。

Net Present Value, NPV　淨現值（NPV）
NPV是指將計畫產生的淨現金流量以公司的資金成本折現所得到的現值減掉計畫的淨投資，通常作爲評估、評等與選擇多種投資計畫的標準。

normal project　正常計畫
該計畫的現金流量在期初的支出之後是一連串正的淨現金流入，通常也稱作「傳統計畫」。

payback（PB）period　回收期間（PB）
使計畫的累積現金流入等於期初現金流出所需的時間。

Profitability Index（PI）　利潤力指標（PI）
PI是指計畫淨現金流量的現值除以淨投資的比率，作爲評估、評等與選擇多種投資計畫的標準，另外也常常當作資本配額中資源分配決策的依據。

project postaudit　計畫的事後稽核
計畫結束後，重新檢視其績效表現。

real option　實質選擇權
管理階層面對將會影響投資計畫未來的現金流量，現金流入的時點及該計畫未來可行性的各種決策，包括廢棄的選擇、遞延投資的選擇、彈性化選擇以及成長性選擇。

reinvestment rate　再投資利率
投資計畫產生的現金流量每年都進行再投資所獲得的報酬率，其大小會因公司可獲得的投資機會不同而有變化。

附錄9A
不同年限的互斥計畫

接替計畫法

第9章討論資本預算決策模型，當考慮互斥投資計畫時，我們簡單的假設計畫的年限都相同，但是實際上有可能是不同的。當二個以上的互斥計畫有不同的年限時，除非計畫有相同的期間，否則不論是淨現值法或內部報酬率法，它們所提供的決策資訊都是不可靠的。舉例說明，如果公司依據淨現值法或內部報酬率法而採用了二個計畫中年限較長的計畫，那公司極可能忽略了在年限較短的計畫結束後還有其他的投資機會。

假設一家公司正在考慮二個互斥計畫，I和II。計畫I要求期初支出2,000美元，預計未來五年每年產生淨現金流量600美元；計畫II也要求期初支出2,000美元，預計未來十年每年產生淨現金流量375美元。公司的資金成本為10%。

表9A-1顯示，計畫I的淨現值為274.60美元，計畫II的淨現值為304.37美元，所以依據淨現值法則應該選擇計畫II。

由於計畫II的年限是計畫I的兩倍，所以表9A-1算出的淨現值並不能直接拿來比較，此時公司必須考慮如果在計畫I結束後以另一個類似的五年計畫接替下去會有什麼結果產生，換句話說，將會產生短期年限計畫接替投資下去。舉例說明，假設公司預估替代計畫I的計畫成本為2,100美元而且如同計畫I一般會產生五年每年600美元的淨現金流量，則計畫I會有新的現金流量，如表9A-2所示，而且計畫I新的淨現值會高於計畫II，此時才能正確地指出計畫I優於計畫II。

通常要使連續計畫的存續期間與較長年限計畫相同是不可能的事。例如某計畫的投資年限為十五年，另外一個計畫則是每八年重複循環投資一次，則較短年限計畫重複二次的期間為十六年，但是較長年限計畫的期間是十五年，並無法配合，不過像這樣的比較仍可接受，因為差異只有一年，而且發

表9A-1　計畫 I 和 II 的現金流量

年度	計畫 I 淨投資	計畫 I 淨現金流量	計畫 II 淨投資	計畫 II 淨現金流量
0	$2,000	—	$2,000	—
1		$600		$375
2		600		375
3		600		375
4		600		375
5		600		375
6		—		375
7		—		375
8		—		375
9		—		375
10		—		375

$NPV_I = -\$2{,}000 + \$600(3.791) = \$274.60$　　$NPV_{II} = -\$2{,}000 + \$375(6.145) = \$304.37$

表9A-2　計畫 I 重複循環投資與計畫 II 的比較

年度	重複循環投資的計畫 I 淨投資	重複循環投資的計畫 I 淨現金流量	計畫 II 淨投資	計畫 II 淨現金流量
0	$2,000	—	$2,000	
1		$600		$375
2		600		375
3		600		375
4		600		375
5	2,100	600		375
6		600		375
7		600		375
8		600		375
9		600		375
10		600		375

$NPV_I = -\$2{,}000 + \$600(6.145) - \$2{,}100(0.621) = \$382.80$　　$NPV_{II} = -\$2{,}000 + \$375(6.145) = \$304.37$

生在十五年後，對現值不會有很大的影響。

期間不一致的重要性視以下情況而有所不同：

- 差異期間的長短。差異年數愈短愈不重要。
- 差異發生的時點。如果在未來愈久後發生，差異就愈不重要。
- 未來投資的報酬率與資金成本的關係。當未來投資的報酬率等於資金成本時，這些投資的NPV＝0，在這種情形下，期間差異可以忽略。

等值年金

解決不同年限互斥計畫評估問題的另一個方法是使用等值年金法，也可以解決使用接替計畫所遇到的期間差異的問題。

舉例來說，一家公司須淘汰一座老舊的機器，代替的計畫有二種，一種是購買期限九年的A機器，另一種是購買期限五年的B機器，A與B的期間差異爲四年。一般解決此問題的方法是算出二部機器年限的最小公倍數，再分別計算每部機器重複循環投資的次數，在本例中，最小公倍數是四十五年，所以應投資B 9次，投資A 5次。

像以上的例子，使用等值年金法較方便。假設A機器的淨投資金額爲34,500美元，未來九年每年產生7,000美元的淨現金流量；B機器的淨投資金額爲25,000美元，未來五年每年產生8,000美元的淨現金流量。公司的資金成本爲10%。爲了依照等值年金法作出決策，我們使用下面三個步驟：

1.首先計算在原始年限之下每部機器的淨現值：

$$\begin{aligned} NPV_A &= -\$34,500 + \$7,000\,(PVIFA_{0.10,9}) \\ &= -\$34,500 + \$7,000\,(5.759) \\ &= \$5,813 \\ NPV_B &= -\$25,000 + \$8,000\,(PVIFA_{0.10,5}) \\ &= -\$25,000 + \$8,000\,(3.791) \\ &= \$5,328 \end{aligned}$$

依照上面的計算，如果不考慮B機器重複循環投資，則因爲A機器的淨現值較高；應選擇A機器。

2.接下來將步驟1所算出的淨現值除以計畫原始年限的$PVIF_A$因子，即可得到等值年金：

$$\text{等值年金（A）} = \frac{\$5,813}{PVIFA_{0.10,9}} = \frac{\$5,813}{5.759} = \$1,009.38$$

$$\text{等值年金（B）} = \frac{\$5,328}{PVIFA_{0.10,5}} = \frac{\$5,328}{3.791} = \$1,405.43$$

3.等值年金法假設每部機器都可重複循環投資直至永遠，所以會產生永久年金，而永久年金的價值計算就是將年金金額除以資金成本：

$$NPV_A\text{（假設無限次重複投資）} = \frac{\$1,009.38}{0.10} = \$10,093.80$$

$$NPV_B\text{（假設無限次重複投資）} = \frac{\$1,405.43}{0.10} = \$14,054.30$$

由於B機器有較高的淨現值，應該選擇B機器。

一般說來，等值年金法的結論與重複循環投資法相同，它的優點是簡化計算過程，也將接替計畫投資法常會發生的期間不一致問題巧妙處理。

自我測驗題

問題一

Turbomachinery Parts公司正在考慮可以提升產能的二個互斥投資計畫，公司使用14%的要求報酬率來評估資本支出計畫，二個計畫的成本及預估現金流量如下：

年度	D計畫	E計畫
0	－$50,000	－$50,000
1	24,000	15,000
2	24,000	15,000
3	24,000	15,000
4	—	15,000
5	—	15,000
6	—	15,000

a.請使用上面資料計算D與E的淨現值。

b.假設D計畫有接替計畫，成本仍為50,000美元，從第四年到第六年每年產生現金流入24,000美元，請計算D計畫的淨現值。

c.應選擇D還是E？為什麼？

d.請使用等值年金法來處理這個問題。算出的答案與b作比較有何不同？

計算題

1.Smith Pie公司正在評估能提升草莓派產能的二個互斥計畫，並使用12%的資金成本。二個計畫的成本與預估現金流量如下：

年度	A計畫	B計畫
0	－$30,000	－$30,000
1	10,500	6,500
2	10,500	6,500
3	10,500	6,500
4	10,500	6,500
5	—	6,500
6	—	6,500
7	—	6,500
8	—	6,500

a.請使用以上資料計算A與B的淨現值。

b.假設A的接替計畫的成本為30,000美元，從第五年到第八年每年會產生10,500美元的淨現金流量，請重新計算A計畫的淨現值。

c.應該選擇A、B哪一個計畫？為什麼？

d.請使用等值年金法解決這個問題。算出來的答案與b作比較有何不同？

2.BC Minerals正在考慮新的開採計畫，所使用的機器有二種選擇，P機器成本爲100,000美元，使用年限十年，預估未來十年每年產生22,000美元淨現金流量；R機器成本爲85,000美元，使用年限爲八年，預估未來八年每年產生淨現金流量18,000美元。BC Minerals的加權資金成本爲12%。若使用等值年金法，應選擇哪一部機器？

3.Germania公司正考慮更新工廠的冷卻系統，舊系統已報廢且無殘值，目前有二種冷卻系統A、B，B的使用年限較長，但期初成本較A高，可獲得的資料如下：

年度	NCF_A	NCF_B
0	－$50,000	－$79,000
1	25,000	28,000
2	25,000	28,000
3	25,000	28,000
4	—	28,000
5	—	28,000

邊際資金成本爲19%，請問應該選擇哪一種冷卻系統？原因爲何？

自我測驗解答

問題一

a.$NPV_D = -\$50{,}000 + \$24{,}000(2.322) = \$5{,}728$

$NPV_E = -\$50{,}000 + \$15{,}000(3.889) = \$8{,}335$

b.NPV_D（有接替計畫）$= \$5{,}728 - \$50{,}000(PVIF_{0.14,3}) + \$24{,}000(PVIFA_{0.14,3})(PVIF_{0.14,3}) = \$9{,}594$

c.應該選擇D計畫，因爲當二個計畫的期間相同時，D的淨現值較高。

d.$NPV_D = \$5{,}728$（由a小題算出）

$NPV_E = \$8{,}335$（由a小題算出）

$$等值年金(D) = \frac{\$5{,}728}{PVIFA_{0.14,3}} = \$2{,}467$$

$$等值年金（E）=\frac{\$8,335}{PVIFA_{0.14,6}}=\$2,143$$

$$NPV_D（假設無限次重複投資）=\frac{\$2,467}{0.14}=\$17,621$$

$$NPV_E（假設無限次重複投資）=\frac{\$2,143}{0.14}=\$15,307$$

應該選擇D計畫，因爲當期間爲無限次重複投資時，D的淨現值較高。

第十章　資本預算與風險

本章重要觀念

1.計畫本身的風險是指計畫的表現不如預期，通常使用現金流量的標準差或變異係數來衡量。

2.計畫的beta是指該計畫對公司風險的貢獻。

3.在衡量計畫的系統風險時，beta可用來決定個別計畫的風險調整折現率。

4.用來分析計畫總風險的方法有：

a.淨現值／回收法。

b.模擬分析法。

c.敏感性分析法。

d.風險調整折現率法。

e.確定等值法。

財務課題——波音747的Superjumbo飛機

實際上前二章所探討的資本預算決策是十分簡單的，即如果計畫的淨現金流量現值超越所需支出，則接受該計畫，不過實務上的困難度在於計畫的成本與收益的估計，造成公司可能無法完整的分析計畫或缺乏對獲利足夠的考量。除了這些問題以外，公司也必須承認幾乎所有計畫都會有實際現金流量與預期有所出入的風險。

在1997年初期，波音公司宣布將取消對superjumbo747模型計畫，此模型可以飛行10,000哩且載運500人以上的乘客。這項計畫波音公司必須投資50億到70億美元，而當波音開始進行這項新計畫時，其主要的風險在於最終需求的預測。更進一步說，波音計畫在新模型中合併使用的高深技術增加了成本可能提高的風險，而且在當時，波音的主要競爭對手空中巴士確認將進行新的superjumbo airliner計畫，預計可以將載客人數提高到550人，空中巴士估計此種飛機的最終需求約1,300架，而波音的估計約為500架。二項需求估計的差異過大，使得波音無法判斷是否繼續進行該計畫，而空中巴士也面臨研發成本風險，估計須花費80億美元來發展新模型計畫，一些分析師估計最終成本約為160億美元。另外，股市似乎很支持波音評估新計畫風險過高的結論，波音的股價在宣布取消新747模型計畫後飆漲了7.375美元，約6.9%。

在這個例子中，波音認為新計畫的風險太大，以致很難判斷主要的支出金額。雖然無法完全消除風險，一位有能力的財務經理人應該試著分析若執行計畫，可能的風險為何，就如同波音這個例子，針對下列問題進行分析——最壞的結果為何？發生的機率如何？投資人對此風險的反應為何？分析後，財務經理即可適當地評估風險性計畫。本章將檢視這些重要的問題。

緒論

在本書第5章我們曾經討論風險的特徵及它對融資決策的影響——當投資計畫的風險愈大時，要求的報酬率愈高，這個基本的原則也適用在資本預算上。

在前面幾章，我們使用公司的加權資金成本來評估投資計畫，這個方法假設所有計畫的風險都是一致的，並與整個公司的風險相同，當計畫的風險比平均風險水準較高或較低時，必須調整分析方法，將風險的差異性考慮進來。

計畫本身的風險vs.計畫組合風險

當我們在分析資本支出計畫的風險時，必須將計畫本身的風險與計畫組合風險區分開來，前者是指計畫表現不如預期的風險——可能使公司發生損失，最壞的情況是造成公司倒閉。

相反地，擁有很高的自身風險的計畫可能一點也不會影響公司計畫組合的風險，舉例說明，一家石油及天然氣開採公司開採一口油井的成本爲200萬美元，而且成功率只有10%，一口成功開鑿的油井可以產生2,400萬美元的利潤，而失敗的油井不會產生任何利潤，所有的投資即爲損失。如果每家公司只鑽取一口油井，則公司失敗的機率爲90%（計畫本身的風險十分高）；相反地，如果一家公司開採100口油井，則公司失敗的風險十分低，因爲開採數量的增加降低了計畫組合風險。在上例中，公司的預期報酬率如下：

$$\text{預期報酬率} = \frac{\text{每口油井的預期利潤}}{\text{每口油井需要的投資金額}}$$

$$= \frac{(\text{成功機率})(\text{利潤}) + (\text{失敗機率})(\text{損失})}{\text{每口油井需要的投資金額}}$$

$$= \frac{0.10(\$24,000,000) + 0.90(-\$2,000,000)}{\$2,000,000}$$

$$= 0.30 \text{ or } 30\%$$

相對於只鑽一口油井的公司來說，多開採油井可以以極小的風險來達成上面30%的報酬率，因此油井數量的增加可以有效率地將個別油井的風險分散，亦即這些風險與市場無關，對公司的beta風險影響很小，幾乎不會改變beta風險，beta風險是指石油及天然氣開採公司所面對的市場風險。

這個例子顯示了有高自身風險的投資並不一定就會有高的beta風險，當然，這二種風險同時都高的情形也有可能發生，例如雜貨連鎖店（通常有較低的beta風險）可能決定擴大行銷商用電腦，由於競爭者衆多，而且連鎖店本身缺乏專門技術，因此該項投資預計會有相當高的自身風險，同時因爲商用電腦的銷售額在景氣好時擴張很快，但景氣差時也下降很快，所以該項投資的beta風險相對於連鎖店本身來說偏高。

從資本預算的觀點來說，**計畫的beta風險**（beta risk of project）是十分重要的，因爲公司的beta會影響投資人對公司所要求的報酬率，進而影響了公司股票的價値。

不過計畫本身的風險有時也十分重要，原因如下：

1.對風險未充分分散的投資人（包括小型公司的股東）來說，計畫本身的風險與公司整體風險都很重要。

2.公司整體的風險——並非只有beta風險——決定公司失敗及可能破產的風險，包括股東、債權人、經理人及公司其他員工都希望避免倒閉的悲劇。

因此在評估投資計畫時必須考慮到計畫本身風險及其對公司beta風險的影響。接下來我們討論在評估計畫的beta風險時所使用的方法，在最後一節，我們針對評估計畫本身風險的方法進行探討。

資本預算中beta風險的調整

第5章證券風險分析所介紹的beta也可以用來決定個別資本預算計畫的

風險調整折現率（RADR），此方法對股票流動性高且破產危機十分小的公司來說很適合（破產機率是整體風險的函數，而非系統性風險）。

如同投資組合的beta（系統性風險）計算是將組合中個別證券的beta加權平均，公司也可視爲是許多資產的組合，每種資產都有各自的beta，因此公司的系統性風險就等於個別資產的系統性風險加權平均所得出的值。

全部由權益資金融資的例子

我們來看圖10-1所顯示的證券市場線（SML），beta爲1.2，而且全是權益資金融資的公司，它的市場風險貼水爲7%。當計畫的風險等於公司的平均風險時，該計畫與公司其他現存資產的報酬有很高的相關性，而且其beta也會等於公司的beta（1.2），所以公司應該使用圖10-1所得出的權益資金成

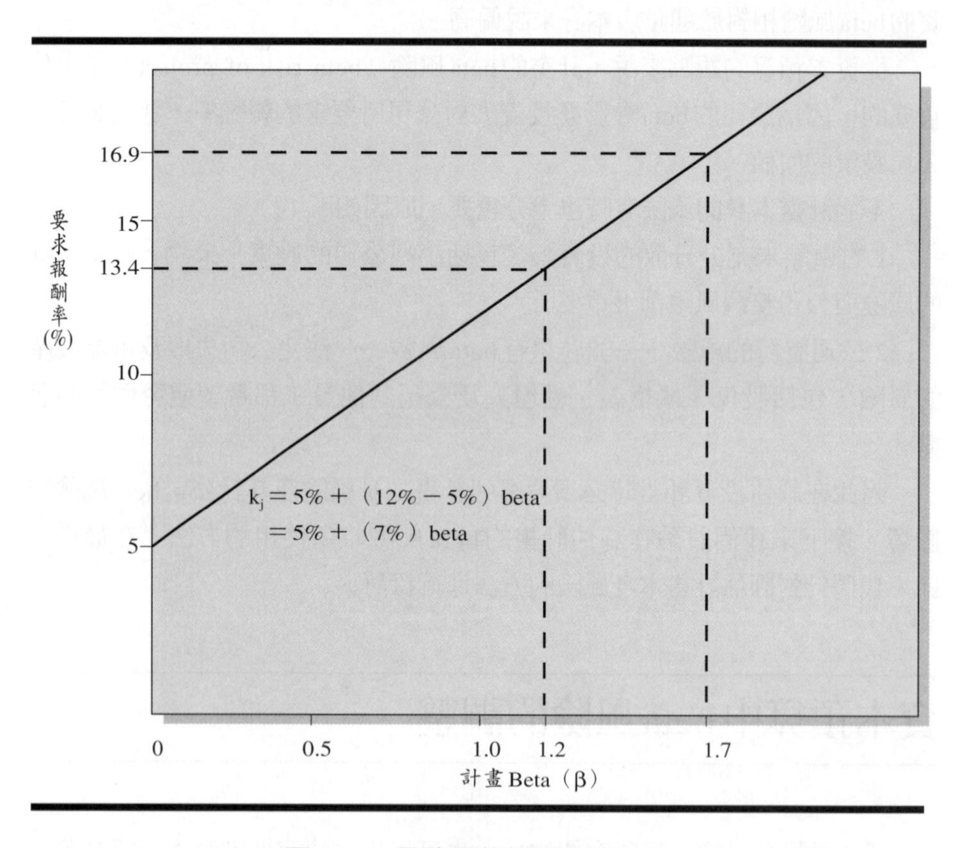

圖10-1　風險調整折現率與SML

本13.4%，作爲該計畫的折現率；不過當計畫的beta不等於1.2時，應該使用計畫本身beta對應在證券市場線所算出折現率來折現。舉例說明，如果計畫的beta爲1.7，無風險利率爲5%，則計畫的權益報酬應等於16.9%〔5% ＋（1.7 × 7%）〕，並使用16.9%爲計畫的風險調整折現率，不過前提爲該計畫100%以權益資金融資。

部分權益資金部分債券融資的例子

接下來我們要推導出計算部分權益部分債券融資計畫之風險調整折現率的程序。爲了使讀者更了解本節所使用的名詞，我們先簡短介紹加權資金成本的觀念，此外，請讀者注意，本節所討論的計畫的要求報酬率反映了計畫的權益資金所要求的報酬和計畫的債權人所要求的報酬。

舉例說明，Vulcan公司目前的資本結構爲50%舉債、50%權益，公司計畫擴大生產線，該計畫的融資方法爲40%舉債，60%權益資金。目前公司的beta爲1.3，但經理不認爲這個beta風險適合新的生產線計畫，必須另外計算該計畫的beta風險，然後再算出風險調整報酬率（折現率）。

由於新生產線計畫的beta風險無法直接觀察獲得，因此決定使用市場資訊，找出Olympic Materials公司，他們與Vulcan新生產線計畫具有競爭關係，而Olympic的beta爲1.50。

不過Olympic公司的beta包含營運及財務風險，爲了計算Vulcan新生產線計畫的beta，我們必須將Olympic的beta從舉債beta（leveraged beta, β_ℓ），轉換成未舉債beta（unleveraged），又稱純計畫beta（β_u），之後再結合計畫的負債額度算出該計畫的beta。以下的等式即是用來將β_ℓ轉爲β_u的方法：

$$\beta_u = \frac{\beta_\ell}{1+(1-T)(B/E)} \qquad 〔10.1〕$$

其中，β_u是計畫或公司未舉債時的beta，β_ℓ是計畫或公司舉債時的beta，E是公司權益的市場價值，T是公司的邊際稅率。

我們可以使用這個方程式來解答Vulcan這個例子。Olympic公司的β_ℓ＝1.50，Olympic的資本結構爲20%舉債，80%普通權益，而且稅率爲35%，將這些資料代入公式〔10.1〕：

$$\beta_u = \frac{1.50}{1 + (1 - 0.35)(0.25)}$$
$$= 1.29$$

Vulcan新生產線計畫的未舉債beta爲1.29，而Vulcan計畫以40%舉債，60%普通權益方式融資，Vulcan的稅率爲40%。**公式**〔10.2〕可以用來計畫舉債beta：

$$\beta_\ell = \beta_u \,[1 + (1 - T)(B / E)] \qquad [10.2]$$
$$= 1.29\,[1 + (1 - 0.4)(0.667)]$$
$$= 1.81$$

如果無風險利率爲5%，市場風險貼水爲7%，則Vulcan新生產線計畫的要求報酬率爲：

$$k_e = 5\% + 1.81\,(7\%)$$
$$= 17.7\%$$

如果用來融資該計畫的稅後舉債成本爲8%，則該計畫的風險調整要求報酬率，k_a^*，會等於：

$$k_a^* = 0.4\,(8\%) + 0.6\,(17.7\%)$$
$$= 13.8\%$$

所以，Vulcan新生產線計畫的風險調整要求報酬率爲13.8%。這數字隱含了計畫本身的風險以及Vulcan公司的融資風險。

公式〔10.1〕及**公式**〔10.2〕只算出舉債對beta產生的大約效果。由於資本市場是不完全的，例如風險性債券的存在及未來債券水準的不確定性，所以以上的beta調整會有一些誤差，在使用時必須小心。

計算風險調整淨現值

使用RADR方法來計算淨現值（NPV）的式子如下：

$$NPV = \sum_{t=1}^{n} \frac{NCF_t}{(1+k_a^*)^t} - NINV \quad (10.3)$$

其中，k_a^*是風險調整的加權資金成本（要求報酬率），NCF_t是t期的淨現金流量，NINV是淨投資。假設公司的加權資金成本是12%，而且公司新計畫的風險調整折現率爲16%，如果計畫的淨投資爲50,000美元，未來10年每年預期的現金流量爲10,000美元，若使用16%的折現率，計畫的NPV會等於－1,670美元（$10,000×4.833－$50,000），若使用12%的折現率，NPV＝$6,500（$10,000×5.650－$50,000），假設16%的RADR計算是正確的，即使以公司的加權平均資金成本算出的NPV是正的，也應該拒絕這個計畫，此計畫如同**圖**10-2的第4計畫。

上一段所討論的計畫，其內部報酬率（IRR）爲15%，而要求報酬率爲16%，若根據IRR決策法則應該拒絕該計畫。當我們使用IRR方法時，由SML所算出的RADR通常稱作**臨界利率**（hurdle rate），一些實務界人士會使用臨界利率這個名詞來描述風險調整折現率。

圖10-2顯示出使用加權平均資金成本作爲所有計畫的折現率與依個別計畫風險算出折現率二個方法間的差異，其中，計畫1、2、3、4都被公司進行評估，若使用加權平均資金成本，公司會選擇計畫3和4；若公司考慮四個計畫不同的系統性風險，會選擇計畫1、3，而拒絕2、4。一般說來，當計畫間風險特性的差異十分顯著時，風險調整折現率法優於加權平均資金成本法。

上述程序中最大的問題就是決定個別計畫的beta值，因此到目前爲止，大部分的例子都是使用新計畫的競爭公司的beta來推導，如Vulcan公司的例子。舉例說明，如果有一家製鋁公司想投資休閒產品，則此新計畫的beta可以使用休閒產品產業中各公司的平均beta來計算。雖然製鋁公司的beta爲1.3——根據**圖**10-1算出平均風險計畫的要求權益報酬率爲14.1%〔5%＋(1.3×7%)〕——這對休閒產品計畫來說並不是適當的利率。假設休閒產品

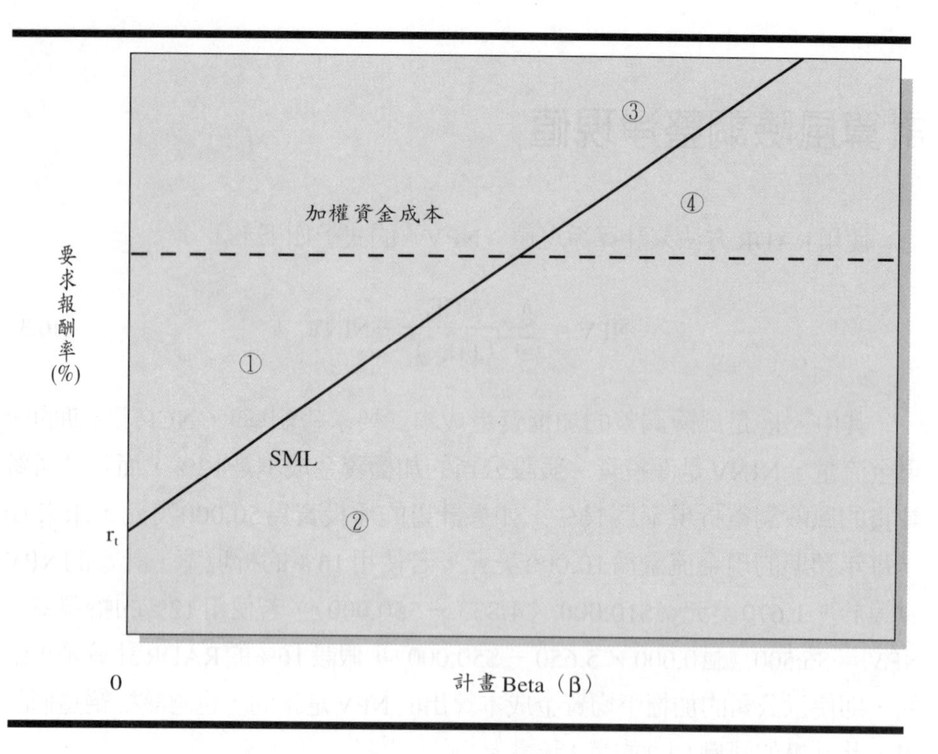

圖10-2　風險調整折現率與加權資金成本的比較

公司的beta爲0.9，則休閒產品計畫的要求權益報酬率只有11.3%〔5%＋(0.9×7%)〕，這是因爲休閒產品計畫的平均系統性風險較低，不過上述計算必須假設休閒產品計畫的融資方式和比例與休閒產品公司一樣，否則就必須按照公式〔10.1〕及公式〔10.2〕來調整beta程序。

調整整體計畫風險

本節所討論的風險調整程序，是適合於當公司相信計畫的整體風險是指評估計畫時所考慮到的相關風險，而且假設計畫的報酬率與整個公司的報酬率有高度的正相關，因此這個方法只適合利益來源不是很分散的公司。

有許多不同的方法用來分析整體計畫風險，包括淨現值／回收期間法、模擬分析法（simulation analysis）、敏感性分析、情境分析、風險調整折現率法（risk-adjusted discount rate approach）以及確定等值法。除此之外，整體計畫風險可以用標準差及變異係數來衡量。這些指標的計算方法在第5章有介紹。

淨現值／回收期間法

許多公司在分析計畫風險時，將淨現值法（NPV）與回收期間法（PB）結合起來。如同第9章所介紹的，計畫的回收期間是指淨投資金額回收所需時間，由於未來現金流量的估計變得愈來愈不確定，所以使用回收期間法找出分割點可以降低不確定的程度。舉例說明，一家公司可能拒絕某計畫除非該計畫有正的淨現值，而且回收期間短於公司決定的特定年限。

淨現值／回收期間法都很簡單而且成本不高，但仍有一些缺點，第一點，回收期間標準的使用十分主觀，而且沒有考慮到計畫報酬的變動性，有些投資的現金流量十分穩定，有些則波動很大，但若使用回收期間法很容易就拒絕後者（尤其當現金流量大部分集中於計畫後期時）；第二點，有些計畫在起始階段風險高於其他計畫，而回收期間法也無法反映這點；最後，這個方法可能會導致公司拒絕一些實際可行的計畫。雖然有這些缺點，一些公司仍然覺得這個方法是十分有用的，特別是評估在政治不穩定國家進行國際投資計畫以及技術更新快速之產品的投資計畫時。

模擬分析

電腦的計算使得在資本預算決策中使用模擬技術來進行分析的可能性大大提高，且成本也降低許多。模擬方法較適合應用於分析大型計畫，所謂**模擬**（simulation）是用來模擬某些事件時的財務分析工具，當使用模擬分析時，必須去估計每種現金流量的機率分配，包括：收入、費用等等。舉例說明，如果一家公司考慮推出新的產品，模擬的要素可能包括銷售量、市價、每單位生產成本、每單位售出成本、原料的購買價格及資金成本，將這些機率分配輸入模擬模型來算出計畫的淨現值機率分配。

NPV的公式如下：

$$NPV = \sum_{t=1}^{n} \frac{NCF_t}{(1+k)^t} - NINV$$

其中，NCF_t是第t期的淨現金流量，NINV是淨投資金額，NCF_t的計算公式如下：

$$NCF_t = [q(p) - q(c+s) - Dep](1-T) + Dep - \triangle NWC \quad [10.4]$$

其中，q是銷售量；p是每單位價格；c是每單位生產成本（不包括折舊）；s是每單位售出成本；Dep是每年折舊；△NWC是淨營運資金的增加；T是公司的邊際稅率；根據每一種影響淨現值要素的機率分配，而且每一要素的值都是隨機選取，使用**公式**〔10.4〕即可模擬出計畫的淨現值。

舉例說明，假設下面的值是隨機選出的：q＝2,000；p＝$10；c＝$2；s＝$1；Dep＝$2,000；△NWC＝$1,200，T＝40%，將這些數代入**公式**〔10.4〕：

$$\begin{aligned} NCF_t &= [2{,}000(\$10) - 2{,}000(\$2+\$1) - \$2{,}000](1-0.40) + \$2{,}000 - \$1{,}200 \\ &= (\$20{,}000 - \$6{,}000 - \$2{,}000)\,0.60 + \$2{,}000 - \$1{,}200 \\ &= \$8{,}000 \end{aligned}$$

假設淨投資金額等於機器購買的價格（$10,000），而且計畫年限中每年的淨現金流量相同，除了第五年，當年NWC的$6,000會回收，另外k＝10%，計畫年限爲五年，則淨現值會等於：

$$\begin{aligned} NPV &= \frac{\$8{,}000}{(1+0.10)^1} + \frac{\$8{,}000}{(1+0.10)^2} + \frac{\$8{,}000}{(1+0.10)^3} + \frac{\$8{,}000}{(1+0.10)^4} \\ &\quad + \frac{\$14{,}000}{(1+0.10)^5} - \$10{,}000 \\ &= \$8{,}000 \times 3.170 + \$14{,}000 \times 0.621 - \$10{,}000 \\ &= \$24{,}054 \end{aligned}$$

在眞實的模擬分析中，電腦程式會跑很多次，每一次輸入變數的值都不同，而且是隨機選取的，也就是說程式會不停重複地跑，每次都會產生一個淨現值。**圖**10-3顯示了模擬的程序。

根據上述重複跑出的結果，我們可以得到淨現值的機率分配，並算出平均數及標準差，提供決策者計畫可能的預期報酬及風險，有了這份資料就可

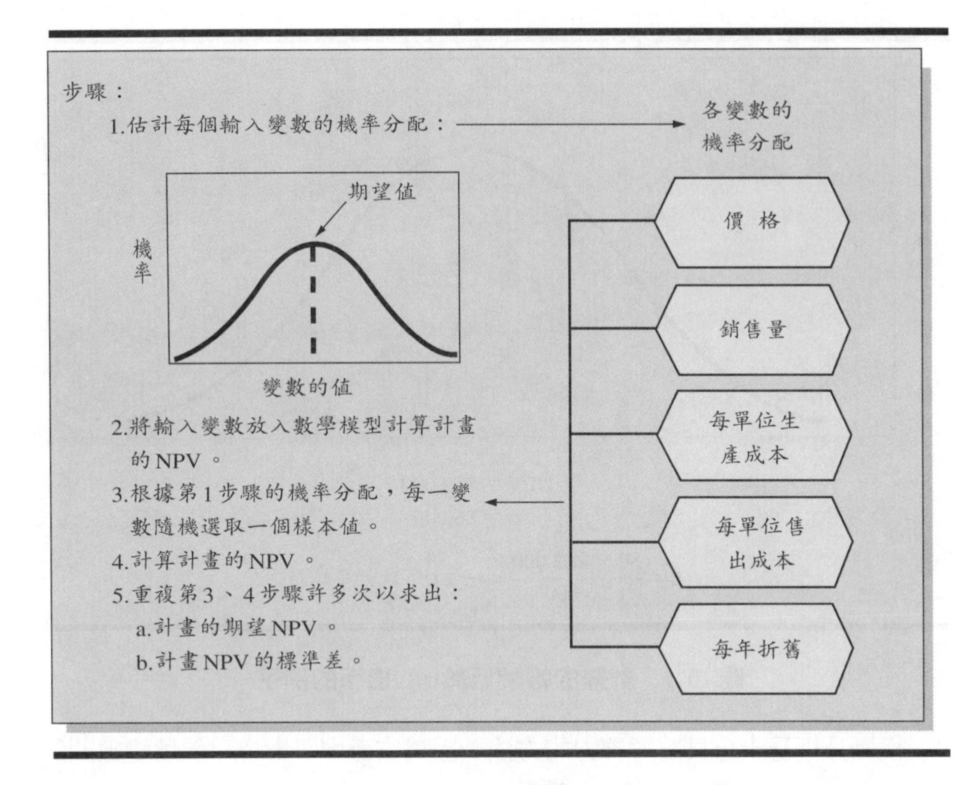

圖10-3 模擬程序的介紹

算出淨現值高於或低於某個特定值的機率。

舉例說明，假設上例計畫模擬分析產生一個期望淨現值12,000美元，標準差為6,000美元，則計畫的淨現值小於或等於0的機率可以找出來。價值為0低於平均數－2.0個標準差：

$$
\begin{aligned}
Z &= \frac{\$0 - \$12,000}{\$6,000} \\
&= -2.0
\end{aligned}
$$

其中，Z＝標準差的數目。

我們可以查本書後面的表V（見〔附錄B〕），找出低於平均數－2.0個標準差的值的機率為2.28%，因此，有2.28%的機會該計畫眞實的淨現值會小於零。圖10-4是該計畫淨現值的機率分配，在曲線下陰影的部分就是淨現值小於或等於0的機率。

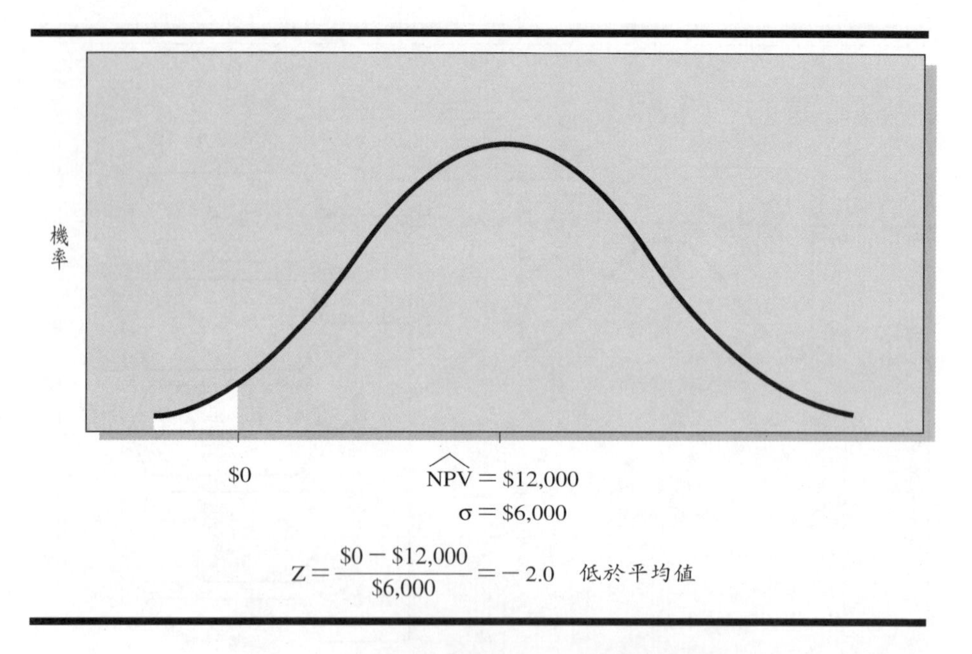

$$Z=\frac{\$0-\$12,000}{\$6,000}=-2.0 \quad \text{低於平均值}$$

圖10-4　計畫的報酬低於0的機率的例子

模擬分析是十分具有解釋力的方法，因爲它考慮了影響淨現值變數間的相互關係，並算出淨現值的平均數與標準差，可以幫助決策者分析風險與報酬間的取捨關係（trade-off），不過進行模擬分析必須花費許多時間去搜集資料並修正模型，所以限制了模擬分析應用於十分龐大的計畫。除此之外，上述介紹的模擬分析例子假設輸入變數間是互相獨立的，如果此條件不成立，例如產品的價格對銷售量有很大的影響，則彼此間的交互作用必須加入模型中而變得更爲複雜。

敏感性分析

敏感性分析（sensitivity analysis）是指現金流量要素之一變動（如產品價格），計算淨現值變動的過程。換句話說，決策者可以知道計畫報酬對特定變數變動的敏感性。

因爲敏感性分析是從模擬分析延伸出來，所以也需要對影響淨現值的所有相關變數作定義，並找出變數間適當的數學關係以估計現金流量來計算淨現值。不過敏感性分析並不要求找出每一個變數的機率分配，允許決策者使用每個變數的最佳估計值來計算淨現值。

然後決策者可以假設多種情況，並計算各種情況下的淨現值。舉例來說，假設產品價格的最佳估計值爲10美元，我們可以使用這個變數值再加上其他變數的最佳估計值算出計畫的淨現值，下一步就要開始自設問題，例如，「如果我們無法將價格訂到高於8美元時，情況會如何？」此時可以使用8美元加上其他變數的最佳估計值再算出一個淨現值，並比較價格爲8美元時對NPV的影響。

敏感性分析可以用來找出當一個或一個以上的變數變動對淨現值的影響效果，這樣的過程可以使決策者評估不同情境下所產生的結果。

畫出敏感性曲線有助於分析者總結不同變數改變對淨現值的影響。敏感性曲線的縱軸是計畫的淨現值，橫軸是變數。圖10-5列出銷售價格及資金成本這兩個變數的敏感曲線。

價格－NPV曲線的陡直斜率指出淨現值對價格的變動非常敏感。如果價格比基礎價格（原始分析時的價格）低約8%時，淨現值會降爲0，若價格再低，則該計畫就會被拒絕。相反地，資金成本－NPV曲線的斜率較爲平緩，指出淨現值對公司資金成本的改變並不十分敏感。其他變數如計畫年限、殘餘價值、銷售量、營運成本等也可以畫出類似的曲線來分析。

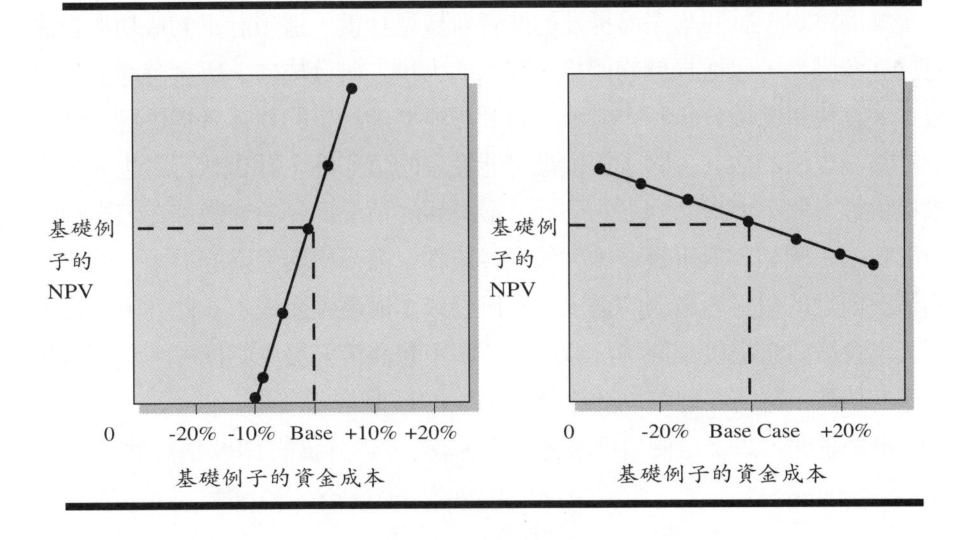

圖10-5　敏感性曲線

使用工作表來進行敏感性分析

我們可以使用如Excel的工作表來進行敏感性分析，不僅簡單，成本也不高。當基本例子已經決定而且輸入工作表後，接著詢問上百個「如果……結果……」的問題十分簡單。舉例說明，假設計畫的收入第一年預期爲20,000美元，接著會以每年10%的比率成長直到計畫結束，計畫年限爲五年。將所有可用來決定計畫每年淨現金流量的關係都輸入工作表，工作表會算出基本例子的淨現值。接著，如果收入的成長爲5%，而非10%時，結果爲何？工作表上只有一個輸入值需要改變（將成長率改爲5%），而且它會自動再計算每年的淨現金流量並算出淨現值。這個過程可以快速地重複上百次，找出計畫對現金流量單一要素變動的敏感性。這個方法可以使決策者將分析焦點放在對計畫成功與否十分重要的關鍵變數上。

情境分析

情境分析是用來評估投資計畫風險的一種方法。敏感性分析是考慮一項關鍵變數的變化對投資計畫的衝擊。相反地，**情境分析**（scenario analysis）則考慮在一些關鍵變數同時改變時對投資計畫的衝擊。

舉例說明，試回想之前提及的波音新機型計畫，這項計畫的成功與否決定於許多因素，包括飛機的價格、需求的大小、研發成本、研發時間及生產成本。在使用情境分析時，財務分析師可能要求計畫的執行者提供各種情形下計畫淨現值的估計。除了提供最可能發生的情形外，計畫執行者也會被要求提供最樂觀下與最悲觀下的估計。最樂觀的情況即每項變數都在最樂觀的情形下——例如，低研發成本、低生產成本、高價格與強盛的需求；而悲觀的情況則是低價格、微弱的需求、高研發成本與高生產成本。此外，計畫經理人也會被要求提供樂觀情況發生的機率與悲觀情況發生的機率。有了這些機率的估計，財務經理可以計算計畫NPV的標準差。

舉例說明，以下是使用情境分析下，波音747計畫的NPV估計值：

悲觀的結果	－$114億	0.2
最可能發生的結果	$13億	0.6
樂觀的結果	$101億	0.2

該計畫的期望NPV為：

$$\overline{NPV} = 0.2\ (-\$114) + 0.6\ (\$13) + 0.2\ (\$101) = \$5.2\text{億元}$$

使用第5章的公式〔5.2〕求出NPV的標準差為：

$$\sigma_{NPV} = \left[(-\$114 - \$5.2)^2\, 0.20 + (\$13 - \$5.2)^2\, 0.60 + (\$10.1 - \$5.2)^2\, 0.20\right]^{0.5}$$
$$= \$68.7\text{億元}$$

在NPV的期望值為$5.2億元及標準差為$68.7億元下，使用公式〔5.3〕可以計算計畫淨現值小於0的機率：

$$Z = \frac{0 - NPV}{\sigma_{NPV}}$$
$$= \frac{0 - \$5.2}{\$68.7}$$
$$= -0.08$$

查附錄表V可以查到機率為46.8%，這表示有46.8%的機會這項計畫的NPV會小於0。

這個例子介紹了情境分析的價值及它的缺點。透過Excel的使用，計算各種情境下計畫的績效表現十分容易，但是情境分析通常只分析了一些可能的情況，更進一步說，給予各種情況可能發生的機率這個估計是十分困難，而且也帶有大量主觀的意見。

風險調整折現率法

如同前幾節beta風險的討論，風險調整折現率法（RADR）是將用來折現淨現金流量的利率進行風險調整，然後以調整後的折現率折現算出淨現值。RADR法也可以用在整體計畫風險適當估計，而不須以beta風險表示的計畫。

在風險調整折現率法中，淨現金流量是以風險調整利率，k_a^*，折現，而k_a^*的值需視個別計畫的風險與公司整體風險的關係為何。為了計算k_a^*，必須使用到無風險利率，r_f，此利率在現金流量確定的情況下視為要求報酬率。美國國庫券是無風險投資很好的例子，因為投資人絕對可以準時拿到利息及本金的支付，因此，美國政府證券的利率，如90天期國庫券，常被當作無風險利率。

大部分公司都不是專門投資無風險證券的公司；個別投資人可以自己做到，所以公司多少都有承擔一些風險以賺取高於無風險利率的報酬。無風險利率與公司要求報酬率（資金成本）間的差異在於公司因持有風險性資產而補償投資人平均風險貼水，這個關係可以下式表示：

$$\theta = k_a - r_f \qquad (10.5)$$

其中，θ是公司的平均風險貼水；r_f是無風險利率；k_a是平均風險計畫的要求報酬率，也就是公司的資金成本。

若計畫的現金流量的風險高於平均風險，就必須以較高的利率，k_a^*，折現，也就是**風險調整折現率**（risk-adjusted discount rate），來反映多增加的風險。個別計畫的風險貼水通常都是很主觀的決定，例如有些公司會自行訂立幾種風險等級，每種等級也給予不同的風險貼水。低於平均風險的計畫，如設備的重置計畫，就以低於公司資金成本2%的利率來評估（負的風險貼水，或稱風險折讓）；平均風險的計畫，如設備更新計畫，就以公司的資金成本來評估；高於平均風險的計畫，如工廠擴張計畫，就給予高於公司資金成本3%的風險貼水來評估；至於高風險計畫，如新產品生產線投資計畫，則給予高於公司資金成本8%的風險貼水來評估。

雖然風險等級方法可以節省分析的時間，但可能導致次佳決策，因爲風險貼水非常主觀的決定，並沒有考慮同等級中個別計畫間報酬的變動性。簡言之，風險等級法在評估重複性高的小型計畫十分有用，因爲這些計畫的潛在報酬已十分清楚，並不需要多花時間計算更準確的風險貼水。

確定等值法

另外一個用來處理整個計畫風險的方法是「確定等值法」。「**確定等值**」(certainty equivalent）法是調整NPV等式中的分子——淨現金流量，而確定等值因子是指確定情況下可獲得與風險存在時無差異的確定金額與風險存在時預期可獲得金額的比率，所以確定等值法是將計畫中含有風險的現金流量轉換爲無風險的確定金額，然後計算淨現值。此時所使用的折現率是無風險利率，r_f，而非公司的資金成本，k，這是因爲公司的資金成本包含風險，反映公司的平均風險，若使用它將導致風險重複計算。

確定等值因子的區間從0到1.0，因子愈大，現金流量的確定性愈高。舉例說明，一計畫五年年限中預期的現金流量如下：

年度	預期的NCF	確定等值因子	確定等值現金流量
0	$－10,000	1.0	$－10,000
1	＋5,000	0.9	＋4,500
2	＋6,000	0.8	＋4,800
3	＋7,000	0.7	＋4,900
4	＋4,000	0.6	＋2,400
5	＋3,000	0.4	＋1,200

期初支出10,000美元十分確定，可能是機器設備的購買價格，因此第零年的確定等值因子爲1.0，而確定等值現金流量爲－10,000美元（－10,000×1.0）。第一年的5,000美元現金流量多少有風險存在，所以決策者給予的確定等值因子爲0.9，5,000美元乘上0.9可得到確定等值現金流量4,500美元，這表示決策者在一年後收到有風險的5,000美元與收到確定的4,500美元效果是一樣的，接下來二到五年的確定等值因子與確定等值現金流量也是相

同的解釋。

確定等值因子α，以數學式表示：

$$\alpha_t = \frac{確定報酬}{風險性報酬} \tag{10.6}$$

確定等值因子用來計算確定等值淨現值：

$$NPV = -NINV(\alpha_0) + \sum_{t=1}^{n} \frac{NCF_t\alpha_t}{(1+r_f)^t} \tag{10.7}$$

其中，α_0 ＝期初淨投資金額的確定等值因子

n ＝計畫的經濟年限

α_t ＝第t期NCF的確定等值因子

r_f ＝無風險利率

注意，在這個例子中確定等值因子是遞減的，這表示大部分的現金流量會因發生時點愈遠而愈具有風險，這點在第5章有詳盡的討論。在表10-1，我們假設無風險利率爲8%來計算確定等值淨現值，結果爲4,753美元，接受此計畫。

表10-1　確定等值淨現值的計算

年度	預期的NCF	確定等值因子	確定等值現金流量	$PVIF_{1.08,t}$	現金流量的現值
0	\$－10,000	1,0	\$－10,000	1.000	\$－10,000
1	＋5,000	0.9	＋4,500	0.926	＋4,167
2	＋6,000	0.8	＋4,800	0.857	＋4,114
3	＋7,000	0.7	＋4,900	0.794	＋3,891
4	＋4,000	0.6	＋2,400	0.735	＋1,764
5	＋3,000	0.4	＋1,200	0.681	＋817
				確定等值淨現值 NPV＝	＋\$4,753

確定等值法考慮風險的方法基於下列二個理由：

1.決策者可分開調整各期現金流量的特殊風險，這在風險調整折現率法並未考慮到。

2.決策者可直接在分析中加入本身的風險偏好，所算出來的確定等值淨現值爲作決策時明確的基礎，正的淨現值表示對決策者來說是可以接

受的，負的淨現值則表示應該拒絕。

 國際議題：資本預算風險的特殊要素

本章所呈現的風險分析方法，不論是美國公司或是多國籍公司都可以使用得很好，但是多國籍公司的經理人必須對海外投資的特殊風險因素加以考量。

在評估海外投資計畫時，母國公司所關心的是母公司所能收到的現金流量，而非海外子公司所記錄的現金流量，理由如下：首先，當地政府可能會限制子公司匯回資金給母公司的額度，因此，母公司無法取得所有獲得的資金去進行報酬率更高的再投資；第二點，母公司必須注意外國子公司的資產未來被當地政府沒收的可能性；第三點，母公司必須考慮投資當地貨幣與美元的匯率風險（站在美國公司的立場），亦即母國貨幣與被投資國貨幣的匯率風險。與匯率風險相關的是，許多國家高的通貨膨脹風險，特別是發展中國家，高度的通膨變動風險與公司保護自己免除此風險的能力都增加了海外投資的不確定性。最後，許多國家稅率的不確定性遠高於美國，也是公司必須考量的。

每一項會影響現金流量風險的因子在海外投資中也會出現，雖然，多國公司主要仍使用標準的資本預算程序，如NPV及IRR來評估他們的海外投資，但也有許多多國公司使用本章所討論的風險分析方法。近期有一項研究根據母公司在美國的多國公司的資本預算程序進行分析發現，敏感性分析及模擬分析十分廣泛地被使用來評估計畫風險，除此之外，一些財務經理人指出，他們十分倚賴個人對投資地區政治及經濟事件的評估，而非全依據計量方法來評估計畫風險。

道德議題：嬌生公司與智慧財產權的爭議

1970年代，嬌生公司（J&J）的石膏繃帶因爲模型材料的原因而壟斷市場，到了1980年代，3M公司推出一種更堅固更輕盈的纖維玻璃模型，早期產品仍有些許問題，但3M在1985年時解決，當時3M對嬌生在模型市場的領導地位造成強大的衝擊。

1985年，3M的一位雇員，Philip Stegora寄了新模型樣本給四家競爭公

司，其中包括了嬌生公司，他表示，如果有人願意透過明尼亞波里州的郵政信箱與他聯絡，並同意支付2,000美元，他就提供新技術的說明，沒有任何公司接受這項交易（不過也並未告知3M公司），但是Tulsa的一家小型模型製造商的CEO，Skip Klintworth，從這四家公司的員工中聽到了這項消息，他向FBI密告，到了1987年，Stegora被逮捕，被控以郵件詐欺及轉移偷竊財產等罪名。

這個故事在Stegora被起訴後仍未結束，雖然四個競爭公司並未接受Stegora的提議，但是嬌生公司仍將收到的樣本進行化學測試，並使用該資訊發展自己的產品，雖然證據指出，嬌生公司並非有意大量使用此資訊，但在1991年嬌生公司被下令支付3M公司1億1,630萬美元，原因是觸犯了專利權及涉及不當的交易情報使用。這個例子顯示了公司應如何去應付偷竊的交易情報的問題，你認為嬌生公司及其他三家公司在收到Stegora偷竊的情報時應採取什麼行動？

摘要

1.投資計畫的風險為報酬的潛在變動性。當報酬只有一種可能時——如持有美國政府證券至到期日——就沒有風險。當報酬的可能性超過一種時就有風險存在。

2.風險也會受到投資分散度所影響，如果某計畫的報酬與公司其他計畫的報酬並非完全相關，則接受該計畫可降低公司的整體風險，這就稱作投資組合效果。

3.當計畫的系統性風險（以beta衡量）與公司的系統性風險差異很大時，可以使用證券市場線（SML）算出適合該計畫的風險調整折現率。

4.決策者可以使用許多不同的方法調整計畫的整體風險，包括淨現值／回收期間法、模擬分析、敏感性分析、情境分析、風險調整報酬率法及確定等值法。

5.模擬分析法是本章討論的方法中成本最高的，通常只有在分析大型計畫時才會使用。由於電腦軟體可廣泛取得，如電子工作表，使得使用敏感性分析的成本下降，所以許多小型或中型公司也較以往常使用敏感性分析。

6.公司使用風險調整折現率法來考慮資本預算中個別計畫不同的風險。此法必須計算出每個計畫或一組計畫的風險貼水，之後才能用適當的風險調整折現率來評估計畫的淨現值。

7.要使用哪些風險分析法來評估投資計畫須視計畫的規模及其額外支付的成本與獲得的利益相比較才能決定。對小型計畫而言，只需要使用簡單的風險調整方法；對高於或低於正常風險的重要計畫，就值得儘可能準確地分析計畫風險。如果沒有對大型計畫進行完整的分析，可能會導致錯誤的投資決策，甚至產生重大的損失。

8.多國公司在進行海外投資時必須考慮額外的風險因素，如匯率風險及沒收的風險。

問題與討論

1.資本預算的基本淨現值模型如何處理計畫風險的問題？這個方法的缺點為何？

2.當風險使用在資本預算分析中，你如何定義它？

3.何時現金流量的標準差是計畫風險的適當衡量方法？何時變異係數是適當的衡量方法。

4.淨現值模型如何處理現金流量風險隨時間增加的情形？

5.何時公司應考慮新計畫的投資組合效果？

6.使用模擬分析法的主要優、缺點為何？

7.電腦模擬是用來產生龐大的可能結果，但是大部分公司只投資特定計畫一次，則電腦模擬模型如何幫助決策者做出只作一次的投資決策？

8.平均來說，支付1美元的保費所獲得的報酬會低於1美元，這是因為保險公司的管理成本與利潤。既然有這種情況存在，為何那麼多個人及機構仍會購買保險？

9.描述一下確定等值現金流量的估計是如何從個別計畫的現金流量推導出來。

10.是否所有人都會使用相同的確定等值法去估計計畫的現金流量呢？原因爲何？

自我測驗題

問題一

Lehigh產品公司計畫購買新的自動化設備，此計畫的期望淨現值爲250,000美元，標準差爲100,000美元，假設，淨現值是常態分配，請問該計畫的淨現值低於50,000美元的機率爲何？

問題二

Jacobs公司完全以權益資金融資，beta爲1.0，目前無風險利率爲10%，而且市場報酬率爲15%，試問：

1.Jacobs對於平均風險的計畫應要求多少報酬率？
2.如果新計畫的beta爲1.6，Jacobs的計畫需要多少的報酬率？
3.計畫的期初支出爲900萬美元，預計產生十年每年爲190萬美元的淨現金流量。請使用Jacobs對平均風險的計畫所要求的報酬率來計算該計畫的NPV。
4.使用第2小題所算出的風險調整利率來計算該計畫的NPV。

問題三

Homer Stores計畫開一家新的分店，期初的支出爲75,000美元，每年產生的淨現金流量如下：

年度	淨現金流量	確定等值因子
1	$30,000	0.90
2	30,000	0.80
3	30,000	0.65
4	20,000	0.50

1.請以15%的資金成本計算此計畫的NPV。

2.如果無風險利率爲8%，則新分店的確定等值淨現值爲何？

計算題

1.Mitchell Auto Parts公司已估計每年淨現金流量的機率分配：

機率	現金流量（千元）
0.10	$1,000
0.20	1,500
0.40	2,000
0.20	2,500
0.10	3,000

a.請計算每年的期望現金流量。

b.請計算每年現金流量的標準差。

c.請計算每年現金流量的變異係數。

2.一新計畫每年的期望淨現金流量爲400,000美元、標準差爲250,000美元，且每年淨現金流量的分配爲常態，則：

a.該計畫每年淨現金流量爲負的機率是多少？

b.每年淨現金流量大於575,000美元的機率爲何？

3.一工廠擴張計畫的期望淨現值爲100,000美元，標準差爲50,000美元，假設NPV是常態分配，請問NPV＜0的機率爲何？

4.兩計畫的期望NPV及NPV的標準差如下：

計畫	期望淨現值（NPV）	標準差
A	$50,000	$20,000
B	10,000	7,000

a.使用標準差爲評估標準，哪一個計畫風險較大？

b.使用變異係數爲評估標準，哪一個計畫風險較大？
c.你認爲哪一種認估標準比較適合這個例子？爲什麼？

5.美國鋼鐵公司正在評估兩件投資方案，一個是購買新的模型，成本爲2,000萬美元，另一個是購買超市連鎖店，成本也是2,000萬美元，而且二者的期望NPV也都是1億美元。公司的經理人希望降低盈餘的波動性：

a.公司應投資哪一個計畫？
b.在作成上述的決策時，你作了何種假設？

6.Gamma Biosciences是完全以權益資金融資，beta爲1.5，本益比爲16，目前無風險利率爲8%，市場的期望報酬率爲14%：

a.公司對平均風險的計畫應要求多少的報酬率？
b.如果新計畫的beta爲2.0，則公司應要求多少的報酬率？

7.Advanced Systems公司的資本結構爲1/3舉債，2/3權益資金，它的市場beta估計爲1.5，目前無風險利率爲8%，市場的期望報酬率爲15%，Advanced Systems的稅率爲40%。Advanced Systems正在計畫重要的研發計畫，管理階層相信這些計畫會以保守的方式進行融資，特別是所有研發計畫都會以90%權益資金，10%舉債來融資：

a.如果研發計畫的純計畫beta與公司其他資產的純計畫beta相同，則研發計畫的權益融資部分應要求多少報酬率？
b.Advanced Systems的管理階層相信該計畫的風險高於其他計畫，Advanced已經找出與該計畫內容相似——R&D投資比重很高——的公司，它的資本結構爲80%權益，20%舉債，稅率爲35%，市場beta爲1.6，使用這些資訊來決定Advanced Systems研究計畫權益融資部分的要求報酬率。

8.Valley Products公司正考慮兩個獨立計畫，現金流量如下：

年度	A計畫	B計畫
0	－$50,000	－$40,000
1	＋20,000	＋20,000
2	＋20,000	＋10,000
3	＋10,000	＋5,000
4	＋5,000	＋5,000
5	＋5,000	＋40,000

Valley結合NPV法與PB法來評估投資計畫，要求所有計畫以10%折現時需有正的NPV且PB期間不超過三年才接受。則公司應接受哪一個計畫？理由爲何？

9.Fox Enterprises考慮擴大它的雷射影碟事業，成本爲180萬美元，產生二十年的淨現金流量，每年400,000美元，公司的加權資金成本爲15%。

a.請使用公司的加權資金成本計算雷射影碟計畫的NPV？

b.使用風險調整折現率法，假設管理階層認爲此計畫的風險高於平均風險，並決定該計畫的要求報酬率爲24%，請再次計算風險調整淨現值。

10.Apple Jacks公司生產酒，公司計畫擴大休閒食品事業，期初投資爲200,000美元購買機器，使用直線法折舊十年，沒有殘值，期末估計可以50,000美元賣出，另外，期初需增加營運資金40,000美元，前五年每年收入預計爲200,000美元，第六年到第十年則爲每年210,000美元，不包含折舊的營運成本前五年爲每年90,000美元，第六年到第十年爲每年105,000美元。公司的邊際稅率爲40%，平均風險計畫的要求報酬率爲15%。

a.假設它是平均風險的計畫，請計算該計畫的NPV。

b.如果該計畫的風險高於平均風險，而且要求報酬率爲24%，請計算該計畫的風險調整淨現值。

11.Seminole Production公司正在分析新生產線的投資計畫，期初須支出

3,500萬美元，淨現金流量如下：

年度	淨現金流量
1	$500萬
2	800萬
3	1,500萬
4	2,000萬
5	1,500萬
6	1,000萬
7	400萬

公司的資金成本爲15%。

a.假設該計畫的風險爲平均風險，請計算它的NPV。

b.由於風險的特性，公司決定使用確定等值法，確定等值因子如下：

年度	α_t
0	1.00
1	0.95
2	0.90
3	0.80
4	0.60
5	0.40
6	0.35
7	0.30

如果無風險利率爲9%，請計算該計畫的確定等值淨現值。

c.根據確定等值分析法，應該接受該計畫嗎？

12.Great Basin公司建立一套類似本章的模擬分析模型來評估該公司最大的投資計畫。在經過許多演算後，得出A計畫的期望NPV爲100萬美元，標準差爲80萬美元：

a.該計畫的NPV＜0的機率爲何？

b.該計畫的NPV＞220萬美元的機率爲何？

13.Alpha計畫的期初確定支出爲70,000美元，其他淨現金流量如下：

年度	淨現金流量	確定等值因子
1	$30,000	0.91
2	30,000	0.79
3	30,000	0.65
4	20,000	0.52
5	20,000	0.40
6	10,000	0.30

a.在資金成本爲17%下計算該計畫的NPV。

b.如果無風險利率爲8%，Alpha計畫的確定等值NPV爲何？

14.U.S Rubber公司的經理人正在分析一件投資計畫，以公司的加權資金成本18%評估所獲得的期望NPV爲100,000美元。公司的經理人認爲，最樂觀的NPV估計值爲195,000美元，而最悲觀的估計值爲25,000美元。所謂最樂觀估計值是指NPV大於它的機率不超過10%，相同地，最悲觀估計值是指NPV小於它的機率不超過10%。請問該計畫的NPV爲負的機率是多少？

15.USR目前的資本結構爲70%普通權益，30%舉債，beta爲1.4。USR正在評估新生產線計畫，該計畫的IRR爲15%。如果決定投資，USR將以相同於其他事業的資本結構進行融資，目前USR的邊際稅率爲34%。USR已找出與新生產線事業相近的三家公司，他們的平均beta爲1.7，平均資本結構爲40%普通權益，60%舉債，而且平均邊際稅率爲40%，無風險利率爲8%，市場風險貼水爲8.3%，請問USR是否應該執行該計畫？

16.Essex Chemical公司正考慮進入新產品市場，此計畫的風險高於現存事業。新產品計畫的期初投資爲1,000萬美元，預計產生十年的淨現金流量，每年200萬美元。Essex Chemical的加權平均資金成本爲12%，而新計畫要求的風險調整折現率爲17%。

a.若使用公司的加權平均資金成本，該計畫的NPV爲何？

b.若使用風險調整折現率，該計畫的NPV爲何？

c.Essex Chemical應接受該計畫嗎？

17. 3Z公司評估一項投資計畫的IRR約爲18%，而最樂觀的估計值爲24%，最悲觀的爲12%，公司估計IRR大於最樂觀估計值的機率不超過10%，同樣地，IRR小於最悲觀估計值的機率也不超過10%。公司的加權平均資金成本爲14%。請問該計畫的報酬率低於3Z的加權平均資金成本的機率爲何？

18.你的公司正考慮一項投資計畫，今日的成本爲500萬美元，你預計一年後賣掉該計畫可收到700萬美元，而一年後該計畫的收入爲500,000美元，假設出售價格是常態分配，期望值爲700萬美元，標準差爲100萬美元。如果無風險利率爲10%，而該計畫的要求報酬率爲15%，在考慮過計畫報酬的風險之後，該計畫對你公司的價值貢獻爲何？

19.你估計計畫的期望NPV爲3,000,000美元，標準差爲4,000,000美元，NPV的分配爲常態。如果你願意忍受NPV爲負的機率是25%，你會接受此計畫嗎？

20. API公司有三個部門事業：

部門	Beta	公司資產的比率
不動產管理	1.1	40%
土地資源	1.6	30%
金融服務	—	30%

API的舉債beta（β_ℓ）爲1.2，目前的資本結構爲50%舉債，50%權益；金融服務事業的資本結構爲80%舉債，20%權益；API計畫以90%舉債，10%權益融資新計畫，無風險利率爲9%，市場風險貼水爲8.3%；API的稅前舉債成本爲19%，稅率是40%。API應採用多少折現率來折現金融服務事業新計畫的現金流量？

21. Greensboro公司正在評估新計畫的風險。第一年的期望淨現金流量爲50,000美元，最樂觀的估計值（大於它的機率不超過10%）爲

110,000美元，最悲觀的估計值則爲－10,000美元（低於它的機率不超過10%）。請問第一年淨現金流量爲負的機率是多少？

22.Carthage Sceptre公司正在評估新的地區配銷倉庫計畫，計畫的期望NPV爲450萬美元，標準差爲300萬美元，且計畫NPV的分配是常態。請問計畫的NPV小於等於100萬的美元機率爲何？

23.Super Muench餅乾公司正在考慮將銷售網擴及在大型商場設小型零售攤。目前Super Muench的資本結構爲30%負債，70%權益。Super Muench相信，由於零售部分風險較高，20%負債，80%權益的保守資本結構較爲適當。Super Muench目前債務的稅前成本爲12%，公司的平均稅率爲30%，邊際稅率爲40%。

另一家零售餅乾公司Dietz's Dessertery的β值爲1.2，Dietz's目前的資本結構爲40%負債，60%權益，Dietz's的稅率爲40%，無風險利率爲7%，市場風險貼水爲7.4%。

Super Muench想知道，此零售通路計畫的風險調整報酬率應爲何？

24.Worrall's Wahoo Novelties正評估發行紀念金幣的計畫，估計淨投資爲15,000美元，包括2,000美元淨營運資金的投資，計畫的年限是四年，年度淨營運現金流量估計第一年爲10,000美元，第二年8,000美元，第三年7,000美元，第四年6,000美元，資金成本爲12%，Worrall's的邊際稅率爲40%，計畫NPV的標準差爲$3,000美元。

請問此計畫被接受的機率爲何？

25.使用Cybersolve的敏感性分析計算機試算一家假設公司的敏感性分析。

http:// www.cybersolve.com/breakeven.htm1#voc

自我測驗解答

問題一

$$Z = \frac{\$50,000 - \$250,000}{\$100,000}$$

$$= -2.0$$

從本書所附的表V（見〔附錄B〕）可查出Z＜－2.0的機率為2.28%，所以有2.28%的機率計畫的NPV會小於50,000美元。

問題二

1. k_e ＝10%＋1.0（15%－10%）＝15%
2. k_a^* ＝10%＋1.6（15%－10%）＝18%
3. NPV@15%＝－$900＋$190（5.019）＝$54萬元
4. NPV@18%＝－$900＋$190（4.494）＝－$46萬元

若使用平均風險計畫的要求報酬率時，接受該計畫；若使用風險調整利率時，拒絕該計畫。

問題三

1. NPV的計算：

NPV＝－$75,000＋$30,000（0.870）＋$30,000（0.756）
＋$30,000（0.658）＋$20,000（0.572）
＝$4,960

2. 確定等值NPV：

NPV＝－$75,000＋$30,000(0.90)(0.926)＋$30,000(0.80)(0.857)
＋$30,000（0.65）（0.794）＋$20,000（0.5）（0.735）
＝－$6,597

名詞解釋

beta risk of project　**計畫的Beta風險**

計畫對公司系統性風險的貢獻。

certainty equivalent　**確定等值**

在相同時點下，投資人要求與具有風險的現金流量無差異的確定現金流量。

hurdle rate　**臨界利率**

接受計畫中的最低報酬率。在計畫風險皆相同時，臨界利率通常等於公司的資金成本。

risk-adjusted discount rate **風險調整折現率**
反映計畫風險的折現率。在資本預算中，較高的風險調整利率用來折現風險較高的計畫的現金流量；而較低的風險調整利率則用來折現較不具風險的計畫的現金流量。

scenario analysis **情境分析**
估計當許多影響變數同時改變時，計畫結果的變化方法。變數如每單位價格與營運成本，結果則如計畫之NPV。

sensitivity analysis **敏感性分析**
探討在其他情況不變下，當某投入變數發生變化時，投資計畫淨現值跟著改變的程度。

simulation **模擬**
模擬某些事件的財務分析工具，例如模擬投資計畫的現金流量。電腦模擬是用來評估計畫風險的一種方法。

附錄部分

附錄A　所得稅與折舊

附錄B　參考工具

附錄C　計算題解答（上）

附錄D　重要字彙

附錄A　所得稅與折舊

緒論

個人和企業均須繳納所得稅。對一家企業而言，課稅的種類和比率視其組織而定。一般而言，如果是以公司存在，其所得就適用公司的稅率，而獨資和合夥就適用個別所有人或合夥人的稅率。既然公司是最具代表的組織形態，本附錄主要就著重於公司所得稅的說明。

聯邦所得稅法在1913年首次由政府訂定，之後也經過幾次的修改。最近主要的修改是在1993年的Revenue Reconciliation Act。這個條例同時提高了個人和公司的所得稅並且減少免稅額。本附錄包含了一些稅法的主要觀念，並提供一些有助於了解書中內容的租稅課題。

公司所得稅

一般而言，收入減去花費便是公司的應課稅所得稅。可免稅的費用，包括：銷貨成本、銷管費用、折舊備抵和利息費用。聯邦所得稅就是由應課稅所得計算而來的。1992年12月31日所頒布的公司稅率，列於**表A-1**。

在100,001～335,000美元的階層中，因為適用額外加5%的稅率（即39%而非34%），前面15%～25%稅率的好處被除去。而在15,000,001～18,333,333美元階層中，也因為適用額外加3%的稅率（即38%取代了35%），使前面335,000～10,000,000美元階層中34%稅率的好處也被剝奪。這樣的規定使超過18,333,333美元以上的應課稅所得均支付相同的35%稅率。

以上各階層應課稅所得的稅額計算於**表A-2**。公司的「平均稅率」是將總稅額除以應課稅所得，而公司的「**邊際稅率**」（marginal tax rate）則定義為下一塊美元的應課稅所得所適用的稅率。對一家應課稅所得超過

18,333,333美元的大公司而言，有效邊際稅率和平均稅率必均等於35%。除了營業收入（operating or ordinary income）要課稅外，公司的**資本利得**（capital gain）和股利收入（dividend income）也要課稅。

表A-1 Revenue Reconcitlation Act of 1993中的公司稅率

應課稅所得	邊際稅率	基礎稅賦＋（邊際稅率×超過基礎稅賦額）
達$50,000	15%	$0＋（15%×超過$0）
$50,001～$75,000	25%	$7,500＋（25%×超過$50,000）
$75,001～$100,000	34%	$13,750＋（34%×超過$75,000）
$100,001～$335,000	39%*	$22,250＋（39%×超過$100,000）
$335,001～$10,000,000	34%	$113,900＋（34%×超過$335,000）
$10,000,001～$15,000,000	35%	$3,400,000＋（35%×超過$10,000,000）
$15,000,001～$18,333,333	38%**	$5,150,000＋（38%×超過$15,000,000）
超過$18,333,333	35%	35%×應課稅所得

* 包括the Tax Reform Act of 1986中5%額外「取回」稅。
** 包括the Revenue Reconciliation Act of 1993中3%額外「取回」稅。

表A-2 公司所得稅的計算

應課稅所得	邊際稅率	稅賦計算	平均稅率
$25,000	15%	$0＋（.15×$25,000）＝$3,750	15%
75,000	25	$7,500＋（.25×$25,000）＝$13,750	18.33
100,000	34	$13,750＋（.34×$25,000）＝$22,250	22.25
250,000	39	$22,250＋（.39×$150,000）＝$80,750	32.3
1,250,000	34	$113,900＋（.34×$915,000）＝$425,000	34.0
2,500,000	34	$113,900＋（.34×$2,165,000）＝$850,000	34.0
12,500,000	35	$3,400,000＋（.35×$2,500,000）＝$4,275,000	34.2
17,500,000	38	$5,150,000＋（.38×$2,500,000）＝$6,100,000	34.86
25,000,000	35	.35×$25,000,000＝$8,750,000	35.0
125,000,000	35	.35×$125,000,000＝$43,750,000	35.0

資本利得

目前公司資本利得和營業所得均適用相同的邊稅率。在「Tax Reform Act of 1986」未通過之前，美國大公司資本利得所適用的稅率小於營業所得的稅率，而資本損失則只可以扣抵資本利得，淨資本損失可以抵免前三年的淨資本利得。任何殘存的淨資本損失更可以扣抵未來五年的資本利得。

股利收入

公司的股利收入通常有70%的**免稅額**（tax deduction）。舉例來說，如果Hastings公司持有Fremont公司的股票，Fremont公司在1993年支付100,000

美元的股利給Hastings公司。而Hastings公司這100,000美元的股利中30%須課稅，即30,000美元（其它70%，即70,000美元是免稅的。但Fremont公司在支付100,000美元的股利之前，其所得必須課稅，因爲股利支出不是免稅費用）。而這30,000美元適用營業所得的稅率。如果Hastings公司是適用於35%的邊際稅率，那麼，這筆股利須繳30,000 × 0.35 = 10,500美元的稅。

對一家適用35%邊際稅率的公司而言，跨公司的股利分派的有效稅率是10.5%，即（1 − 0.7）× 35%。

損失前抵和損失後抵

如果公司在某一年度裡遭到淨營業損失，則依稅法規定這筆損失可扣抵其他年度的應課稅所得，便可以減少其他年度的稅負。如果這筆損失是適用於扣抵前幾年的租稅，那麼就稱爲「損失前抵」（loss carryforward）；如果是用於扣抵往後幾年的租稅，則稱「損失後抵」（loss carryback）。

稅法特別規定：公司的淨營業損失可以扣抵前三年和未來十五年的應課稅所得。例如，如果NOL公司在19X6年共產生了200,000美元的淨營業損失。這些損失可以扣抵19X3年的稅負，如果該公司在19X3年的應課稅所得爲125,000美元，那麼，便可以收到那年的租稅償還。而剩下的75,000美元便可以繼續扣抵19X4年的稅負。

財務議題：S公司

The Internal Revenue Code允許某些小企業以公司組織存在，但其營業收入直接當做股東的個人所得加以課稅。爲了符合「S公司」的資格，一家公司不能有多於三十五位的股東。

S公司主要的好處是可以避免「股利雙重課稅」（double taxation of dividends）。對一家正常的企業，盈餘被課二次稅——第一次是以公司課稅，第二次是以個人股利課稅。而以S公司（S Corporation）來說，公司的盈餘移轉給股東，只有以個人所得稅課一次稅。儘管最高的個人所得稅39.6%是高於所得小於1,000萬美元的公司稅率34%，但是以相同所得來比較，公司所得稅率和個人所得稅率總和通常是高於S公司股東的個人所得稅率。

以S公司形式存在的另一個好處是：公司可以將損失移轉給股東，讓股東抵免其他所得收入，減少課稅負擔。

簡介

在MACRS折舊法建立之前，IRS允許的折舊法有直線折舊法及各種加速折舊法，後者包括年數合計法、定率餘額遞減法及倍數餘額遞減法等等。雖然最近稅法的改變使得這些方法都已過時，但基於以下原因仍有了解的需要：

1.大部分公司在稅法改變之前所購買的資產仍持續使用，而且大部分都是採用以前的折舊法折舊。

2.有些公司因爲財務報表的原因仍繼續使用這些折舊法。

除了討論MACRS之前的折舊法外，本附錄也介紹Accelerated Cost Recovery System（ACRS）折舊法，以及投資稅信用條款，後者在1982至1986年實行，接著採行1986年的稅法修正法案。對這些折舊法令有基本的了解是很重要的，因爲資產重置決策中會牽涉到1987年之前購買的資產，而這些資產會受到舊的折舊法及稅法所影響。

最後本附錄會詳細列出MACRS折舊法折舊金額的計算過程，使用此法的資產通常是在1986年12月31日之後才開始運作的資產。

直線折舊法

在ACRS之前的直線折舊法（straight-line depreciation）中，每年折舊金額的計算如下：

$$\text{每年折舊金額} = \frac{\text{成本} - \text{預估的殘值}}{\text{預估的經濟年限}} \qquad \text{〔A.1〕}$$

舉例來說，如果公司購買成本爲12,000美元的機器，預估殘值爲2,000美元，經濟年限爲五年，則每年的折舊金額爲（\$12,000 − \$2,000）／5＝\$2,000。

當機器在有效年限中很平均地被使用時，可以採用直線法來計算折舊。

但是，許多公司爲了財務報表的原因而使用直線折舊法，因爲可以產生較大的淨收益；也有爲了稅的原因而使用加速折舊法，因爲可以遞延稅的支出。

年數合計法

在年數合計法（sum-of-the-years∏-digit method）中，每年折舊費用的計算是將一個遞減的分數乘上資產的原始成本（扣除殘値），此分數的分母是資產經濟年限中每年年數的總和，例如一資產的經濟年限爲五年，年數合計會等於5＋4＋3＋2＋1＝15，至於第一年的分子是年數最高的，在上例中即爲5，第二年的分子是次高，上例爲4，如此依次下去。

舉例說明，假設先前提到的公司決定用年數合計法來折舊12,000美元的資產，殘値爲2,000美元，有效年限爲五年，則折舊金額的計算如表A-3。

表A-3　年數合計法折舊金額之計算

年數 (1)	折舊依據 (2)	分數 (3)	折舊金額 (4)＝(2)×(3)
1	$10,000	5/15	$3,333
2	10,000	4/15	2,667
3	10,000	3/15	2,000
4	10,000	2/15	1,333
5	10,000	1/15	667
			$10,000

餘額遞減法

餘額遞減法（declining balance method）允許公司在第一年使用比直線折舊法還大的折舊比例，之後每年的折舊金額等於資產的帳面價値（或未折舊金額）乘以這個比例。

一般被用來作爲餘額遞減法的變數有二個，一個是200%餘額遞減，稱作倍數餘額遞減；另一個是150%餘額遞減。MACRS稅法會特別指明每一級所使用的變數。

在餘額遞減法中，資產每年的折舊費用是將直線折舊率乘上餘額遞減百分比得到的加速比率，接著將加速比率乘上前一年年底資產的帳面價值即可獲得。由於每年都將折舊費用從資產成本扣除，所以資產帳面價值的餘額是呈現遞減的，因此，折舊費用也是隨時間過去而遞減。

修正之加速成本回收系統（MACRS）

1986年的稅法修正法案創造出了MACRS，在這個折舊系統中，資產被分為六級，不論資產預期的有效年限為何，它每年的折舊費用都是根據所歸類等級的規定來計算。

表A-4詳細列出MACRS的等級以及各自的折舊年限和特徵，適用於1986年的修正法案。大多數公司的設備，從辦公家俱到生產機器，都歸類於七年這一級。

表A-4　MACRS的回收期間

回收期間與資產等級*	特　徵
3年	使用年限短的資產，包括一些特殊工具、拖引機以及賽馬（大於二歲）
5年	自動化、輕型拖引機、一般用途重型拖引機、公車、鑽油設備、資訊系統、特殊半導體、紡織、化學、電子與製造設備以及牛奶廠和畜牧廠的設備
7年	大部分的製造設備、鐵軌、辦公用具與設備、火車、飛機、遊樂園設施與採礦工具
10年	船、煉油設備、坦克車以及一些製造設備
15年	電力生產及分配系統、水泥製造設備、核能設備、天然氣輸送管、廣告牌、污水處理廠，以及電話配置設備
20年	大部分的公用設施、縫紉針與鐵路結構

*大部分設備都屬於7年的等級。

折舊率

每種資產等級的每年折舊費用必須使用餘額遞減法來計算，並在適當時間轉換成直線法，其中三、五、七與十年的資產等級是使用200%餘額遞減法，而十五與二十年的資產等級則是使用150%餘額遞減法，計算的基礎是使用資產的裝置成本，預期殘值在MACRS折舊法計算下並不考慮進來。

表A-5提供每年的折舊百分比，當計算每年折舊費用時，就把這些百分比乘上資產的總成本，不過必須注意折舊年數會比資產等級多出一年，例如，五年等級的資產折舊期間是六年，原因爲1986年的稅法修正法案要求必須遵守半年慣例，亦即任何資產都是在第一年年中才開始運作，所以第一年的折舊期間只有半年，這慣例也適用於最後一年，因此折舊期間會比資產等級長一年。

舉例說明，假設General Electric購買9,000美元的機器，運送及裝置費用爲1,000美元。該資產被歸類於MACRS的七年等級，則其折舊的基礎爲：

資產成本	$9,000
加上運送及裝置費用	1,000
等於折舊的基礎	$10,000

表A-5　MACRS折舊率*

回收年度	3年	5年	7年	10年	15年	20年
1	33.33%	20.00%	14.29%	10.00%	5.00%	3.750%
2	44.45	32.00	24.49	48.00	9.50	7.219
3	14.81	19.20	17.49	14.40	8.55	6.677
4	7.41	11.52**	12.49	11.52	7.70	6.177
5		11.52	8.93**	9.22	6.93	5.713
6		5.76	8.92	7.37	6.23	5.285
7			8.93	6.55**	5.90**	4.888
8			4.46	6.55	5.90	4.522
9				6.56	5.91	4.462**
10				6.55	5.90	4.461
11				3.28	5.91	4.462
12					5.90	4.461
13					5.91	4.462
14					5.90	4.461
15					5.91	4.462
16					2.95	4.461
17						4.462
18						4.461
19						4.462
20						4.461
21						2.231

*假設以半年爲折舊基礎。

**剩餘的使用年限中轉換成直線折舊法。

表A-5有提供七年等級資產的折舊率，我們可以應用在General Electric的資產上，它每年的MACRS折舊費用如下：

年度	MACRS折舊率	折舊金額 （MACRS比率×$10,000）
1	14.29%	$1,429
2	24.49	2,449
3	17.49	1,749
4	12.49	1,249
5	8.93	893
6	8.92	892
7	8.93	893
8	4.46	446
	100.00%	$100,000

MACRS回收期間與資產的經濟年限

當所有資產都採用MACRS的回收期間時，資產的折舊年數與經濟年限並沒有直接關係，如此一來，在估計計畫的現金流量時，在MACRS回收期間之外，有許多年將沒有折舊費用紀錄，所以記住所有計畫的現金流量應該根據計畫的經濟年限，並非只有MACRS回收期間。

不動產

1986年的稅法修正法案建立二種不動產折舊法，一種是包括住宅不動產的27.5年直線法，另一種是包括所有非住宅不動產（如辦公大樓）的31.5年直線法，不過在1993年5月12日後啓用的非住宅不動產改用39年直線法。

不動產的折舊是以直線法爲基礎，第一年的折舊金額決定於不動產使用的實際月數，而且是使用月中的慣例，也就是假設大樓是在第一個月的月中才開始使用，所以第一個月的折舊期間只有半年。例如，價值100,000美元的大樓在1994年4月才開始啓用，直線折舊率爲2.564%（1/39），整年折舊費用爲2,564美元，在月中的慣例下，4月只能當成半個月來計算折舊，所以1994年的折舊期間只有8.5個月，占一年的70.83%（8.5/12），故大樓在1994年的折舊金額爲1,816美元（70.83%×$2,564）。

問題與討論

1.公司的營業所得、資本利得和股利收入有何不同？這些不同種類的所得各適用多少的稅率？
2.何謂「S公司」？
3.你認為公司股利收入70%免稅的原因為何？
4.你認為哪一種折舊法較好，是MACRS或直線折舊法？目標是最大化公司現金流量之現值。

自我測驗題

問題一

在過去一年裏，Alcore Enterprises, Inc.有銷貨300萬美元、銷貨成本180萬美元、營業費用800,000美元和利息費用200,000美元。同年，該公司支付優先股股利100,000美元和普通股股利200,000美元，償還到期的負債150萬美元。利用表A-1美國聯邦公司稅率，來計算該公司當年的應課稅所得、稅負總額、平均稅率和邊際稅率。

問題二

Jenkins Products, Inc.去年有銷貨500萬美元、銷貨成本300萬美元、其它營業費用100萬美元和利息費用200,000美元。該公司在去年以120萬美元賣出廠房和相關設備，其帳面價值為500,000美元。求該公司的應課稅所得及稅賦總額。

問題三

一部麵粉機的成本為47,500美元，運送及裝置費用為2,500美元，被歸類為七年MACRS資產，十五年經濟年限到期後，殘值為15,000美元，請算出MACRS的折舊表。

計算題

1. 去年Idaho Steel公司有應課稅一般所得200萬美元和資本利得500,000美元。同年得到股利收入50,000美元並且付股東150,000美元的股利。請計算該公司的租稅總額。
2. 去年Selling公司有息前稅前盈餘100萬美元，且支付股利200,000美元給股東、100,000美元給債權人。同年償還銀行貸款150,000美元。假設所有應課稅所得均適用40%的稅率，求該公司租稅金額。
3. Clapper Industries有應課稅所得290,000美元

   a.根據附錄中所附的公司稅率表，求該公司適用多少的邊際稅率。
   b.求該公司的平均稅率。
   c.如果該公司應課稅所得增加410,000美元，則邊際稅率、平均稅率和爲多少？

4. 利用表2-1的稅率，計算Kaiser Enterprises公司（於1996年新成立）每年的預期所得稅，該公司預期每年的應課稅所得如下：

年	應課稅所得
1996	$30,000
1997	80,000
1998	（150,000）
1999	125,000
2000	150,000
2001	（75,000）

5. CIG Power公司預期今年的息前稅前盈餘爲2,500萬美元，且經理人員預期今年需要1,000萬美元薪資本來進行投資計畫。取得資金的方法有，第一：向銀行團舉借15%年利率的貸款；第二：發行新的特別股1,000萬美元，每年需支付140萬美元的股利。而該公司的邊際稅率是40%。

a.如果向銀行借款，則普通股股東的稅後盈餘是多少？
b.如果發行優先股，則普通股股東的稅後盈餘是多少？

6.佳能公司持有富士公司15%的股票，佳能公司預期今年將從富士公司收300萬美元的股利。佳能公司的邊際稅率爲40%、平均稅率爲37%，請問佳能公司收到的稅後現金股利是多少？

7.Patriot Industries公司最近以150,000美元賣掉一部紡織機器。該部機器的原始成本爲500,000美元，目前的帳面價值爲100,000美元。該公司營業所得、資本利得的邊際稅率爲35%。

a.該公司從出售機器中得到多少利得？
b.此種利得是資本利得或營業利得？
c.在這次交易中，該公司要支付多少的租稅？

8.Amexicorp公司是保全系統的製造商，有銷貨4億美元、銷貨成本1億5,000萬美元、營業費用1億美元和利息支出1億美元，且該公司從外投資持股低於20%的公司收到股利1,000萬美元。同時，該公司以2,000萬美元的價格賣出帳面價值1,700萬美元的資產，並且支付優先股股利1,000萬美元、普通股股利5,000萬美元。利用表A-1的稅率計算：

a.該公司普通股股東的稅後淨收入？
b.如果該公司資產的帳面價值是2,500萬美元，那麼普通股股東的稅後淨收入又會是多少？

9.某資產原始成本爲15,000美元，使用年限五年，無殘値，請使用下列方法計算其折舊表：

a.直線折舊法。
b.年數合計法。

10.a.一部機器被分爲七年MACRS資產，成本20,000美元，請計算每年MACRS折舊金額。
b.如果你知道a小題資產在十二年經濟年限後的殘値爲2,000美元，你會更改a小題的答案嗎？

11.成本20,000美元的卡車，被歸類爲五年MACRS資產，六年後殘値爲

7,000美元，請計算每年MACRS折舊金額。

12.成本148,000美元的鑽孔機，運送及裝置費用爲2,000美元，被歸類爲七年MACRS資產，請計算MACRS折舊表。

13.成本100,000美元的辦公大樓，1996年10月開始使用，請計算它的折舊表。

自我測驗解答

問題一

銷貨	$3,000,000
減：銷貨成本	1,800,000
毛利	$1,200,000
減：營業費用	800,000
息前稅前營業收入	$400,000
減：利息費用	200,000
稅前盈餘	$200,000

租稅計算：

總稅額＝$22,250＋.39（$200,000－$100,000）＝$61,250

邊際稅率爲39%（34%基準稅率＋5%超額稅率）

平均稅率爲30.63%（$61,250÷$200,000）

其中，債券到期償還和普通股、優先股股利均不列入計算，因爲這些項目均不是免稅的。

問題二

銷貨		$5,000,000
減：銷貨成本		3,000,000
毛利		$2,000,000
減：營業費用		1,000,000
息前稅前營業收入		$1,000,000
減：利息費用		200,000
資本利得前及稅前盈餘		$800,000
加：廠房設備利得		
賣價	$1,200,000	
帳面價值	500,000	700,000
稅前盈餘		$1,500,000

總稅額＝$113,900＋.34×（$1,500,000－$335,000）＝$510,000

其中，廠房設備賣價高於帳面價值的部分視爲資本利得，但因爲公司資本利得和營業收入的稅率是相同的（在1997年），所以這個分別沒有十分重要。

問題三

折舊基礎＝$50,000（在MACRS折舊法下不考慮殘值）

年度	MACRS比率	折舊金額
1	14.29%	$7,145
2	24.49	12,245
3	17.49	8,745
4	12.49	6,245
5	8.93	4,465
6	8.92	4,460
7	8.93	4,465
8	4.46	2,230

名詞解釋

capital gain　**資本利得**

賣出資本資產所得的利益。

capital loss　**資本損失**

賣出資本資產所產生的損失。

marginal tax rate　**邊際稅率**

個人或企業的下一美元應課稅所得適用的稅率。

S Corporation　**S公司**

具有公司形態優點的小型企業，但公司所得直接分配給股東，以個人所得稅直接課稅。

tax deduction　**免稅額**

可減少應課稅所得的數額。如果一家公司適用35%的邊際稅率，若有100美元的免稅額，便減少100美元的應課稅所得，即減少35美元的稅賦。

附錄B　參考工具

表 I　終值利率因子 Future Value Interest Factor（FVIF）（$1 at i% per period for n periods）

期間 n	1%	2%	3%	4%	5%	6%	7%	8%	9%	10%	11%	12%	13%
0	1.000	1.000	1.000	1.000	1.000	1.000	1.000	1.000	1.000	1.000	1.000	1.000	1.000
1	1.010	1.020	1.030	1.040	1.050	1.060	1.070	1.080	1.090	1.100	1.110	1.120	1.130
2	1.020	1.040	1.061	1.082	1.102	1.124	1.145	1.166	1.188	1.210	1.232	1.254	1.277
3	1.030	1.061	1.093	1.125	1.158	1.191	1.225	1.260	1.295	1.331	1.368	1.405	1.443
4	1.041	1.082	1.126	1.170	1.216	1.262	1.311	1.360	1.412	1.464	1.518	1.574	1.630
5	1.051	1.104	1.159	1.217	1.276	1.338	1.403	1.469	1.539	1.611	1.685	1.762	1.842
6	1.062	1.126	1.194	1.265	1.340	1.419	1.501	1.587	1.677	1.772	1.870	1.974	2.082
7	1.072	1.149	1.230	1.316	1.407	1.504	1.606	1.714	1.828	1.949	2.076	2.211	2.353
8	1.083	1.172	1.267	1.369	1.477	1.594	1.718	1.851	1.993	2.144	2.305	2.476	2.658
9	1.094	1.195	1.305	1.423	1.551	1.689	1.838	1.999	2.172	2.358	2.558	2.773	3.004
10	1.105	1.219	1.344	1.480	1.629	1.791	1.967	2.159	2.367	2.594	2.839	3.106	3.395
11	1.116	1.243	1.384	1.539	1.710	1.898	2.105	2.332	2.580	2.835	3.152	3.479	3.836
12	1.127	1.268	1.426	1.601	1.796	2.012	2.252	2.518	2.813	3.138	3.498	3.896	4.335
13	1.138	1.294	1.469	1.665	1.886	2.133	2.410	2.720	3.066	3.452	3.883	4.363	4.898
14	1.149	1.319	1.513	1.732	1.980	2.261	2.579	2.937	3.342	3.797	4.310	4.887	5.535
15	1.161	1.346	1.558	1.801	2.079	2.397	2.759	3.172	3.642	4.177	4.785	5.474	6.254
16	1.173	1.373	1.605	1.873	2.183	2.540	2.952	3.426	3.970	4.595	5.311	6.130	7.067
17	1.184	1.400	1.653	1.948	2.292	2.693	3.159	3.700	4.328	5.054	5.895	6.866	7.986
18	1.196	1.428	1.702	2.026	2.407	2.854	3.380	3.996	4.717	5.560	6.544	7.690	9.024
19	1.208	1.457	1.754	2.107	2.527	3.026	3.617	4.316	5.142	6.116	7.263	8.613	10.197
20	1.220	1.486	1.806	2.191	2.653	3.207	3.870	4.661	5.604	6.728	8.062	9.646	11.523
24	1.270	1.608	2.033	2.563	3.225	4.049	5.072	6.341	7.911	9.850	12.239	15.179	18.790
25	1.282	1.641	2.094	2.666	3.386	4.292	5.427	6.848	8.623	10.835	13.585	17.000	21.231
30	1.348	1.811	2.427	3.243	4.322	5.743	7.612	10.063	13.268	17.449	22.892	29.960	39.116
40	1.489	2.208	3.262	4.801	7.040	10.286	14.974	21.725	31.409	45.259	65.001	93.051	132.782
50	1.645	2.692	4.384	7.107	11.467	18.420	29.457	46.902	74.358	117.391	184.565	289.002	450.736
60	1.817	3.281	5.892	10.520	18.679	32.988	57.946	101.257	176.031	304.482	524.057	897.597	1,530.05

$FVIF = (1+i)^n$；$FV_n = PV_0(FVIF_{i,n})$

續表 I

期間 n	14%	15%	16%	17%	18%	19%	20%	24%	28%	32%	36%	40%
0	1.000	1.000	1.000	1.000	1.000	1.000	1.000	1.000	1.000	1.000	1.000	1.000
1	1.140	1.150	1.160	1.170	1.180	1.190	1.200	1.240	1.280	1.320	1.360	1.400
2	1.300	1.322	1.346	1.369	1.392	1.416	1.440	1.538	1.638	1.742	1.850	1.960
3	1.482	1.521	1.561	1.602	1.643	1.685	1.728	1.907	2.067	2.300	2.515	2.744
4	1.689	1.749	1.811	1.874	1.939	2.005	2.074	2.364	2.684	3.036	3.421	3.842
5	1.925	2.011	2.100	2.192	2.288	2.386	2.488	2.932	3.436	4.007	4.653	5.378
6	2.195	2.313	2.436	2.565	2.700	2.840	2.986	3.635	4.398	5.290	6.328	7.530
7	2.502	2.660	2.826	3.001	3.185	3.379	3.583	4.508	5.629	6.983	8.605	10.541
8	2.853	3.059	3.278	3.511	3.759	4.021	4.300	5.590	7.206	9.217	11.703	14.758
9	3.252	3.518	3.803	4.108	4.435	4.785	5.160	6.931	9.223	12.166	15.917	20.661
10	3.707	4.046	4.411	4.807	5.234	5.695	6.192	8.594	11.806	16.060	21.647	28.925
11	4.226	4.652	5.117	5.624	6.176	6.777	7.430	10.657	15.112	21.199	29.439	40.496
12	4.818	5.350	5.926	6.580	7.288	8.064	8.916	13.215	19.343	27.983	40.037	56.694
13	5.492	6.153	6.886	7.699	8.599	9.596	10.699	16.386	24.759	36.937	54.451	79.372
14	6.261	7.076	7.988	9.007	10.147	11.420	12.839	20.319	31.961	48.757	74.053	111.120
15	7.138	8.137	9.266	10.539	11.974	13.590	15.407	25.196	40.565	64.359	100.712	155.568
16	8.137	9.358	10.748	12.330	14.129	16.172	18.488	31.243	51.923	84.954	136.969	217.795
17	9.276	10.761	12.468	14.426	16.672	19.244	22.186	38.741	66.461	112.139	186.278	304.914
18	10.575	12.375	14.463	16.879	19.673	22.901	26.623	48.039	85.071	148.023	253.338	426.879
19	12.056	14.232	16.777	19.748	23.214	27.252	31.948	59.568	108.890	195.391	344.540	597.630
20	13.743	16.367	19.461	23.106	27.393	32.429	38.338	73.864	139.380	257.916	468.574	836.683
24	23.212	28.625	35.236	43.297	53.109	65.032	79.497	174.631	374.144	783.023	1,603.00	3,214.20
25	26.462	32.919	40.874	50.658	62.669	77.388	95.396	216.542	478.905	1,033.59	2,180.08	4,499.88
30	50.950	66.212	85.850	111.065	143.371	184.675	237.376	634.820	1,645.50	4,142.07	10,143.0	24,201.4
40	188.884	267.864	378.721	533.869	750.378	1,051.67	1,469.77	5,455.91	19,426.7	66,520.8	219,562	700,038
50	700.233	1,083.66	1,670.70	2,566.22	3,927.36	5,988.91	9,100.44	46,890.4	229,350	*	*	*
60	2,595.92	4,384.00	7,370.20	12,335.4	20,555.1	34,105.0	56,347.5	402,966	*	*	*	*

*利率因子超過1,000,000。

表 II　現值利率因子 Present Value Interest Factor（PVIF）（$1 at i% per period for n periods）

期間 n	1%	2%	3%	4%	5%	6%	7%	8%	9%	10%	11%	12%	13%
0	1.000	1.000	1.000	1.000	1.000	1.000	1.000	1.000	1.000	1.000	1.000	1.000	1.000
1	0.990	0.980	0.971	0.962	0.952	0.943	0.935	0.926	0.917	0.909	0.901	0.893	0.885
2	0.980	0.961	0.943	0.925	0.907	0.890	0.873	0.857	0.842	0.826	0.812	0.797	0.783
3	0.971	0.942	0.915	0.889	0.864	0.840	0.816	0.794	0.772	0.751	0.731	0.712	0.693
4	0.961	0.924	0.889	0.855	0.823	0.792	0.763	0.735	0.708	0.683	0.659	0.636	0.613
5	0.951	0.906	0.863	0.822	0.784	0.747	0.713	0.681	0.650	0.621	0.593	0.567	0.543
6	0.942	0.888	0.838	0.790	0.746	0.705	0.666	0.630	0.596	0.564	0.535	0.507	0.480
7	0.933	0.871	0.813	0.760	0.711	0.665	0.623	0.583	0.547	0.513	0.482	0.452	0.425
8	0.923	0.853	0.789	0.731	0.677	0.627	0.582	0.540	0.502	0.467	0.434	0.404	0.376
9	0.914	0.837	0.766	0.703	0.645	0.592	0.544	0.500	0.460	0.424	0.391	0.361	0.333
10	0.905	0.820	0.744	0.676	0.614	0.558	0.508	0.463	0.422	0.386	0.352	0.322	0.295
11	0.896	0.804	0.722	0.650	0.585	0.527	0.475	0.429	0.388	0.350	0.317	0.287	0.261
12	0.887	0.788	0.701	0.625	0.557	0.497	0.444	0.397	0.356	0.319	0.286	0.257	0.231
13	0.879	0.773	0.681	0.601	0.530	0.469	0.415	0.368	0.326	0.290	0.258	0.229	0.204
14	0.870	0.758	0.661	0.577	0.505	0.442	0.388	0.340	0.299	0.263	0.232	0.205	0.181
15	0.861	0.743	0.642	0.555	0.481	0.417	0.362	0.315	0.275	0.239	0.209	0.183	0.160
16	0.853	0.728	0.623	0.534	0.458	0.394	0.339	0.292	0.252	0.218	0.188	0.163	0.141
17	0.844	0.714	0.605	0.513	0.436	0.371	0.317	0.270	0.231	0.198	0.170	0.146	0.125
18	0.836	0.700	0.587	0.494	0.416	0.350	0.296	0.250	0.212	0.180	0.153	0.130	0.111
19	0.828	0.686	0.570	0.475	0.396	0.331	0.276	0.232	0.194	0.164	0.138	0.116	0.098
20	0.820	0.673	0.554	0.456	0.377	0.312	0.258	0.215	0.178	0.149	0.124	0.104	0.087
24	0.788	0.622	0.492	0.390	0.310	0.247	0.197	0.518	0.126	0.102	0.082	0.066	0.053
25	0.780	0.610	0.478	0.375	0.295	0.233	0.184	0.146	0.116	0.092	0.074	0.059	0.047
30	0.742	0.552	0.412	0.308	0.231	0.174	0.131	0.099	0.075	0.057	0.044	0.033	0.026
40	0.672	0.453	0.307	0.208	0.142	0.097	0.067	0.046	0.032	0.022	0.015	0.011	0.008
50	0.608	0.372	0.228	0.141	0.087	0.054	0.034	0.021	0.013	0.009	0.005	0.003	0.002
60	0.550	0.305	0.170	0.095	0.054	0.030	0.017	0.010	0.006	0.003	0.002	0.001	0.001

$PVIF = \frac{1}{(1+i)^n}$；$PV_0 = FV_n\ (PVIF_{i,n})$

續表 II

期間 n	14%	15%	16%	17%	18%	19%	20%	24%	28%	32%	36%	40%
0	1.000	1.000	1.000	1.000	1.000	1.000	1.000	1.000	1.000	1.000	1.000	1.000
1	0.877	0.870	0.862	0.855	0.847	0.840	0.833	0.806	0.781	0.758	0.735	0.714
2	0.769	0.756	0.743	0.731	0.718	0.706	0.694	0.650	0.610	0.574	0.541	0.510
3	0.675	0.658	0.641	0.624	0.609	0.593	0.579	0.524	0.477	0.435	0.398	0.364
4	0.592	0.572	0.552	0.534	0.516	0.499	0.482	0.423	0.373	0.329	0.292	0.260
5	0.519	0.497	0.476	0.456	0.437	0.419	0.402	0.341	0.291	0.250	0.215	0.186
6	0.456	0.432	0.410	0.390	0.370	0.352	0.335	0.275	0.227	0.189	0.158	0.133
7	0.400	0.376	0.354	0.333	0.314	0.296	0.279	0.222	0.178	0.143	0.116	0.095
8	0.351	0.327	0.305	0.285	0.266	0.249	0.233	0.179	0.139	0.108	0.085	0.068
9	0.308	0.284	0.263	0.243	0.225	0.209	0.194	0.144	0.108	0.082	0.063	0.048
10	0.270	0.247	0.227	0.208	0.191	0.176	0.162	0.116	0.085	0.062	0.046	0.035
11	0.237	0.215	0.195	0.178	0.162	0.148	0.135	0.094	0.066	0.047	0.034	0.025
12	0.208	0.187	0.168	0.152	0.137	0.124	0.112	0.076	0.052	0.036	0.025	0.018
13	0.182	0.163	0.145	0.130	0.116	0.104	0.093	0.061	0.040	0.027	0.018	0.013
14	0.160	0.141	0.125	0.111	0.099	0.088	0.078	0.049	0.032	0.021	0.014	0.009
15	0.140	0.123	0.108	0.095	0.084	0.074	0.065	0.040	0.025	0.016	0.010	0.006
16	0.123	0.107	0.093	0.081	0.071	0.062	0.054	0.032	0.019	0.012	0.007	0.005
17	0.108	0.093	0.080	0.069	0.060	0.052	0.045	0.026	0.015	0.009	0.005	0.003
18	0.095	0.081	0.069	0.059	0.051	0.044	0.038	0.021	0.012	0.007	0.004	0.002
19	0.083	0.070	0.060	0.051	0.043	0.037	0.031	0.017	0.009	0.005	0.003	0.002
20	0.073	0.061	0.051	0.043	0.037	0.031	0.026	0.014	0.007	0.004	0.002	0.001
24	0.043	0.035	0.028	0.023	0.019	0.015	0.013	0.006	0.003	0.001	0.001	0.000
25	0.038	0.030	0.024	0.020	0.016	0.013	0.010	0.005	0.002	0.001	0.000	0.000
30	0.020	0.015	0.012	0.009	0.007	0.005	0.004	0.002	0.001	0.000	0.000	0.000
40	0.005	0.004	0.003	0.002	0.001	0.001	0.001	0.000	0.000	0.000	0.000	0.000
50	0.001	0.001	0.001	0.000	0.000	0.000	0.000	0.000	0.000	0.000	0.000	0.000
60	0.000	0.000	0.000	0.000	0.000	0.000	0.000	0.000	0.000	0.000	0.000	0.000

表III　年金終值利率因子 Future Value of an Annuity Interest Factor（FVIFA）（$1 per period at i% per period for n periods）

期間 n	1%	2%	3%	4%	5%	6%	7%	8%	9%	10%	11%	12%	13%
1	1.000	1.000	1.000	1.000	1.000	1.000	1.000	1.000	1.000	1.000	1.000	1.000	1.000
2	2.010	2.020	2.030	2.040	2.050	2.060	2.070	2.080	2.090	2.100	2.110	2.120	2.130
3	3.030	3.060	3.091	3.122	3.152	3.184	3.215	3.246	3.278	3.310	3.342	3.374	3.407
4	4.060	4.122	4.184	4.246	4.310	4.375	4.440	4.506	4.573	4.641	4.710	4.779	4.850
5	5.101	5.204	5.309	5.416	5.526	5.637	5.751	5.867	5.985	6.105	6.228	6.353	6.480
6	6.152	6.308	6.468	6.633	6.802	6.975	7.153	7.336	7.523	7.716	7.913	8.115	8.323
7	7.214	7.434	7.662	7.898	8.142	8.394	8.654	8.923	9.200	9.487	9.783	10.089	10.405
8	8.286	8.583	8.892	9.214	9.549	9.897	10.260	10.637	11.028	11.436	11.859	12.300	12.757
9	9.369	9.755	10.159	10.583	11.027	11.491	11.978	12.488	13.021	13.579	14.164	14.776	15.416
10	10.462	10.950	11.464	12.006	12.578	13.181	13.816	14.487	15.193	15.937	16.722	17.549	18.420
11	11.567	12.169	12.808	13.486	14.207	14.972	15.784	16.645	17.560	18.531	19.561	20.655	21.814
12	12.683	13.412	14.192	15.026	15.917	16.870	17.888	18.977	20.141	21.384	22.713	24.133	25.650
13	13.809	14.680	15.618	16.627	17.713	18.882	20.141	21.495	22.953	24.523	26.212	28.029	29.985
14	14.947	15.974	17.086	18.292	19.599	21.051	22.550	24.215	26.019	27.975	30.095	32.393	34.883
15	16.097	17.293	18.599	20.024	21.579	23.276	25.129	27.152	29.361	31.772	34.405	37.280	40.417
16	17.258	18.639	20.157	21.825	23.657	25.673	27.888	30.324	33.003	35.950	39.190	42.753	46.672
17	18.430	20.012	21.762	23.698	25.840	28.213	30.840	33.750	36.974	40.545	44.501	48.884	53.739
18	19.615	21.412	23.414	25.645	28.132	30.906	33.999	37.450	41.301	45.599	50.396	55.750	61.725
19	20.811	22.841	25.117	27.671	30.539	33.760	37.379	41.446	46.018	51.159	56.939	63.440	70.749
20	22.019	24.297	26.870	29.778	33.066	36.786	40.995	45.762	51.160	57.275	64.203	72.052	80.947
24	26.973	30.422	34.426	39.083	44.502	50.816	58.117	66.765	76.790	88.497	102.174	118.155	136.831
25	28.243	32.030	36.459	41.646	47.727	54.865	63.249	73.106	84.701	98.347	114.413	133.334	155.620
30	34.785	40.568	47.575	56.085	66.439	79.058	94.461	113.283	136.308	164.494	199.021	241.333	293.199
40	48.886	60.402	75.401	95.026	120.080	154.762	199.635	259.057	337.882	442.593	581.826	767.091	1,013.70
50	64.463	84.572	112.797	152.667	209.348	290.336	406.529	573.770	815.084	1,163.91	1,668.77	2,400.02	3,459.51
60	81.670	114.052	163.053	237.991	353.584	533.128	813.520	1,253.21	1,944.79	3,034.82	4,755.07	7,471.64	11,761.9

$$FVIFA = \frac{(1+i)^n - 1}{i};$$

$$FVAN_n = PMT\ (FVIFA_{i,n})$$

續表III

期間 n	14%	15%	16%	17%	18%	19%	20%	24%	28%	32%	36%	40%
1	1.000	1.000	1.000	1.000	1.000	1.000	1.000	1.000	1.000	1.000	1.000	1.000
2	2.140	2.150	2.160	2.170	2.180	2.190	2.200	2.240	2.280	2.320	2.360	2.400
3	3.440	3.473	3.506	3.539	3.572	3.606	3.640	3.778	3.918	4.062	4.210	4.360
4	4.921	4.993	5.066	5.141	5.215	5.291	5.368	5.684	6.016	6.362	6.725	7.104
5	6.610	6.742	6.877	7.014	7.154	7.297	7.442	8.048	8.700	9.398	10.146	10.846
6	8.536	8.754	8.977	9.207	9.442	9.683	9.930	10.980	12.136	13.406	14.799	16.324
7	10.730	11.067	11.414	11.772	12.142	12.523	12.916	14.615	16.534	18.696	21.126	23.853
8	13.233	13.727	14.240	14.773	15.327	15.902	16.499	19.123	22.163	25.678	29.732	34.395
9	16.085	16.786	17.518	18.285	19.086	19.923	20.799	24.712	29.369	34.895	41.435	49.153
10	19.337	20.304	21.321	22.393	23.521	24.709	25.959	31.643	38.592	47.062	57.352	69.814
11	23.044	24.349	25.733	27.200	28.755	30.404	32.150	40.238	50.399	63.122	78.998	98.739
12	27.271	29.002	30.850	32.824	34.931	37.180	39.580	50.985	65.510	84.320	108.437	139.235
13	32.089	34.352	36.786	39.404	42.219	45.244	48.497	64.110	84.853	112.303	148.475	195.929
14	37.581	40.505	43.672	47.103	50.818	54.841	59.196	80.496	109.612	149.240	202.926	275.300
15	43.842	47.580	51.660	56.110	60.965	66.261	72.035	100.815	141.303	197.997	276.979	386.420
16	50.980	55.717	60.925	66.649	72.939	79.850	87.442	126.011	181.868	262.356	377.692	541.988
17	59.118	65.075	71.673	78.979	87.068	96.022	105.931	157.253	233.791	347.310	514.661	759.784
18	68.394	75.836	84.141	93.406	103.740	115.266	128.117	195.994	300.252	459.449	700.939	1,064.70
19	78.969	88.212	98.603	110.285	123.414	138.166	154.740	244.033	385.323	607.472	954.277	1,491.58
20	91.025	102.444	115.380	130.033	146.628	165.418	186.688	303.601	494.213	802.863	1,298.82	2,089.21
24	158.659	184.168	213.978	248.808	289.494	337.010	392.484	723.461	1,322.66	2,443.82	4,450.00	8,033.00
25	181.871	212.793	249.214	292.105	342.603	402.042	471.981	898.092	1,706.80	3,226.84	6,053.00	11,247.2
30	356.787	434.745	530.321	647.439	790.948	966.712	1,181.88	2,640.92	5,873.23	12,940.9	28,172.3	60,501.1
40	1,342.03	1,779.09	2,360.76	3,134.52	4,163.21	5,529.83	7,343.86	22,728.8	69,377.5	207,874	609,890	*
50	4,994.52	7,217.72	10,435.6	15,089.5	21,813.1	31,515.3	45,497.2	195,373	819,103	*	*	*
60	18,535.1	29,220.0	46,057.5	72,555.0	114,190	179,495	281,733	*	*	*	*	*

*利率因子超過1,000,000。

表Ⅳ　年金現值利率因子 Present Value of an Annuity Interest Factor（PVIFA）（$1 at i% per period for n periods）

期間 n	1%	2%	3%	4%	5%	6%	7%	8%	9%	10%	11%	12%	13%
1	0.990	0.980	0.971	0.962	0.952	0.943	0.935	0.926	0.917	0.909	0.901	0.893	0.885
2	1.970	1.942	1.913	1.886	1.859	1.833	1.808	1.783	1.759	1.736	1.713	1.690	1.668
3	2.941	2.884	2.829	2.775	2.723	2.673	2.624	2.577	2.531	2.487	2.444	2.402	2.361
4	3.902	3.808	3.717	3.630	3.546	3.465	3.387	3.312	3.240	3.170	3.102	3.037	2.974
5	4.853	4.713	4.580	4.452	4.329	4.212	4.100	3.993	3.890	3.791	3.696	3.605	3.517
6	5.795	5.601	5.417	5.242	5.076	4.917	4.766	4.623	4.486	4.355	4.231	4.111	3.998
7	6.728	6.472	6.230	6.002	5.786	5.582	5.389	5.206	5.033	4.868	4.712	4.564	4.423
8	7.652	7.325	7.020	6.733	6.463	6.210	5.971	5.747	5.535	5.335	5.146	4.968	4.799
9	8.566	8.162	7.786	7.435	7.108	6.802	6.515	6.247	5.995	5.759	5.537	5.328	5.132
10	9.471	8.983	8.530	8.111	7.722	7.360	7.024	6.710	6.418	6.145	5.889	5.650	5.426
11	10.368	9.787	9.253	8.760	8.306	7.887	7.499	7.139	6.805	6.495	6.207	5.938	5.687
12	11.255	10.575	9.954	9.385	8.863	8.384	7.943	7.536	7.161	6.814	6.492	6.194	5.918
13	12.134	11.348	10.635	9.986	9.394	8.853	8.358	7.904	7.487	7.103	6.750	6.424	6.122
14	13.004	12.106	11.296	10.563	9.899	9.295	8.745	8.244	7.786	7.367	6.982	6.628	6.302
15	13.865	12.849	11.938	11.118	10.380	9.712	9.108	8.559	8.061	7.606	7.191	6.811	6.462
16	14.718	13.578	12.561	11.652	10.838	10.106	9.447	8.851	8.312	7.824	7.379	6.974	6.604
17	15.562	14.292	13.166	12.166	11.274	10.477	9.763	9.122	8.544	8.022	7.549	7.120	6.729
18	16.398	14.992	13.754	12.659	11.690	10.828	10.059	9.372	8.756	8.201	7.702	7.250	6.840
19	17.226	15.678	14.324	13.134	12.085	11.158	10.336	9.604	8.950	8.365	7.839	7.366	6.938
20	18.046	16.351	14.877	13.590	12.462	11.470	10.594	9.818	9.128	8.514	7.963	7.469	7.025
24	21.243	18.914	16.936	15.247	13.799	12.550	11.469	10.529	9.707	8.985	8.348	7.784	7.283
25	22.023	19.523	17.413	15.622	14.094	12.783	11.654	10.675	9.823	9.077	8.422	7.843	7.330
30	25.808	22.397	19.600	17.292	15.373	13.765	12.409	11.258	10.274	9.427	8.694	8.055	7.496
40	32.835	27.355	23.115	19.793	17.159	15.046	13.332	11.925	10.757	9.779	8.951	8.244	7.634
50	39.196	31.424	25.730	21.482	18.256	15.762	13.801	12.233	10.962	9.915	9.042	8.304	7.675
60	44.955	34.761	27.676	22.623	18.929	16.161	14.039	12.377	11.048	9.967	9.074	8.324	7.687

$$PVIFA = \frac{1 - \frac{1}{(1+i)^n}}{i}\ ;$$

$PVAN_0 = PMT\ (PVIFA_{i,n})$

續表 IV

期間 n	14%	15%	16%	17%	18%	19%	20%	24%	28%	32%	36%	40%
1	0.877	0.870	0.862	0.855	0.847	0.840	0.833	0.806	0.781	0.758	0.735	0.714
2	1.647	1.626	1.605	1.585	1.566	1.547	1.528	1.457	1.392	1.332	1.276	1.224
3	2.322	2.283	2.246	2.210	2.174	2.140	2.106	1.981	1.868	1.766	1.674	1.589
4	2.914	2.855	2.798	2.743	2.690	2.639	2.589	2.404	2.241	2.096	1.966	1.849
5	3.433	3.352	3.274	3.199	3.127	3.058	2.991	2.745	2.532	2.345	2.181	2.035
6	3.889	3.784	3.685	3.589	3.498	3.410	3.326	3.020	2.759	2.534	2.399	2.168
7	4.288	4.160	4.039	3.922	3.812	3.706	3.605	3.242	2.937	2.678	2.455	2.263
8	4.639	4.487	4.344	4.207	4.078	3.954	3.837	3.421	3.076	2.786	2.540	2.331
9	4.946	4.772	4.607	4.451	4.303	4.163	4.031	3.566	3.184	2.868	2.603	2.379
10	5.216	5.019	4.833	4.659	4.494	4.339	4.193	3.682	3.269	2.930	2.650	2.414
11	5.453	5.234	5.029	4.836	4.656	4.486	4.327	3.776	3.335	2.978	2.683	2.438
12	5.660	5.421	5.197	4.988	4.793	4.611	4.439	3.851	3.387	3.013	2.708	2.456
13	5.842	5.583	5.342	5.118	4.910	4.715	4.533	3.912	3.427	3.040	2.727	2.469
14	6.002	5.724	5.468	5.229	5.008	4.802	4.611	3.962	3.459	3.061	2.740	2.478
15	6.142	5.847	5.575	5.324	5.092	4.876	4.675	4.001	3.483	3.076	2.750	2.484
16	6.265	5.954	5.669	5.405	5.162	4.938	4.730	4.033	3.503	3.088	2.758	2.489
17	6.373	6.047	5.749	5.475	5.222	4.990	4.775	4.059	3.518	3.097	2.763	2.492
18	6.467	6.128	5.818	5.534	5.273	5.033	4.812	4.080	3.529	3.104	2.767	2.494
19	6.550	6.198	5.877	5.584	5.316	5.070	4.844	4.097	3.539	3.109	2.770	2.496
20	6.623	6.259	5.929	5.628	5.353	5.101	4.870	4.110	3.546	3.113	2.772	2.497
24	6.835	6.434	6.073	5.746	5.451	5.182	4.937	4.143	3.562	3.121	2.776	2.499
25	6.873	6.464	6.097	5.766	5.467	5.195	4.948	4.147	3.564	3.122	2.776	2.499
30	7.003	6.566	6.177	5.829	5.517	5.235	4.979	4.160	3.569	3.124	2.778	2.500
40	7.105	6.642	6.233	5.871	5.548	5.258	4.997	4.116	3.571	3.125	2.778	2.500
50	7.133	6.661	6.246	5.880	5.554	5.262	4.999	4.167	3.571	3.125	2.778	2.500
60	7.140	6.665	6.249	5.882	5.555	5.263	5.000	4.167	3.571	3.125	2.778	2.500

表V　標準常態分配【一樣本與母體平均數的差大於（小於）z個標準差的機率為標準常態分配中大於z（小於-z）的區域】

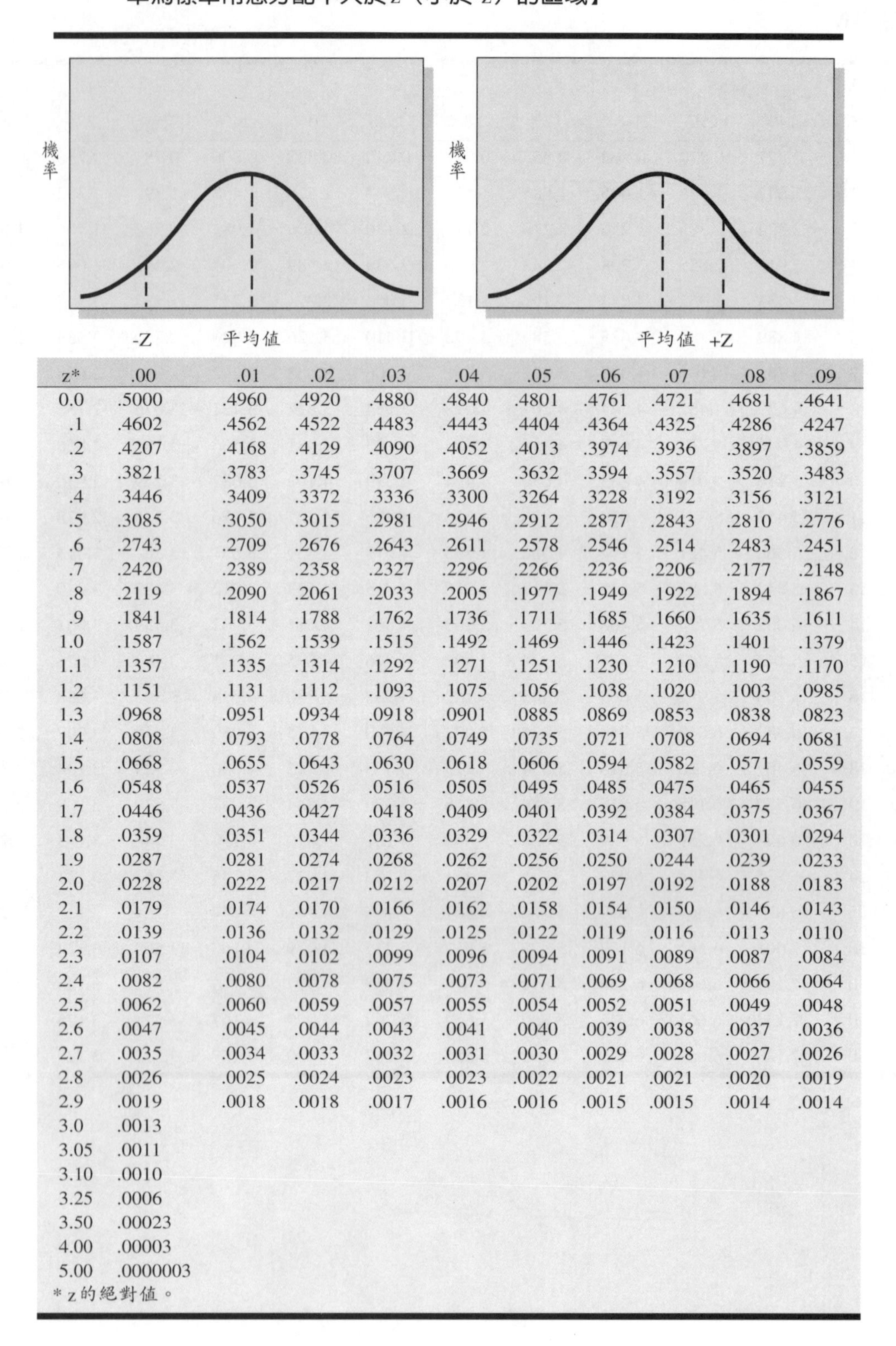

z*	.00	.01	.02	.03	.04	.05	.06	.07	.08	.09
0.0	.5000	.4960	.4920	.4880	.4840	.4801	.4761	.4721	.4681	.4641
.1	.4602	.4562	.4522	.4483	.4443	.4404	.4364	.4325	.4286	.4247
.2	.4207	.4168	.4129	.4090	.4052	.4013	.3974	.3936	.3897	.3859
.3	.3821	.3783	.3745	.3707	.3669	.3632	.3594	.3557	.3520	.3483
.4	.3446	.3409	.3372	.3336	.3300	.3264	.3228	.3192	.3156	.3121
.5	.3085	.3050	.3015	.2981	.2946	.2912	.2877	.2843	.2810	.2776
.6	.2743	.2709	.2676	.2643	.2611	.2578	.2546	.2514	.2483	.2451
.7	.2420	.2389	.2358	.2327	.2296	.2266	.2236	.2206	.2177	.2148
.8	.2119	.2090	.2061	.2033	.2005	.1977	.1949	.1922	.1894	.1867
.9	.1841	.1814	.1788	.1762	.1736	.1711	.1685	.1660	.1635	.1611
1.0	.1587	.1562	.1539	.1515	.1492	.1469	.1446	.1423	.1401	.1379
1.1	.1357	.1335	.1314	.1292	.1271	.1251	.1230	.1210	.1190	.1170
1.2	.1151	.1131	.1112	.1093	.1075	.1056	.1038	.1020	.1003	.0985
1.3	.0968	.0951	.0934	.0918	.0901	.0885	.0869	.0853	.0838	.0823
1.4	.0808	.0793	.0778	.0764	.0749	.0735	.0721	.0708	.0694	.0681
1.5	.0668	.0655	.0643	.0630	.0618	.0606	.0594	.0582	.0571	.0559
1.6	.0548	.0537	.0526	.0516	.0505	.0495	.0485	.0475	.0465	.0455
1.7	.0446	.0436	.0427	.0418	.0409	.0401	.0392	.0384	.0375	.0367
1.8	.0359	.0351	.0344	.0336	.0329	.0322	.0314	.0307	.0301	.0294
1.9	.0287	.0281	.0274	.0268	.0262	.0256	.0250	.0244	.0239	.0233
2.0	.0228	.0222	.0217	.0212	.0207	.0202	.0197	.0192	.0188	.0183
2.1	.0179	.0174	.0170	.0166	.0162	.0158	.0154	.0150	.0146	.0143
2.2	.0139	.0136	.0132	.0129	.0125	.0122	.0119	.0116	.0113	.0110
2.3	.0107	.0104	.0102	.0099	.0096	.0094	.0091	.0089	.0087	.0084
2.4	.0082	.0080	.0078	.0075	.0073	.0071	.0069	.0068	.0066	.0064
2.5	.0062	.0060	.0059	.0057	.0055	.0054	.0052	.0051	.0049	.0048
2.6	.0047	.0045	.0044	.0043	.0041	.0040	.0039	.0038	.0037	.0036
2.7	.0035	.0034	.0033	.0032	.0031	.0030	.0029	.0028	.0027	.0026
2.8	.0026	.0025	.0024	.0023	.0023	.0022	.0021	.0021	.0020	.0019
2.9	.0019	.0018	.0018	.0017	.0016	.0016	.0015	.0015	.0014	.0014
3.0	.0013									
3.05	.0011									
3.10	.0010									
3.25	.0006									
3.50	.00023									
4.00	.00003									
5.00	.0000003									

*z的絕對值。

附錄C　計算題解答（上）

2

1. a. ＋24.52%
5. 8.72%
6. a. 15%
10. 8,964
11. a. Total cost ＝ \$838,908
    Cost per watch ＝ \$83.89
12. a. 10.58% discount

3

1. a. \$219,178
2. a. 15%
3. \$3,945,205
5. a. Firm A: ROE ＝ 30%
    Equity multiplier ＝ 1.5
8. b. Current ratio ＝ 2.2x
13. a. ROE ＝ 25%
14. a. ROE ＝ 28.57%
19. a. 5.0 times
20. c. \$16
22. \$66.7 million
24. \$2,700,000
26. \$1,150,000
27. \$200
29. b. \$2.6 million

4

1. a. \$1,191
3. \$240,410.40
5. \$1,343.72
6. 13%
7. a. 9years
9. a. \$584.80
11. 20%
14. a. \$1,281.58
17. \$13,018.71
20. a. \$29,806
22. \$3,386
24. \$51,354
26. \$30,807
27. \$690,274
30. \$111,031
31. a. \$31,401
34. \$51,980.44
36. \$94,337
37. a. \$12,653
38. 3.6%
41. \$21,879
43. \$5,907.83
48. \$3,890
51. \$84,573
55. 10,075

57. \$0.95

59. \$108,151

61. \$7,642

63. \$16,333

65. \$3,386,465

67. a. 7.2%

4A

2. \$2,744

4. d. 22.14%

6. \$123.13

5

1. a. $r_x = 15\%$

   b. $\sigma_x = 11.62\%$

2. p（Loss）= 2.28%

5. a. 11.6%

6. a. i. $r_p = 8.2\%$

   ii. $\sigma_p = 4.87\%$

7. b. $r_p = 13.05\%$

   c. $\sigma_p = 3.64\%$

12. b. Before: $k_j = 17.0\%$

   After: $k_j = 18.5\%$

13. b. Rate of return = 9.74%

17. a. $w_a = 61.54\%$

18. b. i. $\sigma_p = 7.8\%$

   ii. $\sigma_p = 6.18\%$

21. 47%

25. a. p（Loss）= 4.75%

30. b. 90.82%

34. 82.89%

6

1. b. $P_0 = \$800$

3. a. $P_0 = \$1,137$

4. $P_0 = \$964$

7. a. $k_d = 13.6\%$

10. a. $P_0 = \$22.22$

14. a. $P_0 = \$768$

17. \$10.97

6A

1. \$8,486,832

2. \$14,812,741

7

8. a. 300,001

13. \$16.80

14. \$20.25

8

2. \$5,100

4. a. \$122,500

5. \$402,000

7. \$2,780,000

8. $NCF_2 = \$347,960$

9. \$148,000

9

1. NPV = \$ − 3,050

2. a. \$158

4. \$364.53

8. 8%

12. n≈19

9A

1. a. NPV_A = $1,888.50

   NPV_B = $2,292

2. Alternative P

10

2. a. 5.48%

6. a. 17%

9. a. $703,600

11. b. $－0.1795 million

17. 19.8%

20. 12.6%

21. 14.2%

附錄A

1. $855,100

5. a. $14,100,000

6. $2,640,000

8. a. $33,400,000

11. Year 4 depreciation=$2,304

附錄D　重要字彙

α	（Certainty equivalent factor）　確定等值因子
A	（Assets）　資產
AFC	（Annual financing cost）　融資年成本
APR	（Annual percentage rate）　年利率
APT	（Arbitrage Pricing Model）　套利訂價模型
ATCF	（After-tax cash flow）　稅後現金流量
B	（Debt in the capital structure）　資本結構中舉債部分
β_j	（Beta (systematic risk) for security j）　貝它值（證券的系統風險）
β_ℓ	（Leveraged beta）　融資貝它值
β_u	（Unleveraged beta）　未融資貝它值
c	（Unit production cost）　單位生產成本
CAPM	（Capital Asset Pricing Model）　資本資產訂價模型
CF	（Cash flow）　現金流量
CL	（Current liabilities）　流動負債
D	（Common stock dividends）　普通股股利
Dep	（Depreciation）　折舊
DCL	（Degree of combined leverage）　綜合槓桿比例
DFL	（Degree of financial leverage）　財務槓桿比例
DOL	（Degree of operating leverage）　營運槓桿比例
D_p	（Preferred stock dividends）　優先股股利
E	（⑴Common equity in a firm's capital structure）⑴公司資本結構中的普通股權益 （⑵Market value of a firm's equity）　⑵公司權益的市值
e	（Exponential e; value≈2.71828）　自然對數e≈2.71828
EAT	（Earnings after taxes）　稅後盈餘
EBIT	（Earnings before interest and taxes）　稅前息前盈餘

EBT （Earnings before taxes） 稅前盈餘

ECU （European currency unit） 歐洲共同貨幣

EPS （Earnings per share） 每股盈餘

EVA （Economic value added） 附加經濟價值

F （(1)Forward rate in foreign exchange） (1)遠期外匯匯率
（(2)Fixed costs） (2)固定成本

FCF （Free cash flow） 自由現金流量

FIFO （First-in, first-out inventory valuation）
先進先出存貨評價法

FV （Future value） 終値

FVAN （Future value of an annuity） 普通年金終値

FVAND （Future value of an annuity due） 期初年金終値

FVIF （Future value interest factor） 終値利率因子

FVIFA （Future value interest factor of an annuity）
年金終値利率因子

g （Expected annual growth rate in earnings, dividends, and/or stock price） 盈餘、股利或股價的年成長率

i （Interest rate per time period） 期間利率

I （Interest payments before taxes） 稅前利息支付

i_{eff} （Annual effective interest rate） 有效年利率

i_f （Interest rate in the foreign currency country） 外國利率

IFE （International Fisher effect） 國際費雪效應

i_h （Interest rate in the home currency country） 本國利率

i_{nom} （Annual nominal interest rate） 名目年利率

i_R （Real rate of return） 實質報酬率

IRR （Internal rate of return） 內部報酬率

k （A percentage required return or cost of capital; discount rate）
要求報酬率或資金成本；折現率

k_a （Weighted (marginal) cost of capital） 加權資金成本

k_a^* （Risk-adjusted weighted cost of capital (required return) on an investment） 投資計畫在風險調整後之加權資金成本

k_d （Required return on a bond; pretax cost of debt; yield to maturity on a bond） 債券的要求報酬率；貸款的稅前成本；債券的到期收益率

k_e （Required return on common stock; cost of internal equity） 普通股的要求報酬率；內部權益成本

k'_e （Cost of external equity） 外部權益成本

k_i （After-tax cost of debt） 貸款稅後成本

k_j （Required return from security j） j 證券的要求報酬率

k_p （Required return on preferred stock; Cost of preferred stock financing） 優先股的要求報酬率；優先股融資成本

LBO （Leveraged buyout） 融資購併

LIBOR （London interbank offer rate） 倫敦銀行間同業拆款利率

LIFO （Last-in, first-out inventory valuation） 後進先出存貨評價法

m （Frequency of compounding per time period） 複利頻率

M （Maturity value of a bond） 債券到期值

M_e （Market price of stock ex-rights） 除權後的股票市價

M_o （Market price of stock rights-on） 含權的股票市價

MACRS （Modified accelerated cost recovery system of depreciation） 加速折舊法

MC （Marginal cost） 邊際成本

MR （Marginal revenue） 邊際收入

MVA （Market value added） 附加市場價值

n （Number of time periods） 期間數目

N （Number of rights required to purchase one share of stock） 購買一股股票所需權證的數目

NAL （Net advantage to leasing） 租賃淨利

NCF （Net cash flow） 淨現金流量

NINV （Net investment） 淨投資

NPV （Net present value） 淨現值

NWC （Net working capital） 淨營運資金

O （Operating costs） 營運成本

p	（(1)Probability of occurrence of a specific rate of return） (1)某特定報酬率產生的機率 （(2)Price per unit） (2)每單位價格
P_{net}	（Net proceeds to firm from the sale of a security） 公司出售股票所能獲得的淨收入
P_t	（Price of a security at time period t） 第 t 期時股票的價格
PB	（Payback period） 回收期間
P/BV	（Market price per share; book value share） 每股市場價格；每股帳面價值
P/E	（Market price per share; current earnings per share） 每股市場價格；近期每股盈餘
P_f	（(1)Preferred stock in a firm's capital structure） (1)公司資本結構中的優先股 （(2)Market value of a firm's preferred stock） (2)優先股的市價
PI	（Profitability index） 利潤力指標
PMT	（Annuity payment） 年金支付的金額
PPP	（Purchasing power parity） 購買力平價說
PV	（Present value） 現值
PVAN	（Present value of an annuity） 普通年金現值
PVAND	（Present value of an annuity due） 期初年金現值
PVIF	（Present value interest factor） 現值利率因子
PVIFA	（Present value interest factor of an annuity） 年金現值利率因子
PVPER	（Present value of a perpetuity） 終生年金現值
PVPERD	（Present value of a perpetuity due） 期初終生年金的現值
π_f	（Expected foreign country inflation rate） 預期的外國通膨率
π_h	（Expected home country inflation rate） 預期的本國通膨率
Q	（Quantity） 產量
q	（Number of units sold） 售出單位數目

Q_b　（Breakeven quantity）　損益平衡點的產量

ρ　（Correlation coefficient）　相關係數

r　（(1)Internal rate of return of a project）
(1)計畫的內部報酬率
（(2)Single rate of return of a security）　(2)證券的報酬率

$\hat{r}$　（Expected return）　預期報酬

R　（(1)Revenues）　(1)收入
（(2)Theoretical value of a right）　(2)權證的理論價值

RADR　（Risk-adjusted discount rate）　風險調整折現率

r_f　（Risk-free rate of return）　無風險報酬率

R_j　（The jth possible return from a security or project）
股票或計畫的第 j 個可能的報酬

r_m　（Rate of return on the market portfolio）
市場投資組合的報酬率

r_p　（Rate of return on a portfolio of securities）
證券投資組合的報酬率

ROE　（Return on equity）　權益報酬率

ROI　（Return on investment (assets)）　投資（資產）報酬率

σ　（Standard deviation）　標準差

S_0　（Spot rate in a foreign currency at time 0）
第0期時的外匯匯率

S　（(1)Sales）　(1)銷售額
（(2)Subscription price of a right）　(2)權證的認購價格

s　（Unit selling cost）　單位銷售成本

SML　（Security Market Line）　證券市場線

θ　（Risk premium）　風險貼水

T　（Marginal tax rate）　邊際稅率

t　（Time period indicator）　第 t 期

TC　（Total cost）　總成本

TR　（Total revenue）　總收入

v　（Coefficient of variation）　變異係數

V　（Variable cost per unit）　每單位的變動成本

w （Portion (weight) of funds invested in a particular security in a portfolio） 投資在某特定證券的投資比例

Y （Investment in property, plant and equipment） 投資在房地產、工廠及設備的金額

z （Number of standard deviations） 標準差的個數

國家圖書館出版品預行編目資料

現代財務管理（上冊）／R. Charles Moyer, James R. McGuigan, William J. Kretlow 著；，黃淑娟譯. -- 初版. – 臺北市：揚智文化，2001-〔民 90- 〕
冊； 公分. --（商學叢書）
譯自：Contemporary financial management 7th ed.

ISBN 957-818-333-X（平裝）

1. 財務管理

494.7 90016542

現代財務管理（上冊）

商學叢書

著　　者／R. Charles Moyer, James R. McGuigan and William J. Kretlow
譯　　者／黃淑娟
出 版 者／揚智文化事業股份有限公司
發 行 人／葉忠賢
責任編輯／賴筱彌
執行編輯／范維君
登 記 證／局版北市業字第 1117 號
地　　址／台北市新生南路三段 88 號 5 樓之 6
電　　話／(02)23660309　23660313
傳　　真／(02)23660310
印　　刷／鼎易彩色印刷股份有限公司
法律顧問／北辰著作權事務所　蕭雄淋律師
初版一刷／2001 年 11 月
ISBN ／957-818-333-X
定　　價／新台幣 550 元
郵政劃撥／14534976
帳　　戶／揚智文化事業股份有限公司
E–mail ／tn605541@ms6.tisnet.net.tw
網　　址／http://www.ycrc.com.tw